W0241559

Gunter Haug

Ferdinand Porsche – Ein Mythos wird geboren

Immer im Kampf mit der Zeit: Ferdinand Porsche

Gunter Haug

FERDINAND PORSCHE –
Ein Mythos wird geboren

Historischer Roman

Landhege-Verlag

© 2012 by Landhege-Verlag GbR, D-74193 Schwaigern
www.landhege-verlag.de

1. Auflage 2012

Das Werk einschließlich aller seiner Teile ist urheberrechtlich geschützt.
Jede Verwertung außerhalb der engen Grenzen des Urheberrechtsgesetzes
(auch Fotokopien, Mikroverfilmung und Übersetzung) ist ohne schriftliche
Zustimmung des Verlages unzulässig und strafbar. Dies gilt auch ausdrücklich
für die Einspeicherung und Verarbeitung in elektronischen Systemen jeder
Art und von jedem Betreiber.

Die Fotos von Ferdinand Porsche wurden mit freundlicher Genehmigung des Archivs
der Dr.-Ing. h.c. F. Porsche Aktiengesellschaft in Stuttgart-Zuffenhausen verwendet
Gestaltung des Einbandes: Ilona Bucher, Berlin
Satz: Dörr + Schiller GmbH, Stuttgart
Druck und Binden: CPI books GmbH, Ulm

ISBN (print) 978-3-943066-04-3
ISBN (ebook PDF) 978-3-943066-08-1
ISBN (ebook EPub) 978-3-943066-09-8

Nicht die Technik macht Geschichte,
sondern die Menschen, die sie erfunden haben.

Ferdinand Porsche in seinem Elternhaus an der von ihm im Jahr 1893 konstruierten elektrischen Anlage

Ferdinand Porsche und seine Ehefrau Louise

»So viele Autos! Die Menschen müssen verrückt geworden sein!« Kopfschüttelnd betrachtete der greise Ingenieur die Automobilparade vor seinen Augen. Für einen kurzen Moment schien es sogar, als habe ihn eine gewisse Melancholie ergriffen. Was freilich so ganz und gar nicht seiner Wesensart entsprach …

Nur einen Wimpernschlag später war es damit vorbei. Ein energisches Händeklatschen machte deutlich, dass sich Ferdinand Porsche schon wieder in der Realität befand. »Keine Zeit für Sentimentalitäten! Die Arbeit wartet! Komm Gilain. Auf jetzt. Gehmma, gehmma«, rief er mit seiner hohen Fistelstimme, die im Alter noch ein bisschen höher geworden schien, und die zusammen mit seiner unüberhörbaren österreichischen Spracheinfärbung genauso zu ihm gehörte, wie der Motor zum Fahrzeug. Unverwechselbare Merkmale, wie sie sein ganzes Umfeld kannte und mochte. Genauso wie seine ewigen Ermahnungen zur Eile. Selbst wenn er seinen Leuten damit manchmal gewaltig auf die Nerven gehen konnte. Andererseits waren es genau diese unverwechselbaren Marotten, die maßgeblich zu der geradezu abgöttischen Verehrung beitrugen, die sie dem weltberühmten Konstrukteur entgegen brachten.

»Gilain! Was ist denn nun? Wir haben unsere Zeit schließlich nicht gestohlen!«

Ohne eine Antwort abzuwarten, wandte sich Porsche um und eilte mit einer für sein Alter von immerhin 75 Jahren höchst erstaunlichen Geschwindigkeit aus der Empfangshalle des Hotels zu seinem längst bereitstehenden, frisch aufgetankten Wagen. Der für einen Ferdinand Porsche so typische Schlussakkord einer Serie von ereignisreichen Tagen, die er und sein Neffe auf der internationalen Automobilausstellung in Paris hatten erleben dürfen. Ein feier-

licher Empfang zu Ehren von Ferdinand Porsche hatte den anderen gejagt.
Nun also war auch dieser Besuch bereits Geschichte.
Es schimmerte feucht in den Augen von Porsches langjährigem Sekretär und Wegbegleiter Ghislaine »Gilain« Kaes, als er sich beeilte, dem alten Konstrukteur zu folgen, dem die Repräsentanten sämtlicher Automobilmarken ihren allergrößten Respekt entboten hatten – nach so vielen Jahren der Demütigungen, die nun Gott sei Dank endlich hinter ihm lagen. Genau 50 Jahre nach Ferdinand Porsches erstem großem Triumph war ihm diese Genugtuung zuteil geworden – exakt am selben Ort, an dem er als blutjunger, nahezu unbekannter Konstrukteur bei den staunenden Automobilfachleuten aus aller Welt das allergrößte Aufsehen erregt und völlig überraschend die Goldmedaille für seinen »Elektrischen Phaetonwagen« verliehen bekommen hatte. Die Weltausstellung von Paris im Jahr 1900. Es war das erste internationale Ausrufezeichen des Ferdinand Porsche gewesen – der Beginn der atemberaubenden Weltkarriere eines technischen Genies.
Eine Karriere, die in den zurückliegenden fünf Jahrzehnten von Ehrgeiz, Zuverlässigkeit und einem fanatischen Gestaltungswillen bestimmt gewesen war, geleitet von einem geradezu atemberaubenden Weitblick. Und dazu natürlich Tempo und Geschwindigkeit: das ewige Leitmotiv eines Ferdinand Porsche. Anders konnte sich Gilain seinen immerzu in Eile befindlichen Onkel gar nicht vorstellen.
Von dieser Warte aus betrachtet, war es nur folgerichtig gewesen, dass die beiden ihre Herfahrt in einer sagenhaften Zeit bewältigt hatten. In gerade einmal 7 Stunden und 20 Minuten hatte der nagelneue Porschewagen selbst mit dem als Rennfahrer eher weniger geeigneten Gilain am Steuer die Distanz zwischen dem Feuerbacher Weg 48 in Stuttgart und dem Zentrum von Paris bewältigt, angetrieben von seinem unermüdlich zu einer größeren Eile mahnenden Beifahrer. Dem ungeduldigsten Beifahrer, den

man sich überhaupt nur denken konnte. Was hatten selbst die Porsche-Mitarbeiter in der großen Ausstellungshalle für staunende Gesichter gemacht, als sie von der Zeit erfuhren, in der ihr Chef mit seinem Fahrer an die Seine gerast war! Wieder eine Rekordmarke – erst recht angesichts der ziemlich problematischen Straßenverhältnisse so kurz nach dem Ende des 2. Weltkriegs. Und dennoch zeigte sich der Herr Dr.-Ing. Porsche trotzdem nicht zufrieden, denn »es wäre noch deutlich schneller gegangen, wenn du nicht dermaßen getrödelt hättest, Gilain. Wir hätten unter sieben Stunden bleiben können, wenn du dich nur getraut hättest, den einen oder anderen Lastwagen viel früher zu überholen. So wie ich dir das gesagt habe. Also mit dem Pepperl am Steuer hätte es klappen können …« Ein typischer Porsche-Ausspruch, der so ganz und gar seiner Wesensart entsprach. Sich mit dem gerade Erreichten nicht einfach begnügen, sondern beständig nach dem noch Besseren streben. Niemals aufhören zu lernen, zu forschen, zu verbessern. Nichts auf dieser Welt war so perfekt, als dass es nicht noch hätte verbessert werden können. Das war die feste Überzeugung des Mannes, der als bedeutendster Automobilkonstrukteur des 20. Jahrhunderts in die Geschichtsbücher eingehen sollte.
Überhaupt: Wie viele Rekorde Ferdinand Porsche in seiner unvergleichlichen Laufbahn wohl eingefahren haben mochte? Von der Jahrhundertwende bis zum Jahr 1950. Einer Zeitspanne, zwischen der beinahe ein ganzes Menschenleben lag.
Alpha und Omega.

Während der vergangenen Monate war Gilain unermüdlich damit beschäftigt gewesen, seinem verehrten Onkel Ferdinand die Genugtuung dieser womöglich letzten großen internationalen Würdigung unbedingt ermöglichen zu können. Ein Unterfangen, das so kurz nach dem Krieg alles andere als leicht zu realisieren war, erst recht nach den heftigen Zumutungen durch den französischen Staat, denen Ferdinand Porsche noch bis vor kurzem ausgesetzt gewesen war. Es hatte Gilains ganzen diplomatischen Geschicks bedurft, um den Besuch auf der internationalen Automobilausstellung wahr werden zu lassen. Mit Engelszungen hatte er auf den alten Herrn einreden müssen, der dennoch lange mit seiner Zusage zögerte. Genau das war auch der Grund gewesen, weshalb er sich schließlich sogar entboten hatte, anstelle des langjährigen Chauffeurs Josef »Pepperl« Goldinger ihr Fahrzeug ausnahmsweise eigenhändig nach Paris zu steuern. Nur er und Ferdinand Porsche. Und natürlich im Modell 356. Das war ja Ehrensache.

Letztendlich gab das Versprechen den Ausschlag, mit dem der französische Botschafter in Deutschland höchstpersönlich dafür garantierte, dass die Reise ohne jedwede behördliche Schikanen vonstatten gehen würde. Ja, mehr noch: dass der Herr Dr. Porsche seinen Parisbesuch sogar unter dem Diplomatenstatus absolvieren könne. In Gilains Augen schien das nur folgerichtig – eine schiere Selbstverständlichkeit angesichts der gewaltigen Lebensleistung dieses Mannes. Eine Art Wiedergutmachung der Franzosen. Vielleicht auch ein verspätetes Geburtstagsgeschenk an den Konstrukteur, der vor wenigen Wochen sein 75. Wiegenfest gefeiert hatte.

»Der gute Onkel Ferdinand. Er ist und bleibt halt der Größte. Ferdinand Porsche. Kein anderer kann ihm das Wasser reichen!«

Davon war Gilain felsenfest überzeugt. Und mit ganz besonderem Stolz konnte der Neffe darauf verweisen, diesem Genie schon seit Jahrzehnten als einer von dessen wichtigsten Wegbegleitern dienen zu dürfen. Ja: dürfen! Umso schmerzhafter hatte ihn in den vergangenen Wochen die Erkenntnis getroffen, dass die größte Strecke dieses gemeinsamen Weges inzwischen hinter ihnen lag. Es war eine fürchterliche Erfahrung, hilflos mit ansehen zu müssen, wie die Lebensuhr des großen Mannes unweigerlich in einen immer langsameren Takt geriet …

Ein Leben ohne Ferdinand Porsche!
Unvorstellbar!
Am besten gar nicht daran denken …

»Gilain, wo steckst du denn nun schon wieder?! Du meine Güte, wieso habe ich denn nur auf dich gehört und auf einen gscheiten Chauffeur verzichtet. Mit dem Pepperl, da gäbe es diese ewige Trödelei nicht. Komm jetzt endlich. Und zwar so schnell und so direkt wie möglich. Auf nach Zell am See. Mein geliebtes Schüttgut wartet! Gehmma, gehmma!«
Was für ein Mann!
Was für eine Karriere!
Und was für eine Lebensgeschichte!

*

»Aua!« Eine schallende Ohrfeige klatschte an die linke Wange des zwölfjährigen Ferdinand.
Und noch eine. »Aua!« Dieses Mal traf es die rechte Backe – nicht minder schmerzhaft als auf der anderen Seite. Und dann entlud sich ein wahres Donnerwetter an Vorhaltungen und Schimpftiraden über dem Kopf des verzweifelt gegen die Tränen ankämpfenden Burschen.
»Was habe ich dir denn gesagt, du elender Bengel? Du weißt genau, dass du die Finger von diesem vermaledeiten Strom lassen sollst! Ich habe es dir schon hundertmal erklärt! Wieso kannst du nicht hören, was dir dein Vater befiehlt?!«
Gerade eben war der Sohn von Spenglermeister Anton Porsche in flagranti erwischt worden. Wieder einmal. Und jetzt ausgerechnet sogar in seiner heimlichen Werkstatt auf dem Dachboden. Ertappt bei einer strikt verbotenen Tätigkeit: beim Experimentieren mit elektrischem Strom. Ausgerechnet der Dachboden! Wo er sich hier doch so sicher vor den väterlichen Nachstellungen gewähnt hatte. Und wo er mit seinen Versuchsanordnungen schon so weit fortgeschritten war. Es war wie verhext – und eben auch leider nicht das erste Mal. Aber das Donnerwetter seines überstrengen Vaters, das sich heute über seinem Kopf entlud, war das allerschlimmste, das er jemals hatte erleben und erleiden müssen.

Der Tag, an dem das ohnehin brüchige Vertrauen starb. Diese stillschweigende Übereinkunft zwischen Vater und Sohn, sich wenigstens gegenseitig zu respektieren, wenn sich schon – weshalb auch immer – kein engeres Band zwischen ihnen knüpfen ließ.

Es war ein regenverhangener Montag im Monat Oktober des Jahres 1887, als der Vater das Versteck seines Sohnes im hintersten Bühnenwinkel des Hauses 201 an der Maffersdorfer Hauptstraße aus einem dummen Zufall heraus entdeckte. Und dann war sofort jenes fürchterliche Donnerwetter losgebrochen.
»Dieses ganze elende Zeugs da! Weg damit!« Mehr und mehr redete sich Anton Porsche in Rage. Schon wieder hob er die Hand, um ein drittes mal zum Schlag gegen seinen ungehorsamen Sohn auszuholen, als der wütende Mann unversehens ins Stolpern geriet und dabei einen der Metallbehälter auf dem Tisch umstieß, dessen flüssiger Inhalt sich nun über seine Hose ergoss.
»Was ist das denn …«
Während der Spenglermeister allmählich wieder das Gleichgewicht fand und dabei einen zornigen Blick auf den nassen Hosenstoff warf, schlug sein Sohn erschrocken die Hände vor den Mund.
»Pass auf Vater, das ist Säure!«
Die Warnung kam zu spät.
In Windeseile fraß die ätzende Flüssigkeit ein Loch in die Hose des Vaters. »Was ist denn das für eine Schweinerei?« Fassungslos betrachtete er den Schaden an seinem Kleidungsstück. »Das … das ist ja …«
Und dann ging alles blitzschnell: noch ehe sich sein Sohn dagegen hätte wappnen können, donnerte eine mächtige Ohrfeige gegen dessen linke Wange. Mit einer solch wütenden Gewalt, dass es den Jungen augenblicklich zu Boden warf. Es steckte eine derartige Kraft hinter dem Schlag, dass die Folgen noch tagelang zu spüren waren. Aber die Tortur war noch immer nicht zu Ende. Der Vater war jetzt völlig außer sich vor Zorn und Empörung – selbst aus seinen Schnurrbartspitzen schienen Funken zu schlagen! Mit an Sicherheit grenzender Wahrscheinlichkeit hätte Ferdinands Hinterteil nun mit einer der lose in der Ecke lagernden Dachlatten eine schmerzhafte Bekanntschaft geschlossen, wäre da nicht das Blut gewesen, das

plötzlich aus Ferdinands Ohr rann, über seine Wange tropfte, um sich in drei großen dunklen Flecken auf dem hölzernen Dachboden zu verteilen.
Schlagartig wich auch die letzte Farbe aus dem blassen Gesicht des Sohnes. »Das ist Blut! Ich blute, Vater!«
»Oh Gott, Anton! Was hast du nur getan?!« Alarmiert durch den lautstarken Wutausbruch war Anna Porsche aus der Küche gehetzt und die Treppe hochgestürmt, wo sich vor ihren entsetzten Augen das Resultat der väterlichen Strafmaßnahme zeigte. Fürsorglich beugte sie sich über ihren an allen Gliedmaßen zitternden Sohn und drückte ihn vorsichtig an sich, bevor sie ihren Mann mit einem durchdringenden, über die Maßen vorwurfsvollen Blick bedachte. »Schau doch nur Anton, was du angerichtet hast! Musste das denn wirklich sein?!«
Ob Anton Porsche angesichts der Auswirkungen der von ihm verabreichten Ohrfeige nun selbst erschrocken war, konnte man aus seiner Antwort nicht mit Sicherheit ableiten. »Als ob das Absicht von mir gewesen wäre …« knurrte er rau. »Diese Experimente, die dein Sohn da in unserem Haus veranstaltet, die sind brandgefährlich. Mit der Säure in diesen Batterien ist nicht zu spaßen. Das scheint er aber einfach nicht in seinen Schädel hinein zu kriegen. Wer mit Säure hantiert, der riskiert nicht nur seine eigene Gesundheit, sondern auch die seiner Mitmenschen. Als Feuerwehrkommandant werde ich wohl wissen, wovon ich spreche. Ich will dieses Teufelszeug in meinem Haus nicht haben. Am Ende frisst sich die Säure womöglich noch durch die Decke. Nein, nein: du brauchst jetzt gar nicht so ungläubig den Kopf zu schütteln: schau dir doch nur mal meine Hose an! Die ist kaputt. Dieses Loch da, das kannst nicht einmal du mehr stopfen!«
»Als wenn eine kaputte Hose eine derartige Gewaltaktion rechtfertigen würde!« In den Augen seiner Ehefrau glitzerte es wässrig. »Muss es denn immer so weit kommen, Anton? Könnt ihr zwei beiden denn nie in Ruhe und wie zivilisierte Menschen miteinander umgehen?«

»Jetzt schiebe du mir nur ruhig wieder die ganze Schuld an diesem Debakel in die Schuhe! Aber was ist denn zuerst gewesen: das Ei oder die Henne? Hätte dein Sohn sich gefälligst an meine strikte Anweisung gehalten, endlich die Finger von diesem elektrischen Unfug zu lassen, dann wäre nichts geschehen. Überhaupt nichts. Sag ihm das – und denke auch du einmal ein bisschen darüber nach, anstatt den Bengel ständig nur in Schutz zu nehmen!« Damit wandte sich der Spenglermeister um und riss ein großes Leinentuch vom Wandhaken, auf dem er alle Bestandteile der elektrischen Versuchsanordnung seines Sohnes zusammen sammelte, um das Tuch schließlich an den Enden zu verknoten. Dann hievte er sich den so entstandenen Transportsack vorsichtig über die rechte Schulter und stapfte mit energischen Schritten die Treppe hinunter.

»Wohin geht er denn jetzt?« keuchte Ferdinand mühsam, während er sich mit der einen Hand mühsam auf dem Holzboden abstützte. »Was macht er mit meinen Sachen?«

Anstelle einer Antwort zuckte die Mutter nur kurz mit den Schultern und streichelte vorsichtig über den Kopf des Jungen.

Der gab sich folglich selbst die Antwort. »Sicher wird er alles zerstören«.

Anna Porsche schüttelte missbilligend ihren Kopf und bedachte ihren Sohn mit einem durchdringenden Blick. »Daran bist du zu einem gewissen Teil selber schuld. Hättest du halt ein bisschen auf deinen Vater gehört. Aber du bist ja genauso stur wie er.«

»Aber …« Wieder traten Tränen in seine Augen. »Was ist denn schon dabei? Es … es ist doch nichts Unrechtes. Selbst die Brauerei wird inzwischen mit dem elektrischen Strom beleuchtet – und in der Teppichfabrik Ginzkey haben sie angekündigt, dass sie spätestens im kommenden Frühjahr so weit sein werden, dass sie ihre ganzen Maschinen mit Elektrizität betreiben können. Die Techniker aus Wien sind längst an der Arbeit. Alle Welt redet vom elektrischen Strom. Und dass der Elektrizität die Zukunft gehört. Weshalb muss da ausgerechnet mein Vater mir verbieten, mich damit zu beschäftigen? Was kann denn daran so schlimm sein?«

»Er will es eben nicht …«

»Aber ich! Und ich weiß, dass ich eines Tages auch Elektriker werden will.« Trotz seiner schmerzenden Wange gelang dem Jungen ein wild entschlossener Blick.

»Du weißt aber ganz genau, dass dein Vater etwas Anderes im Sinn hat.«

»Ich will aber kein Spengler werden, sondern Elektriker! Als Nachfolger hat er ja den Anton, der hat nichts dagegen, den Betrieb zu übernehmen. Da braucht er doch nicht auch noch mich.«

»Er denkt aber anders. Es geht ihm schon darum, dass dieser respektable Betrieb, den er mit seiner Hände Arbeit aufgebaut hat, in der Familie bleibt. Das kann ich sehr gut verstehen, dass er dich und deinen Bruder zu seinen Nachfolgern machen will. Er meint es ja nur gut mit dir.«

»Von wegen gut!« schnaubte Ferdinand. »Wenn er es gut mit mir meinen würde, dann würde er mir nicht ständig verbieten, mich mit der Elektrizität zu beschäftigen. Noch nicht einmal mehr in die Teppichfabrik will er mich lassen, wo ich den Arbeitern aus Wien zuschauen durfte, wie sie die Kabel verlegen. Weißt du noch, wie er mir das verboten hat? Dabei hat es mir der Herr Ginzkey persönlich erlaubt, auf dessen Meinung hält er doch sonst so große Stücke. Ich weiß auch nicht, warum das so ist, Mutter«, in einer hilflosen Geste zuckte er mit den Schultern, »aber diese Elektrizität hat mich einfach völlig in den Bann geschlagen. Das … das ist genau so eine tolle Sache wie diese Benzinkutschen, die der Herr Daimler in Cannstatt vor einiger Zeit erfunden hat. Alle Welt redet doch davon, dass wir am Beginn einer neuen Zeitrechnung stehen. Diese ganzen neuen Techniken! So etwas interessiert mich einfach. Viel mehr als die Spenglerei. Aber bis die Benzinkutschen endlich auch hierher nach Maffersdorf kommen, in den hintersten Winkel von Böhmen, bin ich wahrscheinlich alt und grau geworden ...«

»Na ja: jetzt bist du gerade einmal zwölf Jahre alt. So schnell wird man nicht alt und grau«, schmunzelte seine Mutter. »Zumindest sehe ich noch keine grauen Strähnen in deinen Haaren.«

»Ich meine das ernst, Mutter. In anderthalb Jahren bin ich mit der Schule fertig und dann soll ich wie der Anton auch Spengler werden. Ein Beruf, der mich wie gesagt kein bisschen interessiert. Ich möchte etwas lernen, das Zukunft hat.«

»Ein tüchtiger Spenglermeister wird immer sein Auskommen haben.«

»Ja, schon. Aber das reizt mich nicht. Es sind einfach diese neuen Techniken, die unsere Welt verändern werden, bei denen ich mitarbeiten will. Und weil die Elektrizität ja gerade bei uns in Maffersdorf Einzug hält, dann wäre es doch nicht verkehrt, wenn der Vater mir eine Ausbildung als Elektriker erlauben würde. Noch dazu bei den Technikern der Firma Bela Egger aus Wien, die von den Gebrüdern Ginzkey engagiert worden sind. Das ist nämlich nicht irgendein Betrieb, ich habe mich genau erkundigt, das sind vielmehr die angesehensten Ingenieure, die selbst am Wiener Kaiserhof den allerbesten Ruf genießen. Und genau diese Leute sind jetzt hier in Maffersdorf. Ich würde alles dafür geben, wenn ich nach der Schule eine Lehrstelle bei ihnen bekommen könnte! Das wäre doch eine feine Sache für unsere ganze Familie, wenn wir künftig auch einen Experten für Elektrizität im Haus hätten. Eine ganz neue Technik, der die Zukunft gehört. Dagegen kann man doch eigentlich nichts einwenden!«

Die Mutter wiegte nachdenklich den Kopf. »Ja, schon ...«

»Und deshalb kann es ja auch nicht schaden, wenn ich meine Kenntnisse mit ein paar Experimenten noch vertiefe. Die sind im übrigen wirklich harmlos. Hätte der Vater nicht so kräftig gegen den Behälter getreten, dann wäre mit seiner Hose gar nichts passiert.«

»Aber wenn er sagt, er habe Sorge, dass sich die Säure womöglich durch die Decke frisst.«
»Das ist völlig unmöglich, Mutter. Schau doch die beiden Batteriebehälter. Die sind so klein, dass ich dafür wirklich nur ganz wenig brauche. Es ist absolut unmöglich, dass etwas schiefgehen kann. Das kannst du mir glauben.«
Anna Porsche seufzte tief in sich hinein und schenkte ihrem Sohn ein mildes Lächeln. »Derselbe Sturkopf wie sein Vater! Aber nun gut. Versprich mir aber wenigstens, dass du künftig ein bisschen vorsichtiger zu Werke gehst, nicht dass es wieder zu so einem Malheur ...« Sie unterbrach sich und schnupperte beunruhigt. »Was ist das denn?«
Jetzt hatte auch Ferdinand den eigenartigen Geruch wahrgenommen, der sich vom Treppenhaus hinauf zum Dachboden zog. War das etwa ... Brandgeruch?
»Um Gottes Willen! Es scheint irgendwo zu brennen!«
Ein kurzer Blick aus dem Dachfenster genügte.
»Der Vater! Er verbrennt meine Sachen! Das darf er nicht!«
Ferdinand rappelte sich hastig auf und stand gerade im Begriff, die Treppe hinunter zu stürzen, als ihn seine Mutter mit festem Griff zurück hielt. »Halt. Du bleibst jetzt hier. Bevor noch mehr passiert. Es ist sowieso schon zu spät. Und etwas Strafe muss halt auch sein ...«
Der unglückliche Junge schmiegte sich schluchzend an die Brust seiner Mutter. »Das werde ich ihm nie vergessen!«
Minutenlang verharrten die beiden regungslos auf dem Dachboden, bis plötzlich ein scharfer Befehlston von unten erklang. »Der Ferdinand soll kommen. Auf der Stelle!«
»Ich bleibe hier bei dir«, murmelte der junge Porsche trotzig.
»Mach es nicht noch schlimmer, Ferdinand. Du weißt doch, wie es ist, wenn dein Vater erst einmal in Rage gerät. Komm, sei ein Mann, der du doch schließlich werden willst. Zeige ihm mit allem gebotenen Respekt, dass du dich nicht so leicht brechen lässt und benimm dich so, wie

er es von einem folgsamen Sohn erwartet. Später sehen wir dann weiter …«
»Ich … ich weiß nicht …«
»Bitte Ferdinand … Tu es mir zuliebe!«
»Na gut – aber wirklich nur deinetwegen …«

Im Garten hinter dem Haus bot sich Ferdinand ein schlimmes Bild. Von seiner ganzen schönen Versuchsanordnung war bis auf wenige verkohlte, qualmende Reste nicht das geringste übrig geblieben. Beinahe hätte er auf dem Absatz wieder kehrt gemacht, doch ein kurzer Blick in die Augen seiner Mutter, die ihm gefolgt war, bewahrte ihn davor. Besser so. Schlimm genug war es ohnehin.
Der Vater hatte tatsächlich alles vernichtet.
Und jetzt sollte sein Sohn zu allem Überfluss auch noch beim Ablöschen der Brandstätte mithelfen, um anschließend die jämmerlichen Überbleibsel einzusammeln.
»Da kannst du gleich sehen, wie man das macht. Du wirst dich daran erinnern, wenn du erst eines Tages mein Nachfolger als Feuerwehrkommandant geworden bist.«
»Niemals!« murmelte der Sohn kaum hörbar in sich hinein.
»Was hast du gesagt?«
»Nichts …« erwiderte Ferdinand mit tonloser Stimme. Weiter hielt er den Kopf gesenkt und ballte die Fäuste in der Hosentasche, während er seinen Schwur ergänzte. »Alles werde ich, nur das nicht. Und schon gar nicht dein Nachfolger. Weder bei der Feuerwehr, noch in der Spenglerei!«
Nachfolger in der Spenglerei! Es war das letzte, was sich der 12-jährige wünschte. Jetzt erst recht nicht mehr! Und dennoch würde sein stiller Kampf gegen den Beschluss des Vaters aussichtslos sein. Der Weg war ja längst vorgezeichnet: Zunächst die Lehre, dann die Meisterprüfung und anschließend die Übergabe vom Vater an den Sohn. Im Falle der Porsches war der Betrieb sogar groß genug, dass sich die beiden ältesten Söhne, also sein gut zwei Jahre älterer

Bruder Anton, der bereits mit der Lehre begonnen hatte, und Ferdinand, sich später einmal die verschiedenen Geschäftsfelder der Firma würden aufteilen können. Nach der felsenfesten Überzeugung ihres Vaters steckten in dem Betrieb nämlich noch einige Entwicklungsmöglichkeiten. Die naturgemäß der gesamten Familie Porsche zugute kommen würden. Die allerbesten Voraussetzungen für eine sichere Zukunft waren vom umsichtigen Anton Porsche senior folglich geschaffen. Auch die nächste Generation konnte somit auf dem sicheren Fundament des väterlichen Erbes fußen. »So wie das traditionell in guten Betrieben immer gemacht wird«, hatte ihnen der Vater erst vor wenigen Tagen wieder einmal unmissverständlich zu verstehen gegeben. »Und im übrigen werdet ihr einen Betrieb übernehmen, um den euch ganz Maffersdorf beneidet. Dein Bruder hat das längst begriffen. Aber auch du, Ferdinand, wirst mir später einmal dankbar sein. Aber um das zu verstehen, bist du wahrscheinlich noch zu jung. Doch dieser Tag wird kommen, da bin ich mir ganz sicher.«
Ende der Diskussion.
Von wegen Diskussion!
Da hatte es gar nichts zu diskutieren gegeben. Es war der feste Wille des Vaters und von diesem Entschluss würde er sich nicht mehr abbringen lassen. So stolz und stur wie er nun einmal war!
Bereits im kommenden Jahr würden die Dinge also ihren unaufhaltsamen Lauf nehmen. »Sobald du nächstes Jahr mit der Volksschule fertig bist, wirst du die Lehre als Spenglergeselle beginnen«.
Es war zum Verzweifeln.
Und zu allem Überfluss jetzt auch noch die Katastrophe dieses heutigen Tages, die wie der sprichwörtliche Blitz aus heiterem Himmel über ihn herein gebrochen war.
»Du schaust jetzt zu, dass keine Flamme mehr auflodern kann bei dem ganzen giftigen Zeugs da, dem man nie trauen kann«, riss ihn der scharfe Befehlston des Spenglermeisters aus seinen bitteren Gedanken. »Ich gehe jetzt zum

Veteranenverein – und wehe dir, es brennt noch irgendetwas, wenn ich wieder zurück komme.« Der große massige Mann fixierte seinen Sohn mit finsterer Miene. »Verstanden?«

Irgendwie schaffte es Ferdinand, dem eisigen Blick standzuhalten und zwang sich ein neutrales, deutliches »Verstanden!« ab.

»Dann ist ja endgültig alles geklärt!« Anton Porsche wandte sich um und begab sich zurück ins Haus, wo ihm seine Frau bereits den Sonntagsanzug zurecht gelegt hatte, den er üblicherweise bei den Versammlungen des Maffersdorfer Veteranenvereins zu tragen pflegte. Als stolzer Obmann dieses Vereins ließ er keines der regelmäßigen Treffen im Nebenzimmer der Gastwirtschaft zur Krone jemals aus, denn schließlich handelte es sich um ein angesehenes Ehrenamt. Eines von mehreren, denn der Spenglermeister Anton Porsche fungierte bekanntlich auch noch als Vizebürgermeister seines Wohnortes, sowie als Gründungsmitglied und Kommandant der örtlichen Feuerwehr. Und dabei war er noch nicht einmal in Maffersdorf geboren, sondern stammte aus dem einige Kilometer entfernten Alt Harzdorf, in der Nähe von Reichenberg. Mit einigem Fug und Recht durfte man vom zweitältesten Sohn des Kleinbauern und Schneidermeisters Ferdinand Porsche also sagen, dass er es im Leben zu etwas gebracht hatte und als 42-jähriger Mann nunmehr in der Blüte seiner Jahre stand. Groß, stattlich und durchaus gewohnt, überall den Ton anzugeben. Eine Respektsperson im Ort. Auf den man hörte, den man achtete und – aufgrund seiner bestens florierenden Geschäfte – manchmal auch ein wenig beneidete. Denn da war ja nicht nur der Betrieb, den er mit seiner eigenen Hände Arbeit aufgebaut und zu einer respektablen Größe von mittlerweile 20 Beschäftigten hatte wachsen lassen. Da gab es ja inzwischen auch noch das Fuhrunternehmen, das eine Kohlenhandlung umfasste, sowie die ertragreiche Rudolfsquelle. Zur Nutzung dieser Quelle mit ihrem wertvollen Mineralwasser hatte der Vizebürgermeister Anton Porsche zusammen mit dem Maffersdorfer Bürgermeister nämlich ein eigenes Unternehmen gegründet. In großen Mengen füllten sie hier das Mineralwasser ab und verkauften es höchst gewinnbringend im weiten Umkreis. Dank des eigenen Fuhrunternehmens konnte man das begehrte Wasser mühelos bis nach Reichenberg und darüber hinaus liefern. Im wahrsten Sinn des Wortes hatte sich die Nutzung des Wassers zu einer immerzu sprudelnden Geldquelle entwickelt – und das innerhalb kürzester Zeit, wie Anton Porsche voller Genugtuung wieder und wieder strahlend betonte.

Vom wirtschaftlichen Standpunkt aus betrachtet, handelte es sich also um bestens situierte Verhältnisse, in denen die Porsches mit ihren fünf Kindern leben durften. Die drei Söhne Anton junior, Ferdinand und Oskar würden sich das kleine Firmenimperium aufteilen können – und ihre beiden Schwestern Anna und Hedwig galten schon jetzt als besonders gute Partien, für die man dereinst mühelos einen Bräutigam aus den besten bürgerlichen Kreisen zwischen Reichenberg, Gablonz und Maffersdorf würde finden können. Alles schien folglich wohlgeordnet zu sein im Haus Nr. 201 in Maffersdorf auf der rechten Seite der Neiße.

Und dennoch machten immer wieder Gerüchte die Runde, dass es mit dem Haussegen bei den Porsches nicht zum allerbesten stünde. Vor allem zwischen dem Vater und seinem zweitgeborenen Sohn Ferdinand käme es regelmäßig zu Meinungsverschiedenheiten, tuschelten die Leute hinter vorgehaltener Hand. Dabei konnte der schmächtige Kerl mit der hohen Fistelstimme seinem massigen Vater weder von der Statur her, noch im Hinblick auf die Stimmgewalt in irgendeiner Form Paroli bieten. Doch je älter der Ferdinand wurde, desto häufiger schien es im Hause Porsche zu krachen.

Irgendwann hatte es ja zur Explosion kommen müssen!

Dieser Tag war heute gewesen. Der Tag, an dem Ferdinand Porsches Träume in Flammen aufgegangen waren!
Es war eine Katastrophe.
Was für ein demütigendes Erlebnis!
Und dennoch genau jenes Ereignis, das den Beginn einer großen Karriere markieren sollte.
Aber wer konnte das in diesen zorndurchtränkten Stunden schon ahnen …

Erst recht natürlich nicht der junge Bursche, der sich noch tagelang in einem seltsam dumpfen Zustand der Niedergeschlagenheit und der Hoffnungslosigkeit gefangen fühlte. Unentrinnbar gefangen in diesem elenden Nest an der Neiße. Maffersdorf!
Nein! Der junge Ferdinand ballte die Hände so fest zur Faust, dass die Fingerknöchel weiß schimmernd hervortraten. »Nein, nein, und nochmals nein! Ich werde es ihm beweisen – und ich werde es nicht zulassen, dass er mein Leben kaputt macht.« Wenn da nur nicht die Mutter wäre, die so sehr unter den Auseinandersetzungen zwischen ihnen zu leiden hatte … Überhaupt: Wenn die Mutter nicht wäre, ja, dann hätte er schon längst seine Sachen gepackt und wäre einfach bei Nacht und Nebel verschwunden. Für immer. Das Ende eines bösen Jugendtraumes.

*

Auch der hinter dem Steuer des Wagens sitzende Ghislaine Kaes, der in dieser erstaunlich milden Oktoberwoche des Jahres 1950 die ehrenvolle Aufgabe hatte übernehmen dürfen, seinen hoch verehrten Onkel von der Pariser Automobilausstellung über Stuttgart so rasch wie möglich zurück in den Pinzgau zu chauffieren, zu dessen mittlerweile liebstem Aufenthalt, dem vor einigen Jahren erworbenen Schüttgut in Zell am See, war mit seinen Gedanken weit in die Vergangenheit zurück gewandert.

Ferdinand Porsche war im Fond des Wagens in einen friedlichen Schlummer gefallen, das Beste, was der alte Herr machen konnte. Allein schon die Beobachtung, wie der 75-jährige Konstrukteur nach ihrem letzten Halt an einer Tankstelle die hintere Tür des Automobils geöffnet und es sich auf der Rückbank bequem gemacht hatte, versetzte dem Neffen einen schmerzhaften Stich in die Magengegend. Denn so etwas hätte ein Ferdinand Porsche früher niemals getan. Ganz im Gegenteil: allein ein kurzer, ganz besonders strenger Blick aus seinen dunklen Augen hätte genügt, um klar zu machen, wer den Platz hinter dem Lenkrad einnehmen würde – den er dann nach vielen Stunden rasantester Fahrt allenfalls für eine Weile mit dem Beifahrersitz vertauscht hätte. Aber ein Porsche auf der Rückbank? Niemals! Völlig undenkbar war so etwas noch bis vor wenigen Jahren gewesen. Und jetzt … war es bittere Realität! Selbst ein Ferdinand Porsche schien unter den Beschwernissen des Alters zu leiden. Was im Grunde genommen kein Wunder war, nach all den schlimmen Zumutungen, die er in den letzten Jahren hatte erleben und erleiden müssen. Blieb nur zu hoffen, dass sich der Onkel Ferdinand im Schüttgut noch einmal erholen und zu neuen Kräften kommen konnte. Er hatte doch noch so viele Pläne!

»Ach Gilain …« anscheinend war sein Fahrgast bereits wieder aus dem kurzen Schlummer erwacht. »Schau mal da drüben!«
»Nein, nicht da hin, du Trottel – auf die andere Seite natürlich! Ja, dort.«
Im langsam verlöschenden Licht dieses Abends erstrahlte die Wasserfläche des großen Sees, an dem sie gerade vorbei fuhren, in einem geradezu märchenhaft glitzernden goldenen Gelb.
»Ja, das ist wunderschön, da hast du Recht, Onkel Ferdinand.«
»Das dürfte der Chiemsee sein, wenn ich richtig vermute. Allzu lange dürfte ich ja wohl nicht geschlafen haben, nicht wahr Gilain?«
»Das stimmt, es ist in der Tat der Chiemsee.« Wieder einmal staunte der Fahrer nicht schlecht über die geistige Beweglichkeit des körperlich angeschlagenen alten Mannes, dem nach wie vor noch die Spätfolgen einer halbseitigen Lähmung zu schaffen machten. Aber es betraf nicht das Denken. Wahrlich nicht. Denn genauso messerscharf wie eh und je konnte der Onkel abwägen, kalkulieren, einschätzen und vor allen Dingen: entscheiden. Dem Herrgott sei Lob und Dank dafür!
»Dann haben wir ja nur noch gute zwei Stunden bis zum Schüttgut«, konstatierte Porsche zufrieden, um ein nachdrückliches »je nachdem natürlich, wie gut du unterwegs bist, Gilain« hinzuzufügen.
Gilain hatte den Wink verstanden. »Ich beeile mich, so gut ich eben kann.«
»Hoffentlich ist es gut genug. Aber lassen wir das – jetzt schau doch noch einmal dort hinüber: wie wunderschön der Chiemsee im Sonnenlicht glitzert. Fast so schön, wie damals das Wasser auf einem der Brauereiweiher in Maffersdorf. Ich hätte gute Lust, einfach auszusteigen und ein bisserl im See zu baden.«
»Das wäre viel zu gefährlich, Onkel Ferdinand – das Wasser ist sicherlich nicht mehr so besonders warm, nachdem

es hier ja die ganze letzte Woche geregnet und gestürmt hat. Mehr als 14 oder 15 Grad dürfte der See nicht mehr haben«, gab Gilain zu bedenken, doch Porsche nahm diesen Einwand gar nicht mehr wahr. Mit seinen Gedanken hatte er sich längst wieder auf eine Zeitreise begeben, weit zurück in die eigene Kindheit und Jugend.

Bis ins nordböhmische Maffersdorf, zu den Eisweihern der dortigen Brauerei …

Über insgesamt sieben Eisweiher verfügte die riesige Brauereianlage, aus denen sie im Winter große Eisblöcke schnitten und damit die zahlreichen Eiskeller bestückten, mit deren Hilfe sie den in der ganzen Umgebung beliebten Maffersdorfer Gerstensaft in den Sommermonaten auf die erforderliche Lagertemperatur herunter kühlten. Selbst nach der Elektrifizierung der Brauerei waren die Eisweiher noch einige Jahrzehnte lang als kostenlose natürliche Kühlmittellieferanten genutzt worden, denn zunächst einmal war die Brauerei mit dem elektrischen Strom nur beleuchtet worden. Erst, viele Jahre später, nachdem Ferdinand sein Heimatdorf schon längst verlassen hatte, waren die Kühlaggregate aufgekommen, durch deren Einsatz die herrlichen Eisweiher allmählich ihren ursprünglichen Zweck verloren.

Aber daran war an diesem Winterabend des Jahres 1888 noch lange nicht zu denken. Gerade eben erst hatte der überstolze Brauereibesitzer die elektrische Beleuchtung der Produktionsgebäude unter der staunenden Anteilnahme der gesamten Maffersdorfer Bevölkerung in Betrieb genommen.

Schlagartig waren die Räume taghell erleuchtet gewesen. »Von wegen taghell!« Als einer der wenigen, die sich bei weitem nicht so begeistert gaben, wie die Mehrzahl der Maffersdorfer, war Anton Porsche später am Abend nach Hause zurück gekehrt und hatte sich dabei vielsagend mit dem Zeigefinger an die Stirn getippt. »Unter taghell verstehe ich etwas anderes. Und unter einem Wunder erst recht.« Zu seinem Verdruss hatten die Leute tatsächlich von einem Wunder gesprochen, als der Direktor durch das Umlegen eines einzigen Hebels die Beleuchtungsanlage hatte erstrahlen lassen. »Dass man für so ein Spielzeug dermaßen viel Geld zum Fenster heraus werfen kann, das will mir einfach nicht in den Kopf! Elektrizität: das ist und bleibt für mich nichts anderes, als eine kostspielige Spinnerei, die für den Alltag der Menschen keinerlei Fortschritt bringt. Denn dafür ist allein die komplizierte Installation viel zu teuer – und was das schlimmste ist: diese Elektrizitätsbegeisterung verstellt uns den Blick auf andere Dinge, die es viel dringender zu entwickeln gäbe.«

Wem diese Bemerkungen des skeptischen Porsche in allererster Linie galten, das konnte sich in der Familie jeder denken. Ferdinand Porsche freilich zog es vor, die Worte seines Vaters erst gar nicht zu kommentieren. Das hätte ja auch nicht den geringsten Sinn gemacht. Längst hatte er für sich entschieden, den Vater einfach reden zu lassen – um in aller Heimlichkeit seiner Leidenschaft weiter zu frönen. Was dank der erfreulichen Tatsache, dass der Spenglermeister in den zurückliegenden Wochen dank seiner bekannt guten Handwerksqualität besonders viele Aufträge aus weiter entfernt liegenden Dörfern erhalten hatte, relativ gefahrlos möglich gewesen war. Auch morgen würde er mit einem Großteil seiner Spenglergesellen wieder zu einem Einsatz aufbrechen, der ihn erst Ende der Woche nach Maffersdorf zurück kommen ließ. Zeit genug also für Ferdinand, um den Erfolg seiner jüngsten Experimente sorgfältig ausprobieren zu können. Und das alles, ohne befürchten zu müssen, wieder einmal vom Vater »in flagranti« bei einer verbotenen Tätigkeit erwischt zu werden.

Er konnte es folglich kaum noch erwarten, bis endlich der nächste Abend dämmerte. Zum guten Glück war es wieder ein eiskalter Tag gewesen. Und damit stand seinem spektakulären Auftritt auf einem der Eisweiher nichts mehr im Wege.

Tatsächlich hatte es auf der spiegelglatten Eisfläche nur

eine Attraktion gegeben: Ferdinand Porsche – beziehungsweise seine Schlittschuhe. Nahezu die gesamte Maffersdorfer Jugend hatte einen engen Kreis um ihn gebildet und kam aus dem Staunen über den Anblick kaum noch heraus, der sich den Mädchen und Jungen mitten auf dem Brauereiweiher bot. Die Schlittschuhe von Ferdinand waren beleuchtet! Mithilfe von raffiniert angebrachten Batterien und kleinen Lampen hatte er es geschafft, ein optisches Schauspiel aufzuführen, wie sie es noch nie zuvor gesehen hatten. Ausgerechnet der ansonsten so stille und in sich gekehrte Ferdinand war urplötzlich zum meist bestaunten Burschen von ganz Maffersdorf geworden.
»Dreh doch noch einmal eine Runde, Ferdinand. Bitte. Und fang dafür etwas weiter hinten an, das sieht so wunderbar aus.«
»Nein, tu das nicht«, warnte ihn sein bester Freund Emil Matzig eindringlich, »es wird bald schon ganz dunkel sein, da siehst du dann nicht mehr, wo du hinfährst!«
»Aber genau das ist doch gerade das schöne, wie die Lämpchen dann in der Dunkelheit leuchten, bitte Ferdinand«, riefen die Mädchen und klatschten voller Vorfreude in die Hände. »Das sieht fast so aus, wie eine Flammenschrift, die von Geisterhand in die Nacht gemalt wird. Und je dunkler es wird, desto schöner ist es.«
»Na ja …« Der vom spektakulären Erfolg seiner Vorführung freudestrahlende Ferdinand schien durchaus nicht abgeneigt zu sein.
Auch Emil hatte es bemerkt. »Lass es! Es ist zu gefährlich«, beharrte er nachdrücklich auf seiner Einschätzung.
»Ach komm Emil, du alter Miesepeter …«
»Was heißt hier … Ferdinand, tu's nicht, hörst du denn nicht: Ferdinand!«
Während des hastigen Disputs der beiden Freunde hatte Ferdinand seine Entscheidung längst gefällt. Abrupt wandte er sich um und holte mit dem rechten Fuß weit aus, dann stieß er sich ab, und mit einem ordentlichen Tempo ging es hinein in die inzwischen nahezu vollständige Dun-

kelheit. Was für ein Gefühl – und was für ein Nervenkitzel, nicht so ganz genau zu wissen, was vor einem lag. Aber da konnte ja noch lange kein Hindernis kommen – der Weiher war schließlich groß genug. Schade nur, dass er das Spektakel nicht ebenfalls aus der Perspektive der anderen verfolgen konnte, denn es musste ja in der Tat ein unglaubliches Gemälde sein, das er mit seinen beleuchteten Kufen gerade in die Nacht hinein zauberte.

Allein der magische Schimmer des von den Lampen angestrahlten Eises unter seinen Füßen verlieh ihm geradezu Flügel. Die Anstrengung war kaum zu spüren, während er immer weiter, immer schneller seine Bahnen zog. Und jetzt die Schulter tief nach rechts unten senken, den einen Schlittschuh entlasten – wunderbar. Nun anders herum: herrlich! Der Applaus und die begeisterten Zurufe, die von dort hinten aus dem Dunkel an seine Ohren drangen, trieben ihn weiter vorwärts. Eine Spirale – nein, das war nichts geworden. Also: noch einmal Anlauf nehmen, noch einen energischen Ausfallschritt und dann …

… plötzlich war es passiert: es knirschte unter seinen Füßen. Erst leise, dann immer stärker, gleichzeitig wurde der Schwung mit einem Ruck stark abgebremst. Das Eis schien zu brechen. Aber … wohin sollte er sich wenden – panisch blickte sich der Junge um, doch in der Schwärze der Nacht war nicht das geringste zu erkennen. Bis auf die Pfütze, die sich seinen entsetzten Augen jetzt im schwachen Schein der Lämpchen unter den Füßen präsentierte … um Gotteswillen, eine Pfütze! … Wasser, das mit einem Mal seine Schlittschuhe umspülte. Wasser anstelle von Eis! Und jetzt auch noch dort vorne an den Kufenspitzen. Brechendes Eis!

Was tun? Weiterfahren? Keinesfalls! Es könnte genau die falsche Richtung sein. Eine Fahrt direkt in den Tod. Da half nur eines: der Lehrer in der Schule hatte es ihnen schon so häufig eingeschärft. Sich sofort auf den Boden legen – es war die einzige Möglichkeit, das Eis zu entlasten. Alles in ihm sträubte sich dagegen. Und dennoch. Wieder und wie-

der jagte der Satz panikartig durch sein Gehirn: sich sofort hinlegen – und das Körpergewicht damit auf der Fläche verteilen. Hinlegen! So entsetzlich sich das eiskalte Wasser auch anfühlte, das sich schlagartig in seine Kleidung saugte, sie durchdrang und den ganzen Körper wie eine Eisenzange fest umklammerte.
»Hilfe! Zu Hilfe! Ich bin hier! Helft mir – ich bin eingebrochen!«
Aber wie sollten sie ihn überhaupt hier finden?
Wie konnte die Hilfe zu ihm gelangen?
Natürlich! Die Lämpchen!
Ganz vorsichtig drehte sich Ferdinand auf den Bauch und hob die Füße mit den beleuchteten Schlittschuhen leicht an. So müssten sie ihn eventuell finden können. Als kleinen hellen Punkt auf dem Weiher, der sich ein kleines bisschen bewegte. Der dennoch immer an derselben Stelle blieb und irgendwann würde ihnen klar werden, weshalb er nicht zurück kam. Dieser einzige winzige Punkt – festgehalten mitten in der Dunkelheit, mitten auf dem brechenden Eis, das bei jeder noch so kleinen Bewegung diese furchtbar hässlichen Geräusche erzeugte, das dem einerseits vor Kälte und Anspannung am ganzen Leib zitternden Burschen dennoch heiße Fieberstöße durch die Adern jagte.

Die ersten Rufe der Kameraden waren jetzt zu hören. Sie schienen endlich begriffen zu haben, dass etwas schlimmes geschehen war. Blieb nur zu hoffen, dass sie gleich die nötigen Hilfsmittel mitschleppten, um ihn zu retten. Die Leiter, die sicherheitshalber für solche Fälle (und nach mehreren Tragödien der vergangenen Jahre aus guten Gründen) immer direkt am Ufer deponiert war. Eine lange hölzerne Stange ebenso.
Aber … was war das? Eines der Lämpchen am linken Schlittschuh begann zu flackern! Dann noch eines – und plötzlich waren sie alle verloschen. Jetzt gab es nur noch die auf der rechten Seite. Aber auch diese schienen schwä-

cher zu werden. Ganz offensichtlich ging der gespeicherte Strom in den beiden Batterien allmählich zur Neige.
Bitte nicht! Bitte lieber Herrgott lass es nicht so weit kommen. Bitte zeige ihnen den Weg zu mir. Ich werde von jetzt an auch immer ein folgsamer Sohn sein und auf meinen Vater hören und meine Experi …
Die Eiseskälte machte ihn bewegungslos. Noch nicht einmal mehr seinen Kopf konnte er richtig zur Seite drehen. Von weiteren Hilferufen ganz zu schweigen. Und ganz allmählich schwand bei Ferdinand Porsche das Bewusstsein.
Wie durch einen dichten schwarzen Nebel drang eine Stimme aus weiter Ferne an seine Ohren. »Ferdinand! Ferdinand, greif doch endlich zu!«
Es war Emils Stimme. Die Stimme seines Freundes.
»Aber ich … ich kann nicht«, hatte er ihm antworten wollen, doch mehr als ein kraftloses Krächzen drang nicht mehr aus seiner Kehle.
»Ich habe ihn!«
Es schien dem Verunglückten, als habe ihn eine Hand fest am Unterarm gepackt, gleich danach eine zweite. Konnte es sein, dass er spürte, wie sich sein steif gefrorener Körper jetzt langsam von der Stelle bewegte? Dass er über den wässrigen Eismatsch schleifte. Gezogen von den beiden Händen, die sich wie Eisenhaken in seinen Unteram krallten …
Aber vielleicht war das nur ein Traum. Höchstwahrscheinlich sogar.
Dann schwand ihm endgültig das Bewusstsein.
»Ferdinand! Ferdinand wach auf! Komm doch bitte wieder zu dir!« Eine nasse Hand klatschte gegen seine eiskalte Wange. Und gleich darauf ein weiteres mal. »Du sollst endlich zu dir kommen, Ferdinand!«
Ein dritter Schlag, der allerdings nicht die Wange traf, sondern versehentlich seine gefrorene Nase, die sofort höllisch zu schmerzen begann. Ein richtiger Volltreffer! Dick und warm rann das Blut aus der Nase, über seine

Lippen, in den Mund, auf die Zunge. Ein ekelhafter Geschmack.
»Pfui Teufel!« stöhnte er schwach und öffnete langsam die Augen – um in das Gesicht von Emil Matzig zu starren, der ihn mit sorgenvoller Miene musterte. »Gott sei Dank! Er lebt! Er kommt wieder zu sich!«
Erleichtertes Stimmengemurmel rings herum.
»Aber … wieso … wieso haust du mich denn mitten auf die Nase«, stöhnte der Gerettete schwach.
»Mensch Ferdinand! Ich könnte dich umbringen!« Emil schüttelte wütend seinen Kopf. »Wieso hast du denn nicht auf mich gehört? Das wäre beinahe ins Auge gegangen!«

Erst in den folgenden Tagen wurde sich Ferdinand Porsche über das ganze Ausmaß des Unfalls bewusst – und welche dramatischen Folgen seine unbedachte Schlittschuhkür um ein Haar hätte zeitigen können.
Nur mit knapper Not war es den Kameraden gelungen, ihn von der brechenden Eisfläche zu ziehen. Selbst der auf einer Leiter liegende Emil war dabei in ernste Gefahr geraten, denn auch unter der Leiter hatten sich die Risse in beängstigender Geschwindigkeit ausgebreitet, so dass die anderen drauf und dran waren, die Leiter bereits wieder zurück zu ziehen. »Es hat keinen Zweck mehr. Wir riskieren damit unser eigenes Leben!« Nur durch Emils hastig gebrülltes Kommando: »Bleibt gefälligst da, ihr Feiglinge. Auf geht's! Noch einmal! Ich brauche nur noch ein kleines Stück nach vorne!« hatten sie die Leiter noch ein aller letztes mal in Richtung des Verunglückten geschoben – begleitet von einem hässlichen Knirschen und Knacken. Es waren die alles entscheidenden Zentimeter gewesen, denn Emil hatte ihn tatsächlich am Unterarm packen und mit sich zurück ziehen können.
Patschnass und beinahe steifgefroren waren sie dann zu Emils Eltern geschlichen, wo ihnen die zu Tode erschrockene Mutter Matzig neue Kleider besorgte, nachdem sich die am ganzen Leib wie Espenlaub zitternden Buben erst

einmal eine gute Stunde lang am Kachelofen gewärmt hatten – bedeckt mit dicken Wolldecken.
»Du bist doch sonst nicht so mutig, Ferdinand. Was sollte das denn für ein dummes Schaulaufen sein«, knurrte Emil endlich und musterte seinen Freund dabei mit einem vorwurfsvollen Blick. »Welchem Mädchen hast du denn imponieren wollen?«
»Mädchen!« krächzte Ferdinand. »Was redest du denn da für einen Blödsinn? Es ist mir nur um die Beleuchtung gegangen, die war so wunderschön, dass ich vor lauter Begeisterung vergessen habe, anstatt auf die Lichter, besser aufs Eis zu schauen. Das hat mit den Mädchen doch nichts zu tun!«
»Aha ... das hätte mich ja auch gewundert. Aber sei bloß froh, dass wir die Leiter gleich gefunden haben.«
»Bin ich ja auch«, murmelte der trotz der Ofenwärme immer noch vor Kälte und Anspannung schlotternde Ferdinand. »Und danke auch.«
»Schon gut.«
»Jetzt müssen wir nur noch dafür sorgen, dass mein Vater nichts davon mitbekommt. Denn sonst ...«
»... sonst wirst du dein blaues Wunder erleben. Das glaube ich allerdings auch.«
Das abendliche Malheur auf dem Eisweiher, bei dem zu allem Überfluss ausgerechnet die vermaledeite Elektrizität in Form der Lämpchen an den Schlittschuhen eine wesentlich Rolle gespielt hatte, das wäre genau die richtige Melange, um Anton Porsche in kürzester Zeit zur Weißglut zu treiben.
»Daran möchte ich nicht einmal denken!«
Gott sei Dank war es ihnen gelungen, sämtliche Zeugen des abendlichen Vorfalls zum absoluten Stillschweigen zu verpflichten. Und alle, wirklich alle, hielten tatsächlich ihr Versprechen – beziehungsweise den Mund. Auch seine Mutter, die er natürlich zwangsläufig hatte einweihen müssen. Allein schon wegen der fremden Kleidung, mit der er spät in der Nacht nach Hause gekommen war.

Sein 13. Geburtstag, den Ferdinand am 3. September 1888 feiern konnte, war deshalb ein ganz besonderes Ereignis. Keineswegs, weil es sich auch um den Geburtstag der Mutter handelte – das war schließlich jedes Jahr so – sondern vor allem deshalb, weil er sich schauernd daran erinnerte, wie knapp er im Januar auf der Eisfläche mit dem Leben davon gekommen war. »Wenn ich dich auch noch verloren hätte, Ferdinand ... ich wüsste nicht mehr ein und aus!« Die Mutter schlang die Arme um den Oberkörper ihres Sohnes und drückte ihn ganz fest an sich. »Ich hoffe nur, dass du deine Lektion gelernt hast. Dieses Jahr war schlimm genug – für uns alle. Versprich mir, dass du weiter vorsichtig sein wirst und nie mehr solche dummen Sachen machst. Bitte.«
Ferdinand nickte stumm und schmiegte sich noch enger an die traurige Frau, die ihren Tränen nunmehr freien Lauf ließ.
In diesem Jahr war etwas Furchtbares geschehen.

Der Nachmittag des 14. Februar 1888.
Ein lauter Alarmruf drang aus dem Nebengebäude der Spenglerei Porsche. Kurz darauf kam einer der Gesellen aus der Tür gestürmt, die mit einem lauten Knall gegen die Hauswand krachte. Dann blieb der Mann unvermittelt stehen und wedelte hilflos mit den Armen. »Hilfe! Zu Hilfe! Kommt schnell: Es ist etwas schlimmes passiert!«
Von allen Seiten des Betriebs eilten die Arbeiter herbei. »Da. Dort hinein. Dort liegt er! Ich glaube, er lebt noch ...« Aus der dunklen Werkstatt drangen gequälte Schmerzenslaute nach draußen.
»Um Gotteswillen!«
Es musste neben einem der großen Transmissionsriemen geschehen sein, denn hier standen die Arbeiter in einem unruhigen Kreis und starrten voller Entsetzen auf das offenkundig schlimme Geschehen direkt vor ihren Augen. Auch Ferdinand kam langsam näher und schob sich zwi-

schen den Männern durch. Der Anblick ließ ihm das Blut in den Adern gefrieren.

Bitte nicht!

Aber das Bild blieb dennoch dasselbe.

Anton!

Der Verunglückte war Anton. Sein Bruder Anton. Irgendwie musste er mit dem Oberkörper in die Maschine geraten sein. Dabei hatte es ihm den Brustkorb zerquetscht. Qualvoll stöhnend wand sich der arme Junge zwischen dem Antriebsriemen und dem Schwungrad. Eine auswegslose Situation. Obwohl ... Noch war er am Leben. Noch schien Hilfe möglich.

»Weg da! Was ist denn los? Macht mir endlich Platz, ihr Kerle!« Der Spenglermeister bahnte sich mit geballten Fäusten einen Weg durch die betroffene Menge – um kurz darauf zur Salzsäule zu erstarren. Waren es Sekunden oder nur Bruchteile davon, bis sich das lähmende Entsetzen wieder von ihm löste und sich der Vater mit einem langgezogenen jammervollen Schrei auf seinen ältesten Sohn stürzte?

»Einen Arzt! Holt einen Arzt, schnell! Und die Feuerwehr, sie müssen uns helfen, die Maschine anzuheben, damit wir ihn heraus ziehen können. Sie sollen die großen Holzstangen mitbringen und die dicken Seile. Jetzt macht schon, beeilt euch!«

Das aufgeregte Stimmengewirr aus der Werkstatt war bis in die Küche zu Anna Porsche gedrungen. Dass etwas Schlimmes passiert sein musste, das konnte man schon von weitem an den aufgeregten Gesten und den betroffenen Gesichtern der Arbeiter ablesen. Voller Unruhe eilte sie an die Unglücksstelle, wo die Männer einen dichten Kreis um den Verletzten bildeten, dessen jammervolles Stöhnen inzwischen kaum noch zu hören war. Und dennoch ... Diese Stimme ... Eine heiße Woge des Schreckens jagte durch ihren Leib. »Lasst mich durch. Ich kann nichts sehen. Sofort!«

In der Menge entdeckte sie Ferdinand, über dessen blei-

ches Gesicht verzweifelte Tränen rannen. »Mutter!« Es war nur dieses eine Wort. Der Augenblick, in dem die schlimme Vorahnung schlagartig zur Gewissheit wurde. »Ferdinand. Was … was ist mit …«
Auch Anton Porsche hatte die Stimme seiner Frau gehört. Ohne den Blick von seinem sich unter Schmerzen windenden Sohn zu wenden, erteilte er den beiden neben ihm stehenden Männern einen knappen Befehl. »Bringt sie weg. Schnell!«
»Nein! Nein, ich will nicht! Lasst mich zu meinem Sohn!« Energisch schüttelte Anna die Hände der beiden von ihren Schultern. »Lasst mich durch. Ich will zu meinem Sohn!«
Auch der Verunglückte schien die Stimme seiner Mutter wahrgenommen zu haben. Ein langgezogener Schmerzenslaut drang aus seiner Kehle. Im selben Moment trafen die Helfer ein, die sich mit ihren Stangen eilig daran machten, die Maschine soweit anzuheben, dass man mit aller Vorsicht daran gehen konnte, den 15-jährigen unter dem Rad hervor zu ziehen. Jede Bewegung musste ihm höllische Schmerzen bereiten. Die fürchterlichen Schreie. Der entsetzlich zusammen gequetschte Brustkorb. Das viele Blut, die weit aus den Höhlen getretenen Augen. Ein grauenhafter Anblick. Endlich … Ferdinand schien es, als seien Stunden verstrichen … endlich hatte eine gnädige Ohnmacht den Qualen ein vorläufiges Ende bereitet.

»Macht Platz! Der Doktor kommt!« Mit raschen Schritten stürmte der Arzt in die Werkstatt und beugte sich sorgenvoll über den bewusstlosen Schwerverletzten. Eingehend inspizierte er die schlimmen Quetschungen, wies die Männer an, ihn vorsichtig in eine andere Lage zu bugsieren, zog behutsam die Augenlider auseinander, dann tastete er lange nach dem Puls, bis er sich schließlich kopfschüttelnd erhob. »Ich fürchte, da ist nichts mehr zu machen. Leider …«
»Aber …«
»Ich möchte erst gar nicht drum herum reden und Ihnen

falsche Hoffnungen machen, Herr Porsche.« Er fixierte den fassungslosen Vater aus ernsten Augen. »In einer solchen Situation bin ich als Arzt mit meinem Latein am Ende. Es war kaum noch ein Puls zu spüren.« Er zuckte bedauernd mit den Schultern. »Ich glaube, es wäre besser, wenn Sie den Pfarrer holen lassen …«

»Den Pfarrer?! Mann! Sind Sie wahnsinnig?! Sie sind der Arzt! Sie haben meinem Sohn zu helfen!« In einer Mischung aus Wut und völliger Verzweiflung brach es urplötzlich aus Anton Porsche heraus. Er packte den Mann mit beiden Händen am Revers schüttelte ihn grob – immer heftiger und heftiger, so dass es der gesammelten Kraftanstrengung von vier Arbeitern bedurfte, um den verzweifelten Vater von dem Mediziner weg zu reißen. Kaum hatten sie es geschafft, klappte der Spenglermeister wie ein Taschenmesser in sich zusammen. »Lasst seine Mutter zu ihm – und dann … dann holt meinetwegen den Pfarrer«, stammelte er tonlos. Es waren die letzten Worte, die sie an diesem alptraumhaften Tag von Anton Porsche senior hören sollten.

Noch bevor der Priester hatte eintreffen können, war der junge Anton gestorben. Zwölf Tage nach seinem 15. Geburtstag

Es dauerte mehrere Tage, bis der ansonsten so robust und unerschütterlich wirkende Anton Porsche wieder in die Werksatt zurück kehrte, wo seine Arbeiter den Unglücksort in der Zwischenzeit sorgfältig gesäubert hatten. Und kaum hatte er seine Arbeit wieder aufgenommen, da traf ihn schon der nächste Schicksalsschlag.

Es war der 4. April 1888, keine zwei Monate waren seit dem tragischen Todesfall vergangen, da war der Großvater ganz unvermittelt bei ihnen erschienen.

Anton Porsche maß ihn mit einem erstaunten Blick. »Vater? Was machst du denn bei uns?« »Deine Mutter ist gestern gestorben«, murmelte der alte Mann und ließ sich kraftlos auf das Sofa in der Stube sinken.

»Es ist ganz plötzlich gekommen – sie … sie ist einfach umgefallen. Der Arzt hat ihr nicht mehr helfen können. Und jetzt bin ich ganz alleine im Haus. Aber mit 69 Jahren hätte sie doch noch nicht sterben müssen!«
Mit aschfahler Miene starrte Anton Porsche auf seinen Vater. Minutenlang herrschte Totenstille in dem Raum, nur durchbrochen vom gleichmäßigen Ticken der großen Standuhr.
»Was für ein Unglücksjahr! Erst unser armer Anton und jetzt meine Mutter.« Er schüttelte bitter den Kopf. »Welcher Fluch liegt nur über dieser Familie?«
Am Tag danach fand in Alt Harzdorf das Begräbnis von Katharina Porsche statt. Seitdem, so schien es der Familie, hatte sich der Spenglermeister verändert. Er war noch härter geworden. Härter zu sich selbst – und zu anderen.
Kurz danach rief er seinen nunmehr ältesten Sohn Ferdinand zu sich. Er begann das Gespräch ohne jede Umschweife. »Wie du weiß, wäre es ja dein Bruder Anton gewesen, der eines Tages die Spenglerei übernommen hätte – während du dich auf den Fuhrbetrieb und auf die Mineralwasserquelle hättest konzentrieren können. So weit hatte deine Mutter ja in deinem Sinne bei mir vorgearbeitet. Aber durch das Unglück ist jetzt alles anders gekommen.« Er unterbrach sich und bedachte Ferdinand mit einem durchdringenden Blick. »Nun ist die Reihe eben an dir, Ferdinand. Du wirst nun die Spenglerei übernehmen müssen.«
»Ich? Niemals!« Ferdinand schüttelte heftig seinen Kopf und machte mit der rechten Hand eine entschiedene Abwehrgeste.
»Sicherlich. Du wirst meine Nachfolge antreten.«
»Aber wieso ich und nicht der Oskar?«
»Weil dein Bruder erst sieben Jahre alt ist – und weil du seit dem Tod von unseren Anton der Älteste bist. Der Älteste übernimmt grundsätzlich die Nachfolge: das ist auf dem Bauernhof genauso wie im Handwerk. Das war schließlich schon immer so!«

»Das muss aber doch nicht immer so bleiben«, entgegnete Ferdinand trotzig.
Eine schallende Ohrfeige beendete das Gespräch.

Es war eine schwierige Zeit für den dreizehnjährigen Ferdinand. An diesem Tag war er wieder einmal zu seinem Freund Emil Matzig geflüchtet. Und dieses mal war es ihm bitterernst: im Schuppen der Matzigs würde er sich zunächst verstecken, um dann später, wenn die Gelegenheit günstig war, heimlich seine Sachen zu packen und Maffersdorf zu verlassen. Keinesfalls würde er in seinem Elternhaus bleiben. Erst recht nicht bei seinem despotischen Vater. Das war sein felsenfester Entschluss.
Es dauerte mehrere Stunden geduldigen Zuredens, bis ihn Emil dann doch noch von der Sinnlosigkeit dieses Vorhabens überzeugt hatte. Erst weit nach Einbruch der Dunkelheit öffnete Ferdinand Porsche leise die Hintertür des Hauses Hauptstraße 201 und schlich lautlos in sein Zimmer. Es war zum Verzweifeln.

Es blieb ihm keine Wahl! An Ostern 1889 hatte Ferdinand nach acht Jahren endlich die Maffersdorfer Volksschule absolviert – als durchschnittlicher Schüler, ohne große Ausreißer in die eine oder andere Richtung. Zu verträumt, zu sehr in sich gekehrt, sei er gewesen, deshalb diese eher unauffälligen Schulnoten, wie der Lehrer bei der Übergabe des Abschlusszeugnisses missbilligend betonte. »Du hättest mehr aus dir machen können, Porsche. In dir steckt nämlich ein größeres Potential, da bin ich mir ganz sicher.«
Achselzuckend hatte Ferdinand das Zeugnis samt dem Tadel entgegen genommen. Was sollte er sich schon mehr ins Zeug legen, wo er doch eh nicht seinen Neigungen folgen durfte. Anstelle einer Fortbildung in der Elektrizitätslehre winkte ihm nun bei seinem Vater die Klempnerlehre – samt intensiver Zusatzausbildung in der ebenfalls zum

Betrieb gehörenden Schmiede. Handwerksgesellenzeit statt Staatsgewerbeschule.
Erwartungsgemäß hatte der Vater das Zeugnis mit wenig Neugier studiert. »Ein durchschnittlicher Schüler, soso«, brummte er gleichmütig. »Immerhin wird dir ja attestiert, dass du die Schulaufgaben pünktlich erledigt hast. Gesang gut, Turnen ehrgeizig. Na bitte, so ein Ehrgeiz kann nichts schaden – und wie ich höre, warst du ja sogar immer der erste, der es die Turnstange hoch geschafft hast.«
Ferdinand nickte teilnahmslos.
»Eher schweigsam. Mitarbeit befriedigend. Durchschnitt wie gesagt gut. Na ja. Aus dir soll ja auch kein Festredner werden, sondern ein tüchtiger Spenglermeister«, knurrte Anton Porsche zufrieden. »Und dafür reicht so ein Zeugnis allemal. In der nächsten Woche geht es mit der Ausbildung los. Da kannst du dann zeigen, was wirklich in dir steckt!«
Firmennachfolger! Späterer Spenglereibesitzer! Du liebe Güte! Was hatte er nur verbrochen, dass ihm dieses Schicksal blühte!
Dabei fand sich in der Maschinenspinnerei der Gebrüder Ginzkey, buchstäblich vor seinen Füßen, die verlockendste Herausforderung, die er sich nur denken konnte. Es schien ihm wie ein Hohn, dass er nur aus dem Fenster des elterlichen Hauses zu schauen brauchte, um die riesige Fabrikationsanlage ins Auge zu fassen, die sich am Ufer der Neiße ausbreitete. Vor allem die Halle, in der sie in den vergangenen Jahren gewaltige Maschinen installiert hatten – auf dem allerneusten Stand der Technik.
Elektrischer Strom! Turbinen, angetrieben vom Wasser der Neiße, mit denen sie den Strom erzeugten, der dann über die Kabel zu den Maschinen gelangte und sie antrieb. Wie mit Geisterhand. Eine völlig neue Form der Energie. Die man nicht riechen, nicht schmecken und nicht sehen konnte. Nur deren beeindruckende Auswirkungen. In Form von hell strahlenden Lampen, von gleichmäßig summenden Motoren, von kraftvoll arbei-

tenden Maschinen. Das war die Zukunft – ohne jede Frage.

Eines Tages würde auch er nach Wien gehen. Zu Bela Egger. Früher oder später würde er diesen Traum verwirklichen. Denn mit dabei zu sein bei den Pionieren einer faszinierenden neuen Technik, die nun bereits daran gingen, die Elektrifizierung der gesamten Stadt Wien voran zu treiben: Das war es – und nichts anderes. Das war genau die Herausforderung, die er suchte. Die ihn längst in ihren Bann geschlagen hatte.
Mit wachsender Faszination war er – trotz des strikten Verbots durch den Vater – bei jeder sich bietenden Gelegenheit wieder in die Maschinenspinnerei hinunter geschlichen, wo er den aus dem fernen Wien angereisten Ingenieuren und Technikern der Firma »Bela Egger & Co« atemlos staunend bei ihrer Arbeit hatte zusehen dürfen – und sich zu seiner allergrößten Freude und Stolz manchmal sogar ein wenig nützlich machen konnte. Was für eine höchst komplizierte, bestens ausgeklügelte und wahrhaft atemberaubende Technik, die hier zum Einsatz kam! Da musste man mathematisch und physikalisch absolut auf der Höhe der Zeit sein, um all die Sicherungen, Widerstände und Leistungsanforderungen exakt berechnen zu können. Aber den Wiener Ingenieuren schien das keine sonderliche Mühe zu bereiten – ganz im Gegenteil: mit offenkundiger Freude waren diese Männer bei der Arbeit. Kein Wunder, wenn man es geschafft hatte, bei dem führenden Elektrizitätsunternehmen der k.u.k. Monarchie beschäftigt zu sein. Die bereits zur Legende gewordene Firma Bela Egger hatte auf persönliches Geheiß des Kaisers Franz Joseph im Jahre 1883 sogar die für Kaiserin Elisabeth neu erbaute »Hermesvilla«, das imposante Jagdschloss in Wien, mit elektrischem Licht in einem bis dahin nie gekannten Glanz erstrahlen lassen. Und wie man hörte, war inzwischen auch schon der nächste Auftrag des Kaiserhauses erfolgt. Die Elektri-

fizierung der Wiener Hofburg! Für deren Beleuchtung man den elektrischen Strom – ganz anders wie im Falle der Firma Ginzkey in Maffersdorf – sogar über viele Kilometer mit kupfernen Drähten vom Wasserkraftwerk an der Donau zum Regierungssitz heran führen musste. Was für eine unglaubliche Herausforderung für die Ingenieure und Techniker. Es war schlichtweg … atemberaubend.

Elektrizität. Hier lag Ferdinands Zukunft. Nirgendwo sonst. Gleich gar nicht in der Spenglerei. Mochte der Vater auch noch so sehr toben und wüten. Irgendwann würde er dem elterlichen Spenglereibetrieb Anton Porsche und damit auch Maffersdorf den Rücken kehren. Kehren müssen.

»Das sehe ich ja inzwischen ein, dass du andere Wünsche und Pläne für dein Leben hast. Du darfst aber nichts überstürzen, Ferdinand. Hörst du«, hatte ihn die Mutter eines Abends eindringlich in die familiäre Pflicht genommen, als Vater Anton Porsche gerade wieder für eines seiner zahlreichen Ehrenämter unterwegs war und sich die beiden somit in aller Ausführlichkeit über Ferdinands Zukunftswünsche austauschen konnten. »Außerdem bist du ja erst 14 Jahre alt, da wird schon noch viel Wasser die Neiße herunter fließen, bis du deine Bestimmung wirklich gefunden hast. In der Jugend ist das manchmal so eine Sache, da will man heute dieses und morgen …«

»Ich nicht!« beharrte Ferdinand mit fester Stimme auf seinem Standpunkt, was ihm einen tadelnden Blick von Anna Porsche eintrug.

»Jetzt sei doch nicht so ein Sturkopf und höre mir erst einmal zu. Ich schlage vor, wir machen es folgendermaßen«, sie ließ ihr Strickzeug auf den Schoß sinken und nickte zur Bekräftigung dessen, was sie ihrem Sohn gleich vorschlagen würde, nachdrücklich. »Ich werde dafür Sorge tragen, dass du nach Reichenberg in die Staatsgewerbeschule gehen darfst, um dort bei dem Professor Pechan einen Kurs in Elektrotechnik zu belegen …«

»Das willst du tun? Ach Mutter!« Mit einem Jubelschrei schoss Ferdinand in die Höhe und umarmte seine Mutter stürmisch.
»Jetzt warte doch erst einmal ab, bis ich fertig bin«, schob Anna ihn von sich. »Das ist noch nicht alles – du musst natürlich schon auch eine Gegenleistung dafür bringen. Das müsste dir doch eigentlich klar sein, oder?« Sie fixierte den Jungen streng.
Ferdinand signalisierte mit einem nachdrücklichen Kopfnicken, dass ihm alles willkommen war, wenn es ihm nur erlaubt war, seinem Traum ein Stückchen näher zu kommen. »Ja, sicher.«
»Also: deshalb wirst du morgen früh zu deinem Vater gehen und ihm sagen, dass du nunmehr gerne und aus freien Stücken – hörst du was ich sage? Dass du sehr gerne und aus freien Stücken bei ihm die Spenglerlehre beginnen wirst. Mehr nicht – von der Betriebsübernahme kein Wort – die liegt ja eh noch in fernster Zukunft. Aber dass du nun bereit bist, für diese Lehre. Ist das klar?«
Ferdinand schluckte trocken. »Ja, das ist klar – aber im Gegenzug dafür darf ich dann …«
»Du wirst darüber kein Wort verlieren«, fiel ihm die Mutter streng in den Satz. »Das ist dann einzig und allein meine Sache, wie ich das bewerkstellige. Du kennst deinen Vater ja: wenn er sich erst einmal in eine Haltung hinein verrannt hat und er nein gesagt hat, dann gibt es für ihn kein Zurück mehr. Also werde ich das ganz diplomatisch einfädeln müssen – aber ich muss deshalb auch sicher sein, dass du mir mit deiner Ungeduld nicht in den Rücken fällst!«
»Das tue ich nicht Mutter, ganz sicher nicht!«
»Und noch etwas – ich werde es schaffen mit der Einwilligung, das weiß ich. Aber …«
Sie legte eine bedeutungsvolle Pause ein.
»Ja was denn«, zappelte Ferdinand ungeduldig.
»Es ist natürlich ein Abendkurs in Elektrotechnik, das ist dir ja wohl schon klar, oder?«

»Das ist eh klar – tagsüber muss ich ja schließlich Spengler werden«, grinste ihr Sohn und stellte dabei eine verschwörerische Miene zur Schau.

»Eben. Das heißt aber mit anderen Worten: Arbeitsbeginn um spätestens sieben Uhr bei deinem Vater und dann – gleich nach Arbeitsende um sechs Uhr abends – mit der Eisenbahn nach Reichenberg, wo es dann bis zehn Uhr in der Nacht weiter gehen wird. Vor elf Uhr wirst du dann nicht zuhause im Bett sein können. Und das Tag für Tag. Ist dir klar, welche Anstrengungen das für dich bedeutet?«

»Das ist mir schon klar, Mutter«, strahlte Ferdinand unbekümmert. »Und es ist für mich auch gar keine Anstrengung, sondern es wird das reine Vergnügen für mich sein. Glaube mir, das verleiht mir Flügel. Das werde ich schaffen – so wahr ich Ferdinand Porsche heiße!«

In der Tat würde es eine gewaltige Herausforderung darstellen – den ganzen Tag über die körperlich anstrengende Arbeit in der Spenglerei, und danach, während die anderen längst ihren wohlverdienten Feierabend genossen, ging es in Reichenberg an der Staatsgewerbeschule weiter. Das alles in einem bekanntermaßen anspruchsvollen Unterricht. Tag für Tag – Abend für Abend. Und an den Sonntagen, gleich nach dem Kirchgang, hieß es für den 14-jährigen: in den Schulbüchern nachlesen, weiter lernen und Hausaufgaben machen. Aber für Ferdinand Porsche, den seine ehemaligen Schulkameraden von nun an nur noch selten zu Gesicht bekamen, bedeutete das alles keine Last. Ganz im Gegenteil: Es war eine einzige Freude, endlich die Elektrizitätslehre mit all ihre Facetten in sich aufsaugen zu dürfen. Und das bei einem der renommiertesten Lehrer weit und breit, dazu in Reichenberg, der zweitgrößten Stadt von Böhmen. Dem »Wien des Nordens«, wie es seine Einwohner liebevoll nannten.

Die Anforderungen an den jungen Ferdinand waren gewaltig. Die Zahl der Skeptiker dementsprechend groß. Wie sollte der Bursche das alles nur schaffen? Es schien ihnen nur eine Frage der Zeit, bis Ferdinand Porsche scheitern würde.

Aber von wegen scheitern!

Er schaffte es tatsächlich!

*

»Was hast du gerade gesagt, Gilain?«
»Ich habe mich schon immer gefragt, wie es du es eigentlich geschafft hat, dann doch noch von Maffersdorf wegzukommen – nach dem tödlichen Unfall deines älteren Bruders. Der Vater hatte doch klipp und klar bestimmt, wer den Betrieb eines Tages übernehmen müsste.«
»Der Vater«, brummte der alte Porsche in sich hinein. »Ja, dem wäre es in der Tat lieber gewesen, wenn ich geblieben wäre – es war dann auch ein gewaltig hartes Stück Arbeit – und ohne die Unterstützung der Gebrüder Ginzkey hätte ich es eh nicht geschafft. Die Ginzkeys, das waren einflussreiche Leute in Maffersdorf und in der ganzen Region – das waren sie ja, wie du weißt, auch noch bis weit nach Kriegsende 1918. Schließlich waren sie die Besitzer der größten Tuchfabrik weit und breit – sogar das Kaiserhaus durften sie zu ihren Kunden zählen. Dazu hat ihnen bald auch noch die große Brauerei von Maffersdorf gehört, sie waren die ersten im weiten Umkreis, die ihre Betriebe mit Elektrizität versehen haben – und später sind sie sogar eine Teilhaberschaft an einer Automobilproduktionsfirma eingegangen. Allein diese Aufzählung spricht ja eine deutliche Sprache: sie waren vermögend, einflussreich, modern und weit vorausschauende Leute. Selbst mein Vater, der sich ansonsten von nichts und niemandem etwas hat sagen lassen, hat auf den Rat der Gebrüder Ginzkey gehört.«
»Das Wunder von Maffersdorf«, deklamierte Gilain ehrfürchtig.
»Ach was, Wunder!« Ferdinand Porsche schüttelte unwirsch den Kopf. »Irgendwie klingt es mir noch in den Ohren, wie unsere ewigen Auseinandersetzungen verlaufen sind, sogar noch während meiner Ausbildung als Spenglergeselle: »Du gehst mir nicht in die Tuchfabrik!« – »Gehe ich doch!« – »Gehst du nicht!«. Und meistens stand

am Ende der Debatte wieder die berühmte Ohrfeige – ich spüre die Stelle beinahe heute noch, wo die Hand auf meine Backe getroffen ist.«

»Aber wieso hat es trotz allem dann doch noch geklappt, dass der Herr Porsche senior plötzlich eingelenkt hat?«

»Das hatte in Wahrheit zwei Gründe – zum einen war es natürlich die Sache mit der überraschenden Elektrifizierung meines Elternhauses, die ich zustande gebracht habe, während sich mein Vater gerade mal wieder auf Montagereise befand. Das war Anfang 1893 – ich hatte mich ja inzwischen als folgsamer Sohn erwiesen und meine Gesellenzeit brav absolviert.« Der alte Mann lachte kurz auf. »Ich werde diese Szene nie vergessen: was mein Vater damals für Augen gemacht hat. Es war alles bestens verborgen, so dass man nicht das Geringste bemerkt hat, wenn man ins Haus gekommen ist. Irgendwann am späten Nachmittag, bei Einbruch der Dämmerung, ist er also von seiner Reise zurück gekommen und die ganze Familie hat sich im Esszimmer zum Abendessen versammelt. Ich weiß noch, wie er die Stirn gerunzelt hat und zu meiner Schwester Hedwig gemeint hat, es sei aber schon ziemlich duster, sie solle eine Petroleumlampe holen. Und überhaupt: wo denn eigentlich der Oskar stecken würde, weshalb der nicht mit am Tisch sitzen könne, wenn sein Vater endlich wieder daheim sei. Und genau in diesem Moment habe ich laut ›Oskar‹ gerufen – das war nämlich das Kommando, das wir vereinbart hatten. Der Oskar hat darauf den Hebel betätigt und schlagartig war das ganze Esszimmer hell beleuchtet. Erst wollte er, glaube ich, wütend werden – aber dann, nachdem auch in den anderen Räumen Licht um Licht erstrahlt ist, hat er ganz plötzlich begriffen.«

»Das war ja für damalige Zeiten schon noch eine staunenswerte Sache …«

»Zumal wir abgesehen von der Tuchfabrik und der Brauerei damit das einzige Privathaus in Maffersdorf waren, das man mit einer einzigen Handbewegung hell erleuchten konnte, diese Tatsache hat sogar meinen Vater beeindruckt. Dann war da auch noch die Sache mit der elektrischen Türklingel, die ich eingebaut hatte – und plötzlich war das Eis gebrochen. Er hat mich gefragt, wie das denn alles möglich sei, mit dem ganzen Licht und da habe ich ihm meinen Dynamo mit dem Schwungradantrieb genau erklären müssen: er ist dabei aus dem Staunen kaum noch heraus gekommen«, schmunzelte Ferdinand Porsche

»Aber die Sache mit der Nachfolgeregelung in der Spenglerei war ja deshalb noch nicht vom Tisch, nicht wahr?«

»Nun ja ... die blieb schon noch eine Weile in Kraft – zumindest offiziell, halt um das Gesicht zu wahren – obwohl eigentlich jedem in der Familie längst klar war, dass mein jüngster Bruder Oskar den Betrieb einmal übernehmen würde. Aber das zuzugeben, na ja ... aus diesem Grund hat mein Vater die Vorläufigkeit seiner Erlaubnis, dass ich eine Zeitlang nach Wien gehen könne, auch immer wieder betont, wo doch alle wussten, wie es in Wahrheit werden würde. So war er eben, der Anton Porsche. An Widerspruch genauso wenig gewöhnt, wie an die Tatsache, dass eine seiner Entscheidungen womöglich nicht so umgesetzt würde, wie er sie irgendwann einmal verkündet hatte.«

»Der Apfel fällt nicht weit von Stamm ...« murmelte Gilain ganz leise.

»Wie? Was hast du gesagt? Sprich doch gefälligst ein bisschen lauter, Gilain!«

»Ich habe nur gemeint, dass meines Wissens nach aber auch die Besitzer der großen Teppich-Manufaktur wohl eine entscheidende Rolle gespielt haben.«

»Ja sicher: das war gleich nachdem ich ihn mit der Beleuchtung unseres ganzen Hauses offenbar ins Grübeln gebracht hatte. Da ist dann einer der Herren Ginzley bei meinem Vater erschienen und hat ein gutes Wort für mich eingelegt. Er hat darauf hingewiesen, dass er von dem Professor Josef Pechan in Reichenberg, bei dem ich ja abends Elektrotechnik gelernt habe, die allerbesten Empfehlungen bekommen habe – und wie schade es sei, wenn man einem begabten jungen Menschen den Lebensweg verbauen würde. Er solle mich doch wenigstens einmal probeweise nach Wien schicken, damit ich selbst ausprobieren könne, ob ich tatsächlich einen solchen Beruf ergreifen möchte – und ob mir das Großstadtleben überhaupt zusagt. Zum guten Glück hatten die Ginzkeys ja die Firma Bela Egger mit der Elektrifizierung ihres Betriebs beauftragt. Durch diesen Kontakt nun konnten sie mich mit ihrer ausdrücklichen Empfehlung dorthin schicken – das hat dann sogar meinem Vater zu einem Einsehen verholfen. Also, ich bin den Ginzkeys deswegen auch heute noch zu höchstem Dank verpflichtet, dass sie das für mich getan haben. Es war von denen schon recht raffiniert eingefädelt, wie sie dem Vater erst ihren Brief an Bela Egger präsentiert haben, samt der Antwort, in der es hieß, ich könne dort gerne beginnen – wenngleich auch erst einmal als Hilfsarbeiter – und wie sie dann den Vater mit dem Hinweis geködert haben, er solle mich ruhig in Wien meinen Horizont erweitern und ein bisschen die Hörner abstoßen lassen. Aber ich denke, ohne die Anna wäre es dennoch nicht gelungen.«

»Du meinst deine große Schwester, unter deren Aufsicht du zunächst standest?«

»Ja sicher. Es hat sich gut gefügt, dass die Anna bereits vor einiger Zeit in Wien eine Stellung angetreten hatte und so konnte sie mich damals unter ihre Fittiche nehmen und beaufsichtigen – ich war ja erst 18 Jahre alt und noch lange nicht volljährig. Anders wäre es also gar nicht gegangen. Zum guten Glück hat sie direkt neben ihrer Wohnung bei der Matzleinsdorfer Kirche ein Zimmer für mich gefunden und damit immer schauen können, dass ich etwas zu essen bekomme und dass ich mich dementsprechend kleide und verhalte. Das hat sie unserem Vater natürlich versprechen müssen, dass sie mich streng beaufsichtigt. Das war eine ganz wesentliche Voraussetzung, dass mich der Vater hat gehen lassen. Und – nicht zu vergessen – war da ja noch die Sache mit den Ginzkey-Töchtern …«

»Mit den Ginzkey-Töchtern?«

»Natürlich mit denen«, schmunzelte Porsche. »Das wiederum war wohl auch das Kalkül meiner Förderer. Denn auch die haben wohl damit gerechnet, dass ich eines Tages wieder nach Maffersdorf zurück käme. Die Ginzkeys hatten mehrere Töchter – übrigens waren das durchweg recht fesche Mädchen – und so hatten sie, übrigens genauso wie mein Vater, im Sinn, ich würde nach meiner Rückkehr eine von ihnen heiraten. Ich sei dann ja eine gute Partie – haben sie gemeint und dass es ihnen durchaus gefallen würde, wenn der Bräutigam ein bisschen etwas von der Welt gesehen habe und die Tochter infolgedessen kein dumpfes Landei abbekomme. Aus all diesen Gründen solle mein Vater mich halt erst einmal frei geben und sich besser den Oskar, meinen jüngsten Bruder, als Nachfolger heranziehen. Selbst eine finanzielle Förderung meiner Studien in Wien sei denkbar – aber das hat bei meinem Vater nicht den Ausschlag gegeben. Viel mehr interessiert hat ihn die Aussicht auf eine Verbindung zwischen mir und einer der Fabrikantentöchter. Er hat mich sozusagen schon zurück kommen, heiraten und als Direktor die Teppichfabrik übernehmen sehen. Das ist der wahre Grund, weshalb er mich zähneknirschend damals hat ziehen lassen. Und wie gesagt, das musste er mir unbedingt noch mit auf den Weg geben: Nicht auf Nimmerwiedersehen. So viel musste klar sein! Nun ja … Um des lieben Friedens willen habe ich auch zu dieser Bedingung einfach nur genickt. Die Zeit würde es dann hoffentlich schon richten. Die Zeit oder die Volljährigkeit …«

*

Wien.

Endlich in Wien. Es waren faszinierende Eindrücke, die im Frühjahr 1893 auf den gerade einmal 18 Jahre jungen Ferdinand Porsche einstürmten. Weniger das Leben selbst in der prunkvollen Hauptstadt der k.u.k. Donaumonarchie, sondern vielmehr die Anstellung bei »Bela Egger & Co«. Beim viel bestaunten Pionier der Elektrizität in Österreich! Nun also durfte sich auch er, Ferdinand Porsche, als Mitarbeiter der berühmten Firma bezeichnen, die inzwischen sogar die Beleuchtung der Wiener Hofburg mit elektrischem Strom gemeistert hatte – und die sich längst neuen, noch viel staunenswerteren Zielen zuwandte: der Beleuchtung von Schloss Schönbrunn! Des gesamten, riesigen Schlosses! Die ersten Pläne dazu gingen noch auf den so tragisch geendeten Kronprinzen Rudolf zurück, der schon vor vielen Jahren – kurz vor seinem rätselhaften Tod in Mayerling – ausdrücklich dazu aufgerufen hatte, das Schloss mit elektrischem Strom zu versehen. Ein Vorhaben, das beim damaligen Stand der Technik noch absolut undurchführbar gewesen war. Damals … Aber mittlerweile fühlte man sich bei Bela Egger, das inzwischen den neuen Namen »Vereinigte Elektrizitäts A.G.« trug, in der Lage, auch diese Hürde meistern zu können. Dazu waren gewaltige technische Probleme zu überwinden. Selbst für so erfahrene Leute, wie Eggers Ingenieure, handelte es sich um absolutes Neuland. Völlig neue Materialien mussten dafür ersonnen, hergestellt und sorgfältig geprüft werden. Kein Wunder, dass dafür die Versuchsabteilung stark erweitert worden war – ein Glücksfall für den strebsamen jungen Burschen aus Maffersdorf, der ausgerechnet hier seine erste Anstellung als Hilfsarbeiter fand. Sozusagen mitten im Herz des Fortschritts. Und niemand anders als Ernst Egger, der Sohn

des Firmengründers, leitete diese Versuchsabteilung persönlich.
Auch wenn Ferdinands Tätigkeit zu Beginn nur das tägliche Auskehren der Werkstatt und das sorgfältige Schmieren der Transmissionen umfasste: jetzt endlich war er am Ziel seiner Träume angelangt. Er war der stolzeste unter all den stolzen 300 Mitarbeitern. Tag und Nacht gab es für Ferdinand kein anderes Thema mehr als die Elektrizität. Im Gegensatz zu anderen jungen Leuten waren ihm Freizeit und Vergnügungen überhaupt nicht wichtig, ebenso wenig wie eine engere Kontaktpflege mit den Kollegen, die über die tägliche Arbeitszeit hinausreichte. Das stand absolut nicht in Ferdinand Porsches Sinn. Dafür hatte er schlichtweg auch gar keine Zeit. Schon deshalb nicht, weil er nach getaner Arbeit grundsätzlich zu den Vorlesungen in der Technischen Universität Wien zu hetzen pflegte, wo er sich in der letzten Reihe des Hörsaals hinter den Rücken der ordentlich eingeschriebenen Studenten versteckte, um die Vorlesungen im Fach Elektrizitätslehre anzuhören. Das war durchaus mit dem Risiko behaftet, eines Tages als Schwarzhörer erwischt und empfindlich bestraft zu werden, doch irgendwann hatten sich die übrigen Teilnehmer der Vorlesung an den seltsamen jungen Burschen gewöhnt, der meist völlig atemlos und in allerletzter Sekunde durch die Tür des großen Raumes schlüpfte, um sich nur Sekunden später und mit sichtbarer Spannung bereits einzig und allein auf den Vortrag des Professors zu konzentrieren. So verlief das Leben für Ferdinand Porsche im Grunde genommen auch in Wien in einem ganz ähnlichen Rhythmus wie zuvor im fernen Maffersdorf – nur eben mit dem Unterschied, dass er sich nun in der kaiserlichen Metropole befand und dazu noch eine Anstellung in den Vereinigten Elektrizitätswerken gefunden hatte.
Früh um 5 Uhr hieß es aufstehen, ein kurzes Frühstück, danach Arbeitsbeginn bei Egger, wo er grundsätzlich als einer der ersten aufzutauchen pflegte und nach der Arbeit weiter zur Universität, um dann gegen 22 Uhr oder noch

später todmüde ins Bett zu sinken. Schnell noch ein hastig herunter geschlungenes Abendessen, das er unter den strengen Blicken seiner Schwester Anna einzunehmen hatte. Anna! Ja Anna war es, die sorgsam darauf zu achten pflegte, dass ihr Bruder zumindest einigermaßen regelmäßig Nahrung aufnahm – selbst wenn er erst spät in der Nacht heimkehrte, empfing sie ihn noch persönlich an der Haustüre. Zwar mit einem missbilligenden Kopfschütteln und mit streng vor der Brust verschränkten Armen, doch immer war sie für ihren Bruder da. Rasch wurde der bei seinem verspäteten Eintreffen dann an seinen kleinen Tisch im Zimmer bugsiert, wo ihm Anna das Abendessen servierte und darüber wachte, dass er sich nicht vom Stuhl erhob, bis auch das kleinste Krümelchen vom Teller verschwunden war.

Die spöttischen Blicke, mit denen ihn von Zeit zu Zeit seine Kollegen und auch ein Teil der Wiener Jugend bedachte, wenn er von Egger zu den Vorlesungen an der Universität hetzte, bemerkte Ferdinand gar nicht. Vor allem sein schwarzer Anzug mit dem unmodernen ländlichen Schnitt und dem steifen weißen Kragen, stand in einem seltsamen Kontrast zu einer Tätigkeit als Hilfsarbeiter – und dazu kamen, sehr zur Belustigung der anderen, bei dem eigenartigen Vornehmtuer auch noch seine streng zurückgekämmten Haare und dieser leichte Flaum an der Oberlippe, der mit einem Schnurrbart noch herzlich wenig gemein hatte, sondern eher hochnotpeinlich wirkte: all diese Äußerlichkeiten sorgten dafür, dass man in ihm viel eher einen Priesterzögling aus einem hinteren Winkel der Monarchie zu erkennen glaubte, als den Schmiermaxen einer hochmodernen Wiener Betriebsstätte. Keinesfalls jedoch sollte man hinter dieser seltsamen Aufmachung einen jungen, überaus ehrgeizigen Burschen vermuten, der längst die Zukunft in seinem Herzen trug. Aber selbst wenn die Kommentare der Lästermäuler jemals an seine Ohren gedrungen wären – Ferdinand Porsche hätte sich herzlich wenig darum geschert. Hauptsache, er war endlich angekommen in seiner Berufung, als die er die Elektrizität nun einmal betrachtete. Und erst die Vorlesungen: die waren schieres Gold wert! Denn vieles von dem theoretischen Wissen, das er sich abends an der Universität erwarb, konnte er oft schon am nächsten Morgen im Versuchsraum praktisch erproben. Immer öfter konnte er den Technikern bei der Lösung eines Problems sogar hilfreich zur Seite stehen. Idealer hätte es gar nicht kommen können!

Und so nahm eine atemberaubende Karriere im Prüfraum der Vereinigten Elektrizitätswerke ihren stürmischen Beginn: innerhalb von gerade einmal vier Jahren arbeitete sich der junge Porsche vom Hilfsarbeiter zum Leiter des Prüfraumes hoch und zum Assistenten des Berechnungsbüros. Der erste Schritt war erfolgreich absolviert. Und es durfte getrost in diesem Tempo weiter gehen. Zum Ausruhen war nicht die geringste Zeit. Ach ja: dieses ewige Zeitproblem!

Wenn es nur nicht so lange dauern würde, die Distanz zwischen Wohnung, Arbeitsstätte und Vorlesung hin und her zu hasten! Und das alles zu Fuß. Er durfte gar nicht erst daran denken, wie viele Stunden kostbarer Arbeitszeit dabei buchstäblich auf der Strecke blieben.

Da plötzlich sah er es. Das Fahrrad! Genau! Das war es. In einer finsteren Ecke des Stiegenhauses seiner Wohnung hatte er eines Morgens zufällig ein altes Fahrrad entdeckt, offenbar defekt. Das Vehikel befand sich ohnehin in einem ziemlich üblen Zustand. Insofern dürfte die Vermutung zutreffen, dass sich sein Besitzer von dem rostigen Drahtesel für immer verabschiedet hatte.

Nun ja, Fahrrad fahren war eh kein reines Vergnügen auf den Wiener Straßen, besonders nach einem Regenguss, wenn sich die Pferdeäpfel der unübersehbaren Anzahl von Fiakern mit dem schmierigen Dreck und der Nässe vermischten. Auf zwei Rädern unterwegs zu sein, hieß deshalb nicht nur, strikte Vorsicht walten zu lassen, sondern es war

auch eine äußerst mühsame Form des Vorwärtskommens. Aber besser als laufen. Und schneller noch dazu.
Sein Entschluss stand damit fest: Er würde das Fahrrad, um dessen Verbleib sich selbst einige Tage später tatsächlich immer noch niemand zu scheren schien, sorgfältig auf Vordermann bringen. Einigermaßen zügig müsste man mit dem alten Drahtesel trotz der vielen Dellen schon voran kommen. Hauptsache, der Rahmen war stabil. Die Räder und die Reifen konnte man ausbessern. Den Rost entfernen, die Felgen sorgfältig wieder gerade richten. Die Kette nachziehen, ein bisschen Schmierfett an die Kettenglieder und schon würde sie beinahe wie neu ausschauen – und vor allen Dingen nicht mehr so jämmerlich knarren und quietschen. Den Reibungsverlust minimieren. Etwas Öl an die beweglichen Teile träufeln. Es würde ihm das Pedaltreten deutlich erleichtern.
Noch schneller ... noch schneller könnte er die nicht unbeträchtlichen Steigungen in Wien freilich überwinden, wenn das Zweirad womöglich über einen Antrieb verfügen würde – dieser kühne Gedanke schlich sich während der Erprobung eines neuen Elektromotors im Prüfraum ganz leise in seinen Hinterkopf. Ein Fahrrad mit Elektromotor? Ja, sicher. Warum eigentlich nicht?
Wie wäre es, wenn er versuchen würde, den Elektromotor am besten an das Hinterrad anzuschließen? Samt einem Batteriekasten auf dem Gepäckträger natürlich, der den Motor mit dem nötigen Strom versorgen konnte?
Gedacht – gemacht. Wie immer fackelte der junge Mann aus Böhmen nicht lange, fand rasch heraus, wer der Besitzer des ramponierten Vehikels war und kaufte diesem den Drahtesel gegen ein ordentliches Geld auf der Stelle ab. Dass der Betrag womöglich viel zu hoch gewesen war, was sich an der unverhohlenen Freude im Gesicht des Mannes leicht ablesen ließ – egal. Zeit ist schließlich auch Geld – ausgestattet mit dieser sicheren Gewissheit schob der stolze Neubesitzer eines nicht funktionsfähigen Fahrrads seine Neuerwerbung in Richtung Fernkorngasse 16. Hier,

in einer Ecke der Fabrikationshalle, konnte man den jungen Mann nun mehrere Abende hintereinander bis spät in die Nacht hinein beim Reparieren beobachten. Seine Kollegen staunten nicht schlecht, wie umsichtig der Ferdinand bei dem klapprigen Ding zu Werke ging: erst wurde das Rad sorgfältig von Dreck und Rost befreit, abgeschliffen, grundiert, um schließlich einen doppelt aufgebrachten, schwarz glänzenden Anstrich zu erhalten. Dann endlich ging es zur eigentlichen Aufgabenstellung, die da lautete: das Anbauen eines Motors. Recht schnell war die richtige Form gefunden – ein achteckiges Stück, das aus einer Versuchsanordnung übrig geblieben war. Auch mit der Batterie gab es keine Probleme – schon war das Elektrofahrrad fertig! Und das beste daran: es funktionierte!

Ferdinand Porsches erstes Fahrzeug!

Ein Fortbewegungsmittel, dessen Antrieb von ihm selbst konstruiert worden war. Es sollte nicht das letzte bleiben. Denn ganz nebenbei hatte er während der Arbeit zu seiner neuen Bestimmung gefunden. Freilich ohne dass er es zu diesem Zeitpunkt schon geahnt hätte.

Wie auch immer.

Jedenfalls wurde der junge Mann in seinem schwarzen Anzug seitdem an jedem Morgen und an jedem Abend auf seinem Elektrofahrrad gesehen, dem er wegen des achteckigen Motors den Namen »Oktagon« gegeben hatte und von dessen Sattel er freundlich grüßend an seinen sogar noch Wochen später sprachlos staunenden Zeitgenossen nahezu lautlos vorüber schnurrte. Mit Ausnahme von starkem Schneefall oder einem heftigem Regenguss gehörte Porsche seitdem sozusagen zum Wiener Stadtbild – zumindest im Stadtteil Favoriten.

Natürlich avancierte das Elektrofahrrad anfangs zum Hauptgesprächsthema der ganzen Firma und selbst der große Bela Egger war damit auf den eher unscheinbaren Spenglersohn aus dem nordwestlichen Böhmen aufmerksam geworden. »Ein pfiffiger Bursche, das muss ich schon

sagen. Ich denke, ich werde ihn ganz genau im Auge behalten müssen«.
Nicht nur der Firmengründer hatte seitdem ein Auge auf den jungen Porsche geworfen, der immer so flott und fesch daher brauste. Auch die Damenwelt – vor allem natürlich die jüngeren Damen – war durchaus neugierig geworden …

*

»Ja was ist denn los, Gilain? Wieso sind wir denn so langsam geworden?« Voller Ungeduld trommelte der alte Konstrukteur mit seinen Fingern gegen die Seitenscheibe ihres Wagens. »Das ist ja zum Einschlafen …«
In der Tat hatte der Chauffeur das Tempo des 356er deutlich gedrosselt, während er angestrengt über den Straßenrand spähte. Weit hinten am Horizont war ein Dorf zu erkennen.
»Ob in dem Ort wohl eine Tankstelle ist? Wir müssten nämlich bald tanken, Onkel Ferdinand. Und bei dieser Gelegenheit könnten wir uns auch ein bisschen frisch machen.«
»Frisch machen! Tanken!« Der alte Porsche schnaubte missmutig.
»Ja, es muss halt sein, wenn wir nicht stehen bleiben wollen«, zuckte Gilain mit den Achseln. »Hätten die Aufsichtsräte damals halt deine Ratschläge befolgt und, anstatt auf den Benzinantrieb zu setzen, die Elektromotoren bevorzugt …«
»… dann müssten wir jetzt zwar nicht tanken, dafür aber die Batterien neu aufladen. Die Wahl zwischen Pest oder Cholera. Das war seinerzeit schon das große Problem: die Speicherfähigkeiten der Batterien. Und das perpetuum mobile habe ich halt leider auch nicht erfinden können.«
»Aber dennoch hast du doch jetzt gerade in Paris wieder gesagt, dass du nach der Jahrhundertwende lieber weiter mit den Elektromotoren gearbeitet hättest, als mit Verbrennungsmotoren.«
»Ja sicherlich. Wir standen damals an einem Scheideweg und haben – leider wie ich meine – einen Irrweg beschritten. Ich bin mir nämlich immer noch sicher: dem Elektromotor als Antrieb für Automobile wird die Zukunft gehören – der Verbrennungsmotor hat uns in eine Sackgasse

geführt. Ich sehe im Benzinmotor nichts anderes, als eine Art Sternschnuppe, die anfangs zwar besonders hell leuchtet, dann aber auch bald wieder verglühen wird. Genau dasselbe Phänomen, wie bei der Dampfmaschine, die auf Dauer gesehen als Antrieb ja auch nicht bestehen konnte. Aber ich muss wohl befürchten, dass es mir nicht mehr vergönnt sein wird, den Siegeszug des Elektroautomobils noch zu erleben. Und trotzdem: die Zeit dieses Antriebs wird kommen. So sicher, wie die Erde keine Scheibe ist ...«
Reaktionsschnell nahm Gilain den Ball auf, den ihm sein Onkel – wieder einmal -augenzwinkernd zuspielte: »... und sie sich doch bewegt!«
»Genau so ist es.« Ein leichtes Lächeln umspielte die Mundwinkel von Ferdinand Porsche, der sich an seine Erlebnisse in Wien erinnert hatte, wo er nach seiner Zeit bei Egger als junger Konstrukteur der Kutschenbaufirma Ludwig Lohner seine ersten spektakulären Triumphe mit Elektromobilen gefeiert hatte.
Das gigantische Projekt der Elektrifizierung von Schloss Schönbrunn nahm tatsächlich konkrete Formen an – und Ferdinand Porsche, der nach einer atemberaubend kurzen Zeit mittlerweile ja als Leiter des Prüfraums der »Vereinigten Elektrizitäts A.G.« fungierte, war mit dabei. »Mein tüchtigster Mann«, wie sich der große Herr Egger tatsächlich einmal vor einer illustren Schar von Besuchern geäußert hatte – und das im Besein seines errötenden, noch nicht einmal 23 Jahre alten Angestellten.
Nach einer langen Vorbereitungsphase stand die Art und Weise ihres Vorgehens inzwischen fest, wie sie es bewerkstelligen konnten, tatsächlich eine Beleuchtung des gesamten Schlosses zu realisieren. Mit Beginn des Jahres 1898 würde man zunächst über das Schönbrunner Schlosstheater gehen und sich dann Stück für Stück, Raum um Raum weiter voran arbeiten. So hatten es die Ingenieure in enger Abstimmung mit dem Leiter der Versuchsabteilung besprochen. Und genau so wurde es auch gemacht.
Für Ferdinand Porsche war die Angelegenheit damit im

wesentlichen abgehakt – er hatte längst eine neue, mindestens genauso faszinierende Herausforderung im Auge. Und das war die Zusammenarbeit mit dem Kutschenfabrikanten Ludwig Lohner. Nicht mehr und nicht weniger als die konsequente Fortsetzung seiner ersten Fahrversuche mit den Elektromotoren. Dass sich aus diesen zunächst recht lockeren Kontakten innerhalb von nicht einmal drei Jahren eine der Hauptattraktionen bei der Pariser Weltausstellung ergeben sollte, das konnte zu diesem Zeitpunkt noch keiner der Beteiligten ahnen

Zunächst galt sein Augenmerk freilich jemand ganz anderem. Einer Dame. Die ebenfalls bei Egger arbeitete. Seit dem Jahr 1895 war sie im Büro der Arbeitsverteilung beschäftigt. Zunächst war die junge Frau dem viel beschäftigten Porsche gar nicht aufgefallen. Er hatte nur Augen für die Elektrizität gehabt. Tag für Tag waren da neue Anforderungen auf ihn eingestürmt, die es zu bewältigen galt. Sein rasches Vorankommen im Prüfraum, die heimlichen Vorlesungsbesuche an der Technischen Universität, dann die Arbeit an seinem Elektrofahrrad. Er hatte wahrhaftig andere Sorgen gehabt, als der Damenwelt schöne Augen zu machen. Inzwischen aber waren für den hochbegabten jungen Mann auch die kompliziertesten Fragestellungen im Bereich der Elektrizität zur Routine geworden. Und das, obwohl er bekanntlich noch nicht einmal einen Studienabschluss vorweisen konnte. Schwarzhörer an der Universität, nicht Ingenieur. Aber dennoch nahm er es mit den »Studierten« mühelos auf. Die Anspannung der ersten Jahre war der Sicherheit des technischen Genies gewichen. Eines Tages war der junge Mann, leicht zerstreut, wie es seine Art war, im Büro des Betriebsleiters vorstellig geworden. In der Hand hielt er eine Rechnung, auf der mit roter Tinte ein Fragezeichen hinter einer bestimmten Summe angebracht war und die er zum wiederholten Mal kopfschüttelnd betrachtete, anstatt, wie es sich als Eintretender gehörte, den Damen und Herren einen Gruß zu entbieten.

»Grüß Gott, der Herr!« übernahm deshalb einer der Buchhalter die unüberhörbar strenge Begrüßung. »Was für ein gravierender Anlass führt Sie denn so grußlos hierher zu uns, dass Sie einfach so mitten in den Raum hinein platzen?«

Die deutliche Zurechtweisung, die bei den jungen Mitarbeiterinnen des aus guten Gründen etwas ungehaltenen Herrn hinter vorgehaltener Hand ein amüsiertes Kichern verursachte, löste bei dem Gescholtenen naturgemäß die entsprechende Verlegenheit aus. »Entschuldigen Sie vielmals – ich … ich war wohl nur gerade etwas in Gedanken versunken!« stammelte der Mann mit seinem unverkennbar ländlichen Akzent.

»Das habe ich allerdings bemerkt«, knurrte der Buchhalter säuerlich. »Also: was führt den Herrn nun zu uns?«

»Es … es ist … Hier auf der Rechnung wurde mit dem angehefteten Zettel um Rücksprache gebeten und deswegen … deswegen … deswegen …« Schon wieder schien es mit der Konzentration des Besuchers vorbei zu sein. Dieses mal freilich aus einem anderen Grund. Denn während er seinen Blick in einer hilfeheischenden Geste durch den Raum schweifen ließ, war er unvermittelt auf dem Antlitz einer jungen Angestellten haften geblieben. Wohl um die 18 Jahre alt dürfte sie sein. Und wunderschön war sie! Wie sie ihm aus ihren braunen Augen gerade eben neugierig entgegen geblinzelt hatte. Innerhalb eines Sekundenbruchteils war es damit um Ferdinand Porsche geschehen gewesen. Dieses Mädchen! Diese Anmut! Diese milde Freundlichkeit, die sie ausstrahlte und den ganzen Raum mit einem Mal geradezu märchenhaft zu verzaubern schien!

Von wegen märchenhaft!

»Was ist denn nun mit der Rechnung?« schnappte der Buchhalter aufgebracht. »Kann denn der Herr Elektroradfahrer keinen klaren Satz zu Ende führen, ohne schon wieder mit seinen Gedanken ganz woanders zu sein? Sind Sie nun gekommen, um meinen Damen Avancen zu machen oder um sich mit mir über eine Rechnungssumme auszutauschen?«

Ertappt! Ferdinand Porsche fuhr erschrocken zusammen und spürte gleichzeitig, wie sich vom Nacken her eine tiefe Röte erst hoch zum Hals und dann in Windeseile über sein ganzes Gesicht breitete. Rasch wandte er sich um und versuchte, mit der freien linken Hand die Röte etwas zu verdecken. Mit zweifelhaftem Erfolg. Die nächsten Minuten sollten die peinlichsten und längsten seines bisherigen Lebens sein.

Als die Sache dann endlich geklärt war und er das Büro des Buchhalters wieder verlassen konnte, verharrte er einige Sekunden auf dem engen dunklen Flur und atmete tief durch.

Was für eine Peinlichkeit!

Und was für ein wunderschönes Mädchen!

Wenn er nur wüsste, wie ihr Name war.

Er musste es unbedingt heraus finden. Und zwar so rasch wie möglich.

Auch drinnen im Büroraum machte sich in der Zwischenzeit eine junge Frau ihre ganz eigenen Gedanken. Er hatte sie tatsächlich bemerkt! Ihre Blicke hatten sich gekreuzt! Der Blick des jungen Mannes aus der Versuchsabteilung, dem ein so hervorragender Ruf voraus eilte, und den er mit seinem selbst konstruierten Elektrofahrrad noch kräftig befördert hatte. Schon vor einigen Wochen war ihr der junge Herr Porsche erstmals aufgefallen, als er auf dem Weg zur Arbeit an ihr vorüber gesaust war. Und seitdem hatte sie ihn immer wieder gesehen. Mehr noch: seitdem hatte sich sein Anblick tief in ihr Herz gebrannt. Die Frage war nur, wie man womöglich näher miteinander bekannt werden konnte. Eine Frage, die sich nach diesem wunderbaren Blickkontakt des heutigen Tages umso drängender für sie stellte. Ihn einfach ansprechen? Undenkbar: das ziemte sich für eine ordentliche junge Dame aus gutem Hause nicht. Was aber dann? Die Frage der richtigen Kontaktaufnahme sollte sie in den nächsten Tagen auf das Intensivste beschäftigen.

Und umgekehrt nicht minder! Mit dem entscheidenden Nachteil, dass dem jungen Mann noch nicht einmal der Name der jungen Dame bekannt war. Des schönsten Mädchens weit und breit. Was also tun? Ein weiterer Besuch in der Buchhaltung? Nein, keinesfalls. Denn der würde unter den strengen Augen des Abteilungsleiters sicher genauso peinlich enden, wie der erste. Was aber dann?

Es war der Zufall, der den beiden schließlich zu Hilfe kam. Oder die Technik – wie so oft in Ferdinand Porsches weiterem Leben. Schon vor einiger Zeit hatte er sich auf eigene Kosten einen Photoapparat gekauft, um bestimmte Versuchsanordnungen für die Mitarbeiter besser dokumentieren zu können. Auch bei der Photografie handelte es sich um eine überaus faszinierende Angelegenheit. Selbst wenn er die Kamera ja eigentlich für den Versuchsraum angeschafft hatte, so bestand deren angenehmer Nebeneffekt darin, dass er nunmehr in der Lage war, den Eltern in Maffersdorf von Zeit zu Zeit ein Bild von sich und der Schwester Anna zu schicken – mitsamt weiteren Bildern von seiner Arbeitsstelle und all den prächtigen Gebäuden in Wien.
Dank seines Photoapparats war der junge Porsche sogar zum halboffiziellen Betriebsfotografen avanciert, den man bei Feierlichkeiten gerne einmal um eine Aufnahme bat. Und so war anlässlich eines Jubiläums im Betriebsbüro die Frage an ihn herangetragen worden, ob er wohl so nett sein würde, die komplette Riege der Angestellten für ein gemeinsames Erinnerungsfoto abzulichten.
Ferdinand Porsche begriff natürlich sofort: Das war die Chance! Blieb einzig und allein die Frage, ob die junge Dame, an die er sein Herz verloren hatte, auch wirklich mit dabei sein würde.
Sie war es – zu seiner großen Erleichterung. Und wieder

trafen sich – wenn auch aus Gründen der Ziemlichkeit nur ganz kurz – ihre Blicke.
Das Gruppenbild der Angestellten war gelungen – und damit verfügte Ferdinand Porsche nun immerhin über ein erstes Photo seiner Angebeteten. Doch ein neues Problem tauchte auf: die junge Frau war darauf kaum zu erkennen. Zum guten Glück fand er sich inzwischen in den Techniken der Photographie ganz gut zurecht. Eine Vergrößerung des Gruppenbildes wurde erstellt – und es gelang ihm, den Kopf der jungen Dame so groß und so scharf heraus zu vergrößern, dass man sie darauf einwandfrei erkennen konnte.
Mit diesem Bild war es nur noch ein Kinderspiel, bei den Kollegen herausfinden, um wessen Portrait es sich handelte.
Sie hieß Aloisia Kaes und wohnte bei ihren Eltern in der Wiedener Hauptstraße 42, also im 4. Bezirk von Wien. Das war ja gar nicht so weit entfernt von seinem Zimmer im 5. Bezirk an der Matzleinsdorfer Kirche. Somit lag die Adresse seiner Angebeteten ja quasi auf dem Nachhauseweg! Ein winziger Schlenker nur, den er künftig regelmäßig fahren würde. Morgens und abends. Manchmal zusätzlich auch noch lange nach Feierabend.
Aloisia Kaes, die 18-jährige Tochter des Schneidermeisters Johann Kaes aus Purschau im Egerland und dessen Frau Wilhelmine, geborene Dubsky. Vier Kinder waren es insgesamt, die zu der Familie gehörten, und Aloisia war das einzige Mädchen. Kein Wunder, dass sie von den Eltern behütet wurde wie ihr Augapfel. Es galt also, besonders behutsam vorzugehen.

Das Glück war ihm hold, denn am Dreikönigstag 1897 hatte der überaus spendable Bela Egger alle seine 300 Angestellten zur Feier des so erfolgreich verlaufenen vergangenen Jahres zu einem Festabend ins Varieté Ronacher eingeladen, das die Firma schon vor einigen Jahren als eines der ersten Opernhäuser überhaupt mit elektrischer Be-

leuchtung ausgestattet hatte. Bela Egger mochte sich in der Tat nicht lumpen lassen und spendierte seiner begeisterten Belegschaft nicht nur ein wunderbares Essen und die freie Getränkewahl, sondern auch eine hervorragende Kapelle, die bis weit nach Mitternacht zum Tanz aufspielte.
Kaum hatte der 22 Jahre alte Porsche das Mädchen seiner Träume im Kreis der Büroangestellten entdeckt, da entschloss er sich zu einem mutigen Schritt: Mit heftig klopfendem Herzen bat er sie um die Ehre, seine Tischdame zu sein. Die Bitte wurde erhört. Es wurde ein herrlicher Abend für die beiden, keinen einzigen Tanz ließen sie aus – bis zur letzten Runde waren sie auf der Tanzfläche und genossen die Magie ihrer jungen Bekanntschaft in vollen Zügen.
Das Band war geknüpft.
Immer öfter kam es seitdem zu rein »zufälligen« Begegnungen im Büroraum, auf dem Flur oder schließlich sogar vor dem Haupteingang der Firma, wo der überstolze Besitzer dem staunenden Fräulein Kaes sein elektrisches »Oktagon«- Fahrrad vorführen durfte. Auch wenn das Vehikel – wie es leider immer wieder der Fall war – ausgerechnet heute nicht anspringen wollte: das Fräulein zeigte sich dennoch höchst beeindruckt. Und überhaupt: sie habe ihn ja schon oft genug vorüber brausen sehen. Die Peinlichkeit war also auf elegante Art und Weise beendet – was die gegenseitige Zuneigung der beiden jungen Leute nur noch mehr beförderte.
Und sein kleiner Blumengruß, den er Aloisia Kaes zu ihrem 19. Geburtstag am 19. Januar überreichen konnte, bildete einen ersten Höhepunkt in ihrer rasch inniger werdenden Beziehung.

Nur gut und gerne vier Monate waren seitdem ins Land gegangen, als die beiden jungen Leute am 30. Mai, einem herrlichen, sonnendurchfluteten Samstagnachmittag wieder einmal einen Spaziergang im Prater unternahmen. »Schau her, da ist eine Parkbank. Lass uns dort eine Weile

ausruhen und den schönen Sonnenschein genießen«, deutete der heute ganz besonders sorgfältig gekleidete Porsche auf eine freie Sitzgelegenheit. Schon wenige Minuten später hatten sich ihre Lippen gesucht und gefunden: mit einem innigen Kuss besiegelten sie ihre Freundschaft. Ja, mehr noch: »Damit sind wir nun verlobt!« konstatierte Ferdinand Porsche euphorisch, um seiner ebenso freudestrahlenden Aloisia einen weiteren Kuss nunmehr schmatzend auf die Wange zu drücken. Verlobt! Sie hatten sich das Eheversprechen gegeben.
Wie schön!
»Aber du weißt, Ferdinand: Jetzt musst du schon auch noch bei meinen Eltern offiziell um meine Hand anhalten. So wie sich das gehört.«
Der frisch Verlobte schluckte trocken. »Ja, das muss wohl sein. Hoffentlich werden sie mich nicht abweisen, das wäre fürchterlich …«
Aloisia lachte fröhlich auf. »Ach was. Mein Vater ist zwar ein strenger Mann, aber erstens stammst du ja über deinen Großvater väterlicherseits auch aus einer Schneiderfamilie, was ihm gut gefallen wird, zweitens kommen meine Eltern ebenfalls aus Böhmen und drittens hast du eine ordentliche Anstellung bei Bela Egger – was sollen sie also dagegen haben?«
»Dein Wort in allen Ehren«, murmelte Ferdinand, der gleichwohl tapfer den dicken Kloß in seiner Kehle hinunter kämpfte, der ihm angesichts der kommenden Herausforderung, die er bei der Familie Kaes zu bestehen haben würde, beinahe den Atem geraubt hatte.
»Ich werde einmal nachfragen, ob es gleich am kommenden Sonntag möglich ist. Je nachdem, ob die Eltern der Meinung sind, schon Besucher empfangen zu können.« Denn erst vor wenigen Wochen war die Familie in eine neue Wohnung in der Hechtengasse 12 gezogen – zum guten Glück befand sich diese ebenfalls im 4. Bezirk. Und inzwischen war man auch so weit eingerichtet, dass man sich vor Besuchern nicht zu schämen brauchte.

Am darauf folgenden Sonntag war es also so weit. Aloisia hatte ihre Eltern gebeten, auf den Nachmittag einen jungen Mann zu empfangen, der in derselben Firma arbeite und der sie künftig bei Spaziergängen des öfteren begleiten werde. Es gebiete bekanntlich die Höflichkeit, dass die Eltern über den Umgang ihrer Tochter Bescheid wüssten. Mehr hatte sie nicht verraten – und dementsprechend groß sollte die spätere Überraschung ausfallen.
Um den Besuch ihres Galans möglichst perfekt zu gestalten, schien es Aloisia zweckmäßig, ihn schon vor der Haustüre abzupassen, um mit ihm gemeinsam vor die Eltern zu treten. Weil es sich aber andererseits für eine junge Dame nicht schickte, über längere Zeit alleine auf der Straße herum zu stehen, bat sie ihre drei – allesamt jüngeren – Brüder Hans, Otto und Ernst um deren tatkräftige Mithilfe. Die Burschen sollten sich auf der Hechtengasse verteilen und sorgfältig Ausschau halten nach einem gut gekleideten, nicht allzu großen, jungen Mann mit dunklen Haaren. Sobald sie ihn erblickten, sollten sie der Schwester unverzüglich Bescheid geben, die inzwischen in ihrem Zimmer auf die Ankunft des Besuchers warten würde. So hatte sie es auch mit ihrem Verlobten besprochen.
Ein perfekter Plan – doch zwischen Theorie und Ausführung klaffte leider eine gewaltige Lücke. Es geschah nämlich nichts – rein gar nichts. Aber … das konnte ja eigentlich gar nicht sein. So pünktlich und zuverlässig, wie sie den Ferdinand immer erlebt hatte. Nun gut: in Eile war er immer gewesen. Das schien sozusagen eines seiner Merkmale zu sein. Aber eben dennoch pünktlich. Ob er sich also womöglich in der Uhrzeit geirrt hatte? Auch diese Erklärung schien ihr eher unwahrscheinlich, ebenso wie die Annahme, er habe sich versehentlich zur alten Wohnung der Familie Kaes in die Wiedener Hauptstraße begeben.
Obwohl … angesichts der unübersehbaren Nervosität, mit der er schon seit einigen Tagen seinem Besuch bei ihren Eltern entgegensah, schien ihr diese Erklärung noch die plausibelste von allen zu sein. Besser jedenfalls, als die drit-

te Möglichkeit, die da lautete: er habe es sich anders überlegt.
Niemals!
Nicht Ferdinand!
Folglich konnte er sich nur in der Uhrzeit vertan haben. Aber das würde natürlich schon von vornherein einen schlechten Eindruck bei ihren Eltern hinterlassen, wenn sich der zukünftige Schwiegersohn bereits bei der ersten Verabredung als unpünktlicher Zeitgenosse erwies. Das durfte nicht sein.
Nachdem von ihren Brüdern aber noch immer nichts zu hören war, fasste die beunruhigte Aloisia den Entschluss, sich nun doch am besten einmal selbst auf der Straße umzusehen.
Und siehe da! Kaum war sie aus der Haustüre auf das Trottoir getreten, da sah sie auch schon ihren Ferdinand mit einem Blumenstrauß in der Hand auf der Hechtengasse genauso ungeduldig wie sichtlich nervös auf und ab gehen.
»Ja, wo habt ihr Burschen denn nur eure Augen?! Da schaut: das hier ist der Herr Porsche, nach dem ihr Ausschau halten solltet. Wieso habt ihr mir denn nicht Bescheid gesagt?«
»Der hier soll dein Verlobter sein?« Mit allen Anzeichen der Verwunderung schüttelte ihr Bruder Otto den Kopf.
»Ja sicher, hast du etwas dagegen einzuwenden?«
»Nein«, stammelte Otto verlegen. »Es ist nur, weil wir ihn für einen Pfarrer gehalten haben, so wie er ausschaut mit dem steifen weißen Kragen und seinem schwarzen Anzug.«
»Ein Pfarrer, das wäre ja noch mal schöner!« lachte Aloisia und bedachte die drei verhinderten Kundschafter mit einem spöttischen Blick. »Komm Ferdinand, es ist höchste Zeit, meine Eltern warten schon ganz ungeduldig.«
Genauso ungeduldig wie bald darauf einigermaßen sprachlos. Denn damit hatten Wilhelmine und Johann Kaes nicht im Entferntesten gerechnet, dass der Kavalier, den ihnen die Tochter als Begleiter auf dem einen oder anderen Spaziergang vorstellen wollte, sozusagen gleich mit

der Tür ins Haus fiel und in aller Form um die Hand von Aloisia anhielt.
Als erste fand die Mutter ihre Sprache wieder. »Jetzt ist mir einiges klar«, flüsterte sie kopfschüttelnd. »Den jungen Mann da mit seinem steifen Kragen habe ich schon öfter vor dem Haus herum schleichen sehen. Jetzt weiß ich auch, warum!«
Auf eine ganz besonders gedämpfte Begeisterung stießen die beiden Heiratswilligen bei Johann Kaes. »Ein Spenglergeselle aus Nordböhmen, der bei der Firma Egger im Prüfraum arbeitet ...« Die absichtlich lange Pause, die er nach dieser harschen Anmerkung einlegte, durfte als zusätzlicher Hinweis angesehen werden, wie wenig dem Vater Kaes die bisherige Karriere des jungen Herrn Porsche imponierte. »Und Sie meinen wirklich, in der Lage zu sein, eines Tages eine Familie zu ernähren? Ich finde, das hat schon noch einige Jahre Zeit mit der Heirat, denn schließlich ist unsere Aloisia ja erst 19 Jahre alt und Sie selbst, junger Mann dürfen ruhig noch ein wenig die Karriereleiter nach oben klettern, bevor Sie ernsthaft an eine Heirat denken.«
Dieser überdeutliche und alles andere als freundliche Schuss vor den Bug hatte gesessen. Zitternd vor Scham und Verdruss wegen der schweren Demütigung, die er vor Aloisias Augen und Ohren hatte hinnehmen müssen, trat Ferdinand Porsche schließlich den Nachhauseweg an. Er würde es dem Herrn schon noch zeigen, dass er sehr wohl dazu in der Lage wäre, eine Familie zu ernähren. An einen konkreten Hochzeitstermin brauchte man seinetwegen noch nicht zu denken, es reichte ja schließlich aus, dass sie sich die Ehe versprochen hatten. Aber heiraten würden sie – ob früher oder später, ob mit dem Segen der Eltern Kaes oder ohne ihn. Das stand für Ferdinand Porsche felsenfest.
Auch in Maffersdorf löste die Nachricht von der Verlobung alles andere als Jubel aus. Ganz im Gegenteil sogar. Kaum hatte der Vater den Brief seines Sohnes gelesen und den ersten Wutausbruch hinter sich gelassen, da setzten sich

die beiden Porsches auch schon in die Eisenbahn, um ihren Ferdinand in Wien persönlich zur Rede zu stellen. Anton Porsche hatte in der Zwischenzeit ganz andere Pläne geschmiedet: nach wie vor war er der sicheren Überzeugung gewesen, dass Ferdinand eines Tages zurück nach Maffersdorf kommen würde, um nicht unbedingt die Spenglerei zu übernehmen – das konnte man getrost in die Hände seines Bruders Oskar legen – dafür aber womöglich in die Teppichfabrik Ginzkey einzuheiraten. Zwischen dem Fabrikdirektor und Anton Porsche war schon alles besprochen gewesen: dessen Tochter galt als besonders gute Partie. Beziehungsweise … was hieß hier gut? Als ausgezeichnete Heiratskandidatin! Eine Verbindung zwischen dem weitgereisten Sohn des hoch angesehenen Spenglermeisters Porsche und der Tochter des Firmenchefs, mitsamt der Aussicht, eines Tages dessen Nachfolger werden zu können, was wollte man denn mehr? Und nun kam dieser Bengel daher und durchkreuzte all die schönen Pläne seines fassungslosen Vaters! Wieder einmal! Der würde sein blaues Wunder erleben!

Am Ende war es freilich Anton Porsche, der kleinlaut wieder das Zugabteil bestieg, um zurück nach Böhmen zu fahren. Ferdinand hatte sich nicht im Geringsten bewegt. Keinen einzigen Millimeter war er von seinem Vorhaben abgewichen: er würde die Verlobung keineswegs wieder lösen. Sondern er würde Aloisia Kaes heiraten. Spätestens in drei bis vier Jahren. Da konnte der Spenglermeister mit Enterbung drohen und die Mutter mit wahren Engelszungen auf ihn einreden – es war nichts zu machen.
»Dann müssen wir den Tatsachen eben ins Auge sehen«, seufzte Anna Porsche und streifte ihren Ehemann dabei mit einem vorsichtigen Blick. »Er ist halt auch ein Porsche – genauso wie du: und wenn sich so ein Porsche erst einmal etwas in den Kopf gesetzt hat, dann ist es beinahe unmöglich, ihn wieder davon abzubringen.«
»Wenigstens dieses eine mal hätte er ja auf mich hören

können«, brummte der alte Porsche unwirsch. »Er soll mir später bloß niemals kommen und mir sagen, dass er in Wien unglücklich geworden ist.«

»Selbst wenn das so werden sollte, dann glaubst du doch nicht im Ernst, dass er es dir gegenüber zugeben würde? Auch da gleicht ihr Porsches euch doch wie ein Ei dem anderen. Nein, nein«, in einer schicksalsergebenen Geste hob sie ihre Hände, »machen wir also das Beste aus der Angelegenheit und akzeptieren die Wahl unseres Ferdinand. Alt genug ist er ja schließlich, um zu wissen, was er will.«

»Niemals! Mit 22 Jahren ist man immer noch ein Grünschnabel.«

Der Konter kam postwendend: »Weißt du noch, wie alt ich war, als wir geheiratet haben?«

Dieser Hinweis auf das Alter der Braut – auch Anna Porsche hatte nämlich im Alter von 22 Jahren geheiratet, verfehlte seine Wirkung nicht. »Na ja, du und ich: das war doch etwas ganz anderes – und außerdem: du warst wesentlich besser ernährt, als dieses klapperdürre junge Wiener Ding da, in das sich unser Sohn verguckt hat.«

»Damit hast du allerdings recht. Aber weil die Liebe nun einmal hinfällt, wo sie eben hinfällt, müssen wir nun gute Miene zu diesem Spiel machen und dafür sorgen, dass die magere Aloisia ein bisschen mehr auf die Rippen bekommt. Wir werden den beiden also künftig einfach des öfteren schöne Pakete mit einem guten Schinken und Käse nach Wien schicken müssen, damit sie etwas Nahrhaftes zu essen haben. Und dem Ferdinand werde ich auch noch schreiben, dass er seine Verlobte einmal zum Arzt schickt, damit der ihr eine kräftigere Ernährung beibringt – wenn es schon die Eltern nicht tun …«

Und so fügten sich die Porsches schließlich ins Unvermeidliche. Gleich nach ihrer Rückkehr musste Anton Porsche zu seinem übergroßen Leidwesen also dem Fabrikdirektor beichten, dass es mit einer Verbindung zwischen ihren Familien nichts werden würde. Der Sohn habe sich bereits für eine andere junge Dame entschieden. Leider …

*

Ferdinand Porsche hatte sich gegen seinen Vater durchgesetzt! Noch nicht einmal die Drohung mit der Enterbung konnte ihn davon abbringen, seine Aloisia zu heiraten – früher oder später. Das stand für die beiden jungen Leute felsenfest. Das Glück des jungen Porsche schien damit vollkommen – auch wenn er inzwischen ein seltsam eigenartiges Gefühl verspürte, wenn er frühmorgens mit seinem »Oktagon« zur Arbeit fuhr.

Lange Zeit war er sich nicht darüber im Klaren, was genau es sein mochte, das ihn tief in seinem Innersten aufwühlte und auf eine bislang nie gekannte Art und Weise unruhig werden ließ. Unruhig, wenn nicht sogar ein bisschen unzufrieden. Unzufrieden! Wie konnte er so etwas auch nur im Entferntesten denken?! Da durfte er sich stolz und glücklich schätzen, das schönste und anmutigste Mädchen von ganz Wien an seiner Seite zu wissen – und dann kam ihm so etwas Dummes in den Sinn!

Unzufriedenheit? Niemals!

Aber was war es dann?

Etwa Heimweh? Heimweh nach Böhmen, nach Maffersdorf, seiner Familie, den Schulfreunden oder gar der Spenglerei? Ach was! Ausgeschlossen!

Vielleicht hing es eher damit zusammen, dass die Schwester Anna schon im zeitigen Frühjahr Wien verlassen hatte und wieder nach Maffersdorf zurück gekehrt war? Sie habe das ohnehin schon länger im Sinn gehabt und außerdem sei er mit seinen 22 Lebensjahren nunmehr alt genug, um sich endlich »ohne Kindermädchen« in Wien zurecht zu finden, hatte sie ihrem erstaunten Bruder erklärt und mit einem spitzbübischen Lächeln noch hinzu gefügt, dass sie ja inzwischen eine nette Damenbegleitung an seiner Seite wisse. Da brauche eine ältere Schwester das junge Glück nicht weiter zu stören – zumal er sein Abendessen ja

meistens bei der Familie Kaes in der Hechtengasse einnehme.
Nun gut: die Trennung von Anna, die immerhin vier Jahre lang bei Ferdinand umsichtig nach dem Rechten geschaut hatte, mochte einer dieser Gründe sein, aber sicher nicht der Entscheidende. Vielleicht hatte er tatsächlich, wie Anna immer wieder sorgenvoll erwähnte, seinem jungen Körper mit der Doppelbelastung durch die Arbeit in der Firma und die abendlichen Vorlesungen an der Universität einfach zu viel zugemutet. Zu wenig Schlaf, zu viel angespannte Konzentration? Ach was! Nein und nochmal nein: auch dieses Argument konnte er nicht gelten lassen. Denn besser hätte er es doch gar nicht treffen können, als diese einmalige Kombination der Elektrizität in Theorie und Praxis. Das war doch keine Anstrengung für ihn, sondern ein Lebenselixier!
Hing es also mit der Aloisia zusammen? Mit seiner geliebten Louis? Deren Liebreiz, Anmut und Nähe ihm plötzlich ganz andere Themen hatten wichtig werden lassen, als nur die Beschäftigung mit Ohm, Volt und Ampère. Nun ja … einerseits mochte es eine gewisse Rolle spielen … aber andererseits?
Es sollten noch einige Wochen ins Land gehen, bis sich Ferdinand Porsche über die wahre Ursache dieses eigenartigen Gefühls allmählich bewusst wurde. Nichts von all seinen bisherigen Mutmaßungen und Überlegungen spielte dabei irgendeine Rolle. Es war diese Routine, die sich in seiner nun immerhin schon vier Jahre währenden Tätigkeit bei der »Vereinigten Elektrizitäts-AG« eingeschlichen hatte. Das wiederum war eine durchaus normale Entwicklung – es wäre eher seltsam gewesen, wenn ihm die Grundzüge seiner täglichen Arbeit nicht schon längst sozusagen wie im Schlaf von der Hand gegangen wären.
Aber dennoch …
Sämtliche Herausforderungen waren von ihm mit Bravour gemeistert worden. Dass sich ein Bursche aus dem hintersten Winkel von Böhmen in der großen Stadt behauptete.

Wie er sich in der hochspezialisierten Fabrikationsstätte in Windeseile vom Handlanger zum Facharbeiter bis zu einer der wichtigsten Stützen des Betriebes hoch gearbeitet hatte, dem kein Problem zu knifflig, keine Aufgabenstellung zu kompliziert erschien, um sie nicht voller Zuversicht angehen und innerhalb kürzester Frist auch tatsächlich lösen zu können. Das war kein Selbstverständlichkeit. Und deshalb durfte er zurecht ein bisschen stolz auf seine Leistung sein.

Mit viel Fleiß und einer erstaunlichen Begabung hatte Ferdinand Porsche so schon in jungen Jahren den Grundstein für ein gut bezahltes und sorgenfreies Leben als leitender Mitarbeiter eines der modernsten Betriebe in der gesamten Donaumonarchie gelegt. Auch der Gründung einer Familie stand damit nichts mehr im Wege. Mit Fug und Recht durfte er sich als gute Partie betrachten, der es auch Aloisias immer noch skeptischen Eltern beweisen würde, welch gute Wahl seine Verlobte getroffen hatte. Und auch die Eltern im fernen Maffersdorf würden später einmal zufrieden auf die Karriere ihres Zweitältesten blicken – und nicht länger der ehelichen Verbindung in die Teppichfabrik Ginzkey nachtrauern.

Aber wie würden sich die Dinge in beruflicher Hinsicht weiter entwickeln? Zum ersten Mal seit seiner Ankunft in Wien begann sich Ferdinand Porsche darüber Gedanken zu machen. Vielleicht würde er es in der »Vereinigten Elektrizitäts-AG« noch bis zum Direktor bringen. Nun gut … Im Grunde genommen war er den Träumen, die ihm als junger Bursche in Maffersdorf noch unerreichbar schienen, bereits zum Greifen nahe gekommen. In einer atemberaubend kurzen Zeitspanne hatte er einen Großteil seiner Karriere bereits hinter sich gebracht. Viel mehr war kaum noch vorstellbar.

Mit anderen Worten: war also bereits der Endpunkt in Sicht?

Nein! Das durfte nicht sein! Nicht im Alter von 22 Jahren!

Es würden neue Herausforderungen auf ihn warten – auch in der Elektrotechnik. Er würde sie suchen – und er würde sie finden. Das war es, was ihn antrieb. Nichts anderes. Nur eine bequeme, gut bezahlte Anstellung bis ans Ende seiner Tage, das war zu wenig. Viel zu wenig für einen Ferdinand Porsche.
Noch allerdings fehlte ihm diese neue Aufgabenstellung. Aber sie würde kommen. Darin war er sich ganz sicher. Die Frage war eben nur, wann es endlich der Fall sein würde. Deshalb also diese Unruhe, die er in sich verspürte. Gegen eine solche Krankheit konnte es nur ein einziges Rezept geben: er würde sich umso liebevoller seiner Aloisia widmen. Seiner Louis. Seinem Augenstern.
Natürlich arbeitete er genauso weiter, wie er das gewohnt war: von morgens früh bis spät in den Abend. Um dann, im Anschluss an die Arbeit oder die Universitätsvorlesungen, in die Hechtengasse zu hetzen, wo er am Küchentisch der Familie Kaes in aller Eile sein mitgebrachtes Abendessen hinunter schlang. Und an den Wochenenden durfte er seine Braut dann ausführen: sehr gerne ging es in die Oper, lieber noch in die Operette und am allerliebsten natürlich zum Ronacher ins Varieté – dorthin, wo ihre Liebe am Dreikönigstag 1897 begonnen hatte. Und selbst wenn der von den Strapazen der zurückliegenden Woche sichtlich erschöpfte Ferdinand bei einer Opernaufführung wieder einmal in Morpheus Arme fiel: es waren herrliche Abende, die sie zusammen verbrachten.

*

Im Nachhinein durfte es Ferdinand Porsche als eine überaus glückliche Fügung des Schicksals bezeichnen, dass im Herbst des Jahres 1897 ein Mann namens Ludwig Lohner bei der »Vereinigten Elektrizitäts A.G.« vorstellig geworden war und dabei von Anfang an den direkten Kontakt mit dem bereits zu Lebzeiten berühmt gewordenen Firmengründer Bela Egger suchte. Infolge der besonderen Wichtigkeit des daraus entstandenen Auftrags, der sogar den betagten Egger in hellste Begeisterung versetzte, wurden die besten Leute der Firma in einer Arbeitsgruppe unter Anleitung von Ernst Egger versammelt, um dieses völlige neue und nicht minder faszinierende Aufgabenfeld zu bewältigen.
Denn bei Ludwig Lohner handelte es sich um keinen Unbekannten. Er war Inhaber der »K. u. K. Hofwagenfabrik Jacob Lohner & Comp.«. Der alteingesessene Kutschenbauer aus der Wiener Porzellangasse verfügte über den allerbesten Ruf, den man sich nur denken konnte. Der Markenname Lohner war nicht nur in Wien, sondern auch weit darüber hinaus wohlbekannt – denn das österreichische Kaiserhaus pflegte seine Aufträge für neue Chaisen grundsätzlich nur an Lohner zu vergeben, dessen Fabrikationsstätte die beste Qualität in der gesamten Donaumonarchie lieferte.
Von Ludwig Lohner, einem weit vorausschauenden Mann, war gerüchteweise schon seit längerem geraunt worden, er wolle sein Augenmerk künftig stärker auf den Bereich der neuartigen Automobile lenken, denn er sei der Ansicht, dass sich die Zeit der Pferdekutsche unweigerlich zu Ende neige. Eine Aussage, die bei den zahlreichen Droschkenkutschern von Wien die verschiedensten Reaktionen ausgelöst hatte: von ungläubigem Staunen, über Kopfschütteln und Gelächter bis hin zu zornigen Bemerkungen, man

werde die neuen Kutschen künftig bei einem anderen Hersteller ordern, der sich seiner jahrzehntelangen treuen Kundschaft gegenüber weniger fahrlässig und gewissenlos verhalte, als der offenbar inzwischen ziemlich »spinnerte« Ludwig Lohner. Ganz offenkundig sei sich der Mann seiner besonderen Verantwortung als Erbe einer hochangesehenen und traditionsreichen Kutschenmanufaktur nicht im geringsten bewusst.
Schon im Sommer 1896 hatte er anlässlich einer Parisreise ein Automobil der Firma Peugeot erstanden, das von einem zweizylindrigen Daimlermotor angetrieben wurde. Im November war das Vehikel endlich nach Wien geliefert worden und war damit das erste Fahrzeug mit Verbrennungsmotor im ganzen Wiener Stadtgebiet! Es hatte viel Geduld und noch mehr gute Nerven gebraucht, um sämtliche Schikanen zu überstehen, mit denen die Behörden Lohners Neuerwerbung belegten. Selbst als die offizielle Vorführung des Benzinwagens vor den Augen der misstrauischen Beamten gelungen war, sollte es noch bis zur zweiten Woche im Januar 1897 dauern, bis er endlich die amtliche »Bewilligung zur Inbetriebsetzung eines Benzin-Motor-Wagens, System Daimler« in seinen Händen halten konnte – verbunden mit der strikten Anweisung »Das Nachfüllen des Benzinbehälters im Wagen mit frischem, neuem Benzin darf niemals auf der Straße, beziehungsweise an einem dem öffentlichen Verkehr dienenden Orte stattfinden.«
Und dennoch: sämtliche bürokratischen Hürden waren damit gemeistert – ausgerechnet der Kutschenbauer Ludwig Lohner wurde folglich zu einem der Pioniere der Benzinfahrzeuge in der Donaumonarchie.
Automobile anstelle von Pferdekutschen!
Wie konnte dieser Lohner auch nur ansatzweise darüber schwadronieren, dass sich solche stinkenden, lärmenden und dazu auch noch grässlich qualmenden Ungeheuer eines Tages auf den Wiener Straßen durchsetzen würden? Vehikel, die zu nichts anderem zu taugen schienen, als die

Pferde braver Fiakerlenker scheu zu machen, die dann alle Mühe hatten, ihre in panischem Schrecken durch die Wiener Straßen galoppierenden Tiere wieder an die Zügel zu bekommen. Eine lebensgefährliche Angelegenheit: für die Kutscher genauso wie für die Passanten. Tagtäglich berichteten Zeitungen inzwischen über solche Zwischenfälle – mit steigender Tendenz, denn die Zahl der Benzinkutschen schien von Woche zu Woche zu steigen. Trotz der geradezu legendären »Zuverlässigkeit« dieser seltsamen Fahrzeuge: darüber brauchte man eigentlich gar nicht erst zu reden. Wo sich doch jeder Lenker einer solchen Benzinkutsche schon froh und glücklich schätzen konnte, wenn sein Fahrzeug die Distanz vom Wiener Prater bis zum Stephansdom ohne nennenswerte Pannen absolviert hatte – womöglich sogar ohne den Einsatz des obligatorischen Mitfahrers in Gestalt eines Mechanikers. Nein, solche Benzinkutschen waren nichts anderes, als ein Zeitvertreib für reiche Müßiggänger, die offenbar sonst nichts Gescheites mit ihrer Zeit und ihrem Geld anzufangen wussten. Höchstens brave Mitbürger in Lebensgefahr zu bringen.
Und nun kam ausgerechnet der Kutschenfabrikant Lohner daher – der sein unzuverlässiges französisches Peugeotautomobil unter dem höhnischen Gelächter der Leute schon oft genug mit Schusters Rappen hatte tauschen müssen – und faselte dennoch von einem zu Ende gehenden Zeitalter der Pferdedroschken. Es war ja nicht zu fassen!
Doch Ludwig Lohner war keineswegs ein Mann, der sich von Häme, Spott und den zornigen Kommentaren seiner Kundschaft, die ihm allüberall entgegen schlugen, in seiner Grundüberzeugung beirren lassen mochte.
Der gebildete, weit gereiste und hellwache Mann hatte sich in den zurückliegenden Jahren in den wichtigsten europäischen Hauptstädten sorgfältig über die neuesten Entwicklungen informiert – und naturgemäß war ihm nicht entgangen, dass man sich auf dem wirtschaftlichen und technischen Sektor längst an der Schwelle zu einem neuen Zeitalter befand. »Bis in 20 oder 30 Jahren wird nichts

mehr so sein, wie es früher war«, in dieser Einschätzung war sich Lohner absolut sicher. Ob Elektrizität, Eisenbahnen, Verbrennungsmotoren, ja sogar die ersten Luftschiffe: wohin man auch schaute, überall machten sich die Vorboten einer neuen Epoche der Technik bereits überdeutlich bemerkbar. »Der Eiffelturm, die beginnende Beleuchtung der Wiener Straßen und Schlösser mit elektrischem Strom: das sind die Symbole einer neuen Zeit, vor denen man nicht einfach die Augen verschließen kann! Überall befindet sich die Welt im Umbruch. Wieso sollte diese Entwicklung ausgerechnet vor den Pferdedroschken halt machen, nachdem die ersten Motorkutschen doch bereits im Einsatz sind. Nun gut, noch sind sie sehr störungsanfällig, zugegeben. Aber aller Anfang ist mit Schwierigkeiten verbunden. Man wird jedoch bald die entsprechenden Techniker finden, die auch diese Kinderkrankheiten beheben werden. So wie das schon immer war. Das ist meine feste Überzeugung und deshalb sehe ich mich im Interesse einer sicheren Zukunft meiner Firma gezwungen, rechtzeitig zu handeln, bevor es zu spät ist.«
Die deutlich gesunkenen Produktionszahlen von Lohner-Pferdekutschen in den vergangenen Jahren sprachen für den Inhaber des renommierten Betriebs erst recht eine überdeutliche Sprache. Auch wenn man den Absatzrückgang eher mit einer wirtschaftlichen Krise in der Donaumonarchie erklären konnte und weniger auf die noch unbedeutende Konkurrenz durch die Motorkutschen. Aber die Vorzeichen schienen ihm dennoch eindeutig. Und deshalb war und blieb Ludwig Lohner trotz des heftigen Gegenwindes, der ihm eiskalt ins Gesicht wehte, der festen Überzeugung, rechtzeitig nach neuen Möglichkeiten Ausschau halten zu müssen, um dem drohenden Niedergang seiner Firma zu begegnen. Noch war genügend Geld vorhanden, um die notwendigen und sicherlich recht teuren Investitionen tätigen zu können. Aus diesem Grund hatte er sich rechtzeitig in der Gemeinde Floridsdorf am linken Donauufer ein großzügig bemessenes Industriegelände

gesichert, um dort in hoffentlich nicht allzu ferner Zukunft mit der Produktion von motorisierten Kutschen beginnen zu können. Damit hatte sich die traditionsreiche Firma erstmals in ihrer Geschichte über die Wiener Stadtgrenzen hinaus begeben, was in den Augen der Fiakerbesitzer eine weitere Ungeheuerlichkeit darstellte. Doch auch von dieser Kritik zeigte sich Lohner nicht im Mindesten beeindruckt. Ganz im Gegenteil! Als angenehmer Nebeneffekt seines Grunderwerbs sollte sich für den gewieften Kaufmann nämlich der Umstand erweisen, dass sich die Gemeinde Floridsdorf in jenen Jahren als ernsthafte Konkurrenz von Wien ins Spiel zu bringen gedachte und deshalb den Baugrund um einen Bruchteil der Summe veräußerte, die Lohner im Wiener Stadtgebiet dafür hätte auf den Tisch legen müssen. Eine Ersparnis, die er voll und ganz in die neue Automobilproduktion einbringen konnte.

Die Frage war nur, mit welchen Motoren das neue Lohnerwerk seine Produktion aufnehmen würde.

Ludwig Lohner war mit seinen Plänen nämlich auf ungeahnte Probleme gestoßen: schon seit vielen Monaten suchte er vergeblich einen Hersteller, dessen Benzinmotoren er in seine Kutschen einbauen konnte. Doch wo immer er auch anklopfte, überall stieß der Mann aus Wien auf verschlossene Türen. Weder die Firma von Gottlieb Daimler in Cannstatt, noch dessen Konkurrent Carl Benz sahen sich in der Lage, die gewünschten Motoren zu liefern. Bei beiden Firmen musste sich Lohner mit der Antwort abspeisen lassen, sie seien vertraglich an Frankreich gebunden und müssten ihre Motoren ausschließlich dorthin liefern. Noch nicht einmal über eine Lizenz zum Nachbau ihrer Verbrennungsmotoren konnte er mit Benz und Daimler verhandeln. Der Aufbau einer eigenen Motorenproduktion wäre Lohner zwar teurer gekommen als eine Lieferung aus Süddeutschland, aber selbst dieses Wagnis wäre er eingegangen. Wenn sie ihm die Lizenzen gegeben hätten …

»Ich sehe es schon auf uns zu kommen: eines Tages wird der Daimler in Österreich mit einer eigenen Automobilproduktion beginnen, und zusätzlich werden uns noch die Franzosen im wahrsten Sinn des Wortes überrollen – während ich mit leeren Händen da stehe. Aber das darf nicht sein.«

Lohners letzte Hoffnung war ein Mann namens Rudolf Diesel. Erst kürzlich hatte er von dem Motorenkonstrukteur gelesen und sich im August 1897 sofort auf den Weg nach München gemacht. Doch auch bei Rudolf Diesel erlebte er mit seinem Vorschlag, die Lohnerkutschen mit Diesels Motoren zu bestücken, eine herbe Enttäuschung. Zwar trage er sich durchaus mit dem Gedanken, demnächst ein Angebot der »Leobendorfer Maschinenfabrik« aus Niederösterreich anzunehmen, um dort als Chefingenieur die von ihm entwickelten Motoren weiter zu entwickeln – eine Zusammenarbeit mit einem Wiener Fahrzeugbauer sei von dieser Warte aus betrachtet natürlich besonders reizvoll – aber noch sehe er sich nicht in der Lage, seinen Motor in eine Kutsche einzubauen und für deren Fahrtüchtigkeit zu garantieren, bekannte Diesel offen. Der Herr Lohner käme leider etwas zu früh: in zwei bis drei Jahren denke er, könne man aber gerne noch einmal miteinander über das Ansinnen reden.

»In zwei bis drei Jahren! Bis da hin ist das Fell des Bären endgültig verteilt!« stöhnte Lohner und verabschiedete sich rasch. Deprimiert und ratlos fuhr er wieder zurück nach Wien. Je häufiger sich Ludwig Lohner vor verschlossenen Türen wiederfand, umso klarer war ihm dadurch geworden, wie rasant die Entwicklung in den kommenden Jahren vonstatten gehen würde. Alle hatten sich bereits mit Patenten und Lizenzen der neuen Technik versorgt. Der Niedergang, ja der endgültige Untergang der Pferdekutsche stand unmittelbar bevor.

Was aber tun? Ausgerechnet er, der diese Entwicklung schon seit Jahren vorher sagte, sollte nun ohnmächtig daneben stehen und zusehen müssen, wie der alteingesessene

Betrieb in der Porzellangasse allmählich zum Erliegen käme. Und nichts dagegen unternehmen können.
Nein, nein und nochmals nein!
Irgendwo musste es doch eine Lösung geben.
Aber welche?
Dampfmaschinen? Nein. Denn obwohl es auf den Wiener Straßen mittlerweile auch den einen oder anderen mit Dampf betriebenen Wagen zu sehen gab, kamen diese monströsen Vehikel für ihn nicht in Betracht: sie waren schlichtweg zu schwer und damit zu unhandlich. Der Dampfantrieb taugte bestenfalls für Eisenbahnen aber niemals für den individuellen Automobilbetrieb. Leider.
Benzinmotoren? Fehlanzeige. Die Lizenzen würde er nie bekommen.
Und ausgerechnet der Konstrukteur des Dieselantriebs hatte ihm mit der Begründung einen Korb gegeben, dass er seinem eigenen Produkt nicht so recht traue ... Es war ja unglaublich!
Welche andere neue Technik blieb jetzt noch übrig? Außer der Elektrizität ... Richtig! Im sprichwörtlichen Sinn des Wortes durchzuckte ihn ein Stromstoss. Die Elektrizität! Weshalb denn eigentlich nicht?
Hatte er nicht sogar schon einmal davon gelesen, dass der eine oder andere europäische Automobilproduzent auch mit Elektromotoren als Antrieb experimentierte?
Aber welchen Hersteller konnte man in Österreich-Ungarn dafür ausfindig machen. Ludwig Lohner war keine einzige Firma bekannt, die sich auf diesem Gebiet betätigte. Es sei denn ... Bela Egger. Wenn sich das führende Elektrizitätsunternehmen der Donaumonarchie für sein Vorhaben gewinnen ließe – dann wäre alles gewonnen! Dass man sich dort seit Jahren mit der Herstellung von Elektromotoren befasste, war kein Geheimnis. Freilich wurden diese Motoren für ganz andere Zwecke verwendet – mit der einen einzigen Ausnahme dieses kuriosen Vehikels, das sich ein junger Angestellter von Egger zusammen gebastelt hatte und das zeitweise in Wien zum Stadtge-

spräch avanciert war: dieses Elektrofahrrad mit seinem kuriosen »Oktagon« – Motor. Auch wenn das bekanntermaßen ziemlich störrische Gefährt seinerzeit eher als Kuriosum, denn als ernsthafte Fortbewegungsmöglichkeit belächelt worden war. Zumindest einen Versuch war es wert.
Das war der Moment, in dem Ludwig Lohner beschloss, den Kontakt mit dem renommiertesten Unternehmen der noch jungen Elektrizitätsbranche aufzunehmen: mit der »Vereinigten Elektrizitäts A.G.« von Bela Egger.
Schon am übernächsten Tag kam ein Termin im Büro des Firmengründers zustande.
Und Lohner brauchte gar nicht lange zu erklären, worum es ihm ging.
Bela Egger fing sofort Feuer. Die Entscheidung stand schon während dieser ersten Unterredung fest. Man würde dem Herrn Lohner die benötigten Elektromotoren liefern. Nach einer notwendigen, aber wohl doch recht kurzen Entwicklungszeit, für die er seine fähigsten Köpfe abstellen werde, müsste der erste brauchbare Motor eigentlich schon im Sommer des Jahres 1898 in ein Versuchsfahrzeug eingebaut werden können.
Der Tag, an dem sich die Wege von Ludwig Lohner und Ferdinand Porsche erstmals kreuzen sollten.

Eine schicksalhafte Fügung, denn genau in dieser Zeit bahnte sich ein allmähliches Zerwürfnis zwischen Ernst Egger, dem Sohn des Unternehmensgründers und Ferdinand Porsche an. Wobei die Schuld eindeutig bei Egger junior zu suchen war, der in letzter Zeit den Angestellten aus Böhmen, der so rasch Karriere gemacht hatte, mehr und mehr als Konkurrenten betrachtete. Folgendes war geschehen: Wieder einmal hatte der in höchster Zeitnot befindliche Porsche eines Abends, bevor er zur Vorlesung an die Universität gehetzt war, vergessen, seine gründlich überarbeiteten Planskizzen für einen ganz neuen Typ des »Oktagon«, vom Zeichentisch zu nehmen und im Schreibtisch sicher zu verschließen. Am nächsten Morgen waren die Pläne verschwunden. Nicht mehr auffindbar. Wie vom Erdboden verschluckt.

Die Aufregung im Versuchsraum war riesig – die Vorhaltungen des jungen Egger besonders heftig und Ferdinand Porsche zutiefst zerknirscht. »Eine ganze Woche Arbeit ist wegen Ihrer Schlamperei vertan. Und das bei dem ganzen Zeitdruck, dem wir ausgesetzt sind.«

Zufällig war in diesem Moment Aloisia Kaes herein gekommen und wurde von ihrem Verlobten über das Malheur in Kenntnis gesetzt, das ja in der Tat einzig und allein seiner Schusseligkeit zuzuschreiben war.

Plötzlich war die junge Frau hellhörig geworden. »Wie haben die Pläne denn genau ausgesehen und an welchem Zeichentisch hast du gearbeitet?« fragte sie, was ihr einen höchst verwunderten Blick ihres Verlobten einbrachte.

»Seit wann interessierst du dich denn für Konstruktionszeichnungen?«

»Jetzt sag schon: wie haben sie ausgesehen, welcher Zeichentisch war es und wo genau haben sie sich am Reißbrett befunden?«

»Du kennst die Farbe doch: hellbraun wie alle anderen auch und dort, an diesem Tisch, rechts oben hatte ich die ganzen Skizzen befestigt, bis auf die ganz neue in der Mitte, die ja noch in Arbeit war.«

»Dieses Reißbrett … Oben rechts … Hellbraun …«, sinnierte sie.

»Louis! Was soll das alles? Worauf willst du denn hinaus?«

Aloisia erhob sich abrupt. »Komm mit. Du wirst schon sehen!«

Sie streckte die rechte Hand aus und zog ihren Verlobten hinter sich her – direkt in das vom übrigen Raum abgeteilte Büro des jungen Egger. Ohne vorher anzuklopfen trat sie ein. »Aha – da haben wir es doch schon«, deutete sie auf den Schreibtisch, hinter dem sich ein sichtlich erschrockener Ernst Egger vergeblich darum bemühte, die hellbraunen Blätter mit detaillierten Konstruktionszeichnungen,

die er gerade vor sich ausgebreitet hatte, mit seinen Armen rasch zu verdecken.
»Aber das .. das sind doch meine Planskizzen«, stammelte Porsche. »Wo haben Sie die denn so schnell gefunden, Herr Egger?«
»Er hat sie nicht gefunden«, zischte Aloisia scharf. »Er hat sie von dir gestohlen!«
»Gestohlen?« echote ihr Begleiter.
»Ich muss doch sehr bitten!« schnarrte Egger junior.
»Von wegen bitten«, lachte die junge Frau trocken auf. »Ich war gestern ja noch bis spät am Abend im Büro und wollte vor dem Nachhausegehen nachschauen, ob der Herr Porsche vielleicht noch anwesend wäre. Er war aber schon gegangen, stattdessen habe ich Sie gesehen, wie Sie gerade an einem Reißbrett standen und einige Zeichnungen abgenommen haben. Natürlich hätte ich nie und nimmer gedacht, dass es sich dabei um einen Diebstahl handeln könnte …«
»Einen Diebstahl! Das wird ja immer bunter!« Inzwischen hatte der in flagranti ertappte Egger seine Fassung wieder gefunden. »Schließlich bin ich hier der Direktor und der Sohn des Firmenbesitzers noch dazu …«
»… der sich aber mit fremden Federn schmücken wollte, um es einmal so auszudrücken«, mochte die erboste Aloisia noch immer nicht locker lassen. »Oder welchen anderen Grund könnten Sie ins Feld führen, weshalb Sie dem Herrn Porsche gerade noch die bittersten Vorwürfe wegen der verschwundenen Pläne gemacht haben, die sich doch in Wahrheit längst auf ihrem Schreibtisch befunden haben? Ich finde, von diesem Vorfall sollte Ihr Vater wissen. Komm Ferdinand, wir gehen. »
Damit stürmte sie aus dem Büro, gefolgt von einem immer noch sichtlich verstörten Ferdinand Porsche. »Und jetzt gehst du sofort zum alten Herrn Egger und meldest ihm diesen unglaublichen Vorfall. Nicht, dass dir womöglich sein Sohn zuvor kommt und dem alten Mann ein X für ein U vor machen kann.«

»Also ich weiß nicht Louis, das ist eigentlich gar nicht meine Art, zu petzen!«
»Was heißt hier petzen? Das war doch eine Ungeheuerlichkeit, die hier stattgefunden hat. Erst dir die Pläne stehlen, um sie später als eigene Entwicklung zu präsentieren und dann auch noch die Unverschämtheit zu besitzen, dir die größten Vorhaltungen zu machen. Der Herr Egger muss das wissen. Komm jetzt!«
In dieser Hinsicht ließ die Louis nicht mit sich spaßen. Wenn seine Verlobte – was zum guten Glück selten genug der Fall war – erst einmal in Wallung geriet, dann war es ratsam, ihren Anweisungen auch wirklich Folge zu leisten. Und so begab sich Ferdinand Porsche notgedrungen ins Büro des Firmengründers, um ihm von dem peinlichen Vorfall zu berichten …
Keine fünf Minuten später war er schon wieder zurück.
»Nun, was hat der Herr Egger gesagt?« Gespannt wartete Aloisia auf die Antwort. »Er war doch sicherlich außer sich, nicht wahr?«
»Von wegen!« Der Konstrukteur zuckte verlegen mit den Schultern. »Er hat mich lediglich angehört und dann gesagt, damit sei die Sache ja wohl erledigt …«
»… ja wohl erledigt!« wiederholte Aloisia fassungslos. »Das kann ja wohl nicht wahr sein! Und was hast du darauf gesagt?«
»Ich habe mich verabschiedet und ihm noch einen schönen Tag gewünscht.«
»Du hast … was?! Aber Ferdinand! Das kannst du doch nicht einfach auf sich beruhen lassen!«
»Was hätte ich denn machen sollen Louis? Schließlich geht es um den Sohn meines Chefs, vergiss das nicht.«
»Aber das ist doch noch längst kein Freibrief dafür, dass er dir deine Skizzen einfach stehlen darf und sie hinterher als seine eigenen Ideen ausgibt. Dagegen muss man doch etwas unternehmen!«
»Ach lass nur, Louis. Der Herr Egger weiß ja jetzt Bescheid

und damit will auch ich es bewenden lassen. Außerdem habe ich längst etwas Besseres.«
Damit war die Angelegenheit für Ferdinand Porsche erledigt. Denn in der Tat war er mit seinen Ideen für einen Elektroantrieb schon viel weiter gediehen, als die übrigen Mitarbeiter im Versuchsbüro.
Wenn es nach ihm ginge, dann würde er den Elektromotor nämlich direkt an den Rädern anbringen – das schien ihm für den Einsatz als Fahrzeugantrieb wesentlich effektiver, als weiter mit der herkömmlichen Form eines Motors zu experimentieren. Ein so genannter Radnabenmotor – einer auf der linken und einer auf der rechten Vorderseite. Doch es ging ja nicht nach seinem Willen, sondern nach demjenigen des jungen Herrn Egger. Sollte der also zunächst mit den herkömmlichen Planskizzen die ersten Lohner-Egger Fahrzeuge in Bewegung setzen. Auch damit würde man sicherlich wertvolle Erkenntnisse im Sinne von noch besseren Antrieben gewinnen können.
Aber seltsam – noch bis vor wenigen Wochen wäre es ihm niemals in den Sinn gekommen, eine der neuen Ideen, die er ausgeheckt hatte, nicht sofort den Kollegen im Versuchsbüro vorzustellen und sie mit ihnen zu diskutieren. Doch nach diesem Vorfall heute war die Welt mit einem Mal eine andere geworden. Eine Einschätzung, in der ihn die tief enttäuschte Aloisia nachdrücklich bestärkte: dass sich keiner der Eggers bei ihm entschuldigte, das brachte in ihren Augen das Fass endgültig zum Überlaufen. Das Verhältnis zwischen Ferdinand Porsche und Bela Egger hatte seine ersten deutlichen Risse bekommen. Und Aloisia Kaes, die nie vergessen konnte, in welch peinliche Situation man ihren Verlobten gebracht hatte, wurde zur treibenden Kraft eines bald bevor stehenden Wechsels.

*

Während der Einbau der ersten Versuchsmotoren in die Kutschen zunächst noch unter recht beengten Verhältnissen in Lohners Stammhaus in der Wiener Porzellangasse erfolgte, blieb die Herstellung der Motoren bei Eggers Vereinigten Elektrizitätswerken, der »VEAG«, wie sie zwischenzeitlich genannt wurde. Erst dann, wenn die Erprobungsphase erfolgreich bestanden war, wollte der umsichtige Ludwig Lohner daran gehen, möglichst rasch die Produktionshallen auf dem neuen Firmengelände in Floridsdorf hochzuziehen. Die Planungen für den Neubau waren generalstabsmäßig vorbereitet – der Baubeginn hing jetzt nur noch von diesen ersten Testfahrten ab. Eigentlich konnte es nur noch eine Frage von Wochen sein, bis sie so weit waren. Bis alles funktionierte. Hoffentlich. Die Konstrukteure arbeiteten fieberhaft: Tag und Nacht waren sie im Einsatz – und natürlich war auch Ferdinand Porsche, der den Zwischenfall von neulich längst verdrängt hatte, trotz seines jugendlichen Alters bei den Auserwählten dabei, die dieses völlig neue Fahrzeug auf die Wiener Straßen bringen sollten. Kein Wunder, dass Aloisia ihren Verlobten kaum noch zu Gesicht bekam.
Eines Tages war es ihr endgültig zu viel geworden, als Ferdinand sich ganz kurzfristig ausgerechnet für den Samstagabend entschuldigte, an dem sie doch wieder einmal zum Ronacher hatten gehen wollen: sie konnte einfach nicht mehr anders. Es brach regelrecht aus ihr heraus: »Du magst mich anscheinend gar nimmer, Ferdinand. Auch die Mutter hat mich schon gefragt, was nur los ist bei uns!« Der völlig überraschte Porsche zuckte erschrocken, als er die Tränen bemerkte, die über ihre Wangen rannen. »Um Gottes Willen, Louis! Darüber habe ich mir vor lauter Arbeit gar keine Gedanken gemacht. Das … das habe ich nicht gewollt und es ist ja auch wirklich nichts zwischen

uns – aber die ganze Arbeit. Weißt du, sie nimmt mich gerade völlig in Beschlag. Bald kommen wieder andere Zeiten, denn bald werden wir wohl am Ziel sein mit dem Motor. Aber du verstehst mich sicher, Louis: das ist eine Herausforderung, die ich unbedingt bestehen will – erst recht vor den Augen der Herren Egger. Elektromotoren, Mobilität und Geschwindigkeit. Das ist die Zukunft. Meine Zukunft!«

»Unsere Zukunft, Ferdinand!«

»Ja natürlich: auch unsere Zukunft, Louis!«

»Dann drücke ich dir und uns die Daumen, dass es möglichst schnell gelingen wird.«

»Es wird gelingen, so wahr ich Ferdinand Porsche heiße!« Der junge Mann zog ein weißes Taschentuch aus seiner Hose und betupfte vorsichtig die tränennassen Wangen seiner Verlobten. »Und übrigens hast du natürlich recht: irgendwann muss man die Arbeit auch einmal ruhen lassen, denn sonst sieht man vor lauter Motoren, Wicklungen und Kabeln bald gar nichts mehr. Und deshalb werden wir heute Abend, so wie das geplant war, zum Ronacher gehen.«

»Aber deine Arbeit, Ferdinand …«

»Die kann bis morgen warten.«

»Am Sonntag!«

»Natürlich erst nach dem Gottesdienst. Aber morgen scheint es ja eh zu regnen, da wird es mit einem Spaziergang nichts werden. Jedenfalls gehe ich heute am Abend lieber mit dir ins Varieté und morgen werde ich dann zum Endspurt bei den Motoren ansetzen. Du wirst schon sehen, bald haben wir es geschafft und dann bleibt endlich wieder mehr Zeit für uns.«

»Dein Wort in Gottes Ohr …«

In der Tat war noch so manche Hürde zu überwinden, bis das »Lohner-Egger«- Mobil endlich einigermaßen reibungslos funktionierte …

*

»Ja, jetzt schaut euch das doch einmal an!«
»So sieht also die Zukunft aus!«
»Wer sein Automobil liebt, der schiebt!«
Schon die erste Versuchsfahrt gegen Ende August des Jahres 1898 hatte nach nur wenigen Minuten in einem völligen Fiasko geendet: zuerst schafften sie es noch nicht einmal die grade einmal knappe zweihundert Meter entfernte Börsegasse hinauf. Erst, als man dort an Ort und Stelle gleich dutzendweise die fehlerhaften Bleisicherungen ersetzt hatte, ging es mit Ach und Krach wenigstens ein zaghaftes Stück weiter bis zur Ringstraße. Aber kaum war die erreicht, war dann endgültig Schluss gewesen: nichts ging mehr vorwärts – und rückwärts schon gleich gar nicht! Verfolgt vom hämischen Gelächter der Pferdedroschkenlenker, das sich als überlautes Echo durch den gesamten 9. Bezirk zu wälzen schien, schoben die schweißüberströmten Konstrukteure des neuartigen Elektromobils Marke »Lohner-Egger« ihr Vehikel wieder zurück zum Lohnerschen Firmensitz in der Porzellangasse. Am liebsten wären sie alle in den Erdboden versunken, vor allem Ferdinand Porsche, der doch mit so großen Hoffnungen an die neue Aufgabe heran gegangen war. Und jetzt so etwas! Diese Peinlichkeit!
Als wäre die Demütigung nicht schon schlimm genug, begann es zu allem Übel nun auch noch aus dem Batteriebehälter zu tropfen. Batteriesäure! Ein Leck! Das hatte ihnen gerade noch gefehlt. »Holt einen Eimer – aber rasch!« Wie ein übles Menetekel hallte das Geräusch der auf dem Boden des Blecheimers aufprallenden Tropfen in Porsches Ohren wider.
Das konnte doch einfach nicht wahr sein – und es durfte auch nicht sein! Kopfschüttelnd beugte er sich über den geöffneten Batteriekasten und begann eine hektische Suche

nach der undichten Stelle. Allem Anschein nach befand sich das Leck direkt neben den elektrischen Zuleitungskabeln – höchstwahrscheinlich waren sie bereits von der Säure zerfressen worden, was dann auch den ruckartigen Stillstand bei der Probefahrt erklären würde. Aber andererseits ... wenn sich die Kollegen bei der Montage genau an seinen Konstruktionszeichnungen orientiert hätten, dann wäre ein Leck an dieser Stelle nahezu ausgeschlossen. Hatten sie aber nicht!

»Du meine Güte! Was für ein übler Pfusch! Wenn ich den Kerl erwische, der diesen Mist hier zusammen gebaut hat, dann gnade ihm Gott!« Kaum hatte der junge Konstrukteur die Ursache des Übels entdeckt, zog er sich wutentbrannt die Mütze vom Kopf und hüpfte wie ein Irrwisch vor der Werkstatt auf und ab. »Diese Idioten! Diese Nichtskönner! Ignoranten!« So hatten die Kollegen den ansonsten immerzu freundlich-fleißigen Herrn Porsche ja noch nie erlebt. Was war denn bloß in ihn gefahren?

Er schien sich gar nicht mehr beruhigen zu wollen, sondern vollführte weiter seine zornigen Veitstänze. Es bedurfte schließlich der ganzen Autorität eines Ludwig Lohner, um den außer Rand und Band geratenen Mann wieder zur Räson zu bringen. »Jetzt kommen Sie bitte endlich wieder zur Vernunft! So benimmt man sich nicht, Herr Porsche. Schon gar nicht hier, in meinem Betrieb!«

Schlagartig verharrte der Gescholtene mitten in seiner Bewegung und schien sich erst jetzt der überaus peinlichen Szene bewusst zu werden, die er da vor aller Augen und Ohren zum Besten gegeben hatte. »Ja schon ...« er räusperte sich verlegen, dann deutete er zum Batteriekasten hinüber. »Aber dennoch: das, was hier gemacht worden ist, das ist eine gewaltige Schlamperei. Anders kann man es ...«

Schon wieder stand er offenkundig im Begriff, sich neuerlich in Rage zu reden, wäre nicht Lohner mit Donnerstimme dazwischen gegangen. »Das kann man jetzt auch nicht mehr ändern. Menschen machen nun einmal Fehler, deswegen muss man niemanden rädern und vierteilen. Wenigstens wissen wir jetzt, woran es gelegen hat, das ist doch auch schon ein Fortschritt. So«, der Firmenbesitzer klatschte laut in die Hände. »Und damit ist dieses Kapitel für heute abgeschlossen. Wir werden uns morgen wieder an die Arbeit machen. Von ihnen allerdings«, er machte einen großen Schritt direkt auf Porsche zu und setzte dem erstaunt Zurückweichenden dabei den Zeigefinger seiner rechten Hand direkt auf die Brust, »von ihnen als dem Leiter der Versuchswerkstatt der VEAG erwarte ich freilich in Zukunft ein anderes Auftreten. Ich habe keine Lust, durch solche peinlichen Auftritte, wie Sie heute von ihnen vollführt worden sind, zum Gespött der Nachbarn zu werden. Das wird bitteschön kein zweites mal passieren. Haben wir uns verstanden, Herr Porsche?«

Der junge Mann war kreidebleich geworden und senkte betroffen seinen Kopf. »Ja, sicher, Herr Lohner. Entschuldigen Sie bitte vielmals. Ich weiß auch nicht, was plötzlich in mich gefahren ist …« stammelte er verlegen.

»Das kann ich Ihnen ganz genau sagen«, bohrte Lohner weiter in der Wunde. »Übersteigerter Ehrgeiz. Darum handelt es sich. Es ist ja gut und schön, wenn man als Techniker immer nur das Beste will, aber man muss halt auch einsehen, dass der Weg nicht immer schnurgerade verläuft. Vielleicht ist ja genau das Ihr Problem«, er musterte den trotz seines konservativen dunklen Anzugs immer noch recht knabenhaft wirkenden Konstrukteur nachdenklich, der bei dieser harschen Charakterisierung noch eine Spur blasser geworden schien, »vielleicht haben Sie in Ihren jungen Jahren schlicht und einfach zu schnell Karriere gemacht. Es ist womöglich alles zu rasch und zu glatt gegangen. So glatt, dass Sie meinen, das müsse immer und ewig genau so weiter gehen. Vielleicht hat der Herr Egger sich davon ein bisschen blenden lassen, und Sie mit Ihren 22 Jahren viel zu früh in diese Verantwortung hinein gestellt …«

Porsche schluckte schwer. »Aber … aber nein. Bitte, Herr

Lohner, glauben Sie das doch nicht. Ich ... ich verspreche Ihnen, dass sich so etwas nicht mehr wiederholen wird. Ich fühle mich auch keineswegs überfordert – ganz und gar nicht. Lassen Sie also bitte den Herrn Egger aus dem Spiel ...« Der bange Blick, den er bei diesen Worten auf sein Gegenüber warf, schien den Firmenbesitzer glücklicherweise zu besänftigen.
»Nun gut, abgemacht. Ich will ihnen – und Ihrem von nun an gezügelten Temperament – also weiterhin mein Vertrauen schenken«. Schmunzelnd registrierte Lohner, wie sich der Gescholtene sichtlich entspannte und dabei erleichtert aufatmete. »Es ist ja an und für sich schon eine erfreuliche Sache, wenn sich jemand so sehr ins Zeug legt, wie Sie. Das ist heutzutage durchaus nicht selbstverständlich. Ich weiß es folglich durchaus zu würdigen – aber Maß und Ziel dürfen dabei eben nicht verloren werden.«
Damit war der Arbeitstag für heute beendet.
Der Kampf mit dem eigenen Ehrgeiz würde Ferdinand Porsche sein Leben lang begleiten. Aber er konnte halt nicht aus seiner Haut. Und überhaupt: wie sonst sollte der technische Fortschritt befördert werden, wenn nicht mit Leidenschaft, Herzblut – und manchmal eben auch mit einer gehörigen Portion Zorn.
Aller Aufregung und Anspannung zum Trotz, die seine Kollegen todmüde in ihre Betten hatten sinken lassen, fand der junge Konstrukteur in dieser Nacht dennoch nicht in den Schlaf. Mit offenen Augen lag er auf der Matratze und rekapitulierte dabei wieder und wieder die missglückte Ausfahrt des Elektromobils. Meter für Meter ging er in seiner Erinnerung durch. Jedes Geräusch, jede Bewegung, jedes Ruckeln: schlichtweg alles hatte sich am Nachmittag regelrecht in sein Gedächtnis gebrannt. Und rasch war ihm dabei klar geworden: es konnte nicht nur an der schlampig eingebauten Zuleitung gelegen haben, die diesen ersten Test ihres neuen Wagens zum Fiasko hatte werden lassen. Da gab es noch ganz andere Dinge, die dringend zu verbessern waren. Die Konstruktion als solche musste verän-

dert werden. Dessen war sich Ferdinand Porsche beim Aufstehen in aller Herrgottsfrühe sicher. Gleich bei Arbeitsbeginn würde er seine Mitarbeiter in der Versuchswerkstatt um sich scharen, vor ihnen seine Ideen auf eine erste Skizze werfen und sie um ihre kritische Stellungnahme bitten. Mit an Sicherheit grenzender Wahrscheinlichkeit dürften sie dabei zum selben Fazit kommen, wie ihr Versuchsleiter. Danach würde es schon schwieriger werden. Denn dann musste er bei Bela Egger und dessen Sohn vorstellig werden und diese beiden von seinen Vorschlägen überzeugen. Erst wenn das gelungen war, konnte er die allergrößte Hürde in Angriff nehmen und diese hieß: Ludwig Lohner.

Denn ausgerechnet Eggers neuen Geschäftspartner davon zu überzeugen, dass das erste Exemplar des »Lohner-Egger«- Mobils von vornherein zum Scheitern verurteilt gewesen war, das dürfte keine leichte Übung werden. Aber bevor man sich wochenlang mit der einen oder anderen winzigen Verbesserung herumschlug, schien es ihm doch wesentlich sinnvoller, gleich ein völlig neu konstruiertes, zweites Modell in Angriff zu nehmen. Auch Bela Egger war Porsches Argumentation gefolgt – erstaunlicherweise ohne jedes Zögern. Das war schon deshalb bemerkenswert, weil ja immerhin Ernst Egger den Bau des ersten Fahrzeugs verantwortet hatte: ein gewaltiger Nasenstüber für den Sohn des Firmengründers, der nach der Entscheidung wutentbrannt aus dem Büro seines Vaters gestürmt war.

»Wir müssen in der Tat eine ganz andere Denkweise an den Tag legen. Da haben Sie völlig recht, Herr Porsche. Das muss auch der Herr Lohner einsehen.«

Es dürfte ihren Auftraggeber zwar wieder eine ordentlich Geldsumme kosten, die von ihm in dieser Höhe sicher nicht eingeplant gewesen war, »aber besser, eine Konstruktion von vornherein richtig angehen, als hinterher die Mängel reparieren – um dann immer noch keine optimale Lösung in der Hand zu haben«. Es war genau dieser Satz, der dem zunächst bedenklich grummelnden Lohner am Ende einleuchtete. »Dann werde ich also gleich nachher zur Bank gehen und den Herrschaften dort sagen müssen, dass sie mir demnächst noch einmal ein ordentliches Sümmchen von meinem Geschäftskonto zur Verfügung zu stellen haben. In der Hoffnung, dass unser neues »System Egger-Lohner« dann den erhofften Durchbruch schaffen wird.«

Ferdinand Porsche schloss die Augen und atmete tief durch, als er die Tür des Vorstandszimmers sachte hinter sich geschlossen hatte. Auch diese Hürde war genommen. Er hatte sich auf der ganzen Linie durchgesetzt. Zwar schienen ihm die Lohnerschen Kutschen mit ihrer klassischen Form noch immer nicht der Weisheit letzter Schluss, wenn es darum ging, einen Elektroantrieb in diese ursprünglichen Pferdefuhrwerke einzubauen – aber mehr hätte er momentan nicht verlangen dürfen. Eine komplette Überarbeitung des Chassis – das wäre selbst für einen weitblickenden Unternehmer wie Ludwig Lohner zu viel gewesen. Im Augenblick zumindest noch. Aber die Zeit würde kommen, in der man auch an diese Fragestellung heran gehen würde. Doch nun galt es zunächst einmal, einen Schritt vor den anderen zu setzen.

Und das bedeutete: der Motor musste verlässlicher werden, durfte bei dem Geschaukel auf der Straße nicht gleich aus dem Rhythmus geraten. Dazu brauchte es unbedingt eine Batterie mit einer wesentlich größeren Speicherfähigkeit, dann schien es ihm ratsam, die Lenkung von den Hinterrädern auf die Vorderachse zu versetzen, während der Antrieb künftig im Heck des Fahrzeugs Platz finden würde. Arbeit mehr als genug. »Aber wir werden es schaffen!« Kaum hatte er seinen Fuß wieder auf die Porzellangasse gesetzt, warf Ferdinand Porsche jubelnd seinen Hut in die Höhe. Was für eine faszinierende Aufgabe! Und zum erstenmal überhaupt in seinem Leben war eine Konstruktionsskizze ausschließlich auf seine Anregungen hin zustande gekommen.

*

Wieder arbeiteten die Männer Tag und Nacht, um das ehrgeizige Ziel zu erreichen, möglichst schon bei der im Herbst stattfindenden Automobilausstellung in Berlin mit ihrer neuen Konstruktion vertreten zu sein. Was bei der Gründungsversammlung des Österreichischen Automobilclubs im vergangenen Sommer zu ihrer aller Leidwesen noch nicht so richtig geklappt hatte, das würde man nun eben in Berlin nachholen müssen. Koste es, was es wolle! Und es kostete einiges! Viel mehr, als der an manchen Tagen vor Zorn bebende Lohner für das gesamte Projekt veranschlagt hatte. Doch spätestens, wenn der junge Herr Porsche, der sogar an seinem 23. Geburtstag von morgens früh bis spät in die Nacht arbeitete, seinem Auftraggeber die allerneuesten Details präsentieren würde, die sich erst während der Montage des Fahrzeugs ergeben hatten, war seine Wut mit schöner Regelmäßigkeit wieder verraucht. »Na gut, wenn Sie meinen, das müsse sein, um ein noch besseres Ergebnis zu erzielen, dann machen Sie es halt, in Gottes Namen!« hatte er ein ums andere mal versöhnlich geknurrt und im Anschluss daran die Bank aufgesucht, um eine neue Überweisung an die »VEAG« zu tätigen – mitsamt dem ausdrücklichen Vermerk, wofür dieses Geld zu verwenden war: »Konstruktionsbüro der VEAG, Projekt »Egger-Lohner«, Herr Porsche«.

Lohners Geduld und Großzügigkeit, Porsches Fleiß und Genie, sowie Eggers überragender Sachverstand. Sie bildeten das Fundament zum Erfolg des durchaus kühnen Projekts. Es gelang tatsächlich, sozusagen in allerletzter Minute, im Herbst 1898 einen nagelneuen Wagen »System Egger-Lohner« bei der Berliner Automobilausstellung zu präsentieren.

Beziehungsweise nicht nur zu präsentieren, sondern dem nahezu sprachlosen Fachpublikum auch eindrucksvoll vorzuführen. Denn nachdem Ferdinand Porsche zu Ohren gekommen war, dass auch Gottlieb Daimler, Wilhelm Maybach und Carl Benz, diese bereits zu ihren Lebzeiten zu Legenden gewordenen Erfinder des Automobils bei der Ausstellung anwesend sein würden, gab es für den ehrgeizigen Konstrukteur erst recht keinen Schlaf mehr.
Bis zuletzt hatte er noch an seinem Fahrzeug »gefeilt«, geschraubt und nachjustiert, dann war es so weit: mit dem von den Berlinern viel bestaunten und noch blutjungen Konstrukteur an den Lenk- und Tempohebeln startete das Elektromobil zu einer Wettfahrt, die sie über 50 Kilometer in das Berliner Umland führen sollte. »Ein Ding der Unmöglichkeit für einen Elektrowagen«, schüttelte nicht nur Gottlieb Daimler voller Skepsis seinen Kopf.
Doch am Ende eines langen Tages sollte sie das neuartige Fahrzeug eines Besseren belehren: der »Egger-Lohner« – Wagen gewann den ersten Ehrenpreis der Wettfahrt samt dem respektablen Preisgeld von 600 Mark und avancierte damit schlagartig zu einem der begehrtesten Objekte der Berliner Ausstellung – in einem Atemzug genannt mit den Produkten von Benz und Daimler.

Der Triumph war vollständig: Lohner, Porsche – und sogar der alte, erfolgsgewohnte Bela Egger – schwebten im siebten Himmel. Innerhalb kürzester Zeit hatten sie das schier Unmögliche geschafft und ein wettbewerbstaugliches Fahrzeug mit Elektroantrieb auf die Straße gebracht. Die Zukunft der altehrwürdigen »K. u. K. Hofwagenfabrik Jacob Lohner & Comp.« war nunmehr auch im beginnenden Automobilzeitalter gesichert. Dank der vorausschauenden Planung des Firmeninhabers und dank der in geradezu schicksalhafter Weise zustande gekommenen Zusammenarbeit mit Egger und dessen genialem Ferdinand Porsche.
Zwei Maßnahmen standen jetzt für die nächste Zukunft

an, deren Umsetzung Ludwig Lohner bereits bei der Rückfahrt aus Berlin für sich insgeheim fest beschlossen hatte. Erstens würde man nun sofort mit dem Bau der Produktionshallen in Floridsdorf beginnen, um dort möglichst schon im kommenden Jahr die Serienproduktion aufnehmen zu können – und zweitens ... Zweitens würde er alles daran setzen, den jungen, so überaus hoffnungsvollen Porsche direkt an sich zu binden. Er würde ihn bei der »VEAG« abwerben – auch um den Preis einer gewissen Verstimmung zwischen Bela Egger und Ludwig Lohner – das würde er dafür in Kauf nehmen.

Einer Tatsache war sich Lohner freilich klar bewusst: mit Geld alleine würde er den ehrgeizigen Porsche nicht ködern können. Dazu bedurfte es bei einem derart technikbegeisterten und hochtalentierten jungen Mann ganz anderer Methoden. Aber auch für diese Anforderung gab es eine ganz einfache Lösung: Er würde Ferdinand Porsche trotz seiner erst 23 Jahre schlichtweg zum alleinigen Technischen Leiter seiner Automobilfabrikation berufen! Eine wahrhaft mutige und spektakuläre Entscheidung, die in der Öffentlichkeit hohe Wellen schlagen würde! Der eine oder andere Geschäftspartner dürfte dabei sogar an Lohners Zurechnungsfähigkeit zweifeln, wenn sie das erfuhren, aber nun gut: sie kannten den Herrn Porsche ja schließlich nicht.

Neben dem Angebot der technischen Leitung würde er den Konstrukteur noch mit einem weiteren Zuckerl an sich binden: Porsche sollte bei ihm die Möglichkeit bekommen, einen weiteren, von Grund auf nochmals völlig neuartigen Elektrowagen zu konstruieren. Ein Automobil, dessen Antrieb über Motoren erfolgen sollte, die direkt an den Rädern angebracht wurden. Erst vor einigen Tagen hatte Ferdinand Porsche dem völlig verblüfften Lohner eine detaillierte Skizze über seine allerneuste Idee präsentiert. Und das zu einem Zeitpunkt, als der »Lohner-Egger« – Wagen gerade erst zu ihrer aller Erleichterung seine Jungfernfahrt in Berlin problemlos absolviert hatte. Dementsprechend unwirsch war Lohner dem jungen Konstrukteur zunächst in die Parade gefahren: »Jetzt bauen Sie erst einmal ein paar Dutzend von diesen Wagen hier – und zwar so schnell wie möglich, damit ich über den Verkaufserlös wenigstens einen Bruchteil der Investitionssumme wieder herein bekomme – und wenn Sie das zur Zufriedenheit unserer Kunden geschafft haben, dann – aber erst dann – können Sie mit Ihren neuen Flausen daher kommen!«

Es hatte nur einer schlaflos verbrachten Nacht bedurft, bis Lohner seine harschen Worte bitter bereute. Denn in der Tat schien ihm die Idee mit den Radnabenmotoren inzwischen vielversprechend. Ja mehr noch: sie war schlichtweg genial.

Weshalb sollte man also nicht einerseits die »Lohner-Egger« – Wagen produzieren und parallel dazu schon die Zukunft in Form der neuen Fahrzeuge planen. »Wer rastet, der rostet – und der technische Fortschritt duldet keinen Aufschub!« Womöglich würde Porsche nach der Abfuhr durch Lohner seine Idee nun eben in der VEAG verwirklichen oder gar bei einem deutschen Automobilhersteller. Die Herrschaften von Daimler, Benz und auch von der neu entstandenen Automobilfabrik Opel hatten in Berlin ja kräftig die Ohren gespitzt und den blutjungen Konstrukteur ganz genau unter die Lupe genommen. Mit an Sicherheit grenzender Wahrscheinlichkeit würden bald die ersten Angebote an Ferdinand Porsche erfolgen – wenn sie nicht schon erfolgt waren. Es galt also rasch zu handeln – und dann gleich noch ein drittes Zuckerl zu präsentieren. Das neue Produkt sollte den Markennamen »Lohner-Porsche« tragen! Bereits allein am Namen des Fahrzeugs sollte man die große Wertschätzung ablesen können, die der Technische Leiter bei seinem Arbeitgeber genoss.

Falls es ihm gelingen würde, Ferdinand Porsche tatsächlich an sich zu binden. Trotz aller Verlockungen, war das sicherlich eine harte Nuss, die es zu knacken galt. Denn der

junge Mann schien keiner von der Sorte zu sein, die bedenkenlos heute hier und morgen dort anheuerten.
Und es kam tatsächlich genau so: Ferdinand Porsche hatte gezögert, als ihm Lohner sein Angebot unterbreitete. Mehr noch: er hatte keinerlei Anstalten gemacht, näher darauf einzugehen. Die Unterschrift unter einen Vertrag bei Ludwig Lohner lag noch in weiter Ferne. Ob es der Respekt vor dieser riesigen Aufgabe war? Vielleicht auch sein beinahe noch jugendliches Alter, das ihn davor zurückschrecken ließ? Oder doch eher die ganz besondere Verpflichtung, die er der VEAG gegenüber verspürte? »Denn wenn der Herr Egger mich als jungen Burschen vom Land nicht bei sich aufgenommen hätte und es mir damit möglich gemacht hätte, meinen Jugendtraum wahr werden zu lassen, dann säße ich jetzt nicht hier in einem Automobil, sondern noch immer in der Spenglerei in Maffersdorf. Das werde ich dem Herrn Egger niemals vergessen.« Dieses Argument war nicht so leicht von der Hand zu weisen. Ohne Bela Egger wäre diese hoffnungsvolle Karriere gar nicht erst zustande gekommen. Und wenn der unscheinbare Bursche aus Böhmen nicht vor einigen Jahren die Anstellung bei Egger bekommen hätte, dann wären sich Lohner und Porsche höchstwahrscheinlich niemals über den Weg gelaufen.
Es war schließlich das Fräulein Aloisia Kaes, das Ludwig Lohner bei seinen Abwerbeanstrengungen unverhofft zu Hilfe kam. Denn kaum dass Porsche seiner Verlobten von Lohners Angebot Bericht erstattet hatte, da stand für sie bereits felsenfest, dass dieser Vertrag unbedingt zustande kommen musste. »Du bleibst keinen Monat länger mehr bei der VEAG. Versprich mir das!«
»Aber Louis! Das kann ich doch nicht machen!« Abwehrend hob er die Hände. »Denk doch nur, dass es damals Egger gewesen ist, der mich bei sich aufgenommen hat. Da kann ich ihn doch jetzt nicht holter-di-polter einfach verlassen! Ich bin ihm zu allergrößtem Dank verpflichtet.«
»Das hast du ihm bereits dutzendfach zurück gegeben. Du

bist dem Herrn Egger und seiner Firma schon längst nichts mehr schuldig. Ganz im Gegenteil. Und wenn ich erst daran denke, wie der Ernst Egger dir die Konstruktionszeichnungen gestohlen hat, ohne dass er dafür von seinem Vater in irgend einer Form zurechtgewiesen worden ist – also das war schon ein starkes Stück. Das habe ich den Herren bis heute nicht vergessen. Du hast deine Pflicht mehr als nur erfüllt – und nun schau zu, dass du den nächsten Schritt machst, indem du dieses großzügige Angebot vom Herrn Lohner annimmst. Denke jetzt eben auch einmal an dich, an deine Zukunft – und an deine Familie. Oder willst du mich etwa inzwischen nicht mehr haben? Jetzt, wo du an der Schwelle zu einer großen Karriere stehst?«

Der junge Mann fuhr kerzengerade in die Höhe. »Louis! Ich bitte dich! Wie kannst du nur so etwas sagen! Du … du bist mein ein und alles. Dich will ich heiraten – und sonst keine. Nur mit dir möchte ich eine Familie gründen. Das weißt du doch. Das brauche ich doch nicht extra zu sagen!«

»Es klingt aber immer wieder auf's Neue so herrlich in meinen Ohren«, gab Aloisia lächelnd zurück. »Nun gut, dann brauche ich mir ja keine Gedanken zu machen. Nicht um uns und unseren gemeinsamen Lebensweg – und hoffentlich auch nicht um deine berufliche Zukunft. Denn wenn du erst einmal eine Familie ernähren musst, brauchst du ja auch ein anständiges Gehalt …«

Aloisias listige Argumentation verfehlte ihre Wirkung nicht. Noch in derselben Woche setzten Ferdinand Porsche und Ludwig Lohner ihre Unterschriften unter den Anstellungsvertrag des neuen Technischen Direktors. Die Zukunft für Porsche und Lohner hatte damit begonnen.

Es war ein ehrgeiziges Werk, in das sich die beiden Männer mit schier überbordender Begeisterung und einem wahren Feuereifer stürzten: einerseits der Neubau in Floridsdorf, daneben die Entwicklung der neuen Modelle. Eine Herkulesaufgabe. Denn schon um die Jahresmitte 1899 sollten die ersten »Lohner-Porsche« die Fabrikationshallen verlassen. Und zwar beileibe nicht nur ein einziges Modell! Ganz im Gegenteil. Auch auf diesem Sektor wollte Lohner mit seinen neuen Fahrzeugen Maßstäbe setzen. So wie früher bei den Pferdekutschen. Die Kundschaft sollte auswählen können. Genau wie das bei Lohner schon immer der Fall war. Auch bei den Lohner-Kutschen gab es ja die verschiedensten Variationen: von der Freizeitdroschke über das Alltagsmodell bis hin zur Lastenkutsche. Im Fall des neuen »Lohner-Porsche« also eine Bandbreite vom Kleinfahrzeug bis zum Lastwagen. Und alle mit Elektroantrieb. Wenn die massenhafte Produktion erst einmal so richtig in Schwung gekommen wäre, dann würde man auch billiger produzieren und die noch ziemlich teuren Elektrowagen wesentlich günstiger anbieten können. Womöglich sogar zum selben Preis wie die momentan noch deutlich preiswerteren Benzinwagen mit ihren Verbrennungsmotoren. Einzig in den Elektroantrieben lag die Zukunft der Automobile. Und die der Firma Lohner.

Porsche legte ein Höllentempo vor. Innerhalb von nur zehn Wochen schaffte es der neue Technische Leiter, ein völlig neuartiges Fahrzeug zu konstruieren. Ja: im wahrsten Sinne des Wortes ein Fahrzeug! Keine Kutsche mehr. Denn mit der früheren Kutschenform hatte dieses Gefährt kaum noch eine Ähnlichkeit Das markanteste Merkmal waren eindeutig die beiden an den Naben der Vorderräder angebrachten Motoren. »Dieser Wagen«, jubelte Lohner schon während der ersten Erprobungsfahrt, »das ist ein richtiges Wunderwerk – sowohl auf dem Gebiet der Fahrzeug-, als auch der Elektrotechnik!« Der »elektrische Phaeton«, wie ihn sein Erfinder nannte, war Wirklichkeit geworden.

»Hoffentlich ergeht es ihm nicht genauso, wie dem griechischen Göttersohn …« Im Gegensatz zu den beiden Herren stellte Aloisia Kaes eine eher skeptische Miene zur Schau, als sie ihr Verlobter zu einer gemeinsamen Ausfahrt mit dem nagelneuen Wagen eingeladen hatte und ihr voller Stolz den Namen seiner » ersten durch und durch eigenen« Konstruktion genannt hatte.

»Wieso? Was war denn mit diesem Göttersohn, Louis?«

»Der Phaeton ist abgestürzt, weil er zu rasant unterwegs war«, keuchte Aloisia und schaffte es im allerletzten Augenblick noch, ihr Hütchen zu greifen, das ihr gerade beinahe vom Kopf gefallen wäre, nachdem Ferdinand den »Phaeton« mit einem höllischen Tempo eher um die Straßenecke geschleudert als sanft gelenkt hatte. »Genau wie du übrigens, wenn du nicht vorsichtiger fährst. Insofern ist es natürlich überhaupt kein Wunder, dass gerade du diesen Namen ausgewählt hast.«

»Ach was«, lachte der rasante Fahrer und winkte mit einer Hand lässig ab, weshalb er sich unverzüglich einen strengen Verweis seiner Mitfahrerin einhandelte.

»Lass bitte beide Hände am Lenkrad, Ferdinand. Ich bitte dich sehr! Das ist ja lebensgefährlich!«

»Schon gut«, folgsam griff er auch mit seiner zweiten Hand wieder nach dem Steuer und drosselte das Tempo nun merklich, um Aloisia nicht weiter zu verängstigen. »Aber dass sich der Name vom einem griechischen Gott ableitet, das wusste ich wirklich nicht. Wir haben ihn deswegen so genannt, weil es sich um einen flotten Zweisitzer handelt, so wie die früheren Kutschen bei der Firma Lohner eben. Wenn es nun auch noch ein Göttername ist, dann soll es mir nur recht sein«, lachte Porsche vergnügt. »Es ist ja auch ein wahrhaft göttliches Fahrzeug.«

»Was mir so gut gefällt bei den elektrischen Fahrzeugen, das ist, wie leise sie sind. Und stinken tun sie auch nicht – im Gegensatz zu diesen fürchterlich lauten Benzinkutschen, die allmählich die ganze Wiener Luft verpesten.« Die junge Frau zog angesichts der dunklen Rauchwolke aus dem Auspuff eines Benzinwagens, der ihnen gerade eben entgegen kam, eine Grimasse.

»Das sieht der Herr Professor Freud übrigens ganz genau so.«

»Freud? Was für ein Professor Freud?« Aloisia streifte ihren Nebensitzer mit einem verwunderten Blick. »Meinst du etwa den Psychologen Freud? Den Sigmund Freud? Aber woher solltest du den kennen.«
»Ich kenne ihn tatsächlich«, schmunzelte Ferdinand. »Er wohnt nämlich nur ein paar Häuser weit von Lohner entfernt, in der Berggasse. Dort hat er auch seine Praxis. Der Professor Freud und die Lohners sind schon seit vielen Jahren befreundet. Kürzlich nun ist der Freud in die Werkstatt gekommen und hat sich von mir den elektrischen Antrieb ganz genau erklären lassen. Es hat ihm anscheinend gut gefallen, was er da gehört und gesehen hat. Denn er hat uns nachdrücklich aufgefordert, diesen Weg weiter zu beschreiten. Dem Elektroantrieb gehöre die Zukunft, hat Sigmund Freud gesagt. Allein, wenn man an den Krach und an den Gestank denke, den die Verbrennungsmotoren ausstoßen. Das sei pures Gift für die Seele der Menschen. Solche Vehikel gehörten schlichtweg verboten, denn sie machten die Leute krank.«
»Da hat der Professor nicht unrecht. Das finde ich auch.«
»Und wenn inzwischen also schon ein dermaßen bekannter Wissenschaftler wie der Professor Freud der Meinung ist, dass wir mit dem Elektroantrieb auf dem richtigen Weg sind, dann kann mir um die Zukunft unseres Systems nicht mehr bange sein.«
»Ich frage mich trotzdem, weshalb trotz dieser offensichtlichen Vorzüge dennoch wesentlich mehr Benzinfahrzeuge unterwegs sind, als Elektromobile.«
Ferdinand Porsche zuckte mit den Achseln. »Das liegt nach wie vor am Verkaufspreis. Wir sind mit über 7.000 Kronen leider noch deutlich teurer als ein Fahrzeug mit Verbrennungsmotor. Schuld daran ist vor allem die Batterie – wenn die nicht solche Unsummen kosten würde, dann sähe es schon anders aus. Aber der Preis bestimmt halt leider den Absatz – und deshalb kaufen die Leute, trotz aller Nachteile, die ihnen durchaus bewusst sind, lieber den Benzinwagen. Das wird sich hoffentlich bald

ändern, wenn erst einmal neue Batterien auf den Markt kommen.«

»Und wann wird das sein?«

»Wenn mehr Elektrofahrzeuge bestellt werden. Denn dann braucht man mehr Batterien, deren Herstellung dadurch günstiger wird und deren Weiterentwicklung deshalb auch entschiedener betrieben wird.«

»Womit sich im Grunde genommen die Katze also in den eigenen Schwanz beisst.«

Porsche lachte trocken auf. »Ja, irgendwie schon. Aber trotzdem. Warte nur ab, das kommt schon noch.«

»Ich drücke dir – und uns – die Daumen. Denn bevor wir sonst gar keine Luft mehr kriegen in Wien …« Sie unterbrach sich und schien kurz zu überlegen, ob sie ihm die nächste Frage wirklich stellen sollte, oder besser doch nicht. Denn sie kannte ihren manchmal etwas ungestümen Ferdinand ja nur allzu gut. Schließlich überwog dann doch die Neugierde. »Wie schnell kannst du denn mit dem Phaeton eigentlich fahren?«

»Na ja«, der stolze Wagenlenker schürzte die Lippen. »Üblicherweise zwischen 5 und 37 Kilometern in der Stunde, das kann man in vier Stufen regeln. Aber wenn man will – beispielsweise bei einem Automobilrennen – dann könnte man aus den beiden Motoren eine gewisse Zeitlang schon auch noch ein bisschen mehr heraus kitzeln – ich denke, wir könnten sogar beinahe 60 Stundenkilometer erreichen, wenn wir uns ein kleines bisschen ducken.« Sprachs, drehte rasch an einem der Hebel – und bevor die junge Frau auch nur den Ansatz eines Widerspruchs über ihre Lippen bringen konnte, hatten sich ihre Befürchtungen in geradezu sprichwörtlicher Windeseile wieder einmal mehr als bestätigt. Ganz kurz nur drehten die Räder auf der Fahrbahn durch, Straßenschlamm spritzte hoch, dann bekamen die Gummireifen Griff, so dass das Fahrzeug urplötzlich mit einem gewaltigen Ruck nach vorne schoss.

Eine laut kreischende Frauenstimme war das letzte, was die

kopfschüttelnden Passanten aus dem Wagen vernahmen, dann schleuderte der Phaeton bereits um die nächste Straßenecke und verschwand bald darauf mit höchstem Tempo in einer engen Gasse. Einsam zurück im Morast der Straßenmitte blieb nur ein dunkles Hütchen, das offenbar bei dem höllischen Tempo vom Kopf der erschrockenen Beifahrerin geweht worden war …

»Na, in dem seiner Haut möchte ich nicht stecken, wenn er erst mal wieder zum anhalten kommt!« murmelte einer der Spaziergänger mit kritisch gerunzelter Stirn.

»Was ihm auch ganz recht geschieht! Wie kann dieser Kerl dem armen Fräulein denn nur so eine Angst einjagen«, gab seine Begleiterin mit sichtlichem Unverständnis zurück. »Weißt du, wer das gewesen ist? Man sollte ihn zur Anzeige bringen!«

»Den? Zur Anzeige bringen?! Das kannst du vergessen«, lachte der Mann trocken auf. »Weißt du denn nicht, wer das gewesen ist?«

»Wenn ich's wüsste, müsste ich dich ja nicht fragen.«

»Das war der Herr Porsche. Der Konstruktionsleiter von der neuen Automobilfabrik in Floridsdorf. Und die junge Dame an seiner Seite, das war Aloisia Kaes, seine Verlobte.«

»Das arme Ding! Hoffentlich weiß sie, worauf sie sich mit diesem unverantwortlichen Kerl da einlässt!«

Aloisia Kaes wusste es. Und Ferdinand Porsche auch. Nach der gewaltigen Standpauke, die sich an diesem Nachmittag tatsächlich über ihm entlud, gelobte er zähneknirschend Besserung. Zumindest immer dann, wenn sich seine Verlobte neben ihm im Fahrzeug befinden sollte.

»Ehrenwort?«

»Mein großes Ehrenwort!«

»Na dann ist ja alles gut, dann darfst du mich jetzt auf einen schönen Kaffee einladen – im schönsten Kaffeehaus von ganz Wien.«

»Ihr Wunsch ist mir Befehl, Gnädigste.« Lachend fielen sich die beiden in die Arme und erlebten noch einen wunderschönen Nachmittag im Herzen von Wien.

Auch in den kommenden Wochen stürzte sich Ferdinand Porsche mit voller Kraft auf diese so überaus faszinierende Arbeit am neuen Phaetonwagen. Vor diesem Hintergrund fügte es sich gut, dass seine Schwester Anna zwischenzeitlich noch einmal nach Wien gekommen war, um für ihren bekanntermaßen ungeduldigen Bruder dessen zwar kleinen, aber seiner Meinung nach dennoch zeitraubenden Haushalt »ein bisschen auf Vordermann zu bringen«. Denn nach Ferdinands letztem Besuch zuhause in Maffersdorf hatten sie kopfschüttelnd seine nachlässige Kleidung moniert, »hier ein Fleck, dort ein fehlender Knopf«. Mit der Begründung, in so einem Junggesellenhaushalt müsse man ja verlottern, wenn keine tüchtige Frau nach dem rechten sehe, war Anna also zurück nach Wien gereist – versehen mit dem Segen ihrer Mutter und sogar mit dem wie immer etwas unwirsch geknarzten Einverständnis des alten Porsche, der es nach wie vor lieber gesehen hätte, sein Sohn wäre von vornherein in Maffersdorf geblieben, wo es immer noch möglich wäre, in die Familie Ginzkey einzuheiraten. »Aber eine Schneiderstochter ist ihm lieber … das ist wieder einmal typisch mein Sohn Ferdinand, der anscheinend immer partout das genaue Gegenteil von dem machen muss, was ich zu seinem Besten im Sinn habe«, hatte der Spenglermeister wieder einmal gepoltert. Sei es drum. Auch Ferdinand zeigte sich froh und dankbar, dass ihm seine Schwester nochmals eine Zeitlang den Haushalt besorgen wollte – denn von Aloisia als seiner Verlobten hätte sich das keinesfalls geschickt. So stand ihm also die selbstlose Anna noch für einige Zeit als gute Fee zur Seite (»Aber nur bis zu deiner Hochzeit, die hoffentlich nicht mehr allzu lange auf sich warten lässt«, hatte sie gemeint), wodurch er sich umso intensiver auf die zahlreichen technischen Anforderungen stürzen konnte, die seine Tätigkeit in Floridsdorf Tag für Tag mit sich brachte. Technisches Neuland. Wie schön! Und faszinierend!

*

Am 14. April 1900 wurde in Paris die glanzvolle Eröffnung der Weltausstellung gefeiert – und das Interesse der Besucher, die in schier unübersehbarer Zahl zu diesem Ereignis aus aller Herren Länder in die französische Metropole strömten, galt neben dem riesigen »Elektrizitätspalast« vor allem den Automobilen. Natürlich stand auch in Paris die Frage im Mittelpunkt, die alle Hersteller gleichermaßen bewegte – die Frage, welcher Antrieb sich am Ende wohl durchsetzen würde: Dampf, Benzin oder doch die Elektromotoren?

»Da schauen Sie einmal her, was diese Zeitungsschmierer wieder schreiben: von Österreich sei auf dieser Ausstellung recht wenig zu erwarten!« Wütend knüllte Ludwig Lohner die Zeitung zu einem Knäuel zusammen und beförderte sie dann energisch in den Papierkorb. »Dabei ist doch noch keiner von denen beim Presserundgang vor der Eröffnung überhaupt bei uns am Stand gewesen! Kein Wort folglich von unserem »Elektrischen Phaeton«. Es ist ja nicht zu fassen! Was glauben diese Herren Journalisten denn eigentlich, wer sie sind?!«

Sein Begleiter, ein drahtiger junger Mann von vielleicht 25 Jahren, zuckte verlegen mit den Schultern. »Ich weiß auch nicht …«

»Wenn sich wenigstens einer von diesen hochnäsigen Kerlen einmal zu uns bequemen würde – aber anscheinend schaffen es ja noch nicht einmal unsere eigenen Standbetreuer, zumindest die einheimische Journaille für die neuesten Produkte ihres österreichischen Heimatlandes zu interessieren. Außer dass sie eine gewaltige Miete für mein Mitwirken hier kassiert haben – gegen Vorkasse natürlich – passiert nichts. Rein gar nichts! Entlassen sollte man diese Leute – und zwar alle miteinander! Na, wenn ich wieder zurück in Wien bin, dann werde ich meinen lieben Bekannten in den Ministerien aber mit ganz deutlichen Worten sagen, welche Koryphäen sie da mit der Aufgabe betraut haben, den Ruhm der Industrie von Österreich-Ungarn in alle Welt zu tragen! Die Herrschaften werden sich warm anziehen müssen.« Immer weiter redete sich Ludwig Lohner in Rage und bemerkte in seinem überschäumenden Zorn deshalb zunächst gar nicht, wie sich mit einem mal eine stetig wachsende Schar von Besuchern um das prächtige, rot und schwarz lackierte Ausstellungsstück der Lohner-Werke scharte. Und wie sich nun immer mehr Leute zu den beiden elektrischen Radnabenmotoren an den Vorderrädern hinunter beugten, um sich anschließend staunend wieder zu erheben. »Das ist sensationell! Es dürfte sich in der Tat um eine völlig neue Technik handeln. So etwas habe ich noch nirgendwo gesehen!« Die Zahl der staunenden Zaungäste schien sich von Minute zu Minute zu verdoppeln.

»Hören Sie doch nur, Herr Lohner«, zupfte sein Konstrukteur den zornbebenden Lohner am Ärmel. »Wie die Menschen hier ins Schwärmen geraten sind – und wie sie sich sogar für die technischen Details interessieren.« Er deutete mit seinem rechten Arm über die Köpfe hinweg auf zwei ihrer Mitarbeiter, die sich – mittlerweile umringt von einer wahren Menschentraube – redlich bemühten, jedem Fragesteller ausführlich Rede und Antwort zu stehen. Ein Ding der Unmöglichkeit, angesichts der Vielzahl von Interessenten. »Ich glaube, wir sollten den beiden jetzt dringend helfen, Herr Lohner. Denn unser Publikumserfolg hat sich auch ohne die Presse eingestellt«, fügte ein zufrieden lächelnder Ferdinand Porsche noch hinzu.

Ihr Erfolg am ersten Tag in Paris blieb keine Eintagsfliege, sondern er sollte sich über die gesamte Ausstellungsdauer fortsetzen. Die anfangs recht skeptischen Berichterstatter sprachen inzwischen von einem wahren Wunder, das sich an der Seine ereignet hatte. Als die Ausstellung im Herbst zu Ende war, hatten nicht nur nahezu fünf Millionen Men-

schen die neuesten Automobile der weltbesten Hersteller bestaunt, sondern bei einem der am häufigsten in den internationalen Zeitungen besprochenen Fahrzeuge handelte es sich … um ein österreichisches Produkt!
Dieses technische Meisterwerk verzeichnete nicht nur den mit Abstand stärksten Publikumszuspruch, sondern erhielt auch den Titel »Markanteste Novität der gesamten Ausstellung«. Es war ein Elektromobil. Und die Marke »Lohner-Porsche« war schlagartig in aller Munde.
Ausdrücklich würdigte die in dieser Hinsicht völlig ahnungslose Fachwelt dabei den Mut, den Lohner und seine Ingenieure bewiesen hätten, dass sie mit ihrem Fahrzeug weder auf Benzin-, noch auf Dampf-, sondern auf Elektroantrieb gesetzt hätten. Als weiterer sichtbarer Beweis für den Erfolg dieser Maßnahme durfte die von der Ausstellungsleitung verliehene Goldmedaille ins Feld geführt werden – eine von insgesamt nur 13, die auf der Weltausstellung überhaupt verliehen wurden!
Sage und schreibe die Distanz von 50 Kilometern, von Versailles bis zur Halle auf dem Weltausstellungsgelände hatte der Wagen mit einem jungen Fahrer am Steuer dann ebenfalls noch geschafft. Spielend geschafft. Und so berichtete der Korrespondent einer Berliner Zeitung seiner staunenden Leserschaft in einem euphorischen Bericht sogar von einer »epochemachenden Neuheit«, die der Wagen darstelle. Ein mehr als deutlicher Fortschritt im Vergleich mit dem erst vor zwei Jahren in Berlin vorgeführten »Lohner-Egger« – Wagen. Die modernste Automobiltechnik, die man sich nur denken konnte! Wer genau der Konstrukteur dieses Wunderfahrzeugs gewesen war? Viel mehr, als dessen Nachname »Porsche«, abzulesen an der Bezeichnung »Lohner-Porsche«, war von dem Mann bislang nicht bekannt.
Erst auf Nachfrage erfuhren die Vertreter der internationalen Presse dann auch dessen Vornamen. Ferdinand. »Also Ferdinand Porsche, um genau zu sein«, und bei diesem handele es sich, wie der überstolze Firmenbesitzer

Ludwig Lohner mehrfach betonte, um einen noch sehr, sehr jungen Mann, dem freilich eine große Karriere bevorstünde. »Sie werden noch von ihm hören!« beschied er die Korrespondenten der internationalen Blätter feierlich. Genauso natürlich wie auch von den neuesten Erzeugnissen der Firma Lohner. Kaum zu glauben aber wahr: ein noch nicht einmal 25-jähriger Bursche aus Böhmen hatte damit für den größten Erfolg in der über hundertjährigen Geschichte der traditionsreichen Firma »Jacob Lohner & Co« gesorgt!

Ein wahres Wunder! Ein Wunder, das letztendlich wohl zu gleichen Teilen dem Zufall, wie dem Fleiß und Genie des Konstrukteurs, sowie auch einer Art schicksalshaften Fügung zu verdanken war. Denn hätte Ludwig Lohner vor wenigen Jahren seine von ihm ja eigentlich angestrebte Lizenz zum Einbau von Benzinmotoren erhalten, dann hätte es den Triumph des Jahres 1900 niemals geben können. Welch eine atemberaubende Weichenstellung!

Auch in der staunenden Öffentlichkeit war die Pariser Goldmedaille für den »Lohner-Porsche« ein Signal. Der triumphale Beginn einer atemberaubenden Zusammenarbeit, der die Firma innerhalb nur weniger Monate bereits an die Spitze des technischen Fortschritts katapultiert hatte. Etwas Besseres als die Bekanntschaft mit dem jungen Porsche hätte Lohner gar nicht passieren können. Der weltumspannende Erfolg für die Erzeugnisse aus dem Hause »Jacob Lohner« war zum Greifen nahe. Nahe? Ach was! Im Grunde genommen hatte er sich doch schon eingestellt. Und er, Ludwig Lohner, durfte sich rühmen, das in seiner Verantwortung stehende Erbe, die altehrwürdige »K. u. K. Hofwagenfabrik Jacob Lohner & Comp.«, in eine goldene Zukunft geführt zu haben.

Manchmal freilich entwickeln sich die Dinge ganz anders, als man denkt. Allen Preisen und Auszeichnungen zum

Trotz. Aber das konnte in diesen triumphalen Wochen und Monaten des Jahres 1900, in denen sich Lohner und sein Konstrukteur Porsche in einem berauschenden Erfolgstaumel wieder fanden, natürlich niemand ahnen.

*

Sichtlich geknickt und niedergeschlagen und von den Haarspitzen bis hinunter zu seinen Schuhen öl- und dreckverschmiert schlich ein junger Mann in der hereinbrechenden Nacht dieses 9. September 1900 zu seiner Wohnung bei der Matzleinsdorfer Kirche. Tief in offensichtlich traurige Gedanken versunken, fingerte er kopfschüttelnd den Schlüsselbund aus seiner linken Hosentasche, als eine helle Frauenstimme an seine Ohren drang.
»Ferdinand! Da bist du ja endlich!«
Überrascht fuhr er herum und blickte in die besorgte Miene seiner Verlobten. »Louis! Was tust du denn noch zu so später Stunde auf der Straße. Du müsstest längst zu Hause sein. Das schickt sich nicht für eine junge Dame, sich nach Einbruch der Dunkelheit alleine auf der Straße herum zu treiben.«
»Auf der Straße herumtreiben!« Mit einer unwirschen Geste stemmte Aloisia Kaes die Hände in die Hüften. »Da sitze ich nun schon seit Stunden hier und warte geduldig auf deine Rückkehr – und dann bekomme ich zunächst einmal als Willkommensgruß einen Vorwurf zu hören! Das ist ja allerhand!«
»Entschuldige bitte«, Ferdinand Porsche winkte müde ab. »Es war nicht so gemeint. Ich … ich meine nur, dass du doch nicht auf mich hättest warten müssen. Das wäre doch nicht nötig gewesen.«
»Von wegen nicht nötig gewesen!« Aloisias Verdruss schien sich bei diesen Worten eher noch gesteigert zu haben. »Wir sind schließlich verlobt und wollen in absehbarer Zeit heiraten. Da werde ich mich doch wohl dafür interessieren können, wie es dir beim Semmering-Bergrennen heute ergangen ist. Und überhaupt«, sie trat einen Schritt zurück und musterte ihren Verlobten im trüben Schein der Straßenlaterne argwöhnisch. »Wie siehst du denn nur aus?!

Man könnte gerade meinen, du hättest dich im Straßengraben gewälzt!«
In einer hilflosen Geste breitete Porsche die Arme aus und seufzte tief. »Damit liegst du gar nicht so daneben. Ich habe nämlich in der Tat viel länger unter dem Wagen auf der Fahrbahn gelegen, als mir das recht war.«
»Auf der Fahrbahn gelegen!« Erschrocken schlug die junge Frau die Hände vor den Mund. »Hat es etwa einen Unfall gegeben? Bist du verletzt, Ferdinand?«
»Nein, nein. Es ist schon alles in Ordnung – zumindest körperlich. Aber diese Häme, die mir nach meiner Aufgabe bei dem Rennen von den Fahrern der Benzinautomobile entgegengeschlagen ist, die macht mir schon noch zu schaffen.«
»Was genau ist denn passiert?«
»Hm ... passiert. Wie soll ich sagen?« Er zuckte mit den Achseln und holte tief Atem, bevor er weiter sprach. »Ich war ganz hervorragend unterwegs. Die Rennkommissare haben mir meine Vermutung bestätigt, dass ich bei der Hälfte des Rennens absolut als schnellster von allen unterwegs war – bis es dann eben passiert ist.«
»Was ist passiert? Bist du von der Straße abgekommen? Jetzt sag halt schon und lass dir nicht jedes Wort einzeln aus der Nase ziehen!«
»Schön wärs, wenn ich von der Straße abgekommen wäre. Dann könnte ich die Schuld wenigstens bei mir als dem Chauffeur suchen. So aber trägt der Konstrukteur die Verantwortung. Und leider Gottes handelt es sich dabei um ein und dieselbe Person ...«
Aloisia stampfte ungeduldig mit dem Fuß auf dem Treppenboden. »Was passiert ist, wollte ich wissen!«
»Die Vorderreifen sind geplatzt! Gerade als ich so richtig mit vollem Tempo um eine Kurve gezogen bin, da sind beide Reifen geplatzt. Praktisch im selben Moment. Sie haben dem enormen Druck nicht mehr standgehalten, der auf sie eingewirkt hat. Tempo, Kurvenradius und vor allem das Gewicht der Radnabenmotoren, das war anscheinend

zuviel für die Reifen. Ich habe zwar noch versucht, auf den Felgen weiter zu fahren, aber das hat leider auch nicht mehr funktioniert. Tja, das wars also: ich bin ausgeschieden!«

»Mein armer Ferdinand!« Mit dem Handrücken strich Aloisia mitfühlend über die schlammverkrustete Wange des völlig zerknirschten Konstrukteurs.

»Und das Allerschlimmste war, dass ausgerechnet dann der Graf Kielmannsegg vorbeikommt …«

»Du meinst den Grafen Kielmannsegg? Den Statthalter von Niederösterreich?«

»Ja, ausgerechnet der. Und dann hat der seinen Fahrer anhalten lassen und mich mit einem spöttischen Lächeln im Gesicht gefragt, wie es mit meinem Befinden stehe. Diese Blicke! Ich sage es dir: das waren Messerstiche in meine Seele!«

»Und was hast du ihm geantwortet?«

»Dass ich am liebsten mitsamt dem Wagen den Abhang hinunter geflogen wäre …«

»Aber Ferdinand! So etwas darfst du doch nicht sagen! Denk doch einmal an mich! Was wäre denn dann aus mir geworden?«

»Du hast ja recht«, besänftigte Porsche seine aufgebrachte Verlobte. »Es war ja auch nur der erste Impuls – in der ersten Wut halt. Diese Schmach, hilflos mit ansehen zu müssen, wie die Anderen mit ihren Benzinwagen grinsend an dir vorüber donnern. Und du selbst stehst einfach nur da und kannst nichts machen …« In einer zerknirschten Geste breitete er die Arme aus, um Aloisia zu verdeutlichen, welche Seelenqualen ihm die vergangenen Stunden bereitet hatten.

»Aber wie ich dich kenne, wirst du so schnell nicht aufgeben. Du wirst doch sicherlich schon eine Ahnung haben, woran es gelegen haben könnte …«

»Natürlich habe ich die. Ich sagte es ja schon: es hat am Gewicht gelegen.«

»Na bitte! Das ist also bereits klar. Und ich denke, du hast inzwischen auch schon eine Vorstellung davon, wie du dieses Gewicht reduzieren oder aber anders verteilen kannst.«

»Allerdings. Mein Heimweg war ja leider lange genug, um diese Überlegungen anzustellen. Und ich sage dir: ich werde es ihnen zeigen. Auch dem Herrn Lohner, der mich vorhin so zweifelnd angeschaut hat. So geht das: gestern noch war ich das beste Pferd im Stall – und heute scheint man sich bereits die Frage zu stellen, ob das wirklich so ist.« Er ballte beide Hände zu Fäusten und fixierte Aloisia mit einem wild entschlossenen Blick aus seinen dunklen Augen. »Diese plötzlichen Zweifel … das werde ich nicht zulassen. Auf gar keinen Fall. Ich werde es ihnen allen beweisen. Noch in diesem Jahr! Das schwöre ich, bei allem was mir heilig ist.«

»Ferdinand! Versündige dich nicht!«

»Ach was! Es ist mir einfach bitter ernst. Dieses hämische Gelächter von heute wird mir noch lange in den Ohren klingen. Dabei waren es ja nur Reifenplatzer. Viel schlimmer wäre es gewesen, wenn mein Motor schwächer gewesen wäre, als die anderen. Aber das war ja nicht so – im Gegenteil: ich war ja auch bis zu diesem Malheur deutlich schneller unterwegs als die Benzinfahrzeuge. Und deshalb werde ich es ihnen allen zeigen. So schnell wie möglich. Vielleicht sogar noch in diesem Monat!«

»Das ist wieder mein Ferdinand, wie ich ihn kenne!« Aloisia schenkte ihm ein strahlendes Lächeln. »So – und jetzt kommst du erst einmal mit mir mit. Meine Eltern und die Brüder warten schon auf dich. Sie wollen auch wissen, wie es am Semmering gelaufen ist.«

Eher mäßig begeistert von diesem Vorschlag kräuselte Porsche voller Unbehagen seine Nase. »Also ich weiß nicht, Louis … Ich bin wirklich müde heute – und dreckig bin ich auch. Außerdem wartet die Anna sicherlich auch schon längst mit dem Abendessen auf mich. Ich würde sie nur ungern vor den Kopf stoßen – zumal es ja für deine Familie auch nicht so sonderlich spannend ist, aus dem Mund eines Verlierers zu erfahren, wie er seine Niederlage herein gefahren hat.«

»Niederlage!« schnaubte Aloisia. »Das war doch keine Niederlage sondern, wie du doch selber sagst, nur eine Reifenpanne. Also nein, das kann und will ich nicht akzeptieren. Du kommst nun bitte mit mir mit – schließlich müsstest du mich jetzt, wo es inzwischen Nacht geworden ist, ja eh nach Hause begleiten. Alleine gehen lassen kannst du mich auf keinen Fall. Und deine Schwester, die darfst du ruhig mitbringen – samt dem Abendessen, das sie dir gekocht hat.« Aloisia unterbrach sich und holte tief Luft, bevor sie mit hörbarem Ernst in der Stimme fortfuhr. »Und dass noch etwas zwischen uns ein für allemal klar ist: auch Niederlagen können wertvoll sein. Man könnte zwar gerne auf sie verzichten, aber die Erfahrungen, die man dabei gewinnt, die sind überaus wertvoll. Wie in deinem Fall: sonst wärest du doch gar nicht erst auf die Idee verfallen, demnächst das Gewicht im Fahrzeug anders zu verteilen. Jede Niederlage ist also auch zu etwas nütze. Und außerdem, bedenke: wer niemals die Täler erlebt hat, der kann die späteren Höhen gar nicht richtig genießen. Zu einer Niederlage muss man stehen: das ist der erste Schritt zum Erfolg.«

Die Argumentation schien zu verfangen. Nachdenklich wiegte er den Kopf. »Na ja, wenn du meinst … Aber nicht in diesem Aufzug. So dreckig möchte ich deiner Mutter nicht unter die Augen kommen.«

»Dann wirst du dich jetzt halt rasch ein bisschen säubern und umziehen – und ich warte so lange im Zimmer, bis du fertig bist. Da ist ja nichts Unschickliches dabei, weil deine Schwester ja auch in der Wohnung ist.«

Genau so wurde es gemacht. Und noch während Ferdinand Porsche der mit höchster Anspannung lauschenden, vollzählig versammelten Familie Kaes alle Einzelheiten des für ihn so desaströs verlaufenen Semmering-Bergrennens schilderte, nahm ein erstes Konstruktionsdetail, das eine

deutliche Gewichtsentlastung für die Vorderräder bedeuten würde, in seinem Kopf bereits Gestalt an.
Genau zwei Wochen später, am 23. September 1900, war es dann schon wieder so weit: mit seinem modifizierten Rennwagen »Modell J«, der freilich immer noch das stolze Gewicht von 1120 Kilogramm auf die Waage brachte, stand Ferdinand Porsche als alleiniger Chauffeur wieder am Kilometerstein 79 in Schottwien, dem offiziellen Startpunkt der Semmeringstrecke. Die Distanz sollte über exakt vermessene 10 Kilometer führen – bis hoch zum Ziel, direkt beim Hotel »Erzherzog Johann«, oben auf dem Semmeringpass.
Um Punkt 6 Uhr früh senkte sich unter den gestrengen Augen zahlreicher Offizieller des Österreichischen Automobilclubs die Startflagge und der bis unter die Haarspitzen bebende Ferdinand Porsche schob die Hebel der Elektromotoren energisch auf vollen Anschlag.
Und schon ging es ab. In einem atemberaubenden Tempo.
»Na, ob das gut geht, wenn er schon von Anfang an auf volles Risiko fährt …«
»… und vor allem: ob die Reifen das aushalten werden. Ich wette, sie werden ihm wieder platzen. Wer wettet dagegen?«
Es fand sich niemand, der auf Porsche setzen wollte. Schließlich war es allzu offensichtlich, dass der waghalsige junge Mann drauf und dran war, wieder einmal die physikalischen Grenzen zu durchbrechen. Mit allen Konsequenzen, die sich daraus ergeben mussten. Es konnte schlichtweg nicht gut gehen. In dieser Einschätzung waren sich alle einig.
Doch sie sollten sich gewaltig täuschen!
Denn exakt 10 Kilometer und 400 Höhenmeter später raste Ferdinand Porsche um genau 6 Uhr 14 Minuten und 52 1/5 Sekunden über die Ziellinie. Woraus sich eine Durchschnittsgeschwindigkeit von sagenhaften 40,4 Kilometern in der Stunde errechnete! Der Triumph war perfekt. Niemals zuvor hatte ein Elektromobil am Semmering

auch nur annähernd eine solche Geschwindigkeit erreichen können – ja, mehr noch: nicht einmal die schnellsten Tourenwagen mit Verbrennungsmotor konnten es mit dieser Rekordzeit aufnehmen. Lediglich ein Motorrad war ein einziges Mal noch einige Sekunden schneller oben angekommen – aber das war schließlich eine andere Kategorie. Freilich: auch den Fahrern dieser Vehikel würde er demnächst noch zeigen, wie das Heck eines »Lohner-Porsche« ausschaute.

»Man darf nur niemals aufgeben, sondern muss aus den Niederlagen seine Lehren ziehen.« Wie recht sie doch mit dieser Aussage behalten hatte, seine liebe Louis. Und wie ganz besonders schön sich die Aura eines alleinigen Rekordhalters nunmehr anfühlte, nachdem er vor gerade einmal zwei Wochen noch am liebsten im Erdboden versunken wäre! Herrlich!

»Niemals aufgeben, sondern arbeiten, lernen und nochmals lernen, um schlussendlich dann wie der Phoenix aus der Asche aufzusteigen und über alle Konkurrenten zu triumphieren!« Spätestens seit dem Morgen des 23. September 1900 wurden Aloisias ursprüngliche Mahnungen endgültig zu seiner Devise.

Den weiteren Lebensweg des Ferdinand Porsche sollten noch viele solcher herrlichen Siege säumen – und auch manche bittere Niederlage.

*

»Musst du wirklich persönlich nach England reisen, Ferdinand? Kann das denn nicht jemand anderer für dich übernehmen?«
Der Konstrukteur musterte seine Verlobte mit einem amüsierten Lächeln. »Und wer bitte sollte das sein?«
»Na irgend jemand aus der Firma wird den Wagen doch wohl lenken können.«
»Lenken schon – aber was ist, wenn Reparaturen notwendig werden? Gerade nach der Überfahrt muss man alle technischen Anlagen noch einmal ganz genau durchmessen und eventuell nachjustieren. Um das Fahren im eigentlichen Sinn geht es gar nicht, das könnte sogar beinahe schon einer von deinen Brüdern machen.«
»Die wären ja auch wirklich gerne mit dabei. Du hast sie mit deinen Renngeschichten regelrecht infiziert.« Aloisia seufzte. »Vor allem der Otto ist ja inzwischen Feuer und Flamme für alles, was irgendwie mit Motoren zu tun hat.«
»Und deshalb habe ich ihm auch versprochen, dass er im nächsten Monat eine Anstellung bei uns in der Montage in Floridsdorf bekommt.«
»Das hast du ihm versprochen?«
»Ja sicher. Gestern erst. Dein Bruder Otto ist schließlich ein heller Kopf und er hat ein gutes Gefühl für die Technik. Den kann ich sicher gut bei mir gebrauchen. Aber seis drum«, mit einer entschuldigenden Geste breitete er die Arme weit aus, »nach England werde ich trotzdem persönlich fahren müssen.«
Aloisia zog ihre Mundwinkel nach unten. »Nur wegen diesem Kerl da, diesem … wie heißt er gleich wieder?«
»Es ist der Mister Hart. E. W. Hart, um genau zu sein – und er ist kein »Kerl«, sondern inzwischen immerhin unser Importeur für die »Lohner-Porsche« nach Großbritannien. Das ist ein riesiger Absatzmarkt, denn wenn es uns gelingt,

die Engländer von unseren Fahrzeugen zu überzeugen, dann brauchen wir uns über den endgültigen Durchbruch keine Sorgen mehr zu machen. Dann werden nicht nur, wie hier in Wien, lediglich ein paar reiche Kaufleute und Aristokraten unsere Automobile kaufen, sondern dann werden wir im ganzen wohlhabenden englischen Bürgertum vertreten sein. Das sieht der Mr. Hart ganz genauso und deshalb hat er uns vorgeschlagen, am 6. November den Elektrowagen für eine Wettfahrt des englischen Automobilclubs zu melden. Es ist das Rennen von Chislehurst östlich von London, und dabei handelt es sich um das mit Abstand wichtigste Rennen in diesem Jahr in England. Es soll über eine Distanz von 100 Kilometern gehen. Also ist es in erster Linie ein Zuverlässigkeitsrennen. Es geht gar nicht so sehr um die Schnelligkeit, die Engländer haben sogar geschrieben, dass sie Geschwindigkeiten von mehr als 19 Stundenkilometern gar nicht in die Wertung geben würden. Hauptsache, man bewältigt diese 100 Kilometerdistanz innerhalb der vorgegebenen Zeit. Wenn wir da ganz vorne mit dabei sind …«

Die junge Frau schlug die Hände zusammen. »Einhundert Kilometer! Aber Ferdinand! Das schaffen eure Automobile doch nie und nimmer.«

»Und ob sie das schaffen werden! Denn ich habe extra für den Einsatz in England eine ganze neue Konstruktion entworfen …«

Aloisia staunte nicht schlecht. »Schon wieder! Noch eine neue Konstruktion! Die wievielte ist das denn in diesem Jahr schon? Wie machst du das alles nur?«

»Egal wie, Hauptsache es ist gemacht«, verkündete Porsche mit hörbarem Stolz über seinen neuerlichen Überraschungscoup. »Jedenfalls wird dieser Wagen alles in den Schatten stellen, was wir bisher gebaut haben. Und schnell wird er auch sein, auch wenn sie das nicht werten wollen. Eindruck machen können wir damit umso mehr. Denn dieser Wagen bringt es auf sage und schreibe 56 PS – doppelt soviel wie mein Rekordwagen vom Semmering.«

»Da drückt dann ja aber noch mehr Gewicht auf die Reifen – und die sind doch eh schon an der Grenze ihrer Belastbarkeit.«
Ein überlegenes Lächeln kräuselte um die Lippen des Konstrukteurs. »Nein, nein. Keine Sorge, denn das ist dieses mal nämlich ganz anders. Ich habe die Kraft auf vier Motoren verteilt. Pro Rad ein Motor. Alle Räder werden folglich einzeln angetrieben, das hat es bisher noch nie gegeben. Nirgendwo. Weder beim Explosionsmotor, noch bei den Dampfwagen und auch nicht bei unseren Elektrofahrzeugen.«
»Und das wird funktionieren?«
»Bestens sogar, davon bin ich überzeugt. Wenngleich … das ist natürlich nach wie vor unser Hauptproblem: mit dem Gewicht hatten wir schon zu kämpfen. Aber das liegt nicht an den Motoren, sondern an den Batterien. Diese Batterien sind halt immer noch viel zu schwer. 1800 Kilogramm …«
»… allein die Batterien!«
»Allein die Batterien«, nickte Porsche. »Aber dann kommt ja noch das Chassis dazu. Mit den ganzen Aufbauten bringt es der Wagen dann sogar auf stolze vier Tonnen Gesamtgewicht. Genau das ist der Grund dafür, dass ich den Antrieb auf alle vier Räder verteilt habe.«
»Um die Reifen zu schonen? Du glaubst also, es wird dir nicht wieder so ergehen wie neulich?« spielte Aloisia auf Porsches leidvolle Erfahrungen beim ersten Semmeringrennen an.
Der zuckte scheinbar gleichmütig mit den Achseln. »Ich hoffe, dass sie es aushalten – schließlich habe ich alles dafür getan, um das Gewicht gleichmäßig zu verteilen.«
»Und was soll so ein Wunderwerk der Fahrzeugtechnik kosten?«
»Das ist der nächste Knackpunkt: dafür muss man schon 15.000 Kronen auf den Tisch legen – und selbst dann haben wir letztendlich noch immer nichts daran verdient,

wenn man die ganzen Entwicklungskosten mit einrechnet.«
»15.000 Kronen!« Die junge Frau pfiff beeindruckt durch die Zähne. »Das ist freilich alles andere als ein Pappenstiel …«
»… woran immer noch diese sündhaft teuren Batterien schuld sind. Wenn die nicht so ungeheuer teuer wären – und vor allem nicht so schwer, dann könnte ich an eine leichtere Konstruktion gehen, die wiederum mit weniger Energieaufwand betrieben werden könnte. Ach ja …« er seufzte vernehmlich, »es ist in der Tat ein rechter Teufelskreis: Batterie-Gewicht-Kosten-Aufwand … aber irgendwann, das schwöre ich dir, irgendwann werden wir auch in dieser Hinsicht den Gordischen Knoten durchtrennen – und dann: dann wird es so richtig vorangehen mit den Lohner-Porsche Werken in Floridsdorf.«

Beim Rennen des »Automobil Club of Great Britain und Ireland« am 6. November 1900 ging es freilich noch nicht so richtig voran: der von Lohner-Porsche gemeldete Wagen, dem sie voller Zuversicht sogar noch den Namen »La Toujours Contente« (»Die stets Zufriedene«) gegeben hatten, stellte den Rennfahrer Porsche nämlich alles andere als zufrieden. Es hatte tagelang geregnet: zentimetertief stand der Morast auf den Straßen. Jedes Gramm an Gewicht erschwerte das Vorwärtskommen. Wie immer handelte Ferdinand Porsche rasch und konsequent: die hölzernen Abdeckungen für die Batterien wurden entfernt »Und auch die hintere Sitzbank können wir einsparen, das bringt auch noch ein paar Kilo!«. Gramm für Gramm wurde so regelrecht »heraus geschwitzt« – bis dann die Veranstalter, zu Porsches größtem Verdruss darauf bestanden, aus Sicherheitsgründen zumindest einige Wolldecken über die Batterien zu legen, was natürlich wieder eine gewisse Mehrbelastung darstellte. Denn vor allem den Reifen galt seine Sorge …
Die Befürchtungen sollten sich bewahrheiten: natürlich

waren es wieder die Reifen, die einerseits unter dem gewaltigen Gewicht des Gefährts und andererseits wegen des rasanten Fahrstils ihres Chauffeurs bereits nach der Hälfte der Distanz in die Knie gingen. Ein lauter Knall, dann noch einer – schließlich zu allem Überfluss ein weiterer ... und schon waren die Absatzträume von Hersteller und Konstrukteur tief im englischen Morast versunken. Und keine Chance, sich aus dieser Malaise zu befreien! Das war das allerschlimmste. Er war mit seinem Wagen nicht ins Ziel gekommen. Diese demütigende Tatsache stand nun einmal fest: da half auch kein Verweis auf die unzumutbaren Straßenbedingungen, in deren zähem Schlamm sich das Tonnengewicht des Elektrogefährts natürlich besonders negativ bemerkbar gemacht hatte. Das interessierte niemanden. Schon gar nicht die aufmerksamen Zuschauer, die sich lieber denjenigen Automobilen zuwandten, die das Ziel trotz der schwierigen Straße erreicht hatten. Ein deutlicheres Qualitätskriterium konnte es ja gar nicht geben. Den Export nach England konnte man bei den Lohner-Werken also vergessen. Von wegen hundert oder noch mehr Wagen. Noch nicht einmal eine einzige Bestellung würde erfolgen.
Wieder einmal war Ferdinand Porsche außer sich vor Scham und Wut. Das schlimmste daran war, dass er sich insgeheim eingestehen musste, mit der Geschwindigkeit übertrieben zu haben. Er hätte es wesentlich langsamer angehen lassen sollen – und auch können. Vor dem Hintergrund der erlaubten Spitzengeschwindigkeit von 19 Stundenkilometern allemal. Wieso nur hatte er dermaßen aufs Tempo gedrückt? Um es den Engländern zu zeigen? Das war gründlich in die Hose gegangen. Und er, Ferdinand Porsche, trug die Hauptschuld an diesem Desaster. Es war eine schier unerträgliche Erkenntnis. Noch Stunden später sahen die entgeisterten Engländer eine Art tollwütigen Derwisch um den havarierten Wagen herum toben, aus dessen Mund laute und für die Engländer völlig unverständliche, anscheinend österreichische Flüche drangen.

Wieder und wieder riss sich der außer Rand und Band geratene Wicht seine Mütze vom Kopf und trampelte auf dem unschuldigen Stück Stoff herum, als wäre es der Leibhaftige persönlich, dem er hier den Garaus machen müsste.

Mit am schlimmsten aber war am Ende der Gang zur Telegraphenstation, in der er die Depesche nach Wien aufgeben musste, die sie bei Lohner ja schon voller Ungeduld erwarteten. Die Nachricht vom hoffentlich guten Verlauf des Rennens. Von wegen gut! »Rennen leider schlecht verlaufen. Porsche.«

*

»Übrigens: sie haben Schloss Schönbrunn jetzt vollständig elektrifiziert«, berichtete Aloisia ihrem Verlobten, als der wie gewohnt mit seinem Abendessen in der Hechtengasse erschienen war und sie gemeinsam in der Küche saßen. »Es ist ganz groß in der Zeitung gekommen.«
»Ja schön, das gibt sicherlich eine große Feier bei der VEAG.« Ferdinand Porsche schien wenig beeindruckt von dieser Neuigkeit.
»Also dazu hätten sie dich ja ruhig einladen können.«
»Ach, das ist mir nicht so wichtig, das Feiern. Das kostet mich nur Zeit. Wertvolle Zeit, die mir anderswo fehlt. Ich für meinen Teil habe längst andere Herausforderungen gefunden, die mich faszinieren. Denke nur an die Scharte von England, die ich unbedingt auswetzen muss. Und zwar so schnell wie irgend möglich!«
»Mein Ferdinand und sein ewiger Ehrgeiz!« murmelte Aloisia. »Aber noch einmal: so ganz richtig ist es trotzdem nicht vom alten Egger, dich nicht einmal einzuladen. Trotz deiner Zeitplanung: eine Einladung ist das eine, das Hingehen wiederum eine ganze andere Sache. Einladen hätte er dich wenigstens können …«
»Ja – das mag schon sein, es ist mir aber wie gesagt völlig egal.« Damit war das Thema für Ferdinand Porsche beendet.
Ihn beschäftigten längst ganz andere Probleme: leichtere und damit zuverlässigere Automobile. Und deren Absatz. Denn so triumphal die Sache mit der überraschenden Goldmedaille auf der Pariser Weltausstellung auch gewesen war, das war für den ehrgeizigen Porsche schon längst wieder der Schnee von gestern. Und was nützten ihm all die Lobeshymnen, die sie ihm in den Zeitungen widmeten, was die ganzen schönen Preise, wenn der Absatz ihrer Fahrzeuge einfach nicht ins Laufen kam.

Das war ein ganz neues Problem für den jungen Konstrukteur, mit dem er sich inzwischen konfrontiert sah.
Dazu kam logischerweise die Sache mit der allmählich aufkeimenden Ungeduld des Ludwig Lohner.
Die sich bei dem ansonsten immer so freundlichen und milden Herrn aber zunächst durchaus noch in Grenzen hielt. Nur ab und an hörte man ihn unwirsch knurren, wenn er aus der Buchhaltung kam, wo er die Verkaufserlöse mit den Entwicklungskosten verglichen hatte.
»Siehst du Louis, ich verstehe ihn ja. Das alles kostet sehr viel Geld, und er will natürlich irgendwann auch einmal Geld einnehmen und nicht nur dauernd ausgegeben müssen. Deswegen bleibt mir gar nichts anders übrig, als die Dinge mit höchster Konzentration weiter zu entwickeln und perfekter zu machen. Da bleibt mir folglich keine Zeit für irgendwelche sinnlosen Feierlichkeiten. Noch nicht einmal, wenn ein in der Tat respektables Projekt wie die Beleuchtung des Schlosses Schönbrunn der Anlass ist.«
»Zu dem du als damaliger Leiter der Versuchswerkstatt dein Scherflein ja ebenfalls beigetragen hast.«
»Ja schon – aber wie gesagt: lassen wir das. Für mich zählt nur die Zukunft – nicht die Vergangenheit.«

Doch auch in der Gegenwart zeigten sich immer öfter dunkle Wolken am bislang so sonnigen Himmel über dem neuen Werk in Floridsdorf.
Mehr als einmal kam es inzwischen zu harschen Bemerkungen, die Ludwig Lohner seinem Chefkonstrukteur unvermittelt entgegen schleuderte. Dabei fielen die immer gleichen Stichworte: zu geringe Absatzzahlen, zu hohe Verluste, zu teure Produktion, viel zu teuere Entwicklungsarbeiten.
Lohners Geduldsfaden war seit England hörbar dünner geworden.
Mehr noch: ausgerechnet Ludwig Lohner schien mit einem Mal ein Gegner des Elektroantriebs geworden zu sein.

Sozusagen über Nacht.
Aber was dann? Sollten sie etwa plötzlich reine Benzinkutschen bauen? Nie und nimmer! Das kam für Ferdinand Porsche nicht in Frage – und das schien Lohner zu begreifen – zumal ihm Porsche recht schnell verdeutlichen konnte, dass er noch immer keine Lizenzen dafür bekommen würde. Genau das war doch der Grund dafür gewesen, weshalb der Lohner – im übrigen mit der größten Überzeugung – auf Elektroantriebe ausgewichen war. Sollte nun schlagartig alles falsch gewesen sein, was der Mann noch vor zwei Jahren als goldene Zukunftsverheißung in den höchsten Tönen gepriesen hatte. Überzeugende Worte, mit denen er Ferdinand Porsche von der VEAG abgeworben hatte? Alles falsch? Es schien beinahe so.
Aber wo um alles in der Welt war der Ausweg? »In Benzinmotoren zwangsläufig nicht. Das sehe ich schon ein. Der Daimler gibt mir eh keine Lizenzen, der spielt in Österreich längst sein eigens Spiel. Und die anderen Hersteller werden mir gleich zweimal keine Motoren liefern. Die haben mich spätestens seit Paris als Automobilbauer und damit als ihren Konkurrenten wahrgenommen.«
Und dann war da plötzlich dieser Satz gefallen. Ein Satz, der Ferdinand Porsche einfach nicht mehr aus dem Kopf wollte: »Bestenfalls taugen die Verbrennungsmotoren sowieso nur als zweite Kraftquelle. Eventuell bei einem sogenannten Hybridantrieb, also bei einer Antriebsform, die in allererster Linie aus einem Elektromotor besteht und dann zur Ergänzung eben noch aus einem kleinen Benzinmotor.«
Na schau! Was für eine Aussage. Damit könnte Lohner tatsächlich nicht so ganz daneben liegen. Hatte er womöglich gar auf Porsches »Mixte«-Studie anspielen wollen, der er doch bislang nicht das geringste Interesse entgegen gebracht hatte – und dessen Entwicklung er mit seinen ewigen nervtötenden Verweisen auf die eh schon horrenden Kosten seiner Versuchsabteilung eher behinderte. Aber nun … War es nun plötzlich doch ein benzin-elektrisches

Fahrzeug, das Lohner favorisierte? Dem Konstrukteur schien es beinahe so. Nun gut: wenn sich die Elektromobile nach wie vor – wenngleich aus für Porsche völlig unverständlichen Gründen – nur zäh verkaufen ließen, dann sollten sie eben jene kombinierte Form des Vorwärtskommens weiter voran treiben, die er Lohner schon vor gut einem Jahr zur parallelen Entwicklung vorgeschlagen hatte. Bisher war er damit nur auf taube Ohren gestoßen. Aber nun? Ein serienmäßig produzierter »Mixte«. Die Vorteile von Benzin- und Elektromotor in einem Fahrzeug vereint. Lohner schien ganz allmählich zu begreifen. Vielleicht war es auch schon der berühmte letzte Strohhalm, um irgendwann doch noch in die schwarzen Zahlen zu kommen.

Ferdinand Porsche sollte es nur recht sein, seine Idee endlich in die Praxis umsetzen zu können. Eine durchaus faszinierende Sache – wenngleich Lohner sich der Tatsache bewusst sein musste, dass die Entwicklungskosten beträchtlich sein würden. Denn für den Einbau im »Mixte« war ein in Floridsdorf von Grund auf eigen konstruierter Verbrennungsmotor vonnöten – schlichtweg deshalb, weil sich kein Lizenzgeber finden würde, der ihnen den Einbau seines fix und fertig konstruierten Motors gestatten würde. Darüber hinaus wäre ein »normaler« Benzinmotor sowieso die falsche Lösung. Für das ungewöhnliche Zusammenspiel der beiden Antriebsarten war eine völlig neue Konstruktion erforderlich. Aber das ging nicht zum Nulltarif. Nie und nimmer. Darüber war sich Lohner hoffentlich im Klaren.

Es war ein geschenkter Tag gewesen. Einer der mit Sicherheit letzten schönen Tage dieses Jahres, bevor der Winter mit aller Macht über Wien herein brechen würde. Ein besonders milder Tag Ende November des Jahres 1900, den die beiden jungen Leute bei einem herrlichen Spaziergang im Prater aus vollen Zügen genossen.

Erst bei Einbruch der Dämmerung waren sie zur Woh-

nung der Familie Kaes zurückgekehrt und hatten gemeinsam mit Aloisias Eltern und ihren Geschwistern zu Abend gegessen. Wobei es wieder einmal zu einem kurzen Wortwechsel zwischen Porsche und Aloisias Mutter gekommen war, denn auch am heutigen Tag hatte sich der junge Kavalier sein Abendessen wieder selbst mitgebracht.
»Das brauchen Sie doch nicht mehr zu tun.«
»Aber ich will Ihnen nicht zur Last fallen …«
»Zur Last fallen … Ich bitte Sie! Schließlich ist unsere Aloisia ja Ihre Verlobte!«
»Aber dennoch …«
Erst ein besonders strenger Blick der Mutter Kaes brachte Porsche schließlich zum Schweigen.
Nach dem Essen verbrachte man den Abend gemeinsam im Wohnzimmer der Familie – gerade eben widmete sich Aloisia voller Interesse einem Artikel aus Deutschland.
»Da schau her. Das ist ja erstaunlich. Sag, Ferdinand, hast du das heute auch schon lesen können, die Sache mit dem Luftschiff des Grafen Zeppelin – das ist ja faszinierend!«
»Und ob!« Während seine Verlobte die Meldung zu Ende las, schnalzte Porsche anerkennend mit der Zunge. »Ja, das wäre auch einmal eine schöne Herausforderung. So einen Motor für die Luftfahrt konstruieren zu dürfen …« fabulierte er schwärmerisch.
Überrascht blickte Aloisia auf. »Du und die Luftfahrt! Als hättest du nicht genug mit deinen Automobilmotoren zu tun!«
»Ja schon … Aber irgendwann einmal würde es mich schon reizen, auch ein Luftfahrzeug bewegen zu können. Motor ist ja schließlich Motor – ob zu Lande oder in der Luft.«
»Das dürfte wohl schon noch eine Weile dauern«, schmunzelte die junge Frau. »Und es ist mir auch ganz recht. Denn so ein Luftfahrzeug, das ist ja schon eine gefährliche Angelegenheit.«
»Weil man da so weit herunter fällt?«
Den Spott in der Stimme ihres Verlobten hatte sie durch-

aus bemerkt. Aloisia strafte das Lästermaul mit einem durchdringenden Blick. »Nein, wegen diesem ganzen Gas, das da drinnen ist. Wenn es da einen Unfall gibt ...«
»... dann ist da niemand mehr zu retten. In der Tat, auch mir scheint die Sache mit den gasgefüllten Luftschiffen noch nicht der Weisheit letzter Schluss zu sein. Aber warten wir einmal ab, wie schnell die Entwicklung vonstatten gehen wird. Denke doch nur an die Automobile. Davon hat doch vor gerade einmal zwanzig Jahren noch niemand zu träumen gewagt ...«
»... und jetzt bist du schon wieder an einem neuen Modell. Wie heißt dieser neue Wagen gleich noch mal, für den du dich gerade so sehr begeisterst?«
»Du meinst den ganz neuen, von dem ich dir vorhin im Prater vorgeschwärmt habe? Den »Semper Vivus«?«
»Ja, genau! Den »Semper Vivus«! Was für ein schöner Name: »immer lebend«. Ich frage mich halt immer noch, wie du das schaffst, zeitgleich so viele verschiedene Modelle zu konstruieren und dennoch den Überblick nicht zu verlieren. Und ihnen dann noch so schöne Namen zu geben ...«
Porsche winkte lässig ab. »Ach weißt du, Louis. Wenn man halt eine Freude an seiner Arbeit hat, dann wächst sie einem auch nie über den Kopf. Mir ist da nie etwas zuviel. Eher im Gegenteil.«
»Ich finde, meine Tochter hat recht«, mischte sich Johann Kaes in das Gespräch. »Ich finde es schon bemerkenswert, wie viele neue Entwicklungen Sie in dieser kurzen Zeit bei Lohner schon hervor gebracht haben. Und jetzt bei diesem »Semper Vivus« ja anscheinend sogar eine ganz neuartige Technik. Meinen Sie, dass Sie mir das einmal für einen Laien verständlich erklären können, wie das mit diesem doppelten Antrieb funktioniert? Und was das eigentlich heißen soll: doppelter Antrieb. Antrieb ist doch Antrieb oder etwa nicht?«
Ferdinand Porsches Gesicht glühte vor Stolz. Dass sich nun sogar der ansonsten eher zurückhaltend-skeptische

Schneidermeister Kaes für seine Automobile interessierte!
»Das ist eigentlich ganz einfach, Herr Kaes. Doppelter Antrieb, das bedeutet, dass sie sowohl mit Benzin, als auch mit Elektrizität betrieben werden.«
Eine allzu simple Erklärung, mit der er sich prompt einen vorwurfsvollen Blick des Hausherren einhandelte. »Also so viel ist mir schon noch klar gewesen.«
»Entschuldigung – aber dennoch: dann haben Sie es eigentlich bereits verstanden. Es ist das Prinzip dieser zwei verschiedenen Antriebsarten. Der Benzinmotor ist direkt mit den Generatoren verbunden – schauen Sie mal, ich zeichne es Ihnen hier einmal genauer auf.« Und schon begann Porsche mit einem Bleistift eine Konstruktionsskizze auf Aloisias Zeitung zu zeichnen. »Das hier sind die Generatoren und hier sehen Sie … »
Seine Verlobte legte die Hand auf seinen rechten Unterarm und unterbrach ihn lachend: »Lass gut sein, Ferdinand. Allein am Blick meines Vaters sehe ich, dass es ihm genauso geht, wie mir. Dass es zwei Antriebsarten sind, Strom und Benzin, das verstehen wir schon noch. Aber was es mit Generatoren, Spulen, Widerständen und Sicherungen auf sich hat, das ist nicht unsere Welt. Hauptsache du verstehst es. Mir dagegen reicht es, wenn so ein Vehikel überhaupt fährt und uns sicher ans Ziel bringt …«
»Vehikel!« empörte sich Porsche. » Ich bitte dich – du sprichst hier vom absoluten Fortschritt, der alles in den Schatten stellen wird.«
»Wieder einmal … Wie immer halt. Und der »Semper Vivus« wird also selbst deinen goldprämierten Elektrowagen übertrumpfen?«
»Selbst den! Ich werde beim nächsten Semmeringrennen dabei sein und es allen zeigen!«
»Dann muss es uns um die Zukunft ja nicht bange sein?«
»Nein – das muss es ganz und gar nicht.«

*

Trotz aller Aufsehen erregenden Neuentwicklungen, die von den österreichischen Zeitungen regelmäßig in geradezu euphorischen Artikeln gewürdigt wurden, sahen sich Ludwig Lohner und sein Technischer Leiter Ferdinand Porsche Ende des Jahres 1901 mit einer niederschmetternden Bilanz konfrontiert: »Die Elektrowagen verkaufen sich einfach nicht! Was läuft bloß falsch bei uns, Herr Porsche? In den USA sind im vergangenen Jahr über 1500 Elektroautomobile verkauft worden, dagegen nur 900 mit Benzinmotor ... und 600 Dampfwagen. In Worten: eintausendfünfhundert. Bei uns sind in diesem Jahr gerade einmal elf Stück bestellt worden sind, nach fünfen im Jahr davor. Woran liegt es?«

Porsche zuckte unglücklich mit den Achseln. »Mit Sicherheit vor allem an den vielen Restriktionen, mit denen wir hierzulande zu kämpfen haben. Bürokratische Erschwernisse, wohin man nur schaut, dazu kommt, dass es in Österreich nach wie vor viel zu wenige Ladestationen gibt, wo man die Batterien wieder aufladen kann. Genau aus diesem Grund scheint mir ja in der Tat der benzinelektrische Antrieb ideal zu sein. Der »Mixte« ist einfach unabhängiger. Das ist genau der Typ von Automobil, den wir für Österreich favorisieren sollten.«

»Der »Mixte«!« Lohner lachte trocken in sich hinein. »Wissen Sie, wie viel Bestellungen des »Mixte« für 1902 gerade bei uns im Büro liegen? Ganze zwei Stück! Das sagt doch alles. Und ich sage Ihnen auch den Grund dafür: unsere Fahrzeuge sind schlichtweg zu teuer!«

»Nun ja ... Der Aufwand, den wir für diese Entwicklungen betreiben müssen, ist ja auch beträchtlich. Schließlich sind wir die einzigen, die eine solche fortschrittliche Technik vorweisen können.«

»Eine Technik, deren Entwicklung Unsummen ver-

schlingt!« Ein erkennbar vorwurfsvoller Blich traf den jungen Konstrukteur. »Und deshalb zahle ich selbst dann noch drauf, wenn ich einen Kunden finde, der bereit ist, die 30.000 Kronen für den »Mixte« zu bezahlen.«
»Dass die Benzinwagen in der Anschaffung wesentlich günstiger sind, das ist mir schon klar. Das beginnt ja schon bei 5.000 Kronen – aber dafür sind sie doch längst nicht so zuverlässig.«
»Das schert die Leute anscheinend nicht im Geringsten! Also: wir brauchen dringend günstigere Modelle. Darauf sollten Sie in Zukunft Ihr Augenmerk legen und nicht mehr auf irgend welche Rennsiege. Ich brauche keine Rennwagen, sondern Fahrzeuge, die ich auch verkaufen kann. Haben Sie mich klar und deutlich verstanden, Herr Porsche?«

Bis tief in den Abend hinein hatte der zutiefst gekränkte Ferdinand Porsche nach diesem harschen Wortwechsel im Entwicklungsbüro über seinen Plänen gebrütet und vor lauter Zorn völlig vergessen, wie spät es inzwischen war. Ein zufälliger Blick auf die große Wanduhr ließ ihn abrupt in die Höhe schnellen. »Um Himmels Willen. Schon kurz vor 22 Uhr! Die arme Louis! Die wartet ja schon seit zwei Stunden auf mich!«
In höchster Eile griff er nach seinem Mantel und hastete zu seinem vor dem Büro bereit stehenden Wagen. Um 22 Uhr begann die Sperrstunde. Nur bis dahin durfte er mit einem Automobil auf der Straße sein. 22 Uhr! Das würde knapp werden. Mehr als knapp. Aber egal: er durfte die Louis nicht länger warten lassen. Lieber ein Strafmandat riskieren, als noch später in der Hechtengasse zu erscheinen. Wieder einmal gab Ferdinand Porsche also Vollgas: Was nichts anderes bedeutete, als dass er an diesem Abend die Strecke zwischen der Rotunde im Wiener Prater und der Hechtengasse 12 im 4. Wiener Bezirk in sagenhaften 15 Minuten absolvierte. Die immer noch angestaute Wut, die in ihm kochte und die Sehnsucht nach seiner warten-

den Aloisia hatten ihm und seinem Gefährt geradezu Flügel verliehen. Es war eine Rekordfahrt. Eine Zeit, die seitdem in Wien kein zweites Mal registriert werden konnte. Schon aus rein verkehrspolizeilichen Gründen nicht …

*

War das nun endlich der Durchbruch? Beinahe schien es so. Denn der trotz seiner erst 49 Lebensjahre bereits zu einer Art Legende gewordene Emil Jellinek, der wichtigste Automobilhändler von ganz Europa, wenn nicht gar der ganzen Welt, der mit seinen Daimler-Rennwagen Marke »Mercedes« mehrfach umjubelter Gewinner der legendären Woche von Nizza geworden war, hatte tatsächlich einen der »Mixte« von Lohner-Porsche gekauft! Einfach vom Fleck weg, typisch für diesen weit vorausschauenden Mann, der ja vor allem an einer raschen Fortentwicklung der bisherigen Automobiltechnik interessiert war. Der schwerreiche Jellinek scheute diesbezüglich weder Kosten noch irgendwelche Mühen. »Das könnte der wichtigste Kunde von allen gewesen sein«, hatte Ludwig Lohner gejubelt. »Denn wenn der Jellinek zufrieden ist und unsere Wagen weiter vertreibt, dann kann nichts mehr schief gehen.«
Es dauerte freilich noch geraume Zeit, bis sie es schafften, den »Mixte« an ihren bekanntermaßen ungeduldigen Kunden auszuliefern. Erst im April 1902 war es so weit – gerade noch rechtzeitig zu dem Zeitpunkt, an dem die gesamte Familie Jellinek von ihrem traditionellen Winterquartier Nizza wieder in ihre Badener Villa in der Wiener Straße zurück gekehrt war. Voller Stolz präsentierte Ferdinand Porsche nun also im hellen Sonnenschein dieses milden Frühlingstages den nagelneuen Wagen. Ein echtes Prachtstück – zudem auf dem neusten Stand der Technik. Das Mädchen an Jellineks Seite, offenbar handelte es sich um die 12-jährige Mercedes, die es jedoch nicht für notwendig erachtet hatte, den Besucher zu grüßen oder gar ihren Namen zu nennen, schaute dagegen eher gelangweilt und höchst skeptisch drein.
Es lag etwas in der Luft …

Keine halbe Minute später war es bereits geschehen. Eine überaus peinliche Situation.
»Mercedes! Was sagst du dazu?«
Begeistert über seinen Weitblick, den er hier wieder einmal an den Tag gelegt hatte, präsentierte Emil Jellinek seiner Tochter das Fahrzeug. »Da schau – ein »Mixte«, der wird bald schon als »Mixte-Mercedes« in aller Welt Furore machen. Noch ein »Mercedes« also!«
Von wegen! Denn das Mädchen namens Mercedes schaffte es mit ihrer verblüffenden Reaktion, das ganze schöne Kartenhaus mit einem einzigen Satz in sich zusammen fallen zu lassen. »Was ist denn das für eine Missgeburt?!« schlug sie entsetzt die Hände über dem Kopf zusammen. »Und was sind das nur für seltsame Wülste an den Rädern? Die sehen ja aus wie Pestbeulen!«
»Pestbeulen!« empörte sich der junge Mann, der gerade hinter dem Vehikel hervor trat. »Das sind an den Radnaben angebrachte Elektromotoren, die während der Fahrt zusätzlich elektrischen Strom erzeugen können und dieses Automobil damit in die Lage versetzen, auch ohne Benzin vorwärts zu gelangen. Das ist die Spitze der technischen Entwicklung!«
»Äußerst seltsam sieht das Ding aber dennoch aus«, beharrte Mercedes auf ihrer Beurteilung. »Was ist es denn nun, ein Benzinfahrzeug oder ein Elektroautomobil?«
»Sowohl als auch«, entgegnete der junge Mann mit hörbarem Stolz in der Stimme. »Man kann mit beidem fahren.«
»Aha«, zuckte das Mädchen gelangweilt mit den Achseln. »Nichts Halbes und nichts Ganzes also. Und so etwas soll dann auch noch meinen Namen tragen? »Mixte-Mercedes«! Wie das schon klingt! Benzin-elektrischer Antrieb! Entsetzlich. Wie so eine Art Promenadenmischung. Also wirklich Papa – ich weiß nicht, was das alles soll …« Sprachs und verschwand einfach, ohne sich von den beiden verdutzten Männern zu verabschieden.
»Ach, machen Sie sich bloß nichts daraus, Herr Ingenieur,

das ist heute eben mal wieder meine launische Prinzessin«, lachte Jellinek vergnügt. So war sie halt, seine Tochter. »Das mit den Pestbeulen, das wird schon noch werden. In Wien habe ich gehört, nennen sie es übrigens Knödel – auch nicht viel schmeichelhafter. Nun denn: Aber zunächst einmal geht es ja um die Technik als solche, nicht wahr … Da muss die Ästhetik vorerst eben noch ein bisschen zurück stehen, nicht wahr?«

So schnell es ging war Porsche an diesem Tag mit hochrotem Kopf aus dem Jellinekschen Anwesen gestürmt.

*

»Dein Vater muss doch mächtig stolz auf dich gewesen sein, als du dann eines Tages mit einem Automobil zu Hause vorgefahren bist. Und erst recht, dass du in deinem damals beinahe noch jugendlichen Alter schon Direktor gewesen bist, nicht wahr, Onkel Ferdinand?«

»Ach Gilain, was redest du da nur? Ganz im Gegenteil sogar: mein Vater hat mich jahrelang nur verächtlich den Kutscher genannt. Und später, als ich diese Rennen gefahren bin, in denen die Reifen kaputt gegangen sind und ich auf den Felgen weiter gefahren bin, da hat er mir noch viele Jahre danach lachend die Zeitungsausschnitte unter die Nase gehalten und wortwörtlich gesagt: Da schau her – auf den Felgen daher gekommen ist er, mein Herr Sohn ...«

»Das habe ich nicht gemeint«, beharrte Gilain auf seiner Ansicht. »Da gibt es doch dieses Foto aus Maffersdorf, mit deinem Vater am Wagen. Also auf diesem Bild, da steht er doch, wenn mich die Erinnerung nicht täuscht, ganz stolz neben dir.«

»Ach diese Aufnahme. Ja, da schon – aber dennoch wäre es ihm auch damals noch lieber gewesen, ich hätte nach Maffersdorf geheiratet und die Firma Ginzkey übernommen – wenn ich nur daran denke, wie sie die Louis beim ersten Besuch empfangen haben. Na ja ... irgendwann war es dann ja doch noch recht ....«

Zum Beispiel im Juli 1902, bei ihrem nächsten Besuch in Maffersdorf, bei dem Ferdinand seinen nagelneuen »Mixte-Wagen« über die Hauptstraße jagte!

Was für ein Spektakel! Knatternd und qualmend bahnte sich der Wagen mit einem absichtlich besonders rasanten Tempo und einer sichtlich blassen Aloisia Kaes auf dem Beifahrersitz seinen Weg durch die vom nächtlichen Regen mehr als knöcheltief aufgeweichte Straße. Eine Schar Hühner stob erschrocken auseinander, während die Gänse fauchend und drohend die Hälse reckten, Pferde scheuten, alte Frauen bekreuzigten sich, kurzum: das Ende der Welt schien ihnen nahe.

»Ich glaube, ich muss jetzt doch für etwas Beruhigung sorgen«, rief Ferdinand seiner Louis durch den Lärm und die Abgaswolken grinsend zu. Er stoppte kurz, schraubte an einigen Hebeln und setzte den Mixte dann wieder in Bewegung. Es schien ihr noch immer wie ein Wunder, was geschah, wenn der Ferdinand den Wagen vom Benzin- auf Elektroantrieb umstellte: gerade so, als würden sie schweben, surrte das Fahrzeug mit seinen beiden Insassen jetzt nahezu geräuschlos vorwärts. Sie würde es nie begreifen, wo der Unterschied zwischen der einen und der anderen Antriebsart nun im Detail zu finden war. Gut: hier war Benzin als Treibstoff wichtig, dort elektrischer Strom. Manchmal auch im direkten Zusammenspiel. Aber genau dieses Wie und Warum, das schien ihr ein undurchdringliches Rätsel. Es war im Grunde genommen ja auch einerlei: Hauptsache, der Wagen brachte sie verlässlich ans gewünschte Ziel. Das alleine zählte für Louise – sonst nichts – mit Ausnahme der wunderbaren Gemeinsamkeit, die sie mit ihrem Ferdinand verband.

»Achtung, jetzt bitte gut festhalten!« Der warnende Ausruf ihres Verlobten war wieder einmal in allerletzter Sekunde erfolgt – und dringend geboten gewesen, denn kaum hatte sich Aloisia mit beiden Händen am unteren Sitzrand festgekrallt, da schleuderte der »Mixte« auch schon um die abschüssige, enge Rechtskurve kurz vor Beginn des schnurgeraden Teils der Hauptstraße. Und nachdem auch diese Herausforderung des Schicksals unfallfrei überstanden war, gab der vor Vergnügen jauchzende Fahrer schon wieder kräftig Tempo – es mochten jetzt bereits gut und gerne 30 Kilometer in der Stunde sein – um eine halbe Minute später kräftig den Bremshebel zu betätigen, wodurch Fahrzeug und Insassen auf das Intensivste mit den Fliehkräften der Physik ihre Bekanntschaft schlossen. Die schätzungsweise zehn Meter lange Schleifspur im Straßenmatsch hin-

ter dem Wagen sprach eine überdeutliche Sprache. Aber nun denn. Es war überstanden. Sie waren – wundersamerweise gesund und unversehrt – am Ziel ihrer Reise angekommen, dem Haus Nummer 201 in der Maffersdorfer Hauptstraße, dem Geburtsort ihres Ferdinand.
Es war ein großes Hallo, mit dem die Familie ihren schon sehnlichst erwarteten Besuch begrüßte.
Auch wenn der Vater erwartungsgemäß wieder einmal recht skeptisch dreinschaute, als er das erste Automobil in der Geschichte des Ortes in seinen genaueren Augenschein nahm. Die anfängliche Skepsis machte jedoch rasch einem anerkennenden Nicken Platz, als der Sohn ihm das Prinzip erklärte, nach dem er den »Mixte« nach eigenen Plänen konstruiert hatte.
Ein weiterer Höhepunkt war der nachmittägliche Ausflug mit der ganzen Familie – die mit Ausnahme seiner sich strikt weigernden Mutter – im Wagen Platz genommen hatte. Der Vater im Sonntagsanzug und mit weit in die Höhe gerecktem Kinn, ganz hinten klammerte sich Ferdinands jüngster Bruder Oskar, der im Fahrzeuginnern keinen Platz mehr gefunden hatte von außen an den Rücksitz. Der bald 21-jährige, der demnächst vom Vater die Spenglerei übernehmen würde, strahlte buchstäblich über alle vier Backen, als die Fahrt begann. »Jetzt weiß ich endlich, was es heißt, wenn gesagt wird, der strahlt wie Oskar«, lachte der Automobilkonstrukteur fröhlich nach hinten. »Na pass auf, Kleiner, dann halte dich jetzt einmal gut fest.« Im selben Moment schob er den Regler für die elektrischen Radnabenmotoren auf vollen Anschlag, was das Vehikel augenblicklich abrupt nach vorne schießen ließ, während Vater Porsches schöner Sonntagshut in weitem Bogen vom Kopf zum Straßenrand hinüber segelte. »Mach doch langsam, du Bengel«, rief er lachend und tippte sich mit einer eindeutige Geste an die Stirn. »Aber so ist er eben schon immer gewesen: immer vorne am Steuer sein wollen und immer das Tempo und die Richtung angeben …«

»Von wem ich dieses Erbteil wohl abbekommen habe, Vater?«, gab Ferdinand grinsend zurück.
»Na: dreimal darfst du raten!« In diesem Moment passierte der Wagen das Maffersdorfer Rathaus, aus dessen Fenstern die Leute mit weit geöffneten Mündern auf dieses neuartige Wunderwerk der Technik herunter starrten, das nun also auch in ihrem Wohnort seinen triumphalen Einzug gehalten hatte. Selbst dem ansonsten so respektgebietenden Bürgermeister schienen beinahe die Augen aus dem Gesicht zu fallen, als er seinen Stellvertreter erblickte, der majestätisch winkend im Automobil des Sohnes an ihm vorbei paradierte.
Gerade in dem Moment, als der Chauffeur im Begriff stand, den Tempohebel wieder auf volle Kraft zu schieben, ertönte neben der Fahrerseite ein lauter Ruf: »Ferdinand, halt an! Hörst du nicht, Ferdinand! Du sollst anhalten!« Irritiert wandte Porsche seinen Kopf nach links und erkannte Emil Matzig, der gerade die Straße neben dem Rathaus herunter gerannt kam und nun vor dem zum Stillstand gekommenen Wagen heftig nach Luft schnappte. »Ferdinand! Ich … ich will …« keuchte der Schulfreund, während seine Gesichtsfarbe vor lauter Anstrengung von einem tiefen Dunkelrot bestimmt wurde.
»Jetzt aber mal ganz langsam, Emil«, lachte Ferdinand Porsche. »Nicht, dass du mir noch umfällst, so wie du außer Atem bist.« Er zog die Handbremse an und kletterte aus dem Wagen, um den schweißnassen Emil innig an sich zu drücken. »Wie schön, dich gesund und wohlbehalten wieder zu sehen, alter Schwede!« Mit Inbrunst klopfte er seinem liebsten Jugendkameraden auf die Schulter, dann deutete er mit dem ausgestreckten Arm zu den Wageninsassen hinüber. »Darf ich dir meine Verlobte Aloisia Kaes vorstellen? Louis, das ist mein bester Freund in Maffersdorf, der Emil Matzig. Du hast sicher nichts dagegen, wenn ich ihn gleich jetzt zu unserer Hochzeit einlade, oder?«
»Überhaupt nichts«, lächelte Aloisia glücklich.
»Du heiratest?« Emil staunte nicht schlecht und streifte

Ferdinands Verlobte dabei mit einem bewundernden Blick. »Und dann noch eine so schöne Frau?! Donnerwetter, Ferdinand!«
»Was hast denn du gedacht, Emil? Glaubst du etwa, ich würde auf ewig ein Junggeselle bleiben?«
»Na ja, der größte Heißsporn warst du ja nie. Und schon gleich gar kein Casanova«, gab der allmählich wieder normal atmende Emil Matzig zu bedenken. »Dazu hast du doch vor lauter Basteln und Experimentieren gar keine Zeit gehabt. Aber kaum ist unser Ferdinand in der großen weiten Welt, da zeigt er, welche Qualitäten sonst noch in ihm stecken. Wann soll denn die Hochzeit sein?« erkundigte er sich bei seinem Schulfreund, der zwischenzeitlich den Kopf gesenkt hatte, um die leichte Röte zu verbergen, die sich bei diesen offenen Worten über sein Antlitz breitete.
»Na ja«, befreite sich Porsche mit einem tiefen Atemzug von seiner Verlegenheit. »Jedenfalls noch in diesem Jahr – im Sommer wird's wohl nicht mehr reichen vor lauter Arbeit, die ich gerade habe, aber sicherlich noch im Herbst. Auf jeden Fall vor Wintereinbruch – und du«, deutete er mit dem Zeigefinger auf Matzig, »du bist wie gesagt hiermit bereits herzlich eingeladen. Den genauen Termin werden wir dir über die Eltern ausrichten lassen, einverstanden. Du kommst doch, oder? Schlag ein!«
»Natürlich komme ich! Es wird mir eine Ehre und eine Freude sein!« Inbrünstig schlug Emil in die dargereichte rechte Hand seines Freundes ein. »Aber etwas anderes würde mich auch freuen …«
»Und das wäre …«
»Dreimal darfst du raten …«
Porsche begriff rasch. »Aha! Du willst auch mit uns fahren. Klar, das ist ja logisch. Allerdings …« er warf einen skeptischen Blick über die Fahrgäste im Wagen. »Innen drin haben wir keinen Platz mehr. Du müsstest dich schon außen festhalten, so wie der Oskar. Wenn du dich also da festkl …«

Bevor er seinen Satz beenden konnte, war ihm Emil hastig in die Parade gefahren. »Als wenn ich nicht wüsste, wie man sich an einer Kutsche festhält. Jetzt mach schon!« Damit klammerte er sich neben Oskar Porsche an die andere Seite des Fahrzeughecks.
»Das ist aber keine Kutsche, Emil. Das ist ein Automobil – mit ganz anderen Geschwindigkeiten«, gab Porsche noch einmal warnend zu berücksichtigen. Dann kletterte auch er wieder auf den Fahrersitz und löste die Handbremse: »Achtung: jetzt!« Ein kurzes Durchdrehen der Räder im Straßenmatsch, dann schoss der Wagen, begleitet von einem jubelnden Jauchzer aus Emils Kehle, nach vorne – und verschwand schon bald hinter der nächsten Kurve, während sich die besonders Neugierigen aus der Maffersdorfer Jugend, die sich all zu nahe an das Gefährt heran gewagt hatten, nun fluchend die bräunlichen Schlammspritzer aus den Gesichtern wischten.
Noch Jahre später erzählte der überstolze Emil Matzig seinen staunenden Zuhörern die Geschichte, wie er so zusammen mit der Porschefamilie zum ersten Automobilfahrer von ganz Maffersdorf geworden war und in welch atemberaubendem Tempo sie durch das im wahrsten Sinn des Wortes aufgescheuchte Dorf gerast waren. Und weitere Jahre später bekam die zwischenzeitlich fast vergessene Erzählung noch einen zusätzlichen Reiz – als Emils Schulfreund endgültig zu einem der weltweit angesehensten Automobilkonstrukteure aufgestiegen war, dessen Ruhm sich selbst nach den schrecklichen Wirren des Zweiten Weltkriegs und der damit verbundenen Vertreibung der deutschstämmigen Bevölkerung selbst nach intensivsten Bemühungen der jetzigen kommunistischen Machthaber zu deren größtem Verdruss in seiner Heimatgemeinde dennoch nicht auslöschen lassen konnte.
Eine schöne Erinnerung …

Müde fuhr sich der alte Konstrukteur im Fond des Wagens mit der rechten Hand über das Gesicht. »Genug der Erin-

nerungen an alte Zeiten, Gilain. Gib Gas und lass die alten Geschichten hinter uns. Jetzt geht's um Gegenwart und Zukunft, denn noch ist mein Leben nicht zu Ende – und das Leben bleibt spannend! Gehmma, gehmma!«
Wieder einmal ein ganz und gar typisches Fazit des Herrn Professor Porsche. Immer unter Spannung stehend, immer in Eile – genau so, wie es Tante Aloisia erst kürzlich wieder so treffend beschrieben hatte: »Am liebsten wäre es ihm, wenn auch noch sein Bett Räder hätte.«

Herbst 1902, das große Kaisermanöver – wiederum eine große Chance für Lohner und Porsche! Denn kurz zuvor hatte der »Mixte« mit Ferdinand Porsche am Steuer das Wiener Exelbergrennen gewonnen. Als Sieger dieser neben dem Semmeringrennen wichtigsten Wettfahrt in ganz Österreich war der Name Ferdinand Porsche wieder einmal in aller Munde gewesen und nunmehr sogar am Kaiserhof aufgetaucht. Weswegen es sich seine Exzellenz, der Thronfolger Erzherzog Franz Ferdinand, nicht hatte nehmen lassen, den Konstrukteur und Fahrer des interessanten »Mixte-Wagens« zu einer Audienz zu bitten. Und nicht nur das: sehr zur Freude des ansonsten vom militärischen Gehabe wenig überzeugten Porsche durfte sich der junge Mann im Range eines Reserve-Infanteristen des Hoch- und Deutschmeisterregiments, darüber freuen, dero Exzellenz höchst selbst in einem »Mixtewagen« zu den Kaisermanövern chauffieren zu dürfen.
Im Nachhinein betrachtet hatten sich die ganzen Zumutungen, denen sich Ferdinand Porsche beim Militär hilflos ausgeliefert sah, also gelohnt. Es sei völlig undenkbar, dass er als reiner Zivilist den Thronfolger bei einem Kaisermanöver würde chauffieren dürfen, hatte man ihm vom Generalstab auf seinen Vorschlag hin beschieden, Erzherzog Franz Ferdinand anlässlich des großen Herbstmanövers mit den Vorzügen der neuartigen Technik persönlich überzeugen zu wollen. Und so war dem zähneknirschenden Konstrukteur nichts anderes übrig geblieben, als sich

für einige Wochen als Soldat in den Militärdienst zu begeben, um seinen Plan weiter verfolgen zu können. Allein diese Uniform! Und dazu noch der schroffe Kasernenhofton, in dem die Ausbilder ihren Rekruten grundsätzlich gegenübertraten. Gleich am ersten Tag war es zu einer folgenschweren Frage des Unteroffiziers an Porsche gekommen, der natürlich ganz genau wusste, wer da salutierend vor ihm stand: »Porsche! Wie viel verdienen Sie?«

»Zu Befehl! 2000 Kronen!«

»Im Jahr? Nicht schlecht!«

Fatalerweise erfolgte Porsches Korrektur, wie aus der Pistole geschossen. »Nein! Im Monat!«

»Im Monat!« Dem Unteroffizier klappte vor lauter Staunen der Unterkiefer herunter. 2000 Kronen. Das war ja … mehr, als er in zwölf Monaten an Sold erhielt. Und dabei war er mehr als 20 Jahre älter. Und da stand nun dieser junge Kerl vor ihm – dazu noch verlegen grinsend!

Allmählich fand der Mann die Fassung wieder. »Na, dann! Dann wollen wir mal schauen, dass du dieses Geld im Schweiße deines Angesichts auch wirklich verdient hast, Porsche! Auf geht's: Sonderübung! Ab auf den Exerzierplatz! Sofort!«

Seit dieser Zeit war jedwedes militärische Gepränge für Ferdinand Porsche Zeit seines Lebens ein wahrer Gräuel. Denn die Schikane sollte sich während seiner Ausbildungszeit beim Militär Tag für Tag wiederholen. Bis zum Beginn des Kaisermanövers.

Nie mehr, das hat er sich seinerzeit geschworen, würde er nach Ende des Kaisermanövers je wieder eine Uniform tragen. Er sollte seinen Schwur niemals vergessen. Selbst in den 30er Jahren hat er sich in dieser Hinsicht als standhaft erwiesen: aus dem Drillichstoff der Uniform, die ihm geschenkt worden war, ließ er Skikleidung für die Enkelkinder schneidern. Das Trauma der Militärzeit saß tief.

Doch das Opfer schien sich gelohnt zu haben.

Immerhin hatte sich der Thronfolger im Anschluss an die Fahrten äußerst angetan von der neuartigen Konstruktion gezeigt. Ein Ereignis, das dazu geeignet war, Porsches Ruf in Hof- und Unternehmerkreisen weiter zu befördern. Besser hätte es gar nicht kommen können. Ein erfolgreicher Weg schien endgültig vorgezeichnet. Es war auch dringend notwendig, dass sich im Hinblick auf die Verkaufszahlen bei Lohner endlich etwas bewegte.

*

Am Samstag, dem 17. Oktober 1903 wurde in der Maffersdorfer Dreifaltigkeitskirche die Hochzeit von Aloisia Kaes und Ferdinand Porsche gefeiert. In jener Kirche, in der Ferdinand vor 28 Jahren getauft worden war. Auch dieses Ereignis sollte so ganz und gar typisch für das gesamte Leben des Ferdinand Porsche vonstatten gehen.
Denn während Aloisia schon zwei Tage zuvor mit der Eisenbahn in Maffersdorf angekommen war, hatte sich der Bräutigam verspätet!
Nicht nur, dass er sie ganz alleine voraus geschickt hatte, er war auch nicht, wie sie das fest vereinbart hatten, am Nachmittag vor der Hochzeit in Maffersdorf erschienen. Was war nur passiert? Ein Unfall? Oder ... Er würde sie doch nicht etwa ... versetzt haben?! Allein die Frage ließ Aloisia Kaes erschrocken zusammen zucken. War das denn überhaupt vorstellbar ... Dass es sich der Ferdinand in letzter Sekunde anders überlegt haben sollte?
Tausend Gedanken jagten durch den Kopf der jungen Frau: was würde mit der Wohnung in der Wiener Berggasse geschehen, die so praktisch in der Nähe von Lohners Firmensitz gelegen war und die sie nach ihrer Hochzeitsreise beziehen wollten? Der Mietvertrag war längst perfekt gemacht, die Möbel ausgesucht und die Gardinen bei der Familie Kaes gerade geschneidert. Sollte das alles etwa umsonst gewesen sein?! Hatte ihr Ferdinand ganz plötzlich Angst vor der eigenen Courage bekommen? Nein, niemals!
Energisch schüttelte sie den Kopf. Das war doch gar nicht möglich! Wie konnte sie nur so etwas denken?! Viel wahrscheinlicher schien ihr, dass es wieder einmal ein Problem mit seinen Automobilen gegeben hatte. Das war ja auch der Grund gewesen, weshalb er seine von diesem Vorschlag nur mäßig begeisterte Verlobte sogar alleine zu den Hoch-

zeitvorbereitungen nach Maffersdorf geschickt hatte. Diese »dringend notwendige« Testfahrt mit einem Panhard-Levassor-Motor im »Mixte-Wagen«. Die müsse unbedingt sein und dulde leider keinen Aufschub.
Und so hatte Ferdinand sie mit dem Testwagen zum Bahnhof gebracht, um gleich im Anschluss zu einer längeren Erprobungsfahrt in die Alpen aufzubrechen – wo das Schicksal dann seinen Lauf genommen hatte ... Aufgrund eines plötzlichen, viel zu frühen Wintereinbruchs am Arlberg war er mit dem Wagen im Schnee stecken geblieben. Und hatte keinerlei Chance mehr, wieder heraus zu kommen – geschweige denn, wie geplant mit dem Automobil in Maffersdorf zu erscheinen! Es war zum aus der Haut fahren! Er würde sogar seinen Plan aufgeben müssen, seine liebe Louis im nagelneuen »Mixte« eigenhändig zur Trauung zu chauffieren. Aus der Traum! In diese Einsicht hatte sich der wie ein Rohrspatz schimpfende Fahrer aber erst nach genauso zahlreichen, wie gescheiterten Versuchen gefügt, das Automobil vielleicht doch noch irgendwie flott zu bekommen. Es ging nicht! Lediglich wertvolle Zeit war dadurch verstrichen. Und zuhause waren sie noch völlig ahnungslos. »Um Gottes Willen! Die arme Louis! Meine Eltern! Die Geschwister! Die wissen ja nicht, was passiert ist und werden sich längst die allergrößten Sorgen um mich machen! Wo ist die nächste Poststation? Bringt mich bitte rasch dorthin. Es eilt! Gehmma, gehmma!« So schnell wie möglich musste er ein Telegramm nach Maffersdorf schicken, um die Familie über die Gründe seines Fernbleibens zu informieren. »Bin bei St. Anton am Arlberg im Schnee stecken geblieben. Werde jetzt mit der Eisenbahn kommen. Bin rechtzeitig da. Macht euch keine Sorgen. Ferdinand.«
Höchste Eisenbahn – in des Wortes wahrster Bedeutung! Am späten Vormittag des 17. Oktober, keine zwei Stunden vor seiner Trauung, setzte ein zwar erschöpfter, aber sichtlich erleichterter Ferdinand Porsche seinen Fuß auf den Bahnsteig seines Heimatortes. Begleitet von den künftigen

Schwiegereltern, die denselben Zug genommen hatten und während der Reise zu ihrer großen Überraschung ihrem Schwiegersohn begegneten, den sie doch längst in Maffersdorf gewähnt hatten.
Das war gerade noch einmal gut gegangen! Wie immer halt in seinem bisherigen und auch im künftigen Leben, hatte die Zeit wieder einmal ihre nicht unwesentliche Rolle gespielt. Aber er hatte es geschafft.
Voller Inbrunst gab er seiner Aloisia nun das Eheversprechen, das der Priester gerade für sie formuliert hatte: »Bis dass der Tod Euch scheidet.«
»Bis dass der Tod uns scheidet«, wiederholte Ferdinand leise, während es in seinen Augen wässrig funkelte. »So soll es sein. Meine liebe gute Louis. Dass ich dich gefunden habe ist das wahre Glück in meinem Leben …« Warm und innig drückte er die Hand seiner frisch vermählten Ehefrau.
Auch Aloisia atmete tief durch und sandte einen dankbaren Blick zum vielfarbigen Deckenfresko der Dreifaltigskeitskirche, in der ihr gemeinsamer weiterer Lebensweg nun offiziell also besiegelt worden war. Gesundheit, Zufriedenheit und eine glückliche Gemeinsamkeit, mehr brauchte man sich nicht zu wünschen für die Zukunft der gerade gegründeten Familie Porsche. Zwei Kinder noch dazu. Ein Bub und ein Mädchen, dann wäre ihr Glück vollkommen.
Auch ihren Ehemann schienen ähnliche Gedanken zu bewegen – versonnen strich er sich mit der linken Hand über seinen dunklen Oberlippenbart, während er mit seiner rechten Aloisias Hand ganz fest drückte. Ein liebevoller Seufzer entrang sich seiner Kehle. »Ach Louis! Es ist so schön, dass ich dich an meiner Seite weiß. Möge uns dieses Glück auch weiterhin hold sein!«
Überrascht von seinem weichen Tonfall wandte sie ihren Kopf und blickte in die tränenglitzernden Augen ihres Ferdinand. Dermaßen von romantischen Gefühlen bestimmt hatte sie ihren hektischen, beständig mit einer nicht enden

wollenden Zahl von technischen Herausforderungen kämpfenden Ehemann noch nie erlebt.

Auch sie drückte dessen Hand nun fester. »Wir müssen nur zuversichtlich daran glauben, dann kann nichts schief gehen.«

Es sollte eine lange und wundervolle Wegstrecke werden, die sie in einem manchmal atemberaubenden Tempo absolvieren würde. So, wie es dem Temperament ihres ruhelosen Gatten in allen Phasen seines Lebens entsprach.

*

Am 29. August 1904 kam ein überglücklicher Ferdinand Porsche in das Zimmer der Wöchnerinnenstation des Wiener Allgemeinen Krankenhauses gestürmt: »Ein Freudentag!«

Seine liebe Louis hatte eine Tochter zur Welt gebracht. »Unser erstes Kind! Unsere liebe kleine Tochter! Jetzt sind wir eine richtige Familie: Wie herrlich das Leben doch sein kann!«

Er beugte sich zum Bett der frisch gebackenen Mutter hinunter und drückte der von den Strapazen der gerade erst glücklich überstandenen Geburt noch sichtlich gezeichneten Aloisia einen innigen Kuss auf den Mund. »Jetzt haben wir also ein richtiges Wiener Kind!«

Aloisia Porsche lächelte schwach. »Wenngleich nur mit knapper Not …«

Porsche stutzte. »Was meinst du damit?«

»Ich wollte dich nur an unser nächtliches Abenteuer von gestern erinnern. Um ein Haar wäre das arme Kind irgendwo an der Donau geboren worden – vor lauter Automobil und seinem testversessenen Vater wäre sie beinahe im Niemandsland auf die Welt gekommen!«

»Aber Louis, niemals hätte ich das geschehen lassen!«

»Na komm, du musst mir da nichts vorgaukeln. Das stand nicht mehr in deiner Macht, Ferdinand, das weißt du genau. Aber lassen wir das: es ist ja alles gut ausgegangen – wieder einmal.«

Insgeheim musste er seiner Frau ja recht geben. Das war in der Tat knapp gewesen. Am gestrigen Abend hatte er die hochschwangere Aloisia zu einer Automobiltestfahrt entlang der Donau mitgenommen. Die ersten Kilometer legten sie problemlos zurück, bis … bis das Licht der Scheinwerfer plötzlich schwächer wurde, der Wagen zu ruckeln begann, der Motor ins Stottern geriet, um schließlich ganz zu verstummen. Mitten auf der Straße blieb das Fahrzeug stehen. Und auch das Licht der Scheinwerfer war gänzlich erloschen. Egal, welche technischen Kniffe der wild fluchende Porsche auch versuchte: der Motor wollte einfach nicht mehr anspringen. »Und das mitten in der Dunkelheit! Wie soll ich denn da den Fehler finden?!« Schließlich war die Ursache des Übels aber doch entdeckt. »Es ist ein Defekt an der Zündung. Nur eine lose Kabelverbindung. Das habe ich trotz der Dunkelheit in Ordnung bringen können, es nützt aber nichts, denn die Batterie hat deshalb die ganze Zeit schon keinen Strom mehr bekommen. Die Batterie ist restlos leer. Da geht gar nichts mehr!«

»Und wie sollen wir jetzt den Berg dort vorne hinauf kommen? Ferdinand: es sind sicherlich noch zehn Kilometer bis zu unserer Wohnung. Die kann ich in meinem Zustand nicht laufen.« Aloisia deutete dabei auf die Wölbung an ihrem Bauch. »Mir wäre es aber schon recht, wenn wir bald in Wien sein könnten, denn ich habe so ein komisches Gefühl. Ich glaube beinahe, es wird nicht mehr lange dauern, bis die Geburt beginnt.«

Allein das Stichwort Geburt ließ bei Ferdinand Porsche den Schweiß aus allen Poren strömen. »Um Himmelswillen, Louis. Bitte bleibe ganz still sitzen und bewege dich nicht. Ich … wir … ich werde schauen, dass du so schnell wie möglich wieder zuhause bist!«

Hektisch blickte er sich um – doch weit und breit war keinerlei Hilfe in Sicht. Kein Haus, kein Fahrzeug, nichts. Nur ganz weit hinter ihnen konnte er die spärlichen Lichter des Dorfes erkennen, das sie vor einer guten halben Stunde passiert hatten.

»Ich glaube, ich werde mich am besten einmal aufmachen und jemanden aus dem Dorf um Hilfe bitten. Wenn alles klappt, dann bin ich in einer Stunde wieder zurück.« Es war die einzige Möglichkeit, die sich anbot. »Hier, nimm noch die Decke, damit du schön warm bleibst und bewege dich möglichst nicht.«

»Es wäre mir lieber, wenn du bei mir bleiben würdest, Fer-

dinand«, flüsterte die Hochschwangere. »Irgendwann wird doch sicher eine Kutsche vorbei kommen.«
»Irgendwann … irgendwann …« echote ihr Mann und schluckte schwer. Nur ja nicht die Nerven verlieren jetzt. Und schon gar nicht die Aloisia nervös machen. »Und was ist, wenn keiner mehr kommt?«
»Dann bringe ich unser Kind eben hier auf die Welt!« lächelte sie schwach. »Aber bitte nicht alleine, sondern mit dir an meiner Seite.«
»Also ich weiß nicht …« Mehr und mehr ergriff die Panik von ihm Besitz. Eine Geburt mitten in der freien Landschaft, und dann auch noch in einem havarierten Automobil!
Aloisia musste seine Gedanken erraten haben. »Das würde ja irgendwie zu dir passen, wenn dein erstes Kind in einem Automobil zur Welt käme.«
»Bitte mal den Teufel nicht an die Wand, Louis. Das … das wäre ja fürchterlich.«
»Aber wie gesagt, wenn du bei mir bist, dann wäre das immer noch besser, als wenn ich alleine bin.«
Ohne weitere Widerrede hatte sich der werdende Vater den Wünschen seiner Ehefrau gefügt und kletterte wieder auf den Fahrersitz. Er legte den rechten Arm um die Schultern seiner Louis und drückte sie zärtlich an sich. »Es wird schon alles gut werden. Irgendwann wird eine Kutsche vorbei kommen. Und so lange wird sich unser Kind hoffentlich noch gedulden.«
»Sicherlich …« Wenig später war Aloisia in seinen Armen eingeschlafen.
Eine gute Stunde verstrich – für den zunehmend verzweifelnden Porsche eine halbe Ewigkeit – bis plötzlich Hufgeklapper an seine Ohren drang. Eine Pferdedroschke!
»Dem Himmel sein Dank!« Ganz vorsichtig, um die Schlafende nicht aufzuwecken, zog er seinen Arm zurück und stieg aus dem Wagen, um das Fuhrwerk anzuhalten.
Zum guten Glück zeigte sich der Kutscher aufgeschlossen, freilich erst, nachdem Porsche die obligatorischen spötti-

schen Bemerkungen über die Zuverlässigkeit der Automobile über sich hatte ergehen lassen müssen. Aber einerlei. Gegen ein großzügiges Entgelt war der Mann nun immerhin bereit, das liegen gebliebene Fahrzeug mit seiner Pferdekutsche den Berg hinauf zu ziehen. »Wenn ich erst mit dem Wagen oben auf dem Berg bin, dann kann ich ihn hinunter rollen lassen. Damit bekommt die Batterie wieder genug Strom, um den Motor anzulassen. So könnte ich es bis zur nächsten Ladestation nach Wien schaffen.«
Gesagt – getan. Um drei Uhr in der Nacht öffnete ein über die Maßen erleichterter Ferdinand Porsche endlich die Haustür ihrer Wohnung in der Berggasse 6 und brachte seine hochschwangere Ehefrau sofort ins Bett.
Keine zwei Stunden später war es mit der Nachtruhe schon wieder vorbei. Die Geburtswehen hatten eingesetzt.
»Das wäre natürlich schon so ein echter Husarenstreich Marke Porsche gewesen, wenn unser kleines Mädchen am Friedhof der Namenlosen auf die Welt gekommen wäre. Der liegt ja gar nicht so weit von unserem Pannenort entfernt. Was für ein Geburtsort!«
Ferdinand Porsche zog es vor, den spöttischen Hinweis einfach auf sich beruhen zu lassen – und lieber, wie es seine Art war, die rasche Flucht nach vorne anzutreten. »A propos Namen – unser liebes Kind sollte meiner Meinung nach Louise heißen, genau so, wie seine nicht minder liebe Mutter.«
Doch auch mit diesem Vorschlag schien er auf wenig Begeisterung zu stoßen. »Aber Ferdinand«, kräuselte seine Frau die Nase. »Noch eine Louis ... Das gibt doch nur noch mehr Verwechslungen in unserem eh schon turbulenten Leben – also ich weiß nicht so recht ...«
»Geh! Wir werden das Kind ja eh dann Louisl nennen – wo könnts denn da eine Verwechslung mit dir geben?«
Aloisia Porsche konnte allein am unwirschen »Geh!« ihres Mannes heraushören, dass ein weiterer Widerspruch wohl zwecklos wäre – ihr Ferdinand war wieder einmal bereits viel zu sehr in Fahrt geraten und hatte offenbar die Na-

mensliste in seinem Kopf längst komplettiert, um sich noch aus der Spur bringen zu lassen.

Mit einem schicksalsergebenen Seufzer ließ sie sich in das Kissen zurück sinken und musterte den stolzen Vater neugierig: »Also gut: Louise – und wie weiter?«

»Hedwig Anna Wilhelmine Marie«, erfolgte die Antwort wie aus der Pistole geschossen. »Um ganz genau zu sein: Louise Hedwig Anna Wilhelmine Marie Porsche – ist das nicht ein schöner Name? Was für ein Wohlklang! Unser hübsches kleines Louisl ... Du wirst mir doch sicherlich beipflichten, nicht wahr?«

»Ja – schon ...« Louise nickte anerkennend. »Die Vornamen unserer beiden Mütter, das ist schön. Und dazu die Namen deiner Schwestern, das gehört sich. Wobei der Vorname Hedwig, der zuerst kommt, zusätzlich ja auch noch bedeuten könnte, dass du – wie übrigens ich genauso – der Meinung wärest, deine Schwester Hedwig solle als Taufpatin fungieren?«

»Genau so ist es«, strahlte der 29-jährige Porsche jetzt erst recht über das ganze Gesicht, »das habe ich ihr nämlich schon bei unserer Hochzeit versprechen müssen. Weil die Anna zu Beginn meiner Wiener Zeit – und später dann ja noch einmal – in Wien war und mich deshalb logischerweise viel öfter gesehen hat, als die Hedwig in Maffersdorf bei den paar Besuchen, die ich dort gemacht habe. Da wollte die Hedwig halt wenigstens die Patin unseres Kindes werden, damit sie mir auch noch ein bisschen nahe sei, hat sie gemeint.«

»Die Hedwig, das ist schon eine gute Seele«, lächelte Louise, »und du als großer Bruder bist tatsächlich ihr ein und alles. Schade nur, dass Maffersdorf so weit entfernt ist und wir sie nicht öfter sehen können.«

»Das wird bald anders werden!«

»Wie anders? Was meinst du damit?« Aloisia konnte sich auf die rätselhafte Andeutung ihres Mannes keinerlei Reim machen. »Entfernung ist Entfernung – wie soll das also anders werden?«

»Mithilfe von den neuen Automobilen, die ich konstruieren werde«, grinste Porsche anzüglich, »was glaubst du, wenn die erst einmal fertig montiert sind: dann werden wir demnächst in Windeseile bei mir zuhause sein.«
»Erst recht, wenn du persönlich am Steuer sitzt, nicht wahr?«
»Dann erst recht. Aber vorerst, das habe ich bei unserem letzten Besuch in Maffersdorf mit meiner Hedwig schon besprochen, vorerst wird sie jetzt für ein paar Wochen nach Wien kommen, um dir zur Seite zu stehen mit dem kleinen Kind. Sie wird bei uns wohnen – Platz genug haben wir ja. Das ist alles abgemacht – ich werde ihr nachher gleich ein Telegramm schicken, dass sie heute Tante geworden ist – Patentante, um genau zu sein – und dass sie am besten gleich den nächsten Zug nach Wien nehmen soll. Dann ist in unserer Wohnung nämlich alles vorbereitet, wenn du, beziehungsweise wenn ihr beiden, aus der Klinik kommt. Die Louis und das Louisl. Wie schön!« Er blinzelte seiner Frau verschwörerisch zu und drückte ihr einen innigen Kuss auf die Wange. »So – jetzt muss ich aber dringend los – sonst wird das nichts mehr werden mit den schnellen Automobilen.«

*

»Nicht so laut Ferdinand. Das Kind. Du weckst das Louisl noch auf mit deinem Geschrei!«
Es war Anfang Januar 1905. Ferdinand Porsche hatte am Abend im Wohnzimmer gesessen und gelangweilt die Zeitung durchgeblättert, bis sein Blick plötzlich an einer Artikelüberschrift hängen geblieben war. Kurz darauf hatte sich sein Ärger in einer lauten Verwünschung Bahn gebrochen – wodurch er sich prompt den strengen Verweis seiner Ehefrau einhandelte.
»Geschrei, Geschrei, ich schreie nicht, ich ärgere mich«, echauffierte sich Porsche auf die Vorhaltung nur noch heftiger.
»Und worum geht es eigentlich?«
»Darum!« Er klopfte mit dem Knöchel des Zeigefingers wütend auf den entsprechenden Zeitungsartikel in seiner linken Hand.
»Und was steht da?«
»Dass es neue Reglementierungen für den Betrieb von Automobilen geben wird. Mit anderen Worten: neue Schikanen!« Unwirsch kräuselte er die Nase. »Die Österreicher wollen anscheinend ein Volk von Kutschenfahrern bleiben – und lieber hinter einem stinkenden Pferdearsch sitzend gemächlich vor sich hin schaukeln, als …«
»… als in einer stinkenden, qualmenden und lärmenden Benzinkutsche zu sitzen«, fiel Louise ihrem Ehemann mit spitzbübischem Grinsen in die Tirade.
Der unterbrach sich abrupt und starrte seiner Frau mit allen Anzeichen der Irritation ins Gesicht. »Louis? Was soll das heißen? Bist du nun etwa auch auf die Gegenseite umgeschwenkt mit diesen ewig gestrigen Parolen?«
»Ach was – du scheinst freilich derart aufgebracht zu sein, dass du nicht einmal mehr in der Lage bist, einen kleinen Spaß deiner Ehefrau zu vertragen!« Sie fixierte ihr Gegen-

über kopfschüttelnd. »Mein armer Ferdinand. Wo ist denn plötzlich dein ganzer Humor geblieben?«

Allmählich schien Porsche zu begreifen, worauf Aloisia hinaus wollte. Schuldbewusst senkte er den Kopf. »Das tut mir leid, Louis«, murmelte er mit nunmehr hörbar gedämpfter Lautstärke. »Aber diese ganzen Neidhammel, Fortschrittsfeinde und Bürokraten. Es wird mir allmählich zu viel. Die ständigen Beschimpfungen auf den Straßen – erst gestern wieder ist mitten in Wien ein Stein gegen meinen Wagen geworfen worden …«

»Ein Stein? Davon hast du mir gar nichts erzählt.«

»Es ist ja auch nichts passiert, außer einer kleinen Delle an der Seitentür. Aber das war kein Dummer-Jungen-Streich, das war auch so ein ewig gestriger Pferdekutschenfahrer. Das hört einfach nicht auf mit diesen Beleidigungen. Und passend dazu jetzt noch diese neuen Regelungen, wer wann wo was darf beziehungsweise nicht darf!«

»Und was darfst du denn künftig nicht mehr?«

»Nun gut, dass sie als Mindestalter für den Lenker eines Automobils 18 Jahre ansetzen, das verstehe ich ja noch, aber dass man innerhalb von geschlossenen Ortschaften nicht schneller als 15 Stundenkilometer fahren darf, das ist schon eine arge Zumutung. Doch dass sie außerorts, also auf freier Strecke dann auch nur eine Höchstgeschwindigkeit von 45 Kilometern in der Stunde zulassen, das verstehe, wer will!«

»Na ja, manche Straßen dürften auch für nicht viel mehr an Geschwindigkeit taugen«, wandte Aloisia ein. »Wenn ich dran denke, wie ich mit dir schon ins eine oder andere Schlagloch gerast bin …«

»Dann sollen sie uns dort meinetwegen halt eine Begrenzung auferlegen«, brummte ihr Mann. »Aber auf Straßen, die in Ordnung sind, da ist Tempo 45 eine reine Schikane. Und dann noch diese Kennzeichen, die wir an jedem Fahrzeug anbringen sollen – diese ganze Fahrerei wird damit viel komplizierter anstatt einfacher!«

»Das mit den Kennzeichen hat aber auch etwas für sich, finde ich.«
»Und was bitte sollte das sein?«
»Du bist dadurch immerhin in der Lage, die schwarzen Schafe von Leuten deines Schlages zu unterscheiden – du ärgerst dich doch selber immer über diese depperten Automobilisten, die den Motor auf Höchstleistung treiben, während sie an einer Pferdedroschke vorbei brausen und damit das Pferd scheu machen ...«
»Allerdings. Diese Hornochsen, die es anscheinend nur darauf abgesehen haben, unseren Ruf mit aller Gewalt zu ruinieren!«
»Siehst du – und wenn man künftig also anhand eines Kennzeichens heraus finden kann, wer das gewesen ist, wodurch diese Leute ihrer gerechten Strafe zugeführt werden können, dann kann das doch für dich und für die Zukunft des Automobils nur förderlich sein – finde ich.«
»Da ist schon etwas Wahres dran«, nickte Porsche anerkennend. »Von dieser Warte aus habe ich es noch gar nicht betrachtet. Ich habe nur schon den ganzen Papierkrieg vor mir gesehen, der wieder auf uns zukommen wird. Aber gut, vielleicht hat die Sache ausnahmsweise auch eine gute Seite.«
»Bestimmt!« nickte Aloisia zuversichtlich.
»Umso besser, denn Probleme haben wir eh mehr als genug.«
»Probleme? Was meinst du genau?«
»Na ja, der Lohner hat mir mal wieder vorgehalten, die Elektrowagen seien einfach viel zu teuer.«
»Soll er sie halt billiger machen.«
Ferdinand Porsche lachte trocken auf. »So war das natürlich nicht gemeint. Er bezieht sich auf die Entwicklungs- und auf die Herstellungskosten. Die seien immer noch zu hoch – den Preis könne er gar nicht an die Kundschaft weiter geben. Also ist es wieder einmal meine Schuld, dass er an den Wagen nichts verdient, sondern sogar noch drauflegen muss. Ich solle gefälligst endlich bei einem Modell

und dessen Variationen bleiben, anstatt ständig neue Entwicklungen zu machen. Sagt der heute einfach zu mir!«
»Und wieso tust du es nicht?«
»Wieso ich das nicht tue?« Das Erstaunen in Porsches Miene sprach Bände. »Weil damit das Ende jeglichen Fortschritts eingeläutet wäre. Wenn ich an einem ganz bestimmten Konstruktionsmerkmal erkenne, wie ich es künftig besser gestalten kann, dann muss ich das auch machen. Sonst gerate ich in Windeseile ins Hintertreffen, denn die Konkurrenz schläft ja nicht. Wenn ich ausgerechnet bei der Weiterentwicklung spare, spare ich mich über kurz oder lang zu Tode. Und genau darauf scheint es beim Lohner, vor allem beim jungen Herrn Lohner, der ja inzwischen das große Wort in der Firma zu führen beginnt, hinaus zu laufen.«
»Du meinst wirklich, er begreift das nicht? Deine Argumente klingen doch stichhaltig.«
»Anscheinend geht es dem jungen Lohner vor allem ums Geldverdienen. Was später sein wird, darüber mag er sich nicht den Kopf zerbrechen, dieser geldgierige Kleingeist.«
»Das klingt aber gar nicht gut.«
»Das ist auch nicht gut – irgendwann wird es wohl zum großen Krach zwischen uns kommen. Ich ahne es schon. Und dabei funktionieren die Mixte doch so phantastisch – wir sind damit allen Konkurrenten mehr als eine ganze Nasenlänge voraus, aber das sieht dieser Kleingeist leider nicht. Im Gegentei … Louis? Um Gottes Willen! Louis! Was ist denn mit dir?«
Das Bild vor seinen Augen ging ihm durch Mark und Bein. Hilflos musste der zu Tode erschrockene Ferdinand Porsche mit ansehen, wie seine Ehefrau langsam regelrecht in sich zusammenfiel und mit einem kraftlosen Seufzer in den schweren Ledersessel sank, wo sie mit offenem Mund und unnatürlich geweiteten Augen regungslos ins Leere starrte.
In seiner aufgebrachten Rage, in die er sich geredet hatte, war ihm gar nicht aufgefallen, wie sich unversehens dicke

Schweißperlen auf Louises Stirn gebildet hatten, während bereits alle Farbe aus ihrem Gesicht gewichen war.
»Louis! Um Himmels Willen, Louis!«
Der entsetzte Konstrukteur tätschelte zitternd die leichenblasse Wange seiner Ehefrau. »Komm wieder zu dir, Louis. Bitte!«
Was ... war das gerade für ein Ton gewesen? Ein kaum hörbarer Laut schien zwischen ihren Lippen hervor gedrungen zu sein. Hatte sie ihm etwas sagen wollen? »Louis. Ich habe dich nicht verstanden. Bitte, Louis. Sag es noch einmal. Versuch es. Bitte!«
Ganz nahe hielt Porsche sein Ohr an ihren Mund. Wieder dieser Laut. Kaum verständlich. Was sollte es nur heißen? War es womöglich erst ein langgezogenes »a« gewesen? Aber dann, dieser scharfe Zischlaut? Wie ein »s« vielleicht. »A« und »S«? As ... aber das gab ja keinen Sinn! Dazu dieses halberstickte Gurgeln. Ein »r« womöglich. ... »asr«... hmm ... Die Erkenntnis durchzuckte Porsche plötzlich wie ein Stromschlag. »Wasser! Natürlich: Wasser! Was bin ich nur für ein Trottel!« Augenblicklich schnellte er hoch und eilte in die Küche, um ihr ein Glas Wasser zu bringen. »Louis, halte durch, gleich bin ich wieder da.«
Es war eine fürchterliche Situation, in der sich Ferdinand Porsche befand. Er, der viel gelobte und gefeierte Konstrukteur, der auf alle technischen Probleme nach nur kurzem Überlegen immer die richtige Antwort parat hatte. Er war hilflos. Völlig hilflos und verzweifelt. Denn jetzt ging es nicht um technische Details. Jetzt ging es um das Leben seiner Frau. Louise!

Aloisia Porsche hatte lediglich einen Schwächeanfall erlitten. Wie die Ärzte ihm versicherten, war es nichts Schlimmes, sie müsse sich lediglich ein bisschen schonen, so kurz nach der Geburt des ersten Kindes. Ein kleiner Urlaub in den Bergen, dazu ein bisschen mehr Licht und Sonne, das würde Wunder wirken. »Dann wird es schon bald wieder aufwärts gehen mit Ihrer Frau«, hatten sie gemeint.

»Zum guten Glück kommt ja bald der Frühling«, hatte auch Aloisia ihren nach wie vor tief beunruhigten Ehemann zu beschwichtigen versucht. Doch der ließ sich nicht so leicht beruhigen. Wie ernsthaft besorgt er um die Gesundheit seiner Ehefrau war, das konnte man allein aus dem Ton seiner ohnehin schon ziemlich hohen Stimme heraus hören. »Nein, nein, das ist alles einfach zuviel für dich, Louis. Der ganze Haushalt, das Kind – und ich bin in letzter Zeit auch noch so viel unterwegs gewesen.«

»Worauf willst du hinaus?«

»Darauf, dass du Hilfe brauchst?«

»Wie? Hilfe? Ich will keine fremden Leute in unserer Wohnung.«

»Nein, keine Fremden.«

»Also, damit ist dann ja alles besprochen …«

»Nicht ganz. Ich habe nämlich schon mit der Anna in Maffersdorf gekabelt.«

»Mit der Anna? Wieso hast du deine Schwester mit meinem kleinen Schwächeanfall behelligt? Jetzt ist sicher gleich die ganze Familie beunruhigt!«

»Das ist mir einerlei. Und außerdem: Die Anna will eh wieder weg aus Maffersdorf, sie käme liebend gerne wieder nach Wien, das hat sie mir schon neulich gesagt, als ich die Hedwig wieder nach Hause gebracht habe – was im Nachhinein betrachtet ja viel zu früh war. Aber nun gut: also die Anna sagt, sie würde sich mit größter Freude bei uns im Haushalt nützlich machen.«

»Hmm … Ich weiß nicht so recht …« Allein die Art ihres Zauderns war für Porsche Andeutung genug, dass seine Frau offenbar nicht ganz abgeneigt schien, ihre Schwägerin im Haushalt aufzunehmen. Die beiden hatten sich schließlich schon früher in Wien immer gut verstanden.

»Na gut. Ich bin einverstanden. Sie kann kommen und uns helfen, so lange sie will.«

»Das ist gut. Dann brauche ich sie ja morgen nicht gleich wieder zurück schicken«, atmete Porsche erleichtert auf.

»Übrigens … Ferdinand«, winkte sie ihren bereits im Gehen begriffenen Ehemann noch einmal zu sich.
»Was ist denn meine Liebe?«
»Ich habe da gestern in der AZZ gelesen …«
»… seit wann interessierst du dich denn dafür, was die Automobilzeitung schreibt?« wunderte er sich.
»Wenn du mich bitteschön ausreden ließest«, konterte Aloisia streng.
»Ist ja schon gut«, beschwichtigte sie der Gescholtene. »Also, was hast du da so Interessantes gelesen?« Jetzt war er doch neugierig geworden, denn wenn sich seine Ehefrau, die man nicht unbedingt als einen technisch interessierten Menschen bezeichnen konnte, einen der Artikel gemerkt hatte, dann musste es sich schon um etwas Bemerkenswertes handeln.
»Also, da steht schwarz auf weiß, dass die Elektromobile in Wien und speziell bei der Aristokratie immer beliebter werden. Hast du diesen Zeitungsartikel denn nicht gesehen?«
»Nein, wann denn auch: ich habe schlichtweg keine Zeit zum Lesen gefunden!«
»Mein Ehemann, immer auf der Flucht vor der Zeit, die er halt nie für sich hat«, seufzte sie lächelnd. »Ich habe den Ausschnitt hier im Nachtkästchen – pass auf, ich lese ihn dir vor.« Schmunzelnd bemerkte sie die Unruhe, die ihre Ankündigung bei ihrem Ferdinand auslöste, der natürlich schon wieder in Eile war, sich nun aber mit eiserner Disziplin zwang, bei seiner Ehefrau auszuharren und den Artikel über sich ergehen zu lassen. »Also, hier steht: »Man sieht heute in Wien, wo das Elektromobil als Stadtwagen bei der Aristokratie in immer höherem Grade beliebter wird, kaum andere Vehikel dieser Art, als die mit den typischen »Knödeln« in den Vorderrädern …«
»Was?! Wie bitte?!« Schlagartig war die Zornesader an Porsches Stirn zu beachtlicher Größe angeschwollen. »Knödel schreiben die über meine Radnabenmotoren – diese Ba-

nausen, wie damals diese unsägliche Mercedes Göre … Ja, was glauben die denn eigentlich, was sie …«

»Kusch!« versuchte Louise, den so heftig in Rage geratenen Konstrukteur zu besänftigen. »Sie meinen es doch eher anerkennend, und nicht als Spott, den du dahinter vermutest. Also, lass mich bitte weiter vorlesen – es ging um die Radnabenmotoren, »die jetzt allerdings immer kleiner und flacher werden, so dass sie bald nur mehr den Sachverständigen auffallen dürften. Hat es der Konstrukteur Porsche verstanden, ein Elektromobil herzustellen, das keine internationale Konkurrenz zu scheuen braucht, so gelang es dem Wagenbauer Lohner, auf das Chassis des Elektromobils eine äußerst graziöse Karosserie zu setzen. Wer heute eines der Lohner-Porsche Elektromobile fast unhörbar durch die Straßen der Stadt dahingleiten sieht, muss vom automobilistisch-ästhetischen Standpunkt sagen: »Das ist schön!« – Na bitte!« Sie legte den Artikel zur Seite und schenkte ihrem Mann ein warmes Lächeln. »Das hört sich doch gut an. Ein Lob aus berufenem Munde, das nichts anders heißt, als dass die Zusammenarbeit zwischen dir und Lohner doch beste Resultate gezeitigt hat. Der endgültige Beginn einer Erfolgsgeschichte.«

»Das kommt zu spät. Sowohl das Lob als auch die Erkenntnis, dass unsere Produkte eventuell doch eine Zukunft haben könnten. Nein Louis«, energisch schüttelte Porsche seinen Kopf, »das Tischtuch zwischen mir und Lohner dürfte durch die Absatzkrise in den vergangenen Monaten mittlerweile endgültig zerschnitten sein. Selbst wenn da kürzlich gleich mehrere ernsthafte Interessenten aufgetaucht sind. Zum Beispiel ist die Stadt Gmünd im Waldviertel ganz angetan von meinem Vorschlag, einen elektrischen Oberleitungsbus zwischen dem Endbahnhof der Waldviertelbahn und der Innenstadt verkehren zu lassen – und sogar eine Bestellung von der Berliner Droschken Gesellschaft ist in Sicht. Das gibt einen besonders großen Auftrag über mindestens zwei Dutzend Elektrotaxen. Allerdings haben die Berliner ganz spezielle Anforderungen im

Hinblick auf einen raschen Batteriewechsel gestellt – dafür bin ich dem Herrn Lohner übrigens noch recht, dieses Problem zu lösen, aber danach, da sieht es düster aus …«

»Du wirst das schon schaffen!« Aloisia nickte zuversichtlich. »Du weißt ja: wenn irgendwo eine Tür zufällt, gehen anderswo zwei neue dafür auf.«

»Na hoffentlich. Ich habe schließlich eine Familie zu ernähren.«

»Da bin ich ganz zuversichtlich. Allein wenn ich daran denke, welchen Ruf, du dir schon in jungen Jahren erworben hast …«

So unauffällig wie möglich fingerte der kleine drahtige Mann während ihrer Anmerkung seine Uhr aus der Jackettasche und warf einen verstohlenen Blick darauf, um sich gleich darauf mit einer nervösen Geste durch die Haare zu fahren.

»Was ist denn, Ferdinand?«

»Ach nichts …«

»Komm schon, ich sehe ja, dich plagt wieder einmal die Zeit, nicht wahr?«

Anstelle einer Antwort blickte Porsche verlegen zu Boden, während Aloisia ihn mit einem liebevollen Lächeln bedachte. »Das macht doch nichts, das bin ich doch eh von dir gewöhnt. Schließlich musst du ja die ganze Menschheit in Bewegung bringen.«

»Na ja, übertreiben brauchst du auch wieder nicht.«

»Egal – gib mir noch einen Kuss und dann kannst du dich empfehlen.«

Kaum hatten die Worte ihren Mund verlassen, da landete auch schon ein schmatzender Kuss auf ihren Lippen. Mitsamt dem feierlichen Versprechen: »Ich werde gegen 8 Uhr am Abend wieder da sein, schlaf jetzt schön und werde vollends gesund, baba und adieu meine Liebe!« hetzte der Konstrukteur aus dem Zimmer.

Dieser Mann!

Und wenn sich nun also die Wege zwischen ihm und Lohner trennten, dann würde ganz sicher schon bald eine andere, nicht minder faszinierende Zusammenarbeit zustande kommen. Mit wem auch immer. Die nächste Tür würde aufgehen, dessen war sich Aloisia Porsche ganz sicher.

Sie brauchte nicht lange zu warten. Schon im September 1905 kam es zu einer weiteren, folgenreichen Begegnung mit dem automobilbegeisterten Emil Jellinek, der mittlerweile offiziell den Namen Jellinek-Mercedes angenommen hatte. Zwar hatte Ferdinand Porsche die Szene nach wie vor nicht verdaut, als er von Jellineks Tochter vor drei Jahren bei der Vorstellung des »Mixte« so herablassend behandelt worden war, aber andererseits hatte der Name des »Monsieur Mercedes« in Branchenkreisen einen gewaltigen Rang. Obwohl es sich bei Jellinek bekanntlich um einen Kaufmann handelte, einen technischen Laien, war der enorme Anteil, den er persönlich mit seinen Verbesserungsvorschlägen am Erfolg der zur Legende gewordenen »Mercedeswagen« besaß, allen bekannt.

Und dass der unersättliche, nach weiteren spektakulären Erfolgen geradezu gierende Jellinek-Mercedes in den zurückliegenden Monaten ein ums andere Mal mit den Herrschaften in Untertürkheim in die Haare geraten war, galt in der Branche längst als offenes Geheimnis. Die Spatzen pfiffen es ja schon geradezu von den Dächern, dass Jellinek-Mercedes im Begriff stand, als Aktionär und Vorstandsmitglied bei Daimler auszusteigen, um eine eigene Produktion in die Wege zu leiten. Entweder als alleiniger Inhaber oder aber als Hauptaktionär – beispielsweise bei der österreichischen Daimlergesellschaft in Wiener Neustadt, hörte man munkeln. Wenn es dem Monsieur gelänge, die österreichische Daimlergesellschaft aus ihrer Abhängigkeit von den Untertürkheimern zu lösen, dann ... ja dann schienen den Experten die weiteren Schritte des Emil Jellinek-Mercedes bereits vorgezeichnet. Zumal da auch noch mit Paul Daimler, dem bisherigen Technischen Direktor in Wiener Neustadt, einer der wichtigsten Leute inzwischen

ausgeschieden und nach Untertürkheim zurück gegangen war.
Obwohl Ferdinand Porsche aufgrund seines Zerwürfnisses mit Ludwig Lohner in diesem Jahr keine Automobile für das Semmeringrennen gemeldet hatte, hielt es ihn am Tag des Rennens natürlich auf gar keinen Fall in Wien. Unbedingt wollte er sich persönlich über den Rennverlauf informieren und dabei natürlich auch die neuesten Entwicklungen der Konkurrenten in seinen genauen Augenschein nehmen.
Logischerweise war auch Emil Jellinek-Mercedes an den Semmering gereist und hatte einen »Mercedeswagen« zum Renneinsatz gemeldet, der von seinem Chauffeur Hermann Braun gesteuert werden sollte. Aber von wegen Renneinsatz!
Plötzlich war der »Mercedes« einfach stehen geblieben, und weder die Flüche seines Besitzers, noch die hilflosen Anstrengungen des Chauffeurs mochten ihn wieder flott zu bekommen. Ausgerechnet Emil Jellinek-Mercedes würde also nicht am Semmeringrennen teilnehmen können! Es war zum Haareraufen für den impulsiven Monsieur, der sich zusammen mit dem Wagen und dem Fahrer am liebsten in Luft aufgelöst hätte. Diese Peinlichkeit!
Genau in diesem Augenblick kam in scharfem Tempo ein Automobil der Marke »Lohner-Porsche« daher gebraust, dessen Fahrer sofort abbremste und selbstverständlich seine Hilfe anbot, wenn da etwas zu reparieren sei. Der Fahrer war Ferdinand Porsche. »Sie werden da auch nichts ausrichten können, Herr Porsche«, schnaubte der wütende Emil Jellinek-Mercedes. »Der Braun hat eh schon alles versucht. Der Wagen ist eine einzige Katastrophe! Ich werde den Herrschaften in Untertürkheim wieder einmal kräftig den Marsch blasen müssen, diesen Nichtskönnern und Vollidioten!«
»Lassen Sie mich doch bitte einmal sehen«, beharrte Porsche auf seinem Angebot und klappte die Motorhaube hoch. Ein flüchtiger Blick genügte ihm – und wenig später

war das Malheur bereits behoben. Hermann Braun setzte sich hinter das Lenkrad, der Motor sprang an und der Teilnahme an der Wettfahrt stand somit nichts mehr im Wege. Emil Jellinek-Mercedes konnte sein Glück kaum fassen: »Ein technisches Genie, dieser Porsche!«

Als Hermann Braun wenig später mit dem »Mercedes« in der neuen Rekordzeit von sieben Minuten und 50 Sekunden über die Ziellinie raste, da stand für den Monsieur Mercedes endgültig fest: »Dieser Porsche, der ist es. Das ist mein Mann für Wiener Neustadt!«

Ein neues Kapitel im Leben der beiden Männer konnte beginnen.

*

Während ihrer vielstündigen Fahrt ins Schüttgut war Gilain mit seinen Gedanken wieder einmal an demselben Punkt angelangt, der ihn schon seit vielen Jahren beschäftigte. Im Grunde genommen war die Frage genauso einfach wie die Antwort, die darauf zu erfolgen hatte – zumindest nach seiner Meinung. Es wäre ein leichtes gewesen, nun auch einmal den Onkel um dessen Einschätzung zu bitten. Einerseits … Andererseits … durfte er es wirklich wagen, diesen großen, von den Ereignissen und Demütigungen der letzten fünf Jahre so schwer gebeugten alten Mann mit seinen Lappalien zu behelligen? Gilain war sich alles andere als sicher und zögerte noch geraume Zeit, bis er sich endlich doch ein Herz fasste und es wagte, Ferdinand Porsche die Frage zu stellen: »Onkel Ferdinand, darf ich dich bitte kurz stören?«

»Ja, Gilain. Was hast du denn auf dem Herzen«, knarzte es müde aus dem Fond des Wagens.

»Ich frage mich, wem wohl die Ehre gebührt, dem Siegeszug des Automobils wirklich den Weg bereitet zu haben – neben deinem eigenen, überaus maßgeblichen, Anteil natürlich«, beeilte er sich noch rasch hinzu zu fügen. Denn diese Tatsache stand für Gilain felsenfest: Ferdinand Porsche war und blieb für alle Zeiten das mit Abstand größte Genie unter den Konstrukteuren. Kein anderer konnte einem Porsche das Wasser reichen. Aber wem gebührte die Ehre des zweiten Ranges – natürlich weit hinter dem genialen Onkel Ferdinand?

Um die Mundwinkel des alten Porsche zuckte ein amüsiertes Lächeln: »Ist ja eh klar – neben mir … Nun ja, ich finde, hauptsächlich gehört diese Würdigung einem Menschen, der genau wie ich kein studierter Konstrukteur gewesen ist. In diesem Fall sogar nur ein Kaufmann. So schrullig der Monsieur auch war: er trägt das Hauptverdienst am rasanten Siegeszug des Automobils – und ganz speziell auch am außerordentlichen Erfolg der Unternehmen von Daimler und vor allem von Bosch.«

»Du meinst …«

»Ja eh. Denn ohne den Jellinek wäre weder aus Bosch noch aus Daimler so etwas Großes entstanden. Das ist eben so, ob es den Daimler-Leuten nun passt oder nicht. Zwar haben sie den armen Jellinek schon vor der Machtergreifung durch den Hitler beinahe vollständig aus der Automobilgeschichte gestrichen, so dass die Hitlerleute nur noch den Rest der Erinnerung zu tilgen brauchten. Nichts sollte mehr an ihn erinnern. Trotz all seiner Verdienste. Das ist – leider fast immer so und auch so bedrückend charakteristisch für diese Leute, die geistigen Größen wie Daimler, Maybach und Jellinek niemals das Wasser reichen können. Visionäre hatten und haben es immer noch schwer. Ich habe es in früheren Jahren ja oft genug am eigenen Leib erfahren müssen … Und im Übrigen haben diese Kleingeister, die sich immer nur am schnellstmöglichen Profit orientieren, auch den Elektroantrieb verhindert. Wenn die geldgierigen Kaufleute nicht gewesen wären, dann wäre der Elektromotor längst das Maß aller Dinge.«

»Aber den hast doch selbst du schon vor vielen Jahrzehnten verworfen und seitdem auch nicht mehr weiter entwickelt«, wagte Kaes einen vorsichtigen Einwand.

»Verworfen, verworfen«, schnaubte der alte Porsche ungehalten. »Wer genau hat das getan? Ich oder die Kleingeister?«

Bevor sein Chauffeur reagieren konnte, präsentierte der Konstrukteur schon die Antwort. »Ich war das jedenfalls nicht. Und ich sage dir, Gilain: die Zeit des Elektromotors wird noch kommen. So wahr ich Ferdinand Porsche heiße!«

»Wenn du das sagst, dann wird es auch so kommen, Onkel.«

» … es hätte schon längst so weit sein können, ich hätte nur noch ein paar Jahre gebraucht. Die Zukunft ist ja bereits zum Greifen nahe gewesen. Aber über kurz oder lang wird diese verloren gegangene Zukunft wieder kommen. Da bin ich mir ganz sicher.«

*

Nachdem Ferdinand Porsche die Autopanne von Emil Jellinek-Mercedes am Semmering dermaßen souverän behoben hatte, waren konkrete Vertragsverhandlungen mit dem berühmten »Monsieur Mercedes« für eine Anstellung im Austro-Daimler-Werk in Wiener Neustadt in Windeseile zustande gekommen. Von Beginn an erwiesen sie sich als äußerst vielversprechend. Allein schon deshalb, weil sich die Firma in dieser gewaltigen Umbruchsphase befand, in der Emil Jellinek-Mercedes, der ja auch über Sitz und Stimme im Aufsichtsrat des Mutterunternehmens verfügte, die Loslösung von den Untertürkheimern nun mit aller Macht – begleitet von manchen harschen Formulierungen – vorantrieb. Das war natürlich nur dank des Kapitals möglich, das der schwerreiche Jellinek-Mercedes selbst und die von ihm engagierten Finanziers zur Verfügung stellten. Als mitentscheidender Faktor für den Neuaufbau der Firma zählte dabei die Tatsache, dass Jellinek dabei seine Rechte als alleiniger Automobilverkäufer von »Mercedes«-Produkten in Österreich ebenso übertragen bekam, wie weiterhin die alleinige Generalvertretung für Frankreich. »Eine Lizenz zum Gelddrucken«, wie der Monsieur einmal zu später Stunde feixend bekräftigte. Emil Jellinek-Mercedes wurde damit über Nacht zum einflussreichsten Mann der neuen Austro-Daimler. Gegen seinen Willen ging gar nichts – mit ihm dafür alles.
Und Ferdinand Porsche war genau der Mann, den Jellinek-Mercedes unbedingt als Technischen Direktor im Werk sehen wollte – selbst wenn der noch nicht einmal 31 Lebensjahre zählte, wie die Skeptiker in Wiener Neustadt vorsichtig ins Feld führten. Doch ein Emil Jellinek-Mercedes ließ grundsätzlich nicht mit sich feilschen, auch nicht bei dieser Personalie – und damit war Porsche im Spiel. Er brauchte nur noch Ja zu sagen. Was freilich keiner langen

Überlegungszeit bedurfte. Ausnahmsweise noch nicht einmal einer vorherigen Abstimmung mit Aloisia Porsche. Denn noch ein dritter Faktor im Angebot des Monsieur Mercedes schien die Zukunft für den Konstrukteur in den hellsten Farben erstrahlen zu lassen: Jellinek-Mercedes hatte erzwungen, dass die Untertürkheimer DMG mit massiver finanzieller Unterstützung mit ihm zusammen auch noch die »Société Mercedes Electrique« gründete, wo die von Porsche bei Lohner gebauten Wagen weiterentwickelt werden sollten. Dies war nur möglich geworden, weil Jellinek-Mercedes der Firma Lohner für einen ordentlichen Geldbetrag die Patentrechte an dem »Mixtewagen« hatte abkaufen können. Zwar hielt der Monsieur mit einer Beteiligung von 40 Prozent an der »Société« im Gegensatz zu den Daimlerleuten nur eine Minderheit der Aktien in seinen Händen, dennoch war von Anfang an ganz klar, wer in diesem Unternehmen das alleinige Sagen haben würde. Als nämlich Porsche, der auch in dieser Firma den Posten eines Technischen Direktors bekleiden sollte, kurz vor der Vertragsunterschrift vorsichtig auf die Gefahren dieser Minderheitsbeteiligung zu sprechen kam, war Jellinek-Mercedes in schallendes Gelächter ausgebrochen und hatte gemeint, dass allein der Faktor Dummheit, den man im Hinblick auf die Untertürkheimer Daimlergesellschaft immer massiv mit einrechnen müsse, eine genaue Umkehr der scheinbaren Machtverhältnisse ergebe: »Nicht 40 zu 60 gegen mich, sondern aufgrund des Eselfaktors in der DMG 60 zu 40 für mich – mindestens! Das ist ein glänzendes Geschäft für mich«, fügte er schelmisch grinsend noch hinzu. Bei zwei Firmen gleichzeitig das Amt des Technischen Direktors zu bekleiden, dazu noch unter der Ägide des faszinierendsten Finanziers der Automobilbranche: Welcher ehrgeizige junge Mann hätte einem solchen einmaligen Angebot widerstehen können?

Andererseits waren damit zwei gewaltige Charaktere aufeinander getroffen. Emil Jellinek-Mercedes und Ferdinand Porsche. Echte Dickschädel – in des Wortes wahrster Bedeutung. Sprengstoff pur. Denn jeder der beiden präsentierte sich als genau derselbe personifizierte Widerspruch, wie der andere: über die Maßen ehrgeizig, schnell beleidigt, selten zufrieden, cholerisch, großzügig – und zu alledem nur an Tempo, Tempo und nochmals Tempo interessiert. Daneben hatte sich selbstverständlich der Erfolg einzustellen. Nichts anderes. Doch wehe, wenn sich dieser Erfolg nicht einstellen wollte! Aus welchen Gründen auch immer.

Sie hätten es wissen müssen – oder zumindest ahnen können …

Aber wem konnte schon der Sinn danach stehen, am Beginn einer von den Experten geradezu enthusiastisch gefeierten Zusammenarbeit zweier Genies an ein eventuelles Scheitern zu denken?

Nicht die Spur eines Schattens schien die hellen Sonnenstrahlen zu beeinträchtigen, die nun den Himmel über den Produktionsstätten in Floridsdorf und Wiener Neustadt erwärmten. Das große Werk konnte endlich beginnen.

Noch vor Porsches für den 19. Juli 1906 vereinbarten offiziellen Amtsantritt als Technischer Direktor bei Austro-Daimler, nämlich schon Mitte Mai 1906 hatte er dem neuen Chef einen ganz neu konstruierten »Mixte« vorführen können. Sage und schreibe 40 PS brachte der auf die Straße – dazu gesellten sich zahlreiche raffinierte Details, die Porsche auf Anregung des Monsieur hin übernommen hatte – bis hin zur spektakulären Umstellung auf den völlig neuartigen Hinterradantrieb. Eine automobiltechnische Sensation und dazu eine gewaltige Entwicklungsleistung, auf die beide mit berechtigtem Stolz verweisen konnten. »Wir werden pro Jahr mindestens 1200 Fahrzeuge absetzen können, dessen bin ich mir absolut sicher – und damit zum bedeutendsten Automobilbauer emporsteigen, den es in ganz Europa gibt.« Und die Erfolgsgeschichte würde weiter gehen, denn schon hatte der Monsieur den nächsten Auftrag für seinen genialen Konstrukteur aus der Tasche

gezogen: »Einen kleinen wendigen Flitzer mit Benzinmotor, der von Anfang bis Ende von Ihnen eigenständig konstruiert worden ist. Etwas völlig Neues also, ein Fahrzeug, wie Sie es noch niemals zuvor gebaut haben!«
Ferdinand Porsche hatte zunächst gemeint, zu träumen. Erst dann wurde ihm allmählich bewusst, welch grenzenloses Vertrauen Jellinek-Mercedes ihm gegenüber an den Tag legte – und welche Riesenchance er ihm damit eröffnete. Aufgeregt stotterte der junge Konstrukteur eine völlig unverständliche Dankesfloskel, um mitten im Wort von dem lachenden Jellinek-Mercedes mit einer nonchalanten Geste unterbrochen zu werden. »Lassen Sie gut sein, Herr Porsche. Ich will ja schließlich auch etwas von Ihnen. Wenn sich also jemand bedanken müsste, dann bin ich es – weil Sie meinem Wunsch Folge leisten und den Auftrag angenommen haben. Also – keine Zeit für irgendwelche Floskeln. An die Arbeit, Herr Porsche.«
Einem Porsche gegenüber brauchte man eine solche Aufforderung nicht zu wiederholen.

Es ging dann in der Tat Schlag auf Schlag, denn am 28. Februar 1907 begann die Internationale Automobilausstellung in Wien, und zu diesem Ereignis musste Ferdinand Porsches erster Benzinmotorwagen unbedingt fertig sein. Der Wagen sollte den Namen »Maja« tragen – den Kosenamen der vor knapp vier Wochen geborenen Tochter von Jellinek-Mercedes. »Nach dem »Mercedes« nun also ein »Majawagen« – womit meine Familie wohl die einzige in der ganzen Welt sein dürfte, deren Töchter gleichzeitig als Namenspatinnen für Automobilmarken fungieren können. Und wenn der »Majawagen« – woran ich nicht im geringsten zweifle – dieselben Erfolge erzielt, wie die »Mercedeswagen«, dann haben wir uns ein für alle mal in die Geschichtsbücher eingetragen«, freute sich Emil Jellinek-Mercedes und betrachtete voller Zufriedenheit den Kühlergrill des Automobils, das mit dem neu entworfenen Markenzeichen der österreichischen Daim-

lerwerke, drei metallenen Blättern aus Eichenlaub, verziert war.
Für den festlichen Taufakt schien Jellinek-Mercedes das Beste wieder einmal gerade gut genug, bis hin zu einem besonders teuren Champagner, den die überstolze Mutter der Namenspatin zum Entsetzen der zahlreichen Gäste ohne mit der Wimper zu zucken einfach über die Kühlerpartie des nagelneuen Prototyps schüttete. »Was für eine maßlose Verschwendung!« Der Monsieur quittierte es mit einem gelangweilte Schulterzucken: »Sie brauchen keine Sorge haben. Es ist trotzdem noch genug Champagner für alle da.«
Vor allem den in erstaunlicher Anzahl versammelten adeligen Besuchern wurde damit wieder einmal drastisch vor Augen geführt, wie wenig Stil diese Emporkömmlinge doch in der Öffentlichkeit an den Tag zu legen pflegten. »Dieses unerträgliche neureiche Gehabe!« Aber darüber mochte sich die bestens gelaunte Madeleine Jellinek-Mercedes nicht den Kopf zerbrechen. Hauptsache, es gab nach dem »Mercedes« nun auch noch einen »Majawagen«.
»Nun denn: ein dreifach Hoch auf unseren Herrn Porsche. Hoch! Hoch! Hoch!«

Leider sollte der »Majawagen« die hochgesteckten Erwartungen nicht erfüllen. Schon nach wenigen Monaten war klar: die Erprobungsphase, die der ungeduldige Jellinek-Mercedes seinem Konstrukteur zugestanden hatte, war zu kurz gewesen, der Wagen viel zu reparaturanfällig. Mit anderen Worten: bereits zum Jahresende stand fest, dass es die Automobilmarke »Maja« niemals mit den längst zur Legende gewordenen »Mercedes« würde aufnehmen können. Entgegen aller Hoffnungen schrieben die »Majawagen« keine automobile Weltgeschichte, noch nicht einmal als winzige Wegmarke des Fortschritts wurden sie beachtet und waren deshalb innerhalb kürzester Frist auch schon wieder von den Straßen verschwunden. Die Marke »Maja« sollte sich als die peinlichste Fehlentwicklung erweisen, die

Ferdinand Porsche in seiner Laufbahn jemals unterlaufen war. Das Lehrgeld, das er dafür zu zahlen hatte, der Hohn, der Spott, die damit einhergehenden Demütigungen eines jungen und dazu über die Maßen ehrgeizigen Konstrukteurs reichten ihm für den Rest seines Lebens. Diese Lektion hatte gesessen. Es sollte ihm kein zweites Mal passieren!

Bereits im zweiten Quartal des Jahres 1907 verdüsterten sich die Wolken über der Automobilproduktion aber weiter. Als sei es nicht genug, dass die Kundschaft dem Majawagen die kalte Schulter gezeigt hatte, kam jetzt noch eine tiefe Wirtschaftskrise hinzu, die in Wiener Neustadt besonders gravierende Spuren hinterließ: denn die Rezession machte sich nicht nur in Österreich, sondern ausgerechnet auch in Frankreich, einem der Hauptabsatzmärkte für Jelineks Wagen, besonders stark bemerkbar. Der Absatz stockte nicht nur, er kam praktisch völlig zum Erliegen. Was also tun?

»Es wird uns nichts anderes übrig bleiben, als nun auch militärische Aufträge anzunehmen«, empfahl Ferdinand Porsche.

»Auf gar keinen Fall. Ich bin strikt dagegen!« hatte Emil Jellinek-Mercedes sofort gekontert, während sich die übrigen Vorstandsmitglieder eher auf Porsches Seite stellten.

»In einer solchen Situation, die ja nichts mit der Qualität unserer Produkte zu tun hat, müssen wir eben an Aufträgen annehmen, was kommt. Das Militär verfügt bekanntlich über einen großen Etat und muss zudem nicht jede Krone auf die Goldwaage legen. Wir sollten zu jedem Strohhalm greifen, um die Produktion am Laufen zu halten.«

Porsche hatte seinem Förderer erstmals in aller Deutlichkeit widersprochen, selbst dann noch, als sich Jellinek-Mercedes ein zweites Mal mit aller Deutlichkeit positionierte: »Eine Rüstungsproduktion ist nicht in meinem Sinn!«

Am Ende der Sitzung hatte sich der Technische Direktor durchgesetzt: Die ersten Risse im Verhältnis zwischen Jellinek-Mercedes und Porsche begannen sich zu zeigen.

»Tja!« Ein schadenfrohes Schmunzeln zuckte um seine Mundwinkel, als Emil Jellinek-Mercedes seiner Tochter vom jüngsten Missgeschick seines inzwischen nicht mehr ganz so euphorisch bewunderten Konstrukteurs berichtete. »Eine herrliche Geschichte, die da beim Militär passiert ist – und es geschieht ihnen recht. Eigentlich haben sie ja alles richtig gemacht und dennoch sind sie glorreich gescheitert. Sie wollten richtig Mut beweisen, in dem sie den Grafen Schönfeldt, der ja bekanntlich einer unserer besten Rennfahrer ist, in den neuen Panzerwagen von meinem Herrn Porsche gesetzt haben.«
»Du meine Güte: der Panzerwagen! Dieses fürchterliche Monstrum, das aussieht wie ein Kochtopf auf Rädern!« Mercedes schüttelte sich indigniert. »Dagegen ist ja selbst der »Mixtewagen« ein Ausbund an Schönheit und Ästhetik.«
Ihr Vater bedachte sie mit einem tadelnden Blick. »Jetzt übertreibst du aber ein bisschen. So hässlich ist der »Mixte« nun auch wieder nicht. In Sachen Panzerwagen hast du freilich recht: das ist ein wahres Monstrum. Wie auch immer: sie haben den Wagen dem Kaiser Franz Joseph bei einem Manöver vorführen wollen – und der hat es ihnen sogar allerhuldvollst gestattet. Womit der alte Mann freilich nicht gerechnet hat, das war der Höllenlärm, den das Ding vollführt hat, als es an unserem armen Kaiser vorüber gerattert ist.«
»Ich kann mir lebhaft vorstellen, dass so etwas dem Kaiser aber nicht besonders gut gefallen hat.«
»Es kommt noch viel besser: denn die Pferde der alten Generäle, die den Kaiser begleitet haben, waren solche Geräusche natürlich nicht gewöhnt. Woher auch. In den Stallungen der Generalität hört man keine Benzinmotoren. Und schon gar nicht diesen unglaublichen Motorenlärm.

Allerdings hat der wackere Graf Schönfeldt natürlich kräftig auf den Gashebel gedrückt, als er die militärischen Würdenträger erreicht hat. Klar, er wollte ja zeigen, was dieses Ding an Leistung bringt. Der Schuss ist freilich im wahrsten Sinn des Wortes nach hinten los gegangen, denn eines der Pferde ist durch den ganzen Krach dermaßen erschrocken, dass es seinen General abgeworfen hat. Worauf die Vorführung vom Kaiser kurzerhand abgeblasen worden ist. Er habe ja bekanntlich eh nichts mit den Motorwagen im Sinn, hat der alte Großvater aus Schönbrunn noch gebrummt. Und dann war es vorbei. Damit ist es nun endgültig aus mit den Hoffnungen auf gute Militärgeschäfte.«

»Das hast du ihnen ja schon damals prophezeit.«

»Aber die Kerle haben halt nicht auf mich gehört. Nun denn: jedenfalls freut es mich gewaltig, dass es so gekommen ist, und wir bei Austro-Daimler auch künftig keine Militärwagen produzieren werden.«

»Dann ist ja alles gut.«

»Nicht ganz natürlich.« Emil Jellinek wiegte bedauernd seinen Kopf. »Was mich an der Sache am meisten ärgert, das ist, dass sie mit der Konzentration auf diese Militäraufträge die notwendige Überarbeitung des »Majawagens« haben schleifen lassen. Der Wagen ist leider immer noch viel zu schwer und zu unbeholfen. Auch mein lieber Porsche hat mich schon etwas enttäuscht, weil er hier gegen meine ausdrücklichen Anweisungen gehandelt hat. Mein Geld dagegen können sie immer gut gebrauchen. Das alles hat gewaltige Summen verschlungen und der »Majawagen« ist kein Verkaufsschlager geworden. Kürzlich hat sogar deine Stiefmutter davon Wind bekommen, dass die Produktion der »Majawagen« eingestellt werden soll. Du kannst dir vorstellen: das war natürlich wieder Wasser auf ihre Mühlen. Sofort hat sie wieder mit ihren Eifersüchteleien begonnen. Weshalb die »Mercedeswagen« eigentlich so viel erfolgreicher seien als die »Majawagen«, hat sie mich gefragt und dabei natürlich wieder einmal so getan, als stecke die pure Absicht dahinter. Nein«, mit einer unwirschen Geste wischte er einen fiktiven Krümel vom Tisch, »nein, ich glaube, ich habe inzwischen die Nase von dieser ganzen Automobilgeschichte endgültig voll.« Die Miene, die er dabei an den Tag legte, unterstrich sein bitteres Fazit nachdrücklich.

Der Erfolg, an den Emil Jellinek-Mercedes genauso zuversichtlich geglaubt hatte, wie Ferdinand Porsche, war also ausgeblieben. Inwieweit die Wirtschaftskrise dabei wirklich die entscheidende Rolle spielte, das interessierte den maßlos enttäuschten Monsieur am Ende nicht mehr. Tatsache war und blieb für ihn, dass sein Schützling, der doch einzig ihm diese atemberaubende Karriere als Technischer Direktor zu verdanken hatte, sich nicht an seinen Wünschen orientiert hatte: dass er Militärprodukte entwickelte, die sein Mentor kategorisch ablehnte – und dass er, was noch viel schwerer wog, deshalb nicht mehr genügend Zeit fand, sich seiner eigentlichen Aufgabe, der technischen Weiterentwicklung des »Mixtewagens« zu widmen, das traf Emil Jellinek-Mercedes hart. In der vergangenen Woche hatte es zu allem Überfluss auch noch einen Unfall gegeben, bei dem Ferdinand Porsche selbst am Steuer gesessen hatte: während einer Erprobungsfahrt war – ausgerechnet knapp unter der Höchstgeschwindigkeit von 130 Stundenkilometern – einer der Hinterreifen geplatzt, worauf der »Mixte« ins Schleudern geriet und von seinem verzweifelt kämpfenden Fahrer nicht mehr unter Kontrolle gehalten werden konnte, so dass er schließlich von der Straße abkam und gegen einen Baum prallte. Während Porsche wie durch ein Wunder beinahe unverletzt aus dem Fahrzeug kletterte, war der »Mixte« ein Totalschaden. Wieder einmal sollte sich bei den Untersuchungen der Unfallursache rasch herausstellen, dass das Gewicht von Batterien und Radnabenmotoren für die Reifen einfach viel zu hoch gewesen war. »Immer diese elenden Reifen!« wetterte Porsche und musste hilflos miterleben, wie in den ver-

schiedensten Zeitungen plötzlich höchst kritische Artikel erschienen, die an der Zukunft seines »Mixte«-Konzepts deutliche Zweifel äußerten.
Dass es durch den Unfall des Testwagens zwangsläufig auch zu terminlichen Verzögerungen bei der Auslieferung der ohnehin nur wenigen, neu bestellten Wagen kam, wurde schlussendlich zum Auslöser für jene Eruption, die den Knopf am berühmten weißen Stehkragen der Ausgehuniform des Honorarkonsuls Emil Jellinek-Mercedes mit einem lauten Knall zum Platzen brachte.

Keine zwei Tage später erhielt das Büro des Technischen Direktors Ferdinand Porsche in Wiener Neustadt einen geharnischten Brief, versandt mit Eilkurier und dem Vermerk »Persönlich an den Konstrukteur auszuhändigen«. Es musste sich also um etwas Wichtiges handeln. Erst recht, wenn als Absender dieser Post Emil Jellinek-Mercedes verzeichnet war. Dessen Schreiben hatten grundsätzlich als wichtig zu gelten. Die Spekulationen im Konstruktionsbüro schraubten sich in ungeahnte Höhen. Erst recht, wenn man – mit aller gebotenen Vorsicht – in die Miene spähte, die der Herr Porsche gleich nach der Lektüre zur Schau stellte. Wenig später landete der Brief, begleitet von einer deftigen Verwünschung, auf einem der Zeichentische. »Da! Lest es ruhig selber, was uns der Monsieur da geschrieben hat. Es betrifft euch schließlich ebenso, wie mich. Aber ich habe jetzt keine Lust mehr, mir von solchen beleidigenden Episteln die Zeit stehlen zu lassen – ich habe zu arbeiten. Wenn mich wer sucht, ich bin unten in der Werkstatt beim neuen Rennwagen!« Die typische Porsche-Reaktion. Wenn es einen Ort gab, an dem der ewig Rastlose seinen Frieden fand und wo er sich am allerliebsten aufhielt, dann war das die Werkstatt, in der er stundenlang über, unter oder neben den neu entwickelten Motoren kauern konnte, egal wie öl- und rußverschmiert der ganze Mann sich hinterher auch präsentierte. Hier war für ihn einfach alles gut. Motorenöl, Getriebe, Benzindunst und

Abgasschwaden, bedeuteten für ihn ein Stück heiler Welt. Es war sein Ein und Alles. Die Welt des Ferdinand Porsche.

»Lasst mal sehen, was hier steht!« Neugierig beugten sich die Mitarbeiter des Konstruktionsbüros über das Schreiben, während ihr Chef bereits mit zornigen Schritten hinaus gestürmt war. Der Inhalt des Briefes war unmissverständlich und provozierte rasch zahlreiche laute Ausrufe, die zunehmend in einen empörten Tonklang übergingen.

»Lieber Herr Porsche!

Inliegend Originaltelegramm der Société Mercedes, aus welchem hervorgeht, dass es unmöglich ist, von Ihnen die Auskunft zu erhalten, wann der »Mixte-Wagen« abgeht, der für den Pariser Salon bestimmt ist.

Wenn die Sachen so fortgehen, so ist es wohl besser, jetzt schon für die Liquidierung der Fabrik vorzusorgen, denn ohne den Pariser Salon sind die Jahre 1907/08 kompromittiert. Das alles scheinen Sie nicht zu verstehen, weil Sie wohl Erfinder, aber kein Kaufmann sind; die beste Erfindung wird der größte Feind, wenn man sie nicht verkaufen kann.

Bitte mir endlich einmal mitzuteilen, wie die Sache steht, was ausgestellt wird und wann endlich mein Mistwagen abgeht.«

Das war in der Tat gewaltig starker Tobak. Die Mehrzahl der Briefleser verstand die Welt nicht mehr. »Mistwagen steht da! Der schreibt tatsächlich Mistwagen!«

»Es ist ungeheuerlich!«

»Als wenn wir Pfuscher wären!«

»Was erlaubt sich dieser Kerl denn eigentlich?!«

»Dieser Kerl – vergesst das nicht – ist unser Finanzier. Wir sollten das ernst nehmen …«

»… ernst nehmen?! Wenn er unsere Automobile als Mistwagen beschimpft? Das sollen wir uns gefallen lassen?!«

»Ich fürchte wir – beziehungsweise natürlich in erster Linie der Herr Porsche – werden gar keine andere Wahl haben, als die Dinge zur Kenntnis zu nehmen und möglichst darauf zu hoffen, dass der Ärger bei dem bekanntermaßen recht impulsiven Herrn Jellinek-Mercedes genauso rasch wieder verfliegt, wie er über ihn gekommen ist. Ich fürchte allerdings, dass es dieses mal nicht ganz so einfach werden wird.«

Der Skeptiker sollte recht behalten. Das Tischtuch zwischen Emil Jellinek-Mercedes und Ferdinand Porsche war zerschnitten. Der Monsieur würde sich in den kommenden Wochen aus seinem gesamten automobilen Engagement zurückziehen. Was in der Folge für die »Société Mercedes Electrique« das Aus bedeutete und auch die Firma Austro-Daimler mit ihren inzwischen mehreren tausend Beschäftigten in die bis zu diesem Zeitpunkt größte Krise ihrer noch jungen Unternehmensgeschichte stürzte.

*

4. März 1908. Ferdinand Porsche war am heutigen Mittag ganz besonders schlecht gelaunt. Das hatte seinen guten Grund, denn gerade erst war es zu einem heftigen Disput im Vorstand der österreichischen Daimlergesellschaft gekommen, in deren Bilanz plötzlich tiefrote Zahlen aufschienen, »weil sich«, wie es hieß, »die Konstruktionen des Herrn Porsche wider Erwarten nicht so gut verkauft haben, wie es zu hoffen stand«.

Diese Bürokraten! Diese Nichtswisser und Geizhälse! Wie immer, wenn er sich gezwungen sah, sich in einer Vorstandssitzung gegen die schlichten Argumente der Bilanzbuchhalter zur Wehr zu setzen, war es um die Gelassenheit des Technischen Direktors in Windeseile geschehen. Anstatt mit Seinesgleichen »und auf Augenhöhe« vor Konstruktionszeichnungen zu diskutieren oder über ölverschmierten Motoren und Getrieben nach Problemlösungen zu suchen, war es für ihn eine geradezu körperliche Folter, wenn er sich mit roten Zahlen und bohrenden Buchhaltersfragen konfrontiert sah.

Heute morgen hatten die Banausen sich wieder einmal erdreistet, ihn einfach mit einer Kombination von Verkaufszahlen und Entwicklungskosten zu konfrontieren und ihm diese – so zumindest schien es dem wütenden Porsche – regelrecht »um die Ohren gehauen«. Das Allerschlimmste: niemand war den Ignoranten in die Parade gefahren. Denn sein bisheriger Förderer Emil Jellinek-Mercedes hatte sich endgültig aus der Firma zurück gezogen – damit war die entscheidende Stimme auf der Habenseite des Technikers verstummt. »Jetzt weiß ich endlich, was mit dem Begriff »beredtes Schweigen« gemeint ist«, knurrte Porsche, während er sich der Mitte der Entwicklungswerkstatt näherte, wo seine Leute gerade die letzten Vorbereitungen trafen, um einen neu konstruierten Elektromotor erstmals in Betrieb zu nehmen.

Vor lauter Ärger bemerkte er deshalb auch den jungen Mann nicht, der sich ihm von der Seite her näherte. Unversehens war Porsche deshalb mit dem Besucher zusammen geprallt.

»Was ist das? Was soll denn das, wer sind Sie denn? Und was haben Sie hier überhaupt zu suchen?« herrschte der Konstrukteur den schätzungsweise 20-jährigen Burschen wütend an, der nach dieser mehr als unfreundlichen Begrüßung seinen ganzen Mut zusammen nahm, um sein Anliegen vorzubringen. »Ich ... äh ... Entschuldigen Sie vielmals, Herr Porsche. Ich ... äh, bitte, dürfte ich einen Augenblick Ihre Aufmerksamkeit beanspruchen?«

»Das hast du jetzt aber schon mehr als genug getan, Bursche. Was willst du denn, außer mir meine Zeit zu stehlen? Und wie kommst du überhaupt hier herein?«

Einer aus der Riege der älteren Meister sprang für den jungen Mann, der verzweifelt nach den richtigen Worten suchte, die ihm nicht einfallen wollten, rasch in die Bresche. »Das ist der Goldinger Josef. Ich habe ihn hereingelassen. Ein tüchtiger Bursch. Er sucht nämlich eine Anstellung bei uns.«

»So, so – eine Anstellung. Und damit kommt er ausgerechnet zu uns?«

»Ja, Herr Direktor. Ich würde sehr gerne bei Ihnen ...«

»... und was hat er gelernt, dass er auf so eine Idee kommt«, fiel ihm Porsche brüsk ins Wort.

»Maschinenschlosser. Ich habe in Amstetten Maschinenschlosser gelernt. Stammen tu ich aber aus St. Valentin, das ist mein Geburtsort.«

»So so – St. Valentin. Dann ist er also eh ein Oberösterreicher ...«

Jetzt war es der junge Mann, der dem Direktor ganz spontan ins Wort fiel. »Nein, nein. St Valentin, das ist schon noch Niederösterreich. Genauso wie Amstetten.«

Angesichts des Eifers, mit dem der Bursche offenbar Wert

darauf legte, als ein Niederösterreicher wahrgenommen zu werden, konnte sich Porsche erstmals am heutigen Tag ein Grinsen nicht verkneifen. »Na, dann ist es ja gut. Wenn er also aus Niederösterreich kommt – und ein Maschinenschlosser noch dazu ist … na ja.« Er machte eine Pause und schien ernsthaft zu überlegen, ob es eine Beschäftigungsmöglichkeit für den Burschen geben könnte.
Goldinger reagierte genau richtig. »Und einen Führerschein als Automobillenker habe ich kürzlich auch erwerben können!« Rasch zog er das seltene Dokument aus seiner Jackentasche, um es Porsche voller Stolz zu präsentieren. Der schien in der Tat überrascht. Er nickte anerkennend. »Eine Lizenz zum Automobilfahren hat er also auch noch. Das ist gut. So einen könnten wir dann schon noch gebrauchen, einen jungen, mutigen Maschinenschlosser mit bereits vorhandenen Fahrkenntnissen, der dazu bereit ist, sich zum Versuchsfahrer ausbilden zu lassen. Das wäre möglich. Aber natürlich nur, wenn er besonders tüchtig ist. Und wenn er das mit dem Testfahren auch ausprobieren will.«
Der Junge schien sein Glück kaum fassen zu können und strahlte über das ganze Gesicht. Automobil-Versuchsfahrer! »Sehr gerne will ich das erlernen. Ich bin dazu bereit – und ins Zeug legen werde ich mich auch, das verspreche ich Ihnen hoch und heilig.«
»Na dann, schlag ein!«
Porsche streckte seine Rechte aus, in die Josef Goldinger freudig einschlug. Damit war der Arbeitsvertrag besiegelt. »Sagst mir noch mal deinen Namen, damit ich ihn mir merken kann.«
»Goldinger Josef.«
»Gut, der Pepperl also. Du bekommst einen Arbeitsvertrag als Maschinenschlosser bei uns. Die Frage wäre noch: wann kannst du anfangen? Heute ist Montag. Wie wäre es folglich mit dem kommenden Montag?«
»Das kann ich schneller schaffen, Herr Direktor. Ich muss nur noch einmal nach St. Valentin zurück, um alle Papiere

zusammen zu holen – und dann kann ich bis Donnerstag wieder da sein.«
»Gut – dein erster Arbeitstag wird damit also der Freitag sein. Um sechs Uhr in der Frühe erscheinst du hier und meldest dich beim Meister, verstanden Pepperl?«
»Verstanden, Herr Direktor!«
»Damit ist alles beredet.«
Josef »Pepperl« Goldingers Augen leuchteten vor Freude. Er schlug die Hacken fest zusammen und machte einen tiefen Bückling vor seinem neuen Chef. »Gschamster Diener, Herr Direktor!«
Die Reaktion auf diese in der K. u. K. Donaumonarchie durchaus übliche, besonders devote Ehrerbietung einer weitaus höher gestellten Persönlichkeit gegenüber fiel freilich ganz anders aus, als erwartet. Porsche rümpfte missbilligend seine Nase. »Lass den hochherrschaftlichen Blödsinn künftig bleiben, Pepperl. Danke, Bitte, Grüß Gott und Servus -das reicht hier bei uns völlig aus. Und jetzt habe ich aber was Anderes zu tun.« Er wirbelte herum und nahm seine Arbeiter, die das Gespräch amüsiert verfolgt hatten, streng ins Visier. »Ja, was ist denn das? Da steht ihr hier alle einfach nutzlos in der Weltgeschichte rum und glotzt Löcher in die Luft, während uns die Zeit davon rennt. Auf geht's, Freunde. An die Arbeit. Gehmma, gehmma. Der technische Fortschritt duldet keinen Aufschub!«

»Was ich schon lange einmal fragen wollte …«
»Ja, was ist denn, Gilain?« Ferdinand Porsche runzelte unwirsch die Stirn. Weshalb sein Neffe nur immer derart übervorsichtig herum drucksen musste, anstatt die Dinge gleich beim Namen zu nennen! »Jetzt frag halt schon. Was willst denn von mir wissen?«
»Nun … ich denke da an dieses Jahr 1908 – das war ja in vielerlei Hinsicht ein Schicksalsjahr, nicht wahr, Onkel Ferdinand?«
»Schicksalsjahr! Du meine Güte!« Der 75-jährige rollte mit den Augen. »Und außerdem hat das schon mit der Wirt-

schaftskrise von 1907 begonnen, die dann bei uns eine Absatzkrise ausgelöst hat – na ja, es hat ja keiner wissen können, dass es mit der Wirtschaft derart rapide bergab gehen würde.«

»Schon … Aber dann war da ja auch noch die Sache mit dem RAF Wagen …« Gilain spielte damit auf die Gründung der Automobilfabrik Reichenberg an, die im Frühjahr 1908 der Öffentlichkeit ihren ersten selbst konstruierten Wagen vorgestellt hatte. Sehr zum Erstaunen des aus dem Nachbarort stammenden Porsche war niemand auf die Idee gekommen, bei ihm um eine eventuelle Zusammenarbeit nachzufragen. Was schon deshalb nahe gelegen hätte, weil es sich bei einem der Gründer um den Fabrikanten Alfred Ginzkey aus Maffersdorf handelte.

»Ach das … Ja doch, das hat mich schon geärgert damals, das gebe ich zu. Zumindest fragen hätten sie mich ja können, ob ich Interesse hätte – zumal sie ja auch gehört haben mussten, wie schlecht es bei uns in Wiener Neustadt lief.«

»Umso mehr hast du dich deshalb ja auf neue Felder konzentriert – auf die Luftfahrt beispielsweise.«

»Das war nicht nur mein Wunsch, sondern auch derjenige der neuen Direktoren, die nach dem Monsieur gekommen sind. Irgendwie musste es ja weiter gehen. Ach ja … kannst du dich eigentlich noch an die Sache mit dem Ballon erinnern?«

»Du meinst den beinahe tödlichen Unfall?«

Porsche schnaubte unwirsch. »Nein, natürlich nicht … Trottel! Das war doch erst im November 1909.«

Sein Onkel hatte recht. Was für ein Gedächtnis! Gilain nickte anerkennend. Sowohl bei technischen Details, als auch bei Jahreszahlen nahm es so schnell keiner mit dem Herrn Professor Porsche auf. »Stimmt: der Beinahe-Unfall mit dem Luftschiff war ja erst nach dem Ende der Société Electrique …«

Am Sonntag, dem 28. November 1909 war in Wien das erste österreichische Luftschiff in den Himmel gestiegen –

ausgerüstet mit einem von Ferdinand Porsche konstruierten Motor. Als Mechaniker des Gefährts, dem man nach seinem Konstrukteur August von Parseval (einem Konkurrenten des Grafen Zeppelin) den Namen »Parseval I« gegeben hatte, fungierte niemand anders, als Porsche persönlich.

Zunächst funktionierte alles reibungslos. Das Luftschiff mit seinen insgesamt vier Personen und 180 Kilogramm Ballast an Bord, hatte vom Firmengelände in Fischamend aus zügig die gewünschte Höhe erreicht und kreiste nun langsam über dem Wiener Stephansdom, neben dem sich eine riesige Menschenmenge versammelt hatte, die den mutigen Luftschiffern begeistert zujubelte. Sogar seine Majestät der Kaiser geruhte, das Spektakel von seinem Arbeitskabinett aus interessiert mit einem Fernglas zu verfolgen. Eine beeindruckende Vorstellung der österreichischen Ingenieure! Auch bei der Landung verlief zunächst alles wie geplant. Porsche drosselte die Leistung des Motors behutsam, um ihn beim ersten Bodenkontakt schließlich ganz auszuschalten. Genau in diesem Augenblick geschah es: die Luftschiffhülle wurde plötzlich von einem Windstoss erfasst, das Halteseil straffte sich mit einem derben Ruck und löste sich deshalb aus seiner Verankerung. Den entsetzten Beobachtern stockte der Atem, denn es schien nur noch eine Frage von wenigen Sekunden zu sein, bis das nun wieder frei gewordene Luftschiff vom Wind gegen die Montagehalle gedrückt werden und explodieren würde. Ferdinand Porsche hatte sich jedoch nicht aus der Ruhe bringen lassen, sondern auch in dieser kritischen Situation die Nerven behalten und den Motor geistesgegenwärtig wieder angeworfen. Keine Sekunde später surrte der Antrieb und setzte kraftvoll den Propeller in Gang, wodurch es dem Mann am Seitenruder gelang, das Luftschiff mit knapper Not an der Halle vorbei zu manövrieren. Die erste Luftfahrt von »Parseval I« war damit unfallfrei zu Ende gegangen und noch am selben Abend erreichte den stolzen Pionier der österreichischen

Luftfahrt ein Telegramm, in dem es hieß: »Seine k.k. Apostolische Majestät haben die Nachricht über die Flüge des ersten Luftschiffes mit besonderem Interesse allergnädigst zur Kenntnis zu nehmen geruht und danken bestens für die erfreuliche Mitteilung.« Wenigstens in dieser Hinsicht war man erfolgreich gewesen – obwohl sich der Absatz von Luftschiff- und später von Flugzeugmotoren längst nicht so positiv in den Bilanzen der Buchhaltung niederschlug, wie sie das eigentlich erhofft hatten.

»Du hattest aber wohl auf diese andere Episode angespielt. Ein Jahr zuvor. Die Sache mit dem Lenkballon, nicht wahr?«

»Richtig. Die Gesichter hättest du sehen müssen, die meine Mitfahrer damals gemacht haben«, lachte Porsche.

Bei einer ihrer ersten Erprobungsfahrten mit einem Versuchsballon hatten sie die festgelegte Höhe erreicht und trieben nun mit dem Wind gemächlich gen Süden. Zufrieden rieb sich Ferdinand Porsche die Hände. »So eine Luftfahrt macht mich hungrig. Jetzt könnten wir uns also in aller Ruhe einmal stärken. Ich bin gespannt, was uns meine Frau an Essbarem in das Paket gelegt hat. Hoffentlich hat sie die Salami nicht vergessen.« Allein beim Gedanken daran lief ihm das Wasser im Mund zusammen und er begann, das Paket zügig zu öffnen. Doch anstatt der erhofften Salami förderte er etwas ganz anderes zu Tage: »Ein Mieder! Ja, aber wie kommt denn ein Mieder in mein Jausenpaket?« Die Brotzeit musste bedauerlicherweise ausfallen, so dass die Insassen des Ballons mit knurrenden Mägen aber immerhin gesund und wohlbehalten wieder zuhause eintrafen. Des Rätsels Lösung fand sich dann relativ rasch in Gestalt des peinlich berührten Dienstmädchens, das die beiden Pakete schlichtweg verwechselt hatte: während sich der verblüffte Luftfahrer anstelle einer herzhaften Jause mit einem Mieder zufrieden geben musste, wunderte sich der nicht minder ahnungslose Schneider, dass er aus dem Haushalt der Familie Porsche ein Paket mit einer Salami zugestellt bekommen hatte. Aber immerhin war sie von der besonders schmackhaften Sorte gewesen …

»Nun ja, bei allem Auf und Ab gab es in diesen Jahren also schon auch einige nette Episoden. Aber dennoch: so sehr mir die Arbeit als solche ja immer und zu allen Zeiten Freude gemacht hat, hätte ich zu dieser Zeit, ehrlich gesagt nicht gedacht, dass mein Sohn noch in Wiener Neustadt auf die Welt kommen wird …«

»So kritisch war die Situation damals?«

»Noch viel kritischer«, antwortete Porsche und atmete tief durch. »Wir haben zwar alle bis zum Umfallen gearbeitet, aber dennoch schien es nicht voran zu gehen. Unsere letzte Hoffnung waren Erfolge bei Automobilrennen. Wir mussten alles daran setzen, wieder in den Schlagzeilen der Zeitungen zu stehen, dann würden sich die Kunden schon einstellen.«

»Und deshalb bist du damals immer noch selbst diese Rennen gefahren, Onkel Ferdinand.« Es war mehr eine bewundernde Feststellung, als eine Frage. »Und das in deiner Position!«

»Ach was, Position«, schnaufte Porsche. »Wenn man sich als Ingenieur zu schade ist, seine eigenen Konstruktionen unter Rennbedingungen zu erproben, dann ist man sowieso am falschen Platz. Da gibt es für irgendwelchen Dünkel überhaupt keinen Raum. Und außerdem«, der greise Ingenieur lächelte zufrieden in sich hinein, »außerdem hat es mir immer einen Riesenspaß gemacht, selbst hinter dem Steuer zu sitzen und den Rennwagen durch die Kurven zu schleudern. Es ist ein herrliches Gefühl, dabei die Kräfte der Fliehkraft zu spüren. So hart wie möglich an der Obergrenze des gerade noch Machbaren …«

»Na ich weiß nicht …« merkte Gilain leise an. »Ich glaube, das wäre nichts für mich.« Porsche bedachte seinen Neffen mit einem mitleidigen Blick aus seinen dunkelbraunen Augen. »Wenn du wüsstest, was du verpasst hast, mein armer Gilain! Aber nun gut, mir hat es jedenfalls immer eine Riesenfreude gemacht und gelohnt hat es sich ja auch.

Ganz allmählich ist der Absatz unserer Wagen wieder gestiegen. Es war tatsächlich das A und O, so viele Renneinsätze wie nur möglich zu bestreiten.«
»Aber dass du die Nerven dazu besessen hast, das dann sogar am 19. September 1909 zu tun. Also, das war schon ein Husarenstück, Onkel. Das dürfte wohl einmalig sein.«
»Es hat mir ja auch ein ordentliches Donnerwetter von meiner Louis eingebracht«, lachte Ferdinand Porsche. »Schließlich und endlich hieß es jedoch: Ende gut, alles gut. Mein Ferry ist gesund und munter auf die Welt gekommen, ich habe das Rennen am Semmering damals erfolgreich absolviert – zwar leider nicht als Sieger, jedoch mit einem respektablen Ergebnis – und so gesehen war es ein rundherum erfüllter Tag!« Rückblickend betrachtet, das musste er sich insgeheim aber schon eingestehen, war es natürlich ein Kabinettstückchen der ganz besonderen Art gewesen, am selben Tag am Semmering ein Autorennen zu fahren, während nur wenige Kilometer entfernt vom Ort des Geschehens, in Wiener Neustadt, sein Sohn Ferdinand Anton Ernst geboren wurde. »Kein Wunder, dass mein Ferry auch Benzin im Blut hat, das habe ich ihm sozusagen am Tag seiner Geburt gleich mit in die Wiege gelegt, als ich direkt vom Renneinsatz zu meiner Louis und unserem neu geborenen Kind gerast bin. Und die Louis ist mir dann ja auch gar nicht mehr besonders lang böse gewesen, dass ich vor lauter Rennleidenschaft sogar die Geburt meines eigenen Sohnes ein klein wenig verpasst habe«.
Ferry, war trotz allem gesund und munter zur Welt gekommen und hatte sich von Geburt an zu einem wahren Prachtburschen entwickelt, dessen Gedeihen sein Vater mit hellster Freude begleitete.
Gilain nickte respektvoll.
»Und immerhin war das Semmeringrennen ja auch ein wichtiger Meilenstein auf dem Weg ins Jahr 1910. Ohne diese Erfahrungen hättest du kaum zu deinem bis dahin spektakulärsten Rennerfolg kommen können – dem Sieg

in der Prinz-Heinrich-Fahrt, nicht wahr, Onkel Ferdinand?«
»Ja eh! Natürlich! Das hätte kaum jemand für möglich gehalten, dass wir da gewinnen könnten. Darauf bin ich noch heute ganz besonders stolz, dass ich auch der Fahrer gewesen bin. Du kannst dir denken, welche Gesichter die anderen Rennteilnehmer gemacht haben, als sie hinter mir ins Ziel gekommen sind!«
Die Prinz-Heinrich-Fahrt galt zu dieser Zeit als das anspruchsvollste und angesehenste Automobilrennen der Welt. Eine einzige Strapaze für die Wagenlenker und ihre Fahrzeuge gleichermaßen. Im Jahr 1910 führte die Strecke von Berlin nach Magdeburg und weiter über Braunschweig, Kassel, Würzburg, Nürnberg, Stuttgart bis nach Straßburg. Von dort ging es in rasender Fahrt nach Trier bis ins Ziel Bad Homburg. Allein, wer es geschafft hatte, diese mörderischen 1.495 Kilometer zu absolvieren, konnte schon stolz auf seine Leistung und auf die Belastbarkeit des Automobils sein. Dass es Ferdinand Porsche aber in seinem Austro-Daimler mit der Aufsehen erregenden, neuen Torpedokarosserie sogar schaffte, das Rennen zu gewinnen, das war ein einmaliger Triumph. Konstrukteur und siegreicher Rennfahrer zugleich! Ein spektakuläres Ausrufezeichen, weil damals längst rennerfahrene Spezialisten hinter den Lenkrädern saßen und keine Ingenieure. Doch Ferdinand Porsche beherrschte eben gleich beide Disziplinen – und hatte dabei auch noch die sensationelle Spitzengeschwindigkeit von 146 Stundenkilometern erreicht. Der Triumph für Austro-Daimler war vollständig, denn auch auf den Plätzen zwei und drei waren seine Fahrzeuge über die Ziellinie gerast. Begeistert klopfte er seinem Beifahrer auf die Schultern: »Gut gemacht, Jozip. Du bist und bleibst halt einfach ein verlässlicher Bursche!«
Auch Jozip, sein 18 Jahre junger kroatischer Beifahrer und Mechaniker, der schon seit gut drei Jahren in der Firma war, strahlte glückselig: »Es war mir eine Ehre und ein Vergnügen, Herr Porsche.«

»Dann pass nur auf, dass du auch die Louisl ja gut festhälst«, mahnte der Chauffeur und nickte lächelnd zur rechten Fahrzeugseite hinüber, wo sich Porsches sechsjährige Tochter Louise auf dem Trittbrett des Siegerwagens präsentierte und mit dem rechten Arm
stolz in die begeisterte Zuschauermenge winkte, während sie von Jozip am anderen Arm behutsam gehalten wurde.
»Oh Jozip, wir beide könnten ein noch besseres Gespann werden, wenn du nur am Abend endlich etwas weniger Zeit für deine Politisiererei aufbringen würdest«, raunzte Porsche und knuffte den Mechaniker mit dem Ellbogen in die Seite.
»Ach Herr Porsche«, seufzte der, »Sie wissen genau, dass das nicht so einfach für mich ist. Ich bin und bleibe halt nun einmal ein Bürger des Balkans – ein Tschusch, wie die Österreicher ja zu uns sagen – und im Kreis der Bekannten meines Bruders fühle ich mich einfach wohl. Da ist gar nichts besonders Politisches dabei, es ist nur so, dass mein Bruder mich eben bei sich aufgenommen hat und da möchte ich ihn halt auch nicht im Stich lassen, wenn er mich bei den Versammlungen unserer Landsleute dabei haben will.«
»Na ja, du musst ja wissen, was du tust. Die elende Politik«, seufzte Porsche und schenkte seinem Jozip Brosz, der wenige Jahre später unter dem Kampfnamen Tito in die europäische Geschichte eingehen sollte, ein bedauerndes Lächeln.
»Aber heute wird erst einmal gefeiert was das Zeug hält, danach sehen wir weiter. Einverstanden?«
»Einverstanden! Und zur Feier des Tages kann ich einen echten Slivowitz aus meiner Heimat anbieten, den es sonst nirgendwo zu kaufen gibt. Den müssen Sie unbedingt einmal probieren, Herr Porsche.«
»Na gut, ausnahmsweise«, lachte der siegreiche Rennfahrer. »Normalerweise mache ich mir ja nicht so viel aus Schnaps …«

»Schnaps«, empörte sich der junge Jozip, »das ist bester Slivowitz, kein ordinärer Schnaps!«
»Ist ja schon gut … jedenfalls darfst du mir zur Feier des Tages ein Gläschen von deinem balkanesischen Feuerwasser einschenken.«
»Und mir darfst du eine Zitronenlimonade bringen, Jozip«, meldete sich eine helle Mädchenstimme zu Wort. »Ich habe nämlich einen ganz, ganz argen Durst.«
Die Louisl. »Aber selbstverständlich! Du kommst natürlich als Allererste an die Reihe.«
Das befreite Lachen, in das die beiden überglücklichen Siegfahrer einstimmten, war ein Zeichen dafür, wie sehr sie diesen gemeinsamen Triumph aus vollen Zügen genossen – wenig später würden sich ihre Wege zu Porsches großem Bedauern aber dennoch trennen.

*

»Wenn ich daran denke, wie oft du in deinem Leben hast umziehen müssen. War das nicht auch eine enorme Belastung für die ganze Familie? Ab und zu habe ich es ja selber mitbekommen, nachdem du mich in deinem Haushalt aufgenommen hattest.«
»Ach was, meine Louis hat solche Strapazen immer gerne mit mir durchgestanden und hat sich nie darüber beklagt. Und den Kindern haben sich damit ja auch immer wieder neue Perspektiven eröffnet. Nun gut, sie hat mich halt manchmal einen Getriebenen seiner Zeit genannt, aber sonst ... Und damit hat sie ja nicht so ganz unrecht gehabt, nicht wahr? A propos Zeit, Gilain. Du scheinst ja wieder mal kurz vor dem Einschlafen zu sein. Los, komm jetzt: gehmma gehmma!«
Er schmunzelte vergnügt in sich hinein, während er beobachtete, wie sich eine verlegene Röte über das Gesicht seines Neffen breitete.
Rückblickend betrachtet waren die Jahre in Wiener Neustadt für die Porschefamilie eine wirklich schöne Zeit gewesen: Angefangen beim gemeinsamen Abendessen im Kreis der Familie, das ihm besonders wichtig war, wenn er sich nicht auf Geschäftsreise befand und das sich immer dann zu einem wahren Festmahl entwickelte, wenn ihn seine Geschwister wieder einmal mit einem Paket aus Maffersdorf beglückten, aus dem der überglückliche Ferdinand Porsche seine geliebten Maffersdorfer Würste (die besten der Welt!) und einige Flaschen Pilsner ans Tageslicht beförderte.
Und dann natürlich die liebgewonnenen Ausflüge nach Grinzing, in die dortigen Heurigen, später dann begleitet von den Jagdhunden »Niegerl« und »Jacky« die herrlichen Wochenenden in der auf den Namen »Louisenhütte« getauften Jagdhütte bei Hochwolkersdorf in der Buckligen

Welt, die für Ferdinand Porsche immer dann ihren absoluten Höhepunkt erreichten, wenn es Würstelgulasch aus einem riesigen Kessel gab, in den er zum Entsetzen seiner Ehefrau grundsätzlich noch ordentlich Salz und Pfeffer beförderte.
Und unter all den schönen Erinnerungen keineswegs zu vergessen: die sonntäglichen Kirchgänge, eine sorgsam bewahrte Tradition der Familie Porsche – egal wie hektisch die Zeitläufe auch sein mochten: vom gemeinsamen Besuch der Heiligen Messe mit der ganzen Familie ließ sich Ferdinand Porsche niemals abhalten. Und natürlich pflegte man sich zur Feier des festlichen Ereignisses auch dementsprechend in Schale zu werfen: für den Chauffeur war ein schwarzer Zylinder genauso Pflicht, wie für das Ehepaar Porsche und seinen Anhang eine besonders festliche Garderobe einfach zwingend zu diesem Gottesdienstbesuch dazu gehörte. Ehrensache!

Anfang des Jahres 1912 schien sich auch bei der finanziellen Ausstattung der Austro-Daimler endlich etwas zum Positiven zu bewegen.
Aloisia bemerkte es schon an der Art und Weise, wie ihr Mann am Abend die Tür geöffnet hatte und schwungvoll seinen Hut auf die Garderobe warf, dass der heutige Tag ein höchst erfolgreicher gewesen sein musste. Gleich nach dem Begrüßungskuss für Ehefrau und Kinder legte er schon los: »Das hat geklappt heute – wie am Schnürchen!« Er rieb sich die Hände und lachte zufrieden: »Die Sache ist perfekt – dem Herrn Geheimrat von Skoda gehört jetzt die Mehrheit der Aktien an Austro-Daimler. Und dein Bruder Hans hat seinen Part dabei bestens gespielt.«
Ferdinand Porsche hatte mit dem Geheimrat Freiherr Karl von Skoda, einem böhmischen Automobilfabrikanten und ehemaligen Artillerieoffizier, endlich den seiner Meinung nach richtigen Finanzier gefunden, der auch bereit gewesen war, in Wiener Neustadt eine entscheidende Rolle zu übernehmen, wenngleich in dieser Sache mit größter Be-

hutsamkeit zu Werke gegangen werden musste. Die bisherigen starken Leute im Aufsichtsrat würden sicherlich alles daran setzen, ihren Einfluss auch weiterhin zu behalten, den sie beim Einstieg eines Mehrheitsaktionärs verloren hätten. Mit allen Mitteln würden sie zu verhindern versuchen, dass Skoda die Macht bei Austro-Daimler übernahm.

Der Techniker Porsche hatte in den vergangenen Wochen deshalb ein ganz anderes, ihm bislang völlig unbekanntes Terrain beackern müssen. Mit Erfolg. Die Sache musste natürlich sorgfältig eingefädelt werden und konnte nur über einen Strohmann funktionieren, als der sich Porsches Schwager Hans Kaes gegen gute Bezahlung gerne zur Verfügung gestellt hatte. »Vor drei Tagen habe ich die nötigen Aktien für die Mehrheitsübernahme schließlich zusammen gehabt und konnte sie dann unter dem Namen Kaes ganz unauffällig platzieren. Heute hat Skoda von deinem Bruder dessen Anteil vereinbarungsgemäß aufgekauft und hat damit nun tatsächlich das letzte Wort im Aufsichtsrat.«

Nicht nur Porsche, auch Freiherr von Skoda war damit am Ziel seiner Wünsche, denn der Geheimrat hatte schon seit Monaten vergebens versucht, maßgebliche Anteile an der Firma zu übernehmen. Nun hatte es mit Porsches Hilfe also doch noch geklappt. Für den Fall einer Übernahme als Mehrheitsaktionär hatte er dem Konstrukteur jedwede Freiheit im Konstruktionsbereich zugesichert. Genau das war der Köder gewesen, den Porsche natürlich begierig aufgriff. Sich nicht mehr mit diesen kleinlichen Krämerseelen herumschlagen zu müssen, die sich Direktoren nannten und anscheinend nur dazu angestellt waren, um einem Konstrukteur das Leben schwer zu machen.

Der Handstreich löste in Kreisen der Direktion nichts weniger als ein mittleres Erdbeben aus. Damit waren auch die endlosen Debatten um die Annahme der Militäraufträge schlagartig Vergangenheit. Denn während die Herren regelmäßig die Furcht ins Feld führten, künftig viel zu sehr in die Abhängigkeit des Kriegsministeriums zu geraten, hatte

Porsche immer beharrlich dagegen gehalten. Er fühle sich in der Lage, weiterhin fortschrittliche Automobile und Rennwagen zu konstruieren und dennoch gleichzeitig den sogenannten C-Zug zu entwickeln, von dem die Militärs erwarteten, dass dieses Fahrzeug einen sage und schreibe 81 Tonnen schweren Mörser bewegen könne. Und auch dem in Aussicht stehenden, noch gewaltigeren Auftrag für den so genannten Landwehrzug sehe er zuversichtlich entgegen.

Zweifelnde Einwürfe im Hinblick auf die Doppelbelastung seiner Konstruktionsabteilung konterte er regelmäßig mit dem unwirschen Hinweis, dass ihnen die Garantie ihres Technisches Direktors gefälligst auszureichen habe. Dennoch waren die Zweifler bei ihrer Skepsis geblieben und hatten alle dringenden Grundsatzentscheidungen einfach hinausgezögert. In genau dieser unsäglichen Situation war nun plötzlich der Geheimrat Skoda auf den Plan getreten. Sozusagen als rettender Engel. Zumindest in Porsches Augen. Die Herrschaften im Vorstand sahen in Skoda freilich das genaue Gegenteil. Aber egal: der feixende Porsche durfte sich ab sofort auf der Siegerstraße wähnen. Wunderbar!

»Das Schöne an der Sache ist: die Kleingeister müssen nun immer zu mir kommen, wenn es um einen Auftrag oder eine spezielle Entwicklung geht und nicht mehr ich zu ihnen – und ich werde ihnen schon zeigen, wo es bei uns künftig lang geht. Ich bin deinem Bruder Hans wirklich zu äußerstem Dank für seine treuen Dienste verpflichtet. Wir sollten ihn am Wochenende als Dankeschön zu einem Ausflug auf den Semmering einladen, was meinst du?«

»Sehr gerne«, nickte Aloisia stolz und glücklich über das harmonische Zusammenspiel der beiden Männer. »Wenn er sich schon dermaßen nützlich gemacht hat …«

»Schön, dann werde ich ihn gleich nachher einmal anrufen – ich soll ihm übrigens auch die besten Empfehlungen von Skoda übermitteln, der ihn sowieso noch entsprechend entlohnen wird.«

»Gut – aber jetzt erzähle mir bitte auch noch, wie dein heutiges Zusammentreffen mit diesem Artillerieoffizier verlaufen ist.«

»Ach ja. Das hat ja gut gepasst heute.« Porsche schnalzte genießerisch mit der Zunge. »Es ist eine gewaltige Herausforderung für uns Techniker und reizvoll noch dazu, auch wenn ich mit dem ganzen Militärgehabe immer noch nichts anfangen kann. Dieser Offizier, Ottokar Landwehr von Pragenau heißt er, der ist offenbar ein höchst einflussreicher Mann beim Militär, aber frage mich bitte nicht nach seinem genauen Rang, ich komme mit dem ganzen Lametta, den Orden und Ehrenspangen sowieso immer durcheinander ... ich weiß nur, dass er ein recht hohes Tier sein muss. Und dann hört er ja auch noch auf den schönen Namen Landwehr – passender geht es kaum, da muss man ja beinahe zwangsläufig bei den Soldaten landen ...«

»Und was ist das nun für eine so ganz besondere Herausforderung?« drängelte Aloisia.

»Er will einen Zug entwickelt haben, der sowohl auf Schienen als auch auf der Straße, ja sogar irgendwo im Gelände fahren kann und zwischen 25 und 50 Tonnen Last hinter sich her ziehen kann!«

»50 Tonnen Last? Geht das überhaupt? Ich verstehe ja nicht viel von solchen Sachen, aber das scheint mir enorm viel zu sein, oder?«

»Das ist sogar noch vornehm ausgedrückt: so etwas hat es tatsächlich noch nie gegeben und es kann – wenn überhaupt – nur mit dem benzin-elektrischen System funktionieren, was mir die Sache natürlich umso reizvoller macht. Denn ein willkommener Nebeneffekt wird sein, dass wir damit beweisen können, dass die Mixte Wagen den herkömmlichen Benzinmodellen eben doch um Längen überlegen sind.«

»Sogar im Krieg.«

»Sogar beim Militär«, schwächte Porsche den Einwurf seiner Ehefrau geistesgegenwärtig ab, wohl ahnend, was dennoch gleich kommen würde.

»Du weißt aber schon, dass ich mich nicht so sehr darüber freue, wenn du den Kriegstreibern in die Hände spielst …«

»Ach was, Kriegstreiber – ich konstruiere ja keine Waffe, sondern nur ein Transportmittel, das dem Erhalt des Friedens dienen soll …«

»… das sagen sie immer alle – und zwar auf beiden Seiten.«

»Na ja …«

»Und dennoch kann man inzwischen ganz deutlich hören, sehen und lesen, wie sie schon gewaltig mit den Hufen scharren – sie können es doch kaum noch erwarten, Ferdinand, bis der Krieg endlich losbricht. Da sollst du dich nicht mit schuldig mach …«

»Ach geh!« Abrupt schnitt ihr Porsche das Wort ab. »Ich sorge mit meinen Geräten höchstens dafür, dass der Krieg schneller beendet werden kann und unnötiges Leid vermieden wird.«

»So kann man es natürlich auch sehen«, bemerkte Aloisia kopfschüttelnd, zog es nun zur Erleichterung ihres Mannes aber vor, das Thema zu wechseln. »Übrigens: Unser Louisl hat heute vom Lehrer ein großes Lob dafür bekommen, weil sie die Beste von allen in der Klasse im Kopfrechnen gewesen ist.«

»Ja sag bloß«, Porsche strahlte über das ganze Gesicht. »Wenn das kein Grund zum Feiern ist. Komm, lass uns in einem schönen Heurigen einkehren und unserem Louisl ein extra großes, knuspriges Schnitzel bestellen. Auf geht's, gehmma gehmma«, klatschte er gewohnt unternehmungslustig in die Hände.

Wenn sich Ferdinand Porsche erst einmal für eine Konstruktion entschlossen hatte, dann gab es kein Zurück mehr: Der so genannte Landwehr-Train wurde Realität. Nicht zu unrecht bekam er im Volksmund die Bezeichnung »Tatzelwurm«, denn mit seinen sage und schreibe zehn hinter der Zugmaschine angehängten Wagen und einer Gesamtlänge von bis zu 40 Metern wirkte er auf die staunenden Beobachter in der Tat wie ein riesiger Lindwurm, der sich kraftvoll durch die Landschaft schlängelte.

Und das trotz einer Nutzlast von staunenswerten 20 Tonnen! Dank seines besonders raffiniert ausgeklügelten benzin-elektrischen Antriebs erreichte er eine Durchschnittsgeschwindigkeit von 18 Stundenkilometern. Eine Meisterleistung des technischen Genies Ferdinand Porsche.

*

Erschöpft sanken Aloisia und Ferdinand Porsche am späten Abend des 20. Juni 1917 in die großen schweren Ledersessel im Salon ihres Hauses.
»Was für ein Tag!«
»Und was für eine Feier …«
»All die Gratulanten und Laudatoren.«
»Jetzt bist du also auch noch Ehrendoktor. Mein Mann der Herr Dr. h.c. Porsche. Und das, ohne jemals studiert zu haben …«
»Genau deswegen ist es ja auch nur ein honoris causa. Ein Doktor ehrenhalber.«
»… und dennoch bist du den ganzen Gstudierten von heute Abend doch meilenweit überlegen.«
»Ach geh, Louis, das ist mir gar nicht so wichtig, wer da was genau war oder ist. Ich finde einfach, es kommt halt auf das Gespür an, und das kann man nicht studieren. Man hat es oder man hat es eben nicht.«
»Und du hast es – sonst hätte dir die Technische Hochschule Wien diesen Ehrendoktor nicht verliehen. Die TH ist ja schließlich nicht irgendeine x-beliebige Einrichtung.«
»Ja schon …«
»Und auch diese Begründung für die Auszeichnung, so wie es auf der Verleihungsurkunde steht, spricht ja Bände: »als dem intellektuellen Führer eines großen heimischen Unternehmens, das der Förderung des Automobilismus und der Autofahrttechnologie den größten Dienst erwiesen hat«. Das ist nicht einfach so daher geschrieben. Das ist schon eine gewaltige Auszeichnung für einen 42 Jahre alten Mann, der nur als Schwarzhörer bei den Vorlesungen war und dennoch alle Gstudierten meilenweit hinter sich lässt.«
Ihrem Mann schien die Lobeshymne sichtlich unangenehm: »Ach Louis … Wie gesagt: nimm das alles nicht so

wichtig mit diesen ganzen Ehrungen und Auszeichnungen. Wichtig ist doch in aller erster Linie die Technik und der technische Fortschritt – und mir macht das halt einfach Spaß …«
»… mit ölverschmiertem Mantel unter dreckige Motoren zu kriechen.«
»Ja eh – und am liebsten tät ich das jetzt gleich wieder machen – denn mir ist da vorhin während der Verleihungszeremonie nämlich etwas eingefallen …«
»Ferdinand! Untersteh dich!«
»Schon gut, das war eh nur ein Spaß«, blinzelte es schelmisch in den Augen des Konstrukteurs, als er seiner Aloisia beschwichtigend Entwarnung signalisierte.
Die Louis gab sich aufgrund jahrelanger Erfahrungen dennoch skeptisch. »Bei dir weiß man nie. Das hätte ich dir schon auch noch zugetraut, dass du heute mitten in der Nacht und im Festtagsanzug zu deinen geliebten Motoren rennst.
Ferdinand Porsche zog es vor, schweigend in sich hinein zu grinsen.
»Aber im Ernst. Dieses Jahr ist ja wirklich bisher höchst erfolgreich verlaufen: Erst wirst du zum Generaldirektor bei Austro-Daimler ernannt, dann gibt es den Dr. h.c. – so gesehen dürfte es das erfolgreichste Jahr deiner Karriere sein, beruflich gesehen.«
»Ja schon – man könnte fast meinen, dieser Krieg würde mir zugute kommen.«
»So etwas darf man nicht sagen!«
»Es ist aber so – plötzlich bekommen wir vom Militär Geld in Hülle und Fülle und ich kann in einem Ausmaß an neue Konstruktionen gehen, wie ich es vor einigen Monaten noch nicht einmal zu träumen gewagt hätte.«
Aloisia Porsche fixierte ihr Gegenüber streng. »Man soll aber nicht vom Leid der Menschen profitieren!«
Ihr Ehemann zog die Stirn in Falten: »Na geh – ich bin Konstrukteur, ich habe eine Aufgabe und versuche diese zu lösen …«

»Schon …« murmelte sie wenig überzeugt und horchte dann aufmerksam in den Flur hinaus. »Aha. Dachte ich mir es doch. Die Kinder. Sie rufen schon. Also, geh jetzt endlich rüber ins Kinderzimmer. Die Kinder warten schon ganz ungeduldig. Sie wollen dir schließlich noch Gute Nacht sagen.«

Es handelte sich um ein seit Jahren geübtes Ritual der Familie Porsche, dass die Kinder sich grundsätzlich weigerten, einzuschlafen, wenn ihnen der Papa, sofern er nicht auf Reisen, sondern zuhause war, nicht vorher »Gute Nacht« gesagt hatte und – zumindest im Falle der Louisl auch noch einen liebevollen Kuss auf die Wange gedrückt hatte. Letzteres kam für Sohn Ferry natürlich keinesfalls in Frage, aber der obligatorische »Gute-Nacht-Gruß« vom Papa, der musste auf alle Fälle sein. Schon seit Jahren war das so – und es sollte noch viele Jahre so bleiben. Der liebe Papa – für beide Geschwister war er halt ihr ein und alles. Kein Wunder: der Papa pflegte seine Kinder ja auch geradezu auf Händen zu tragen. Oder um es mit den Worten der Mutter auszudrücken: ganz gewaltig zu verwöhnen. »Die paar Stunden in der Woche, in denen ich die beiden sehe. Soll ich da etwa auch noch mit ihnen schimpfen«, pflegte er sich üblicherweise zu verteidigen, wenn er es mit Geschenken nach Ansicht seiner Frau wieder einmal übertrieben hatte. »Lass mich nur machen. Die beiden werden eh schnell genug erwachsen. Und sie sollen später sagen können, sie hätten bei ihren Eltern eine glückliche Kindheit erlebt. Das ist mehr, als ich von mir sagen kann. Deshalb sollen sie es besser haben. Verstehst du, Louis?«

Was hätte sie dagegen einwenden sollen? Er meinte es ja nur gut. Ihr Ferdinand war und blieb – all seiner Technikbesessenheit zum Trotz – halt ein richtiger Romantiker.

*

»Ja, du hast recht Louis. Allmählich wird es wirklich eng. Selbst in der Produktion, die doch immer mit Vorrang bedient wird, spüren wir die ersten Engpässe bei der Versorgung mit Material. Und jetzt auch noch die Sache mit dem Essen, das macht mir wirklich Sorge …«

Keine drei Monate waren seit der Verleihung der Ehrendoktorwürde an Ferdinand Porsche vergangen, da war in allen Winkeln der Donaumonarchie endgültig spürbar geworden, dass der nunmehr schon beinahe drei Jahre währende Krieg die Wirtschaft des Landes an den Rand des Zusammenbruchs brachte. Auch die militärische Lage hatte sich gewaltig verändert – zu Ungunsten der Österreicher und ihrer Verbündeten. Denn im April 1917 hatten auch die USA dem Deutschen Kaiserreich den Krieg erklärt, und es war nur noch eine Frage der Zeit, bis sie es auch Österreich gegenüber tun würden. Auch die euphorischen Siegesmeldungen von den Fronten blieben plötzlich aus. Man hatte sie zwar schon lange nicht mehr für bare Münze genommen, denn sonst hätte der Krieg ja längst schon gewonnen sein müssen, aber dennoch. Noch nicht einmal mehr das Militär schien an einen Sieg zu glauben. Und was die Soldaten berichteten, die ein paar Wochen Urlaub vom Fronteinsatz bekommen hatten, bestätigte alle Befürchtungen: der Vormarsch war nicht nur zum Stillstand gekommen, sondern die stark gelichteten Truppen, die unter gewaltigen Nachschubproblemen litten, befanden sich inzwischen in erbitterten Rückzugsgefechten. Das Ende schien nahe – allen Durchhalte- und Siegesparolen des neuen Regenten Kaiser Karl I. zum Trotz.

»Seit unser guter alter Kaiser Franz Joseph tot ist, seitdem ist halt alles anders geworden. Eine Ära ist zu Ende gegangen. Die gute alte Donaumonarchie, das schöne Österreich-Ungarn dürfte gerade seine letzten Zuckungen erleben – und leider auch erleiden. Wenigstens muss der alte Kaiser dieses Ende nicht mehr erleben, das ist ihm erspart geblieben«, räsonierte Ferdinand Porsche stirnrunzelnd.

»Aber nicht seinen Landeskindern, die jetzt all das ausbaden müssen, was die hohen Herrschaften in ihrer verblendeten Kriegslüsternheit angerichtet haben. Und was nützt es uns, dass er dich wenige Wochen vor seinem Tod für deine außerordentlichen Verdienste um die kaiserlich-österreichische Kriegsindustrie noch mit dem Franz-Josephs-Orden ausgezeichnet hat. Dafür bekomme ich keinen Liter Milch und auch kein einziges Kilo Erdäpfel. Von so einem Orden kannst du eine Familie nicht satt machen.«

»Das stimmt schon, eh. Aber andererseits befinden wir uns halt im Krieg, was soll man da machen?«

»Was man da machen soll?« Unwirsch rümpfte seine Frau die Nase. »Es fehlt an allem: Fleisch, Milch, Eier und du sagst nur, da kann man halt nichts machen. Du erwartest doch schließlich, dass du jeden Tag ein Essen von mir auf den Tisch gestellt bekommst. Aber woher soll ich die Zutaten nehmen, wenn es in den Läden nichts mehr zu kaufen gibt?«

»Dann machen wir es halt selber«, erfolgte die Antwort wie aus der Pistole geschossen. Sehr zur Verblüffung von Aloisia Porsche, die ihren Ehemann mit einem ratlosen Blick beäugte. »Was soll das heißen? Worauf willst du hinaus?«

«Na, ist doch eh klar. Wenn du in den Läden nichts mehr kaufen kannst, dann musst du halt schauen, dass du die Dinge selbst in die Hand nimmst. Wo ist das Problem?«

Porsche wandte sich um und deutete mit dem weit ausgestreckten rechten Arm zum Fenster der Direktorenvilla hinaus: »Da schau, Louis. Da drüben, da hat es Platz genug. Da werden wir einen Stall bauen.«

»Einen Stall bauen …« echote Aloisia. »Wozu soll das gut sein?«

Porsche rollte mit den Augen. »Na, wozu wird man wohl einen Stall brauchen? Um Tiere darin zu halten. Eine Kuh beispielsweise, Hasen, Hühner …«

»… und zwei Ponys für uns«, schallte es genauso einträchtig wie begeistert aus den Kehlen der 13 Jahre alten Louisl und des achtjährigen Ferry, die gerade von draußen herein gestürmt kamen. Gerade rechtzeitig, um die Ankündigung ihres Vaters, auf dem Anwesen einen Stall für Tiere bauen zu wollen, mit größter Begeisterung zu kommentieren. »Au ja. Fein. Dann können wir endlich ein Pony bekommen.«

Die Mama schien die Begeisterung ihrer Kinder jedoch eher nicht zu teilen.«Kühe, Pferde, Hühner, Hasen, hier! Ein Stall, direkt an unserem Haus. Ich … ich fasse es nicht.«

»Ja aber was willst du denn? Einerseits teilst du mir vorwurfsvoll mit, dass es nichts mehr zu essen gibt bei uns, andererseits reagierst du so, wenn ich dir aufzeige, wie wir die Versorgungskrise ganz einfach meistern könnten.«

»Du bist also ernsthaft der Meinung, wir sollten uns eine Kuh anschaffen?«

»Aber sicher – und zwar eben nicht nur eine Kuh, sondern die ganze Menagerie. So wie früher: dann haben wir Milch und Fleisch, die Hühner legen uns Eier – und taugen irgendwann auch noch zu einer guten Suppe. Und nicht zu verachten wäre auch einmal wieder so ein schöner Hasenbraten.«

»Da esse ich dann aber nicht mit, wenn es Hase gibt«, meldete sich das Louisl mit aller Bestimmtheit zu Wort

»… und ich auch nicht«, gab Bruder Ferry seiner Schwester die erwartete Schützenhilfe.

Ihr Vater musterte die beiden mit einem amüsierten Grinsen. »Na gut, ist mir auch recht. Dann bekomme ich schon ein größeres Stück ganz für mich allein.«

»Noch einmal: du bist also wirklich und wahrhaftig der Meinung, dass wir das tun sollen mit den Tieren?«, startete Aloisia Porsche einen letzten zaghaften Vorstoß, das in ihren Augen aberwitzig scheinende Vorhaben eventuell doch noch zu Fall zu bringen. Doch da war keine Chance.

»Natürlich machen wir das. Überall auf dem Land macht

man das so. Kein Haus, an dem nicht noch ein Stall angebaut ist. Bei meinen Großeltern – und zwar sowohl bei denen in Alt Harzdorf wie auch bei denen in Ruppersdorf – war das immer so, und bei all ihren Nachbarn auch. Sie waren damit weitgehend Selbstversorger und auf niemand angewiesen. Nur in den Städten hat man das im Lauf der Zeit verlernt. Es ist aber eine praktische Sache und enthebt uns aller weiterer Sorgen und Nöte. Wir werden also den Stall hier bei uns bauen. Und du wirst schon sehen: erst werden sie uns alle auslachen, dann werden sie uns beneiden und schließlich werden sie vorsichtig anfragen, ob sie vielleicht auch einmal einen Liter Milch von unserer Kuh haben dürften.«

Ihre Skepsis blieb – aber Ferdinand Porsche als echter Mann der Tat machte seine Ankündigung innerhalb weniger Tage wahr. Der Stall wurde gebaut und die »Menagerie Porsche«, wie sie in Wiener Neustadt spöttisch genannt wurde, konnte Einzug halten. Samt der beiden vom Papa versprochenen Ponys für das Louisl und den Ferry. Es dauerte nicht lange, da hatte sich Porsches Voraussage bereits erfüllt, dass schon bald die ersten Nachfragen nach der Milch eintreffen würden. Im Nachhinein betrachtet hatte ihr Mann also wieder einmal recht behalten, das musste Aloisia anerkennen. Und spendabel war er obendrein. Vor allem, wenn es galt, mit einem Liter Milch für die kranken Kinder seiner Mitarbeiter auszuhelfen. »Damit eure Kleinen rasch wieder auf die Beine kommen und ihr euch keine Sorgen machen müsst, sondern euch voll und ganz auf unsere Arbeit konzentrieren könnt«, pflegte er in solchen Fällen – nicht ohne leichtes Augenzwinkern -anzumerken.

*

»Was mir aber gar nimmer bewusst war – und auf was ich erst kürzlich wieder beim Aktenstudium gestoßen bin, Onkel Ferdinand, das ist die Tatsache, dass du nach der Niederlage und dem Zusammenbruch von Österreich-Ungarn im Ersten Weltkrieg ja plötzlich ein Tscheche geworden bist.«
»Ach Gilain, was soll das jetzt wieder heißen? Hast du denn so viel Zeit, dass du dich mit dem alten Zeugs beschäftigen kannst, anstatt dich um die Fragen der Gegenwart zu kümmern? Wir haben weiß Gott genug zu tun und können uns nicht ständig um die Vergangenheit scheren. Die Zeit haben wir nicht – ich zumindest nicht mehr!«
Ein typischer Porsche-Satz. Immer in Eile, selbst noch mit über 75 Jahren. Ein Getriebener seiner Ideen, seines Elans und seiner Konstruktionen. Aber halt auch ein Mensch, der unter dieser zeitlichen Bürde nicht zusammenbrach. Ganz im Gegenteil sogar. Es war ihm keine Last.
»Ich finde aber schon, dass man sich auch um die Vergangenheit kümmern muss«, wagte Gilain ausnahmsweise den Ansatz eines Widerspruchs. »Eines Tages werden die Menschen nämlich wissen wollen, wie der Herr Professor Porsche gelebt hat, und wie er all das hat schaffen können, was er der Menschheit an technischen Errungenschaften hinterlassen hat. Und deshalb, Onkel Ferdinand, möchte ich das alles ganz genau aufschreiben, um es der Nachwelt zu hinterlassen.«
Der alte Porsche schüttelte missmutig den Kopf. »Als ob das einen Menschen interessieren würde. Vor uns liegt die Zukunft – und du stöberst in der Vergangenheit herum. Das stiehlt uns wirklich nur die Zeit.«
»Ich würde es dennoch gerne aufschreiben. Schon deswegen, damit die Menschen die Lebensgeschichte des großen Konstrukteurs Porsche tatsächlich genau so wahrnehmen,

wie sie auch verlaufen ist – und nicht so, wie es die ganzen Neider und Besserwisser gerne hätten. Der Name Porsche soll auch noch bei künftigen Generationen einen guten Klang haben.«

»Einen guten Klang haben …« echote Porsche mit spöttischem Unterton und seufzte vernehmlich. »Die beste Referenz sind gute Automobile. Aber gut, Gilain, wenn du es dir nun einmal in den Kopf gesetzt hast, dann tu es halt in Gottes Namen. Aber wehe, du vernachlässigst dabei deine alltäglichen Aufgaben, dann setzt es ein Donnerwetter, dass das klar ist. Hast du mich verstanden?«

»Natürlich habe ich dich verstanden, Onkel«, nickte der pflichtbewusste Gilain eifrig.

»Also – was hast du mich vorhin gleich wieder fragen wollen?«

»Wie es 1918 nach dem Zusammenbruch von Österreich-Ungarn denn dazu gekommen ist, dass du plötzlich ein Tscheche geworden bist.«

»Na, die Antwort ergibt sich doch eigentlich bereits aus deiner Fragestellung, Gilain«, knurrte der alte Porsche, dem unnütz gestellte Fragen zeitlebens ein Ärgernis waren. Gerade seine legendären Wutausbrüche hatten oft die Ursache in solchen überflüssigen Fragen gehabt. Oder wenn in endlosen Debatten immer wieder dasselbe Problem zur Sprache gekommen war, weil es den Herren halt mehr um das Gespräch als solches, als um die Lösung eines Problems gegangen war: dann hatte Porsches zornig auf den Boden geworfener Hut wieder einmal als klassischer Blitzableiter herhalten müssen.

»Entschuldige Onkel Ferdinand«, murmelte der Neffe. »Im Prinzip ist mir das schon klar, denn dein Geburtsort Maffersdorf liegt ja in Böhmen.«

»Na also! Eben drum. Und auch wenn die deutsch-tschechische Sprachgrenze knapp nördlich von Maffersdorf verlaufen ist, so haben die Tschechen dieses ganze Gebiet im Umkreis von Reichenberg damals für sich beansprucht – wie jetzt nach dem Zweiten Weltkrieg wieder. Und jetzt haben sie ja auch noch verfügt, dass Reichenberg nur noch Liberec genannt werden darf. Na ja – jedenfalls ist nach dem Zusammenbruch der Monarchie damals aus dem österreichisch-ungarischen Staatsbürger Ferdinand Porsche dieses Staates eben der tschechische Staatsbürger Porsche geworden.«

»Fürchterlich!«

»Aber weshalb denn?« Ferdinand Porsche konnte sich bei der Erinnerung an die damaligen Begleitumstände ein leichtes Schmunzeln nicht verkneifen. »So schlimm war das gar nicht. Eher im Gegenteil. Denn mit dem tschechischen Reisepass habe ich wenigstens überall in Europa herumreisen können. Als Österreicher wäre mir das nicht möglich gewesen, als ehemaliger Kriegsgegner der Franzosen, Engländer und Italiener. Aber so konnte ich auf den Automobilsalons sozusagen in aller Welt gleich wieder Werbung für unsere neuen Produkte machen. Anstelle von militärischen Transportgeräten haben wir uns jetzt eben auf zivile Lastkraftwagen und Omnibusse, auf motorisierte Pflüge und Traktoren, auf schnelle Jachten und Ähnliches konzentriert. Das alles musste rasend schnell geschehen, denn bedenke, dass wir bei Kriegsende nahezu 7.000 Menschen beschäftigt haben und die brauchten dringend neue Arbeit und vor allem Geld. Ich erinnere mich noch ganz genau daran, wie unsere Arbeiter plötzlich gestreikt haben, weil sie wegen der Inflation ihre Familien kaum noch ernähren konnten. Erst als ich damals auf eine Werkbank geklettert bin und an sie appelliert habe, solidarisch weiter zu arbeiten, wie ich es für sie ja auch tun würde, haben sie sich wieder auf die Arbeit besonnen. Das war knapp genug – aber zum guten Glück haben sie mich immer als einen Teil von ihnen gesehen und mir geglaubt, wenn ich ihnen etwas versprochen habe. Redlichkeit zahlt sich immer aus, merke dir das gut, Gilain. Ich glaube, wenn wir nicht alle am selben Strang gezogen hätten, Arbeiter und Direktor gleichermaßen, dann hätten wir es nicht geschafft, die Firma über diese Anfangszeit nach dem Krieg zu bringen. Die Situation nach dem politischen und ja auch wirtschaftlichen Zusammenbruch des Staates war schwer genug, da traf es sich folglich gut, dass mich das Ausland mit meinem tschechischen Pass immerhin nicht als ehemaligen Feind betrachtet hat, sondern als jemanden, der im lange Zeit unterdrückten Böhmen zuhause war.«

»Na ja, so gesehen hatte es also auch eine gute Seite mit den Tschechen.«

»Du brauchst da gar nicht so überheblich zu tun, Gilain. Ob Tscheche, Österreicher, Deutscher oder Franzose: überall gibt es gute Autobauer. Und nur das zählt für mich. Auf keinen Fall die Politik, die bringt, wie ich ja in zwei Weltkriegen leidvoll genug habe erfahren müssen, eh nur Unheil. Ich glaube nicht mehr an die Politik und gleich gar nicht an diese willkürlichen Grenzen, die sie überall durch Europa ziehen. Woran ich glaube, das hat mich das Leben gelehrt, das ist einzig unsere heilige Mutter Kirche – und es ist der Segen der Technik, die uns jeden Tag vor eine neue, noch faszinierendere Aufgabe stellt als am Tag zuvor.«

»Es war ja auch gar nicht so gemeint«, versuchte Gilain, den Tadel seines Onkels abzumildern. »Ich wollte damit nur ausdrücken, wie die Menschen von den Staaten eben doch immer wieder als Spielbälle der jeweils Mächtigen missbraucht werden.«

»Da magst du allerdings recht haben. Wenngleich die Sache mit den Staatsbürgerschaften noch in einer weiteren Hinsicht hilfreich war. Denn auch unser Finanzinvestor Camillo Castiglioni, der dafür gesorgt hat, dass Austro-Daimler nach dem Zusammenbruch überhaupt wieder an Geld gekommen ist, hat ja nun aufgrund seines Geburtsortes plötzlich einen italienischen Pass besessen. Und so hat er sich außerhalb von Österreich auf die Suche nach Geldgebern begeben können. Gott sei dank mit einigem Erfolg. Das war wichtig, nachdem der Skoda bei uns ausgeschieden war. Insofern muss ich dem Castiglioni schon zubilligen, dass er in dieser Zeit recht nützlich für uns gewesen ist – auch wenn sich unsere Wege dann ja auf recht unschöne Weise getrennt haben.«

Trotz der neuen Geldgeber ging es in der Firma im Jahr 1919 nur zögernd voran, denn inzwischen hatte eine Wirtschaftskrise, die bald schon ganz Europa erfassen sollte, ihre ersten Auswirkungen in Österreich. Und ausgerechnet jetzt wurde Ferdinand Porsche auch noch von einer privaten Hiobsbotschaft erschüttert. Seine Mutter war gestorben!

Es war ein großes Begräbnis, das am Mittag des 10. August 1919 auf dem Maffersdorfer Friedhof stattfand. »Sie hätte ruhig noch ein paar Jahre leben können«, murmelte Ferdinand Porsche traurig und warf einen letzten Blick auf den Sarg seiner Mutter, der von den Honoratioren der Gemeinde gerade in das Familiengrab hinab gesenkt worden war, während der Priester der Verstorbenen einen letzten Segen erteilte.

»Immerhin hat sie beinahe 69 Jahre alt werden dürfen«, versuchte Oskar seinen Bruder zu trösten. »Weißt du, in den elf Jahren seit dem Tod unseres Vaters ist es immer einsamer um sie herum geworden. Ich glaube, sie wollte am Ende einfach nicht mehr …«

»Wollte einfach nicht mehr!« Ferdinand Porsche fixierte seinen unwillkürlich einen Schritt zurückweichenden Bruder aus zornigen Augen. »Einsam geworden! Was redest du denn daher?! Ihr seid doch alle hier: du, die Hedwig – und auch die Anna ist längst aus Wien zurück. Da kannst du doch nicht sagen, dass es einsam um unsere Mutter gewesen sei. Es sei denn, ihr hättet euch nicht um sie gekümmert!«

»Jetzt mach aber mal einen Punkt!« Oskar Porsche spürte, wie allmählich eine dunkle Wut in ihm hoch kochte. »Was glaubst du denn eigentlich, wer du bist? Da kommst du vielleicht einmal in fünf Jahren aus Wien daher geschneit, und kaum bist du da, spielst du dich als großer Maxe auf –

und willst uns Geschwistern dann noch Vorhaltungen machen, wir hätten uns zu wenig um die Mutter gekümmert! Dich selbst hat das doch einen feuchten Dreck interessiert, wie es unserer Mutter geht. Mehr als deine Motoren und Automobile hast du doch eh nicht im Kopf!«

»Oskar, bitte!« Energisch drängte sich die leichenblasse Hedwig zwischen die beiden Streithähne. »Ihr werdet euch doch nicht am Grab unserer Mutter streiten! Ich bitte euch, hört auf!«

»Sag das lieber dem da«, brummte Oskar.

Auch Ferdinand schien die Szene nun peinlich zu sein. »Du hast ja recht, Hedwig. Das war nicht richtig von mir.« Verlegen senkte er seinen Kopf und nestelte mit zitternden Fingern unsicher am Rand seines Zylinderhuts. »Wahrscheinlich bin ich einfach überarbeitet und dann kam jetzt noch die Trauer über unsere Mutter dazu. Es war nicht so gemeint. Entschuldigt bitte.«

»Ist schon gut«, nickte Oskar, den Blick immer noch gesenkt, während Hedwig und Anna den Oberarm ihres ältesten Bruders teilnahmsvoll streichelten.

»Beide Eltern begraben. Folglich sind jetzt also wir die nächsten«, resümierte Ferdinand bitter, um sich anschließend mit der linken Hand müde über die Augen zu wischen. Als habe er es damit geschafft, die Traurigkeit von sich abzuschütteln, straffte er abrupt seinen Rücken und reckte das Kinn entschlossen in die Höhe. »Genug jetzt mit dem Selbstmitleid. Das bringt uns auch nicht weiter. So ist das Leben nun einmal. Es ist so, wie es ist. Bewahren wir unserem Vater und unserer Mutter ein ehrendes Angedenken und bemühen uns, dass uns die Menschen auch einmal in guter Erinnerung behalten werden. Und nun«, er stellte sich auf die Zehenspitzen und warf einen Blick über die stattliche Trauergemeinde, die den Disput der Geschwister schweigend verfolgt hatte, »nun seid ihr alle eingeladen zum Leichenschmaus in der Krone.«

Das ließen sich die Leute nicht zweimal sagen. Innerhalb kürzester Zeit befand sich keine Menschenseele mehr auf

dem Friedhof, wo sie gerade noch dicht an dicht gestanden hatten. Jetzt drängelten sie sich dafür im großen Nebenzimmer der örtlichen Gastwirtschaft, denn es stand ja zu erwarten, dass sich der inzwischen zu einigem Ruhm gelangte Ferdinand Porsche im Hinblick auf das Essen und die Getränke nicht lumpen lassen würde. Ihr Kalkül ging hundertprozentig auf. In der Tat konnte sich keiner der Trauergäste, von denen sich manche erst am späten Abend wieder schwankend auf den Heimweg machten, über einen leeren Magen oder womöglich eine immer noch durstige Kehle beschweren. Die respektable Zahl an leeren Bierfässern, die sich hinter der Theke stapelten, zeigte das deutlich. Längst hatte sich die Nacht über Maffersdorf gesenkt, als auch die beiden letzten Gäste auf unsicheren Füßen endlich die Gaststätte verließen. »Ach Emil. Manchmal frage ich mich schon, ob ich nicht doch auf meinen Vater hätte hören und in Maffersdorf bleiben sollen«, räsonierte Ferdinand Porsche, als sie die Hauptstraße erreichten.
Emil Matzig meinte, sich verhört zu haben. Lag es am reichlich genossenen Alkohol oder hatte sein bester Schulfreund da gerade eben in einem Anflug von Sentimentalität ernsthafte Zweifel an seiner bald mehr als 30 Jahre zurückliegenden Entscheidung geäußert, ein Techniker in Wien werden zu wollen? Und was für einer! Einer der inzwischen am meisten bewunderten und oft auch beneideten Konstrukteure, die es auf dem Automobilsektor gab. Ein Mann, dessen Ruf sich bis ins ferne Böhmen, ja sogar bis nach Maffersdorf, herum gesprochen hatte. Und nun so ein Satz!
»Das glaube ich jetzt aber nicht, was ich da grade gehört habe. Ausgerechnet von dir. Wo du doch damals deinen Kopf mit Brachialgewalt durchgesetzt hast. Und das gegen deinen alles andere als nachgiebigen Vater. Wenn du in Wien gescheitert wärst, gut, dann würde ich deine Aussage ja verstehen. Aber du hast doch Erfolg gehabt und hast ihn immer noch. Du bist doch in Wien ein berühmter Mann geworden!«

Ferdinand winkte müde ab. »Berühmt, bekannt, erfolgreich. Was sind das schon für Werte? Zufrieden muss man sein, das ist alles, was zählt.« Impulsiv wirbelte er herum und wäre beinahe in den Straßenmatsch gefallen, wenn ihn Emil nicht im letzten Moment noch hätte am Ärmel packen können.

»Pass auf, Ferdinand. Wir haben schon ein paar Krügerl getrunken, heute Nachmittag. Da ist man nicht mehr so gut auf den Beinen.«

»Ach was«, wischte der den Einwand unwirsch beiseite und legte seinem alten Freund beide Hände auf die Schultern. Gleichzeitig fixierte er Emil aus ernsten Augen. »Sag mir lieber einmal, wie es dir so geht. Hast du es nie bereut, in Maffersdorf geblieben zu sein?«

»Ich? Bereut?« Unsicher zuckte Emil mit den Achseln. »Das ist eine Frage, die sich mir gar nie gestellt hat. Was hätte ich denn tun sollen? Etwa so wie du nach Wien gehen? Dazu hätte ich den Mut nicht gehabt – und erst recht nicht so eine Intelligenz wie du. Von daher gab es da gar nichts zu entscheiden. Es ist so, wie es ist: Ich bin hier geblieben und so weit ist alles gut.«

»So weit ist alles gut …« echote Ferdinand nachdenklich. »Na ja, manchmal habe ich dich genau um diese Erkenntnis schon beneidet. Du hast dir erst gar keine großen Gedanken um deine Zukunft zu machen brauchen. Du bist hier geboren worden und es war von Beginn an klar, dass du hier auch bleiben wirst. Damit hattest du schon als Kind Gewissheit. Und deinen Seelenfrieden. Wenn ich dagegen an mich denke: es war ein Kampf – von Anfang an.«

»Also Ferdinand! Jetzt ist aber Schluss mit diesem blödsinnigen Selbstmitleid! Es ist doch von jeher dein fester Wille gewesen, die Spenglerei auf gar keinen Fall zu übernehmen, weil dich die Elektrizität so fasziniert hat. Die Elektrizität und sicherlich auch die Großstadt. Wien. Das hast du dann ja auch mit deiner unwahrscheinlichen Willensstärke durchgesetzt, um die ich dich immer beneidet habe. Und deinen Weg hast du auch gemacht, du bist wie gesagt weltberühmt geworden, hast eine wunderbare Familie gegründet, bist nicht nur ein Doktor ehrenhalber, sondern auch ein reicher Mann geworden – und das alles mit gerade einmal 43 Jahren! Welcher Mann kann eine ähnliche Karriere vorweisen, wie du? Und jetzt kommst ausgerechnet du plötzlich daher und heulst mir die Ohren voll. Ferdinand! Ich bitte dich!«

Porsche zuckte die Achseln und schwieg minutenlang. Auch Emil zog es vor, nichts zu sagen, sondern einfach abzuwarten. Vielleicht gab es ja einen konkreten Anlass für diesen unerwarteten Gefühlsausbruch.

Es gab ihn.

»Weißt du, Emil«, flüsterte Ferdinand endlich mit rauer Stimme. »Der schöne Schein trügt manchmal gewaltig. Ich bin so gerne Konstrukteur, es ist der schönste Beruf, den ich mir denken kann, das kannst du mir glauben. Aber die Sache mit der Karriere, das ist ein zweischneidiges Schwert. Einerseits halte ich als Generaldirektor eine ganze Menge Entscheidungsgewalt in meinen Händen und kann auch die Richtung bestimmen, in die wir mit neuen Automobilen gehen wollen. Auf der anderen Seite bedeutet aber jede falsche Entscheidung – oder zumindest jede kostspielige – dass ich tausende von Arbeitsplätzen aufs Spiel setze, wenn wir mit den neuen Produkten kein Geld verdienen. Entwicklung ist enorm teuer und momentan fehlt uns durch die Wirtschaftskrise, die im Begriff ist, halb Europa zu erfassen, an allen Ecken und Enden das Geld. Mit anderen Worten: wenn ich es nicht bald schaffe, mehr Kunden für unsere Fahrzeuge zu finden, dann ist der Ofen schneller aus, als du es dir vorstellen kannst!«

»So schlecht steht es um Austro-Daimler?« Emil staunte nicht schlecht. Alles hätte er erwartet, nur das nicht.

»Noch viel schlechter«, nickte der Konstrukteur und nahm die Hände von Emils Schulter. »Und wenn die Firma unter dem Generaldirektor Porsche in Konkurs geht, dann sind wie gesagt mehrere tausend Arbeitsplätze vernichtet. Bis zu 6.000, um genau zu sein. 6.000 Arbeitsplätze an denen 6.000 Familien hängen. Kannst du dir das vorstellen, Emil? Was das heißt, wenn 6.000 Familien plötzlich vor dem Nichts stehen?«

»Nein, das kann ich nicht.« Matzig schüttelte heftig seinen Kopf.

»Persönlich bin ich davon nicht so stark betroffen. Du kannst dir denken, dass ich in den vergangenen Jahren nicht schlecht verdient habe. Und eine neue Anstellung würde ich jederzeit auch wieder finden. Das ist eh klar. Aber darum geht es nicht. Es geht mir vielmehr um die Verantwortung für diese vielen Leute. Das ist eine riesige Last, die mich allmählich erdrückt. Und vor lauter Sorge um die Zukunft der Austro-Daimler und ihrer Arbeitsplätze schaffe ich es seit gut und gerne zwei Wochen nicht mehr, mich um meine eigentlichen Aufgaben zu kümmern. Um neue Konstruktionen, effektivere Motoren. Und jetzt auch noch der Tod von meiner Mutter. Manchmal kommt einfach alles zusammen.« Er unterbrach sich abrupt, presste die Lippen fest aufeinander und blinzelte in das helle Mondlicht dieses sommerlich warmen Augustabends. Dann breitete er mit einem Verständnis heischenden Lächeln die Arme aus. »Es ist halt alles ein bisschen viel auf einmal. So ist auch mein Ausbruch vorhin auf dem Friedhof zu erklären. Das war ungerecht, ich weiß, aber jetzt ist es halt nun einmal so. Ich kann es nimmer rückgängig machen.«

»Du hast dich ja dafür entschuldigt.«

»Ja schon … Dennoch war das blöd von mir … Da staunst du, Emil? Dass du mich einmal von so einer ganz ungewohnten Seite erlebst.«

»Allerdings«, nickte der. »Aber ich kann dich verstehen. Doch glaube mir, es hätte kein gutes Ende gefunden, wenn du in Maffersdorf geblieben wärst: du wärst todunglücklich geworden. Unzufrieden mit dir und mit deiner ganzen Situation. Mit den verpassten Chancen deines Lebens, die du nun genutzt hast, wie kein zweiter. Sei also stolz auf das, was du erreicht hast. Es ist jetzt schon mehr, als ein Mensch im Leben normalerweise erreichen kann. Ich habe dir diesen Erfolg nie geneidet, sondern mich immer von Herzen darüber gefreut, wenn ich wieder von einer neuen Großtat von dir gehört habe. Es erfüllt mich mit Stolz, sagen zu können, dass wir beide dieselbe Schulbank gedrückt haben und dass du auch heute noch, als berühmter Mann, mit mir sprichst, als wären wir noch immer zwei Schulbuben aus Maffersdorf. Das macht mich glücklich und zufrieden, so wie ich mit meinem Leben und meiner Familie hier im Reinen bin. Ich habe mein Auskommen für mich, für meine Frau und meine Kinder, die ich zu aufrechten Menschen erziehen will. Es ist also alles so gekommen, wie es kommen sollte. Man braucht schließlich auch Leute, die da bleiben und das Erbe verwalten, das ihre Vorfahren hinterlassen haben. Wie gesagt Ferdinand«, nun war es an Emil, seinen alten Freund und Schulkameraden an den Schultern zu packen und ihn ernst ins Visier zu nehmen. »Ich bin sehr stolz darauf, dich als alten Freund bezeichnen zu dürfen. Beneiden tue ich dich nicht – schon gar nicht für diese Verantwortung, die auf dir lastet. Aber so, wie ich dich kenne, bin ich zuversichtlich, dass du auch diese Herausforderung meistern wirst. Wenn es einer schafft, dann bist du es, Ferdinand. Und ich freue mich jetzt schon darauf, in einigen Wochen in der Zeitung lesen zu können, dass sich Austro-Daimler mit seinem genialen Technischen Direktor Dr. h.c. Ferdinand Porsche wieder in einer atemberaubenden Erfolgsspur befindet. Glaube mir, so wird es kommen! Genau so!«

Schweigend legten die beiden Männer das letzte Stück ihres Weges zurück. Vor dem Haus der Familie Porsche angekommen, drückten sie sich noch einmal fest die Hand und sahen sich tief in die Augen.

»Mach es gut Ferdinand – und Gottes Segen!«

»Mach es du auch gut, alter Freund. Gottes Segen auch mit dir, Emil!«

Es sollten noch einige harte Wochen vergehen, bis es Ferdinand Porsche tatsächlich gelang, in beinahe letzter Minute das Ruder entscheidend herumzureißen. Auch wenn nun Leute im Aufsichtsrat das Sagen hatten, deren Mitwirken letztlich seine eigene Karriere bei Austro-Daimler beenden würde. Aber bis dahin würde noch viel Wasser den Wiener Neustädter Kanal hinunter in Richtung Donau fließen.

Porsche und seine Männer legten ein enormes Arbeitstempo vor. Von frühmorgens bis spät in der Nacht sah man die Ingenieure an ihren Zeichentischen stehen, in kleinen Gruppen die verschiedensten Lösungswege erörtern oder in der Montagehalle über einem Motor gebeugt diskutieren. Selbst an den Sonntagen kam der engere Kreis um Porsche in die Firma, um das Programm für die nächste Woche zu besprechen und die Arbeit der vergangenen Woche mit dem Chef noch einmal kritisch zu beleuchten. Gleich nach der heiligen Messe, die Porsche nur ungern versäumte. Regelmäßig wurde der Generaldirektor dabei von seinem Sohn Ferry begleitet, anfangs zum heimlichen Erstaunen der Konstrukteure, die sich nicht genug darüber verwundern konnten, weshalb der Bub bei dem schönen Wetter denn nicht viel lieber draußen mit den anderen Burschen spielte. Im Alter von 12 oder 13 Jahren interessierte man sich doch nicht für nüchterne technische Zeichnungen, damals hatten sie selbst ganz andere Flausen im Kopf gehabt. Doch Ferry wich nicht von ihrer Seite und spitzte aufmerksam die Ohren, auch wenn sein Vater trocken kommentierte: »Der Bub versteht eh nix!«

Zur eigenen Freude sollte sich der Papa gewaltig täuschen.

*

Es war im Frühjahr des Jahres 1920. Leise pirschte sich der Mann an seine in der Küche hantierende Frau und stupste sie plötzlich in die linke Seite.
Mit einem Aufschrei zuckte Aloisia zusammen und blickte in die grinsende Miene ihres Ehemanns.
»Aber Ferdinand! Beinahe hättest du mich zu Tode erschreckt!«
»So schnell stirbt man nicht, Louis.«
»Trotzdem … Aber sag, was machst du denn am helllichten Samstag um diese Uhrzeit schon zuhause – hast du etwa nichts mehr zu tun?«
»Jede Menge – aber nur für mich, für dich und für die ganze Familie.«
»So, so.« Aloisia konnte sich über das ungewöhnliche Verhalten ihres Mannes nicht genug wundern.
»Ja, doch, lass das Essen stehen, ich habe für diesen Mittag etwas ganz anderes mit euch vor – wir machen einen Ausflug zusammen mit den Kindern.«
»Aha und wohin bitte schön soll es gehen?«
»In die Bucklige Welt – bei diesem wunderschönen Wetter können wir sogar im offenen Wagen fahren. Das ist eine traumhafte Fahrt dort hoch.«
»Das ist in der Tat eine gute Idee!«
Die Fahrt führte die Familie bis nach Hochwolkersdorf zu einer herrlich im Wald gelegenen nagelneuen Jagdhütte.
»Wie schön!«
»Ja. Das ist sie!«
»Das ist was?«
»Das ist unser neues Wochenendrefugium«, strahlte Porsche mit der Sonne um die Wette. »Louisenhütte soll sie heißen. Da könnts ihr euch nach Belieben aussuchen, wer nun gemeint ist«, zwinkerte er seiner Frau und seiner Tochter fröhlich zu. »Nachher kommt übrigens der Pries-

ter, denn selbstverständlich wird die Hütte noch in aller Form geweiht. So wie sich das für eine gute katholische Familie auch gehört.«
»Da Papa, schau mal wer da kommt«, deutete Ferry auf das Ende der Lichtung.
»Ah. Das sind schon die Jagdhornbläser, die ich für die Messe bestellt habe.«
Es wurde eine herrliche Zeremonie, bei der beinahe die gesamte Einwohnerschaft des benachbarten Dorfes zugegen war. Zu Porsches großer Freude hatte der Pfarrer von Hochwolkersdorf eine wunderbar launige Predigt gehalten, der nun eine ausgelassene Einweihungsfeier folgen konnte, zu der selbstverständlich alle Gäste des Gottesdienstes vom spendablen Jagdhüttenbesitzer eingeladen waren. Zur Feier des Tages gab es Würstelgulasch aus dem großen eisernen Topf und dazu sogar echtes Bier aus Pilsen! Kein Wunder also, dass sich das festliche Ereignis mit Gesang und ausgelassener Fröhlichkeit bis spät in die Nacht hinein zog und selbst die Kinder nicht im Traum an ein früheres ins Bett gehen dachten. Erst kurz vor Morgengrauen zog sich die Porschefamilie mitsamt den Jagdgehilfen, Waldhütern und Dienstmädchen zum Übernachten in die verschiedenen Zimmer der komfortablen, herrlich nach frischem Holz duftenden Hütte zurück.
Kaum erwacht, stand dem stolzen Jagdhüttenbesitzer am nächsten Vormittag der Sinn nach einer kleinen Ausfahrt mit seinem elfjährigen Sohn. »Weißt du was, Ferry. Du setzt dich jetzt hier auf meinen Schoß, dann kannst du das Auto sogar selber lenken. Willst du?«
Und ob der kleine Porsche wollte!
Ferdinand Porsche nickte lächelnd. »Na dann: Gehmma gehmma!«
Gesagt, getan. Und schon brausten die beiden davon – verfolgt von den skeptischen Blicken der ein wenig besorgten Mutter
Allein an Ferrys begeisterten Jauchzern war heraus zu hören, wie der Junge die rasante Fahrt aus vollem Herzen

genoss und wie stolz er darauf war, jetzt den Wagen tatsächlich mit einer kleinen Handbewegung auf die linke oder rechte Straßenseite bugsieren zu dürfen.
»Aber schön vorsichtig, hörst du? Nicht, dass wir in der Wiese landen und dann von deiner Mutter gehörig ausgeschimpft werden!«
Die Steuermanöver des jungen Fahrers gelangen wunderbar: sehr zur Freude des überstolzen Papa. »Hier sitzt also der nächste Porsche, der ein Automobilkonstrukteur werden wird …«
»… und ein Rennfahrer!« ergänzte sein Sohn mit stolz in die Höhe gerecktem Kinn.
»Das auch!« lachte Porsche vergnügt. »Willst du einmal spüren, wie es ist, wenn man das Fahrzeug selber beschleunigt?«
Was für eine Frage. Natürlich wollte der Junior.
»Dazu muss ich kurz anhalten, damit du von meinem Schoß rutschen kannst und mit deinen Beinen das Gaspedal und die Kupplung erreichst.« Auch diese Hürde war bald gemeistert: »Also? Fertig?«
»Ja! Soll ich die Pedale durchdrücken?«
»Ja!«
»Jetzt?«
»Natürlich jetzt! Auf geht's! Gehmma, gehmma!«
Konzentriert schloss der Junge die Augen und stieg dann mit dem rechten Bein kräftig auf das Gaspedal, während er das linke von der Kupplung nahm.
Laut aufheulend schoss der Wagen nach vorne
»Das langt Ferry, das langt!«
Doch Ferrys Bein blieb fest auf dem Gaspedal.
»Ich habe gesagt, es langt Ferry! Pass auf, da vorne kommt eine Hauswand!« War es das Erschrecken über die eigene Courage, lag es am Tempo oder an den dröhnenden Motorengeräuschen? Jedenfalls schien der jugendliche Rennfahrer wie versteinert, während er mit weit aufgerissenen Augen nach vorne starrte.
Hektisch fingerte Ferdinand Porsche nach der Handbrem-

se während er mit der linken Hand weiter krampfhaft das Lenkrad umklammert hielt. Es schien ihm eine halbe Ewigkeit vergangen, bis er es endlich schaffte, die Handbremse fest anzuziehen, wodurch der Wagen ins Schlingern geriet und die beiden Passagiere kräftig durchgeschüttelt wurden – was immerhin bewirkte, dass Ferrys Fuß dadurch glücklicherweise vom Gaspedal rutschte. Die Geschwindigkeit verlangsamte sich damit deutlich – doch fatalerweise war das Tempo immer noch hoch genug, um den Wagen auf seiner rechten Seite gegen die Hauswand zu drücken. Das hässliche Kratzgeräusch, als die Metallverkleidung des Fahrzeugs am Mauerstein entlang scheuerte, ging ihnen durch Mark und Bein. Schließlich kam das Gefährt zum Stehen. Einen kurzen Moment lang herrschte Totenstille, dann atmete Porsche tief durch.

»Du meine Güte!« Zitternd wischte er sich mit dem Handrücken den kalten Angstschweiß von der Stirn, um sofort darauf seinen leichenblassen Sohn wütend ins Visier zu nehmen: »Wieso hast du denn deinen Fuß nicht vom Gaspedal genommen, wie ich es gesagt habe?!«

»Ich … ich … ich hab nicht mehr gewusst , wie … wie ich …« Die hilflosen, bitteren Tränen, die nun über Ferrys Wangen rannen, ließen den Zorn seines Vaters im Nu verrauchen.

»Ist ja schon gut – uns ist ja nichts passiert.« Er fuhr seinem Sohn beschwichtigend über die Haare, dann stemmte er sich gegen die durch den Aufprall verklemmte Wagentür und kletterte heraus, um den Schaden am Fahrzeug zu inspizieren. Nach der ersten Inaugenscheinnahme schien es sich glücklicherweise um einen reinen Blechschaden zu handeln, ansonsten war wohl weiter nichts passiert, was sie an einer Rückfahrt hätte hindern können.

»Alles noch mal gut gegangen«, konstatierte er erleichtert. Auch der zunächst wenig begeisterte Hausbesitzer war in Form einer großzügigen finanziellen Entschädigung für die leicht beschädigte Fassade bald zufrieden gestellt, so dass es – nun freilich mit Ferdinand Porsche an Gaspedal und Steuer – bald wieder zurück zur Jagdhütte gehen konnte. Aus naheliegenden Gründen war zwischen Vater und Sohn auf der Fahrt vereinbart worden war, der Mama nichts von dem kleinen Malheur zu verraten, das ihnen gerade widerfahren war. Während der Lenker den Wagen so geschickt neben der Hütte abstellte, dass dessen verbeulte Seite den ahnungslosen Blicken seiner Louis tatsächlich verborgen bleiben würde, schaffte es der kleine Ferry mit bewundernswerter Selbstbeherrschung, keiner Menschenseele etwas von ihrem vorherigen Missgeschick zu erzählen. Lediglich die verschwörerischen Blicke, begleitet von einem amüsierten Grinsen, die während des Mittagessens zwischen Vater und Sohn mehrmals hin und her wechselten, ließen in Aloisia einen gewissen Argwohn aufkeimen. Irgend etwas schienen die beiden angestellt zu haben, von dem die Mutter offenbar nichts wissen durfte. Aber was konnte das sein? Die Frage blieb genauso unbeantwortet, wie sie bald darauf auch schon vergessen war.

Die ganze Familie genoss seither diese wunderbaren Wochenenden in der Louisenhütte mitten im Wald. Selbst die Kinder konnten es die Woche über kaum noch erwarten, bis sich der Wagen endlich wieder in Richtung Hochwolkersdorf in Bewegung setzte. Für Ferdinand Porsche war es das Schönste, gleich bei Tagesanbruch zusammen mit dem Jagdgehilfen in der erwachenden Natur auf die Pirsch gehen zu können. Es war herrlich, wie ihn der Wildhüter wieder und wieder auf die zahllosen Kostbarkeiten am Wegesrand aufmerksam machte, über die er ansonsten ahnungslos hinweg gestolpert wäre.
Die Jagd als solche hatte es ihm freilich überhaupt nicht angetan. Das war nicht sein Metier. Dieses eine einzige Mal hatte ihm völlig gereicht. Damals, kurz nach der Einweihung der Hütte, als er von seinem Jäger bei einem Pirschgang im Morgengrauen auf das Reh aufmerksam gemacht worden war, das direkt vor ihnen auf der Lichtung äste, wie er dann auf ein kurzes Kopfnicken seines Begleiters hin

diesen Schuss abgefeuert hatte, der das Tier zwar niederstreckte aber, wie der schockierte Porsche beim Näherkommen bemerken musste, nicht getötet hatte. Und wie ihn das hilflos am Boden liegende Reh mit seinem Auge angstvoll anstarrte! Seinen Peiniger, der es mit einem Schuss aus dem Hinterhalt einfach niedergestreckt hatte. Wie er dem Reh auf das unwirsche Geheiß des Jägers dann endlich den Gnadenschuss gegeben hatte. Eine bedrückende Erfahrung, die ihn den ganzen Tag über verfolgte, sogar noch in der darauf folgenden Woche. Immer wieder schob sich der vorwurfsvolle Blick des unschuldigen Rehs zwischen die Konstruktionszeichnungen. Seitdem stand für ihn fest, dass er nie wieder ein Tier töten würde. Die paar Mal, bei denen sich Ferdinand Porsche überhaupt noch zur Teilnahme an einer Jagdgesellschaft überreden ließ, konnte man an den Fingern einer Hand ablesen. Und wenn er eine Kugel aus dem Gewehr abfeuerte, dann schoss er absichtlich daneben. Was zum Ärger der anderen Jäger den für Porsche durchaus willkommenen Nebeneffekt mit sich brachte, dass das Wild damit erfolgreich verscheucht war …
Von dieser Warte aus betrachtet war ihm sogar das Pilzesammeln allemal lieber. Eventuell auch noch das Angeln. Mit all seinen lästigen Begleitumständen. Denn nachdem es ihm schon bei der Pilzsuche viel zu lange dauerte, bis der Korb endlich gefüllt war, bereitete die Anglerei dem rastlosen Zeitgenossen schon nach wenigen Minuten einen stetig wachsenden Verdruss. Die Zeiger der Uhr rückten unaufhörlich vor, die Zeit zerrann, doch die Fische wollten einfach nicht anbeißen. Man brauchte folglich niemals lange zu warten, bis Porsche seine Angel missmutig ins Gras warf und verfolgt von den amüsierten Blicken seiner Familie zurück in die Hütte stapfte, um sich einem anderen Zeitvertreib zu widmen. Beispielsweise der Konstruktion von Windrädern. Das ging schneller – und vor allem: man konnte etwas sehen. Außerdem brauchte dabei kein Tier zu leiden.

Der erste Weihnachtstag im Jahr 1920. »Und um das Autofahren noch besser zu erlernen, bekommst du von mir dieses Geschenk gemacht. Du weißt ja inzwischen, was es mit dem Gaspedal, dem Lenken und dem Bremsen auf sich hat, nicht wahr?« zwinkerte Ferdinand Porsche seinem Sprössling mit verschwörerischer Miene zu.

Ferry konnte sein Glück kaum fassen, als der Papa am Weihnachtsmorgen in der Versuchswerkstatt mit weit ausgestrecktem Arm auf einen länglichen, mit einem großen weißen Leintuch abgedeckten Gegenstand deutete. »Du kannst das Tuch jetzt weg ziehen«, ermunterte er den Elfjährigen, dessen Hände vor lauter Vorfreude zitterten, seit er ahnte, was unter dem Leintuch verborgen sein könnte. Nach einem ersten Moment der völligen Stille, in dem Ferry buchstäblich der Atem stockte, brach sich die Freude in einem gewaltigen Jubelschrei die erwartete Bahn: »Ein Automobil – ein richtiges Automobil! Papa, das ist ja einmalig. Ein richtiges Auto!«

»Nun ja – im Kleinformat halt«, schmunzelte Porsche. »Aber durchaus ein richtiges Automobil.«

»Mit einem echten Benzinmotor!«

»Und mit allem anderen, was sonst noch zu einem Automobil gehört.« Er hatte es in den zurückliegenden Wochen selbst konstruiert – für seinen technikbegeisterten Sohn, der ja eines Tages in seine Fußstapfen treten würde. Da konnte man nicht früh genug damit beginnen, ihn allmählich auch in der Praxis an die Dinge heran zu führen. »Verbunden habe ich damit freilich die Hoffnung, dass du nicht wieder Bekanntschaft mit einer Hauswand machen willst. Das könnte schmerzhaft werden, denn das Automobil ist nämlich ganz schön rasant.«

»Wie schnell ist es?«

»Nun ja ...« Porsche wiegte abschätzend den Kopf, »wenn ich richtig gerechnet habe, dann komme ich schon auf 50 Stundenkilometer.«

»50 Stundenkilometer! Aber Ferdinand!« Unbemerkt von ihren automobilbegeisterten Männern hatte inzwischen auch Aloisia Porsche die Werkstätte betreten. »Das ist doch viel zu viel. Das ist ja lebensgefährlich!«

»Ach was«, wischte er die Bedenken lässig beiseite. »Ich habe mit ihm ja schon oft geübt und weiß von da her, dass unser Ferry damit umgehen kann. Nicht wahr, Ferry?«

Während sein Sohn begeistert nickte, schüttelte die Mutter zweifelnd ihren Kopf. »Ein elfjähriger Bursche in so einer Rennmaschine! Das kann doch nicht gutgehen. Also ich weiß nicht …«

»Mama. Ich kann das wirklich!«

»Na ja … Können vielleicht. Aber selbst wenn: du darfst das doch gar nicht«, verlegte sie sich nun auf eine andere Taktik. »Denn das wird die Polizei nicht erlauben.«

Doch so stichhaltig dieses Argument auch klingen mochte, hatte sie die Rechnung ohne den Wirt in Gestalt ihres Mannes gemacht. »Wenn der Ferry damit auf dem Werksgelände bleibt – und auf den Straßen in der Nähe, dann schon«, grinste Porsche senior. »Ich habe schon mal ein bisschen vorgefühlt: Die Polizei weiß ja, um wen es sich handelt – die drücken da gerne ein Auge zu. Ausnahmsweise halt …«

»Also ich weiß nicht …«

»Wann kann ich denn endlich einmal probefahren?« mischte sich Ferry voller Ungeduld in die Debatte seiner Eltern.

»Meinetwegen sofort – dann kannst du deiner Mama nämlich zeigen, wie gut du das Fahrzeug lenken kannst. Bist du bereit?«

Natürlich war Ferry bereit.

»Also steig ein.«

Während seine Ehefrau das automobile Treiben, dem sie wieder einmal keinen Einhalt gebieten konnte, mit skeptisch gerunzelter Stirn verfolgte, machte sich der Konstrukteur an die Startvorbereitungen.

»So – und nun erst die Kupplung drücken, den Anlasser betätigen, Gang rein, noch mal den Anlasser!«

Ein lauter Knall, dem eine dunkle Rauchwolke folgte, das

Aufheulen des Motors, ein kurzer Warnruf: »Achtung!« und schon setzte sich das Vehikel ruckelnd in Bewegung.
»Na also!« Freudestrahlend rieb sich Ferdinand Porsche die Hände. »Er fährt. Und schau nur, wie gut er es kann.«
»Also ich weiß nicht …« zeigte sich die Mutter nach wie vor wenig begeistert von der väterlichen Weihnachtsüberraschung für den Sohn, von deren Existenz sie nicht die geringste Ahnung besessen hatte. »Du hättest mir ja wenigstens sagen können, was du vorhast!«
»Und was wäre dann gewesen? Dann hättest du mir sicherlich gesagt, ich soll es bleiben lassen, nicht wahr?«
»Ja, das hätte ich.«
»Na eben drum …«
»Wie na eben drum?«
»Ja Louis. Das ist doch klar: genau deshalb habe ich es bleiben lassen«, erklärte ihr Ehemann mit breitem Grinsen. »Ich wusste ja, dass du nein sagen würdest – und um nicht gegen deinen erklärten Willen handeln zu müssen, habe ich dir also erst gar nicht gesagt, was ich im Schilde führe. Ist doch logisch, oder?«
Aloisia Porsche richtete einen schicksalsergebenen Blick zum Himmel. »Ach Ferdinand! Was bist du nur für ein alter Kindskopf!« Kopfschüttelnd verfolgte sie die Fahrt ihres Sohnes in dem kleinen Wagen, der inzwischen in einem immer rasanteren Tempo um die Kurven fegte. »Und der hier, der ist bereits derselbe. Ein würdiger Nachfolger seines Vaters. Wie heißt es doch so treffend: Der Apfel fällt nicht weit vom Stamm …«
»Zum guten Glück«, strahlte der Konstrukteur. »Schau nur einmal, wie gut er den Wagen schon beherrscht. Unser Ferry, der hat tatsächlich Benzin im Blut. Herrlich!«
Es sollte nicht allzu lange dauern, bis sich die Arbeiter auf dem Werksgelände, die Nachbarschaft der Porsches und auch die Gendarmeriebeamten von Wiener Neustadt daran gewöhnt hatten, dass zu jeder nur denkbaren Tageszeit plötzlich ein kleines Fahrzeug durch die Gassen flitzte, das von einem elfjährigen Burschen gesteuert wurde, der

es immer ganz besonders eilig zu haben schien. »Eben ganz der Herr Papa, unser junger Herr Porsche!« lachten die Leute kopfschüttelnd, wenn der Junior seinen »Ziegenbockwagen« wieder einmal mit quietschenden Reifen um die Kurve steuerte und es mit viel Geschick und ebenso viel Glück schaffte, den Kräften der Fliehkraft mit knapper Not Paroli zu bieten.

*

Inzwischen war das Jahr 1921 angebrochen.
»Ferdinand, wo bist du?«
»Hier bin ich, Louis!«
Aloisia Porsche stemmte die Hände in die Hüften und schüttelte mit einem nachsichtigen Lächeln den Kopf. »Das hätte ich mir ja denken können, dass ich dich in der Garage finde – und natürlich über einen Motor gebeugt …«
»Stimmt!« Ihr Mann richtete sich auf und erwiderte das Lächeln. »Logisch, wo sonst hättest du mich auch suchen sollen, wenn nicht hier …« In einer Verständnis heischenden Geste breitete er die Arme weit aus, während er sich eine Haarsträhne aus der Stirn wischte. »Hast du mich aus einem bestimmten Grund gesucht? Was gibt es denn so Dringendes, das du mit mir besprechen willst?«
Schlagartig wurde die Miene seiner Frau ernst. »Wir müssen meine Neffen herholen!«
»Wie? Welche Neffen meinst du denn?«
»Na den Ghislaine und den Herbert.«
»Auf einen Urlaub in Wiener Neustadt. Na ja, gut: wenn du meinst. Aber die sind doch in London zu Hause.«
»Nicht mehr lange, fürchte ich – mein Bruder, der Otto also, und seine Frau haben sich nämlich getrennt.« Sie deutete auf das Schreiben in ihrer Hand. »Das habe ich gerade in diesem Brief von ihm lesen müssen.«
Schon seit 1906 hielt sich Otto Kaes, Aloisias älterer Bruder, auf Vermittlung seines Schwagers als Repräsentant für die Austro-Daimler Gesellschaft in London auf. Dort hatte er auch geheiratet und in der britischen Hauptstadt war im Jahr 1910 Ghislaine und drei Jahre später der zweite Sohn Herbert auf die Welt gekommen. »Ihre Eltern trennen sich, das steht fest.«
»Oh je! Ist das ganz sicher?«

»Ganz sicher«, bestätigte sie mit einem knappen Kopfnicken.
Ferdinand Porsche rümpfte ungehalten die Nase. »Eine Scheidung! Was denkt sich der Otto denn nur dabei?«
Seine Frau zuckte unglücklich mit den Achseln. »Ich weiß es nicht. Dem Inhalt seines Briefes nach, liegt es wohl eher an seiner Frau als an ihm, aber das hilft den Kindern ja auch nicht weiter. Die Mutter scheint sie jedenfalls nicht bei sich haben zu wollen – und so steht mein Bruder jetzt mit seinen zwei kleinen Söhnen da und weiß nicht, was er mit ihnen machen soll.«
»Die armen Burschen! Wie alt sind sie noch mal?«
»Der Ghislaine ist elf und sein Bruder Herbert ist sogar erst acht Jahre alt.«
»Du liebe Güte! Das wird eine harte Zeit für sie werden.« Nachdenklich kratzte sich Porsche am Hinterkopf. »Der Otto ist ein vielbeschäftigter Mann, wie soll er sich da um die beiden Kinder kümmern können? Und dann noch in London! Wenn er wenigstens hier in der Nähe wäre, dann könnte ihm die Familie zur Seite stehen.«
»Eben!« Aloisia fixierte ihren Ehemann aus ernsten Augen. »Deshalb sage ich ja, dass wir handeln müssen und die zwei bei uns aufnehmen sollten. Eine andere Möglichkeit sehe ich nicht. Ich hoffe, du bist einverstanden?«
Ferdinand Porsche nickte nachdrücklich. »Natürlich. Das ist schon in Ordnung so. Du hast recht: wir nehmen sie bei uns auf. Das gehört sich einfach. Und schließlich habe ich ja zu deinem Bruder schon immer das allerbeste Verhältnis gehabt. Insofern ist es wirklich sinnvoll und naheliegend, dass seine Kinder jetzt zu uns kommen. Die einzige Frage, die sich mir dabei stellt, ist nur, ob unser Haushalt nicht allmählich aus allen Nähten platzt. Wir beide, unsere zwei eigenen Kinder, dazu das Dienstmädchen, das ja schon seit einer ziemlich langen Zeit meine Schwester ersetzt, aber auf mich immer noch wie ein Fremdkörper bei uns wirkt – und jetzt auch noch die zwei Burschen aus London. Sind dir das nicht zu viele Leute im Haus?«

Die Antwort erfolgte wie aus der Pistole geschossen. »Wo denkst du hin. Du bist doch eh nie da!«
Die dunklen Augen ihres Gegenübers sprühten Blitze. »Geh!«
Seine Frau bedachte ihn mit einem liebevollen Lächeln. »Ach Ferdinand, das war doch jetzt nicht böse gemeint. Du musst deswegen nicht gleich beleidigt sein. Das ist schlichtweg nur eine Zustandsbeschreibung.«
»So, so.« Ganz offensichtlich hatte ihr Mann an dieser ungeschönten Tatsachenbeschreibung noch immer ziemlich zu kauen. Eine Weile blieb es stumm zwischen den Eheleuten, dann endlich begann er sich zu räuspern. »Ich gelobe Besserung«, krächzte Porsche rau.
»Aber Ferdinand. Das brauchst du doch gar nicht tun. So wie es ist – und vor allen Dingen: wie du bist – so ist es doch recht. Ich wollte dir auf deine Frage lediglich eine ehrliche Antwort geben, mehr nicht. Das passt schon, wenn die zwei Engländer zu uns kommen. Platz ist in der Villa ja eh mehr als genug vorhanden.«
»Dann kann ich nur hoffen, dass unsere Hunde die beiden nicht gleich zerfleischen werden«, grinste der Hausherr erleichtert.
»Die Sorge kann ich dir nehmen. In der Familie Kaes kann man mit Tieren umgehen. Du wirst schon sehen, das passt alles.«
»Schön. Damit wäre also auch das geklärt.« Porsche rieb sich die Hände. »Und unser Ferry wird sich natürlich besonders freuen, wenn er mit dem Gilain auch gleich noch einen Spielkameraden geschenkt bekommt. Sie sind ja beinahe gleich alt.«
»Dann sind wir ja wieder einmal einer Meinung«, lächelte Aloisia zufrieden.
»Aber was für ein seltsamer Vorname, den dein Bruder dem armen Burschen da gegeben hat. Man schreibt ihn ja Ghislaine – ausgesprochen wird es hierzulande aber Gilain. Also komplizierter kann es wohl kaum noch gehen. Das ist doch ein Quell' für ewige Missverständnisse. Wie

kann man nur auf eine solche Namensgebung kommen!« Verständnislos schüttelte Ferdinand Porsche seinen Kopf. »Na ja«, zuckte Aloisia mit den Schultern. »Die Sache mit dem Namen ist nun wirklich das kleinste Problem. Hauptsache, wir sind uns im Grundsatz einig. Ich werde meinem Bruder gleich heute noch nach London kabeln, dass er uns seine Kinder schicken soll.«

Bereits wenige Tage später standen zwei verschüchterte, elf und acht Jahre alte Burschen samt zwei großen Koffern vor der Wohnungstüre der Villa in Wiener Neustadt. Testfahrer Josef Goldinger, der auch als Porsches privater Chauffeur fungierte, hatte sie auf ausdrückliches Geheiß seines Chefs in Wien direkt vom Bahnhof abgeholt. »Damit die beiden Halb-Engländer in Österreich nicht verloren gehen. Ich fürchte nämlich, die verstehen kein Wort, wenn ihnen jemand auf Österreichisch etwas erklärt«, hatte er schmunzelnd angefügt. »Also pass auf, Pepperl, dass du die beiden möglichst schon auf dem Bahnsteig in Empfang nehmen kannst, nicht dass sie uns gleich bei der Ankunft abhanden kommen.«

Es war alles gut gegangen. »Gilain und Herbert! Herzlich willkommen. Wie schön, dass ihr endlich gekommen seid!« Voller Freude stürmte Aloisia Porsche auf ihre beiden Neffen zu und umarmte sie innig. »Willkommen in Wiener Neustadt, willkommen in eurem neuen Zuhause!« Sie bemerkte die verstohlene Träne wohl, die bei diesen Worten über die Wange des blassen achtjährigen Jungen rann, zog es aus guten Gründen aber vor, sie zu übersehen.

Der zwölfjährige Ferry und seine 17 Jahre alte Schwester Louisl betrachteten ihre neuen Familienmitglieder mit wesentlich distanzierterer Begeisterung, als ihre Mutter. »Louisl, Ferry! Gebt dem Gilain die Hand«

»Grüß Gott!«

»Und jetzt dem Herbert bitte auch.«

»Herbert: das ist die Louisl – Louisl, das ist unser Herbert, der von nun an auch ein Mitglied von unserer Familie sein wird.«

Dass die Begrüßung durch ihre beiden Sprösslinge eher kühl ausgefallen war, blieb der Mutter natürlich nicht verborgen. Aber mit der Zeit würde es sich schon geben, darin war sie zuversichtlich.

»So – und jetzt werden wir einmal schauen, wo euer Onkel schon wieder steckt. Da gibt es eigentlich nur zwei Möglichkeiten. Entweder in der Garage – oder eher im Arbeitszimmer, wo er sich anscheinend wieder in irgendwelche Konstruktionszeichnungen vertieft hat, dass er eure Ankunft gar nicht bemerkt hat.« Sie klopfte kurz an die Tür des Arbeitszimmers und trat ein. »Ach Ferdinand, hier steckst du. Schau einmal, wen ich mitgebracht habe. Unsere beiden Neffen.« Mit sanftem Druck schob sie die beiden Burschen über die Türschwelle.

»Also: Das hier ist der Herbert und der da, das ist der Gilain.«

»Herbert! Gilain!«, schnaufte Porsche, der sich wieder einmal mitten aus einem kniffligen Konstruktionsdetail gerissen sah. »Grüß Gott ihr beiden. Ich hoffe, ihr werdet euch bei uns wohl fühlen.«

»Ganz sicher, Herr Professor«, flüsterte der Ältere der beiden Knaben. »Und vielen Dank auch, dass Sie uns bei sich aufnehmen, Herr Professor.«

»Du musst doch zum Onkel Ferdinand nicht Professor sagen«, warf Louise kopfschüttelnd ein.

»Doch Tante, der Herr Professor ist nämlich ein großer und berühmter Mann, hat mein Vater zu uns gesagt. Und dass wir dankbar sein sollen, dass er uns bei sich aufnimmt.«

»Oh, mein Bruder – hätte er sich besser um seine Frau gekümmert, als ein solches Zeug zu reden! Also: das ist der Onkel Ferdinand. Punktum. Und nun gut, ich werde euch jetzt erst einmal euer Zimmer zeigen – die beiden anderen werden dann nachkommen und euch beim Auspacken behilflich sein. Ihr werdet euch bald sicher gut verstehen, wartet nur ab.«

Damit waren Aloisias Neffen nun also im Haushalt der Familie Porsche aufgenommen. Wobei es für die beiden trotz der engen Verwandtschaft mit der Hausherrin natürlich galt, eine gewisse Hierarchie zu beachten. Im Gegensatz zu den Kindern der Familie Porsche bewohnten Ghislaine und Herbert Kaes vorerst ein gemeinsames Zimmer in der Villa an der Pottendorfer Straße, und auch am Esstisch warteten sie geduldig, bis sie nach den Porschekindern an die Reihe kamen. Immerhin nahmen sie damit dennoch eine Stellung ein, die sie deutlich von den Hausbediensteten abhob.

Und manchmal bekam Ghislaine schon frühmorgens beim Frühstück, das üblicherweise um halb sieben eingenommen wurde, vom Onkel, wenn der besonders gut gelaunt war, zu seiner übergroßen Freude sogar einen gut gehäuften Esslöffel von dessen Rührei mit Schnittlauch in den Mund geschoben. Ein Gedicht!

Selbst wenn die beiden Burschen zu Beginn ihres Aufenthalts logischerweise noch das Heimweh nach Mutter und Vater plagte: Sie hätten es weiß Gott schlechter treffen können. Dementsprechend groß war die Dankbarkeit, die sie für den Onkel und die Tante seitdem empfanden.

So fremdartig die erste Zeit in der neuen Umgebung für »die beiden Engländer« auch verlief, was vor allem an der für sie ungewohnten Sprache lag, so rasch schmolzen nach wenigen Tagen die gegenseitigen Hemmungen. Und dass ihnen mit dem zwölfjährigen Ferry sozusagen über Nacht ein »älterer Bruder« geschenkt worden war, freute vor allen Dingen den elfjährigen Ghislaine ganz besonders.

In der Tat waren diese beiden schon bald richtige Freunde – immer wieder hatte Ghislaine seinem Cousin von London erzählen müssen – und mit funkelnden Augen war Ferry den Beschreibungen seines neuen Familienmitglieds gefolgt.

Auch bei seiner Schwester Louisl hatte die anfängliche Dis-

tanziertheit einer liebevollen Fürsorge Platz gemacht, die vor allem dem kleinen Herbert galt, der deshalb auch kaum mehr von der Seite der 17-jährigen wich, die er beinahe als eine Art Muttterersatz anzusehen schien.
Bald war auch die Sache mit dem seltsamen Namen geklärt gewesen.
»Jetzt sag einmal, wie es zu diesem komischen Vornamen Ghislaine gekommen ist?«
»Well …« ratlos zuckte Ghislaine mit den Schultern, »ich weiß auch nicht so recht, wie. Es ist aber eben so …«
»Das kenne ich eher als einen seltenen Mädchennamen aus dem französischen«, warf die Louisl ein.
Ghislaine verzog unglücklich sein Gesicht. »Ja, das habe ich auch schon gehört. Das macht die Sache natürlich nicht einfacher für mich. Aber ursprünglich ist es wohl schon ein Männername.«
»Weißt du, was der zu bedeuten hat?«
»Er soll auf einen Heiligen zurückgehen. Einen Mann mit Namen Gisleus, der hat anscheinend im 7. Jahrhundert in Belgien ein Kloster gegründet …«
»Aha …« Ferry kräuselte die Nase. »Also gut, dann erst einmal herzlich willkommen bei den Porsches, Gilain.«
»Und ich?« krächzte der kleine Herbert. »Was ist mit mir?«
»Du natürlich auch«, lachte die Louisl und drückte ihren kleinen Cousin eng an sich. »Herzlich willkommen bei den Porsches, Herbert.«
Das ausgelassene Lachen der vier Kinder war für die erleichterte Aloisia Porsche ein sicheres Anzeichen dafür, dass sich die beiden Kinder ihres Bruders nahtlos in den Familienalltag einfügen würden. Sie waren angekommen. Eine Sorge weniger. Immerhin. Es gab ja schließlich mehr als genug andere Probleme.

Vor allem die sich weiter zuspitzende Lage in der Firma. »Es ist halt ein ständiges Auf und Ab, da kannst du in Fachkreisen so bekannt sein, wie du willst, es bleibt ein ewiger Kampf!« Wenn das schon der normalerweise immer optimistische Ferdinand Porsche ihr gegenüber offen bekannte, dann schienen die Dinge tatsächlich nicht gut zu stehen. Was aber tun? Im privaten Bereich hielt sie ihm den Rücken frei. So dass er sich ganz diesen neuen Herausforderungen widmen konnte, mit denen er sich zu seinem größten Missvergnügen in letzter Zeit viel zu häufig konfrontiert sah. »Bilanzen! Finanzielle Kalkulationen! Und dabei bin ich doch Konstrukteur und kein Buchhalter«, fauchte er. »Was für eine Zeitverschwendung! Zeit, die man viel sinnvoller in neue Motoren, Achsen und Getriebe stecken könnte als in Bücher mit lauter schwarzen und roten Zahlen!«

Aber es musste eben sein. Ein notwendiges Übel. Die Lage war prekär. Da half alles nichts. Zuerst einmal mussten sie die richtigen Automobile bauen. Solche, die der einheimische Markt am dringendsten benötigte. Kleine, kompakte, preisgünstige Modelle. Nicht die viel zu teuren Produkte, die derzeit dicht an dicht gedrängt in den Auslieferungshallen standen. Ferdinand Porsche wusste über die Anforderungen der Kunden bestens Bescheid. Doch für die Entwicklung der kleinen Wagen wollten ihm die Aufsichtsräte kein Geld an die Hand geben – das hatten sie ihm, allen voran der griesgrämige Hauptaktionär und Aufsichtsratsvorsitzende Camillo Castiglioni, unmissverständlich klar gemacht.

Es blieb dem Generaldirektor Porsche also nichts anderes übrig, als sich selbst auf die Suche nach Investoren zu begeben. Denn neue Geldgeber mussten unbedingt gewonnen werden. Dazu brauchten sie dringend wieder Rennerfolge. Natürlich mit den neuen Modellen, deren Konzept bei Porsche gedanklich schon längst konkrete Gestalt angenommen hatte.

Aber woher nur das viele Geld nehmen, das die Entwicklung verschlingen würde?

Es folgte ein wahrhaft turbulentes Jahr: Sommer, Herbst, Winter 1921 – und erst recht dann das von purem Adre-

nalin dominierte Frühjahr 1922! Schlag auf Schlag war es plötzlich gegangen. Erst der neue Investor. Dann die Entwicklung der Prototypen. Die Rennwagen. Die ersten Starts. Und das alles im für Porsche typischen Tempo.
Eher zufällig waren sie einander begegnet: der im ganzen Land bewunderte Austro-Daimler Generaldirektor Ferdinand Porsche und der 35 Jahre alte Alexander »Sascha« Kolowrat. Ein bekannter Lebemann, der aus einer der bedeutendsten Adelsfamilien des untergegangenen Österreich-Ungarn stammte, deren Stammsitz sich auf Schloss Teinitzl südlich von Pilsen befand. Der in New York geborene, weltläufige Kolowrat, hatte nach dem Tod seines Vaters, des Grafen Kolowrat-Krakowsky, ein gigantisches Vermögen geerbt, das er vor allem für Reisen, Automobile und Autorennen verwendete. Dies deshalb, weil »Sascha« Kolowrat in seinen jungen Jahren selbst ein begeisterter Motorradrennfahrer gewesen war, bevor ihm seine wachsende Körperfülle eine natürliche Grenze beim Renneinsatz gesetzt hatte. Dennoch: in diesen beiden, von ihrem äußeren Erscheinungsbild so unterschiedlichen Menschen, waren zwei verwandte Seelen aufeinander getroffen! Zu Ferdinand Porsches ungläubigem Staunen kündigte der voluminöse Kolowrat schon nach wenigen Minuten an, mit seinem Privatvermögen die gesamten Entwicklungs- und Herstellungskosten für einen neuartigen Wagen finanzieren zu wollen. Für eben jenes kleine, preiswerte Automobil, das der heimische Markt momentan dringend benötigte.
Ein kleines Wunder war geschehen. Denn falls der dank Kolowrats Geld entwickelte Prototyp die Zustimmung der Austro-Daimler-Aufsichtsräte finden würde, stünde der Aufnahme einer Serienproduktion nichts im Wege. Sogar Camillo Castiglioni signalisierte sein Einverständnis zu dieser Lösung, worauf sich Porsche und seine Konstrukteure mit Feuereifer auf das neue Modell mit der Typenbezeichnung »ADS-R« stürzten, den sie als Referenz für ihren großzügigen Förderer im internen Sprachgebrauch

den »Saschawagen« nannten. Aus der zunächst provisorischen Bezeichnung sollte später tatsächlich der Markenname »Saschawagen« werden, der stolz auf dem Lüftungsgitter prangte – und der die anfangs mitleidig lächelnde Konkurrenz schon bald in ungläubiges Staunen versetzte.
»Die Targa Florio. Dabei müssen wir gut abschneiden, dann haben wir gewonnen und zwar in jedweder Hinsicht!«
»Die Targa Florio! Ausgerechnet! Sizilien!« Selbst einem Tausendsassa wie Sascha Kolowrat stockte kurzzeitig der Atem, als ihm Ferdinand Porsche im September des Jahres 1921 seine Pläne erläuterte. Und das, obwohl doch gerade erst die Entwicklungsarbeit begonnen hatte!
Nachdem die Überraschung verdaut war, wurden unverzüglich Nägel mit Köpfen gemacht, denn das Rennen im fernen Sizilien sollte so sorgfältig wie möglich vorbereitet werden. Aus diesem Grund reiste Kolowrat zusammen mit dem Ehepaar Porsche und dem zwölfjährigen Ferry (es war das Geburtstagsgeschenk für den Jungen) nach Brescia in Norditalien, um bei dem hier ausgetragenen Rennen von den italienischen Automobilherstellern nähere Details für die am 2. April 1922 geplante 13. Targa Florio in Erfahrung zu bringen – und vor allen Dingen, um sicherzustellen, dass sie eine Zulassung zu dem Rennen erhalten würden.
Die Genehmigung wurde erteilt und so konnte man sich – allen voran der kleine Ferry, der sich, wie die Mutter kopfschüttelnd konstatierte, als »genauso tempoverrückt wie sein Vater« erwies – schon bald dem Autorennen widmen, bei dem die gesamte Elite der italienischen Rennindustrie am Start vertreten war. Von Alfa Romeo über Bugatti, Fiat bis hin zu Maserati und all den anderen. »Die sind uns seit dem Krieg um Meilen voraus«, seufzte Porsche. »Das wird ein hartes Stück Weg bedeuten, um diesen Rückstand wieder einzuholen.«
»Aber dafür sind Sie ja da«, kommentierte Kolowrat trocken.

»Genau, dafür bin ich ja da«, nickte Porsche und bedachte seinen Finanzier mit einem zuversichtlichen Augenzwinkern.

»Und ein reiner Benzinmotor muss es wohl sein, nicht wahr?«

»Ja, leider – schon wegen dem späteren Verkaufspreis«, knurrte Porsche. »Die Elektrofahrzeuge, vor allem die Batterien sind halt immer noch zu teuer. Obwohl …«

»… gemach, gemach. Ich weiß ja, wo Ihre Vorlieben eigentlich zu finden sind«, fiel ihm Kolowrat lachend ins Wort. »Aber zunächst mal wollen wir mit dem geringst möglichen Aufwand das Maximum heraus holen. Und dafür ist nun einmal der Verbrennungsmotor am besten geeignet. Später wird man eventuell weiter sehen …«

»Ja, später – wann immer das sein wird!« Mit einer entschiedenen Geste fuhr sich Porsche über die Stirn, gerade so, als wische er sich damit den Verdruss aus seinen Gedanken. »Aber nun gut. Eins nach dem anderen. Jetzt geht es erst einmal um den »Saschawagen«. Und Sie werden sehen, Herr Graf, wir werden den Zweiflern und Skeptikern schon zeigen, wo die besten Köpfe der Automobilbranche zu Hause sind.«

»Nur zu Herr Porsche, nur zu.« Der massige »Sascha« Kolowrat nickte eifrig. »Ich kann es kaum noch erwarten, bis der erste Wagen einsatzfähig ist.«

Nachdem auch der Prototyp des in Rekordzeit entwickelten »Saschawagens« die Billigung der Aufsichtsräte gefunden hatte, konnten die Planungen für die Aufnahme einer späteren Serienproduktion allmählich beginnen – zeitgleich mit der Weiterentwicklung von immerhin vier Rennmodellen, die sie zum Einsatz bringen wollten. Es mussten ganz besonders robuste Automobile sein, wenn sie den mörderischen Anforderungen der Targa Florio standhalten sollten, denn das Rennen führte bekanntlich über sage und schreibe 432 Kilometer auf den staubigsten Bergstrecken von Sizilien.

Aber dank ihres großzügigen Finanziers waren die finanziellen Aspekte zumindest für den Augenblick in den Hintergrund gerückt.
Es ging wieder aufwärts mit Austro Daimler – so schien es ihnen allen.

Die Targa Florio! Zu seinem übergroßen Verdruss war Ferdinand Porsche durch immer neue Verzögerungen im Alltagsbetrieb bei Austro-Daimler so oft vom letzten Schliff der Rennwagen abgehalten worden, dass er sich mit seinen Ingenieuren nunmehr gezwungen sah, Tag und Nacht durchzuarbeiten, um die vier Rennwagen überhaupt noch rechtzeitig fertig zu bekommen. Jetzt durfte aber wirklich gar nichts mehr schief gehen. Es war buchstäblich der letztmögliche Eisenbahntransport, in den die immer noch nicht fertig gestellten »ADS-R« schließlich verladen wurden. »Der allerletzte Zug, der möglich war. Was für ein Leichtsinn!«, tobte ihr Finanzier, dessen Nervenkostüm sich mittlerweile im Ausnahmezustand befand. »Und was ist, wenn jetzt womöglich die Lok wegen einer Panne liegen bleibt, und sei es nur für drei oder vier Stunden? Bis dahin ist das Schiff nach Sizilien längst ausgelaufen!«
»Das wird schon alles passen. Seien Sie doch froh, dass wir jetzt überhaupt einmal unterwegs sind. Hauptsache, wir haben den Transport noch geschafft.«
»In letzter Minute! Das war die allerletzte Sekunde«, schnaubte Kolowrat unwirsch – und lag mit seinem Verdruss nicht gänzlich daneben, wie Ferdinand Porsche insgeheim eingestehen musste.
Sogar noch in den Transportwaggons legten seine Lackierer Hand an, um während der dreitägigen Eisenbahnfahrt nun endlich in mehreren aufeinanderfolgenden Schichten die rote Lackfarbe anzubringen, die ihren Rennwagen ein besonders spektakuläres Aussehen verleihen würde.
Die Farbe Rot hatte Kolowrat mit voller Absicht ausgesucht, denn es handelte sich dabei bekanntermaßen um die Lieblingsfarbe der italienischem Autohersteller.

Aber es gab noch einen zweiten Grund, denn der clevere Graf Sascha, der sich in jedweder Hinsicht als wahres Organisationsgenie erwies, hoffte, damit eventuellen Banditenüberfällen auf den einsamen Streckenteilen der Targa Florio vorbeugen zu können. »Einen Italiener werden sie niemals ausrauben – nur einen Fremden. Wenn wir aber dasselbe Rot auftragen, wie die Italiener, können wir die Gangster hoffentlich täuschen.« Sein Kalkül ging auf: keiner der Rennwagen geriet in einen Hinterhalt. Die Schwierigkeiten, mit denen man zu kämpfen hatte, waren ganz anderer Natur. Automobiltechnisch eben.

Ebenfalls auf Kolowrats Vorschlag hin waren zur Unterscheidung der einzelnen Wagen die Trümpfe von Spielkarten aufgebracht worden. So prangte auf der Kühlerhaube des von Kolowrat selbst gesteuerten »Saschawagen« ein Herzas, die anderen freuten sich über Pik, Schelle und Karo, letzteres war für den freudestrahlenden Alfred Neubauer reserviert, der es kaum noch erwarten konnte, in Sizilien sein erstes Autorennen überhaupt absolvieren zu dürfen. (Dass ausgerechnet aus dem schlaksigen Neubauer später einmal der legendäre Rennleiter von Mercedes-Benz werden sollte, das konnte zu diesem Zeitpunkt im Frühjahr 1922 natürlich noch niemand ahnen …)

In Neapel erreichte der Zug, verfolgt von den erstaunten Blicken der zahlreichen, hinter Lagerhallen und Büschen versteckten italienischen Späher, gerade noch rechtzeitig den Güterbahnhof. Von dort wurden die inzwischen feuerroten Saschawagen eiligst auf das Transportschiff umgeladen, das sie in die sizilianische Hauptstadt Palermo bringen sollte, die man dank der ruhigen See gerade noch innerhalb des Zeitrahmens erreichte.

Ihr Fahrerlager richteten sie im Hotel »Termini« ein, wo sich mehrmals täglich die gesamte Mannschaft versammelte, um die ersten Testerfahrungen zwischen den Piloten und den Mechanikern auszutauschen und über die letzten technischen Änderungen, soweit sie überhaupt noch machbar waren, zu diskutieren.

»Sascha« Kolowrats Organisationstalent schwang sich unterdessen zu immer neuen Höhenflügen auf. Nicht nur, dass er die oft todmüde Truppe mit seinen täuschend echten Imitationen der verschiedensten Motorengeräusche herrlich zu unterhalten verstand, er sorgte auch höchstpersönlich dafür, dass jedes einzelne Mitglied der Austro-Daimler-Mannschaft mit seinem Zimmer und der Verpflegung bestens zufrieden sein konnte. Keinem mangelte es auch nur am winzigsten Detail. »Eine gute Stimmung ist schließlich die halbe Miete«, erklärte Kolowrat und wackelte dabei vergnügt mit seinem Doppelkinn.
Dann endlich kam der Tag des Rennens. Die Targa Florio! Während die Rennfahrer unmittelbar vor dem Start des Rennens ihre Herzen kräftig pochen spürten, hielt ihnen der unglaubliche Graf »Sascha« plötzlich grinsend eine große Flasche vor die erstaunten Gesichter. »Das ist meine geheime Rennfahrer-Mixtur. Von der nimmt jetzt jeder von Euch einen großen Schluck, denn da ist alles drin, was Ihr braucht. Damit ist gewährleistet, dass euch während des anstrengenden, langen Rennens keine Müdigkeit überfallen kann.«
Nachdem die Mienen der anderen sichtbar skeptisch blieben – so mancher erinnerte sich nämlich voller Unbehagen an die zahlreichen geheimnisvollen Fläschchen, mit denen der schrullige Adelsspross in den vergangenen Tagen hantiert hatte – preschte »Sascha« Kolowrat auch in dieser Angelegenheit wieder einmal mutig vor. Mit einer entschlossenen Bewegung schnipste er kurzerhand den Verschluss vom Flaschenhals und nahm einen imponierend großen Schluck aus der Pulle. Ohne auch nur im geringsten das Gesicht zu verziehen, ließ er das sonderbare Gebräu durch seine Kehle rinnen, bevor er es dem nächsten Wagenlenker

entgegen streckte: »So – und nun Augen zu und runter damit!«
Einer nach dem anderen nahm die Flasche in die Hand und setzte sie zögerlich an die Lippen – dann endlich war es geschafft. »Und alle sind wir noch am Leben«, lachte der Graf fröhlich.
»Was war denn nun eigentlich da drin«, wagte Neubauer schließlich – wenngleich im Grunde genommen viel zu spät – die entscheidende Frage.
»Das ist ja eigentlich mein Geheimrezept. Aber gut, weil Ihr alle so tapfer gewesen seid, will ich's verraten …« Kolowrat senkte seine Lautstärke und stellte eine verschwörerische Miene zur Schau. »Also: es handelt sich um eine Mixtur aus einem extra starken Bohnenkaffee, Zucker, Malaga und Eigelb. Das gibt uns die nötige Kraft und Durchhaltevermögen. Denn eines müsst Ihr euch vergegenwärtigen: das wird gut und gerne sieben, wenn nicht gar acht oder neun Stunden dauern, bis endlich die Ziellinie in Sicht kommt. Dazu braucht man eine ordentliche Menge an Energie. Und genau dazu ist diese Mixtur geeignet. Vor allem das Eigelb darin. Das war sozusagen noch das Tüpfelchen auf dem i, auf das ich erst vor zwei Tagen gekommen bin. Genial, oder? »
»Eigelb!« Alfred Neubauer griff sich mit der rechten Hand unwillkürlich an die Kehle. »Womöglich rohes Eigelb?!«
»Ja was denn sonst?« raunzte der Zauberlehrling. »Sonst wäre es ja nicht trinkbar gewesen.«
»Und Wein! Ich fasse es nicht! Wie kann man denn einem Rennfahrer kurz vor dem Start noch Wein einflössen?!« Ferdinand Porsche schlug fassungslos die Hände über dem Kopf zusammen.
»Weil der Wein ein hervorragendes Stärkungsmittel ist und ich ja auch noch einen gewaltig starken Bohnenkaffee dazu gemixt habe«, maulte Kolowrat, nun hörbar beleidigt. »Aber wenn die Herrschaften mir nicht trauen wollen, bitte schön. Ich bin ja schließlich nur der Finanzier dieses ganzen Abenteuers.«

Es bedurfte einiger Mühe von Seiten der gesamten Rennmannschaft, um den »etwas angefressenen« Grafen wieder versöhnlicher zu stimmen.
»Na gut Kinder«, ballte Kolowrat endlich die Hände zu Fäusten. »Schluss nun mit allen persönlichen Eitelkeiten. Jetzt schreiten wir endlich zur Tat! Mir nach!«
Selbst einem ansonsten immerzu so optimistischen Menschen wie Ferdinand Porsche rutschte das Herz regelrecht in die Hose, als er die imposante Phalanx der insgesamt 42 Rennwagen erblickte, die hinter der Startfahne in langer Reihe aufgereiht waren.
Auch Neubauer drückten ähnliche Gefühle. »Da sind wir aber die mit weitem Abstand schwächsten, wenn man diese PS-Protze so stehen sieht. Wir haben keine Chance …«
»… aber genau diese werden wir nutzen«, fiel ihm der Graf streng ins Wort. »Abgerechnet wird bekanntlich erst zum Schluss – und selbst wenn wir im Hinblick auf die Pferdestärken und den Hubraum vielleicht nicht werden mithalten können, so bedenken Sie bitte, dass wir über den mit Abstand besten Automobilkonstrukteur verfügen, der diese Wagen entworfen hat. Die anderen werden ihr blaues Wunder erleben – wie einstmals Goliath, der den David auch nicht ernst genommen hat. Mit den bekannten Folgen.«
»Ihr Wort in Gottes Ohr«, brummte Neubauer, womit er sich neuerlich einen tadelnden Blick einhandelte, der dieses Mal freilich von Ferdinand Porsche stammte.
»Lass unseren Herrgott aus dem Spiel! Du weißt, ich mag das nicht, Neubauer!«
Keine halbe Stunde später wurde das Rennen gestartet – und schon nach einer knappen Stunde hatte es ausgerechnet den Wagen mit »Sascha« Kolowrat am Steuer erwischt. Mit einem Motorschaden war er ausgeschieden. Als Gipfel der erlittenen Demütigung musste er sich zu allem Überfluss auch noch von einem Eselskarren zum Start- und Zielpunkt zurück bringen lassen, wo der Graf mit hängen-

dem Kopf in einer Ecke kauerte und dem Abschneiden der drei verbliebenen »Saschawagen« in einer Mischung aus Wehmut, Gereiztheit und Anspannung entgegensah.
Am Ende durften sie hoch zufrieden sein. Denn nicht nur, dass die anderen drei tatsächlich das Ziel erreichten, was ohnehin nur 26 der insgesamt 42 Fahrzeuge gelang, sie hatten sich auch höchst achtbar geschlagen: ein fünfter Platz, den Neubauer in der Kategorie Rennwagen erreichte, war dabei das viel bejubelte Spitzenresultat. Der junge Rennfahrer war damit sage und schreibe drei Minuten früher über die Ziellinie gebraust als der nachfolgende »Mercedes«, der doch von seiner Motorleistung her um ein Vielfaches stärker war. Und sogar einen ganz besonders ambitionierten »Alfa-Romeo«- Fahrer hatte Neubauer weit hinter sich lassen können. »Das war mir ein ganz besonderes Anliegen, diesem Angeber zu zeigen, was so ein Austro-Daimler zu leisten vermag, wenn der richtige Fahrer hinter dem Lenkrad sitzt«, lachte der ansonsten nicht zur Überheblichkeit neigende Neubauer schallend. Dem Fahrer des geschlagenen »Alfa-Romeo« sollte er in seinem langen Leben als Fahrer und Rennleiter noch häufig begegnen: sein Name war Enzo Ferrari.
Der kleine »Saschawagen« hatte es auf die staunenswerte Durchschnittsgeschwindigkeit von 55 Stundenkilometern gebracht. Und das über diese enorme Distanz von 432 Kilometern bei den schlechtesten Straßenverhältnissen, die man sich nur denken konnte. Eine gewaltige Leistung, die nicht nur die Konkurrenz, sondern auch die internationalen Fachblätter ins Schwärmen geraten ließen. Austro-Daimler hatte es allen gezeigt. Mit den Produkten aus Wiener Neustadt war wieder zu rechnen. Ein wunderschöner Triumph! Endlich wieder!
Ferdinand Porsche schloss für einen Moment die Augen und atmete tief durch. Es war ein herrliches Gefühl, diesen Erfolg erleben zu dürfen. Nach so vielen Jahren der herben Rückschläge und finanziellen Engpässe. Endlich wieder ein Automobil, mit dem er hatte zeigen können, zu wel-

chen herausragenden Leistungen die Konstruktionsabteilung von Austro-Daimler in der Lage war. Selbst mit den bescheidensten Mitteln. Jetzt müsste es doch auch dem letzten Zweifler klar geworden sein, welcher Weg sie in eine goldene Zukunft führen konnte. Sogar die ewigen Knauserer im Aufsichtsrat sollten diese Erkenntnis gewonnen haben.

Er musste es unbedingt seiner Louis mitteilen. Damit auch seine Ehefrau wusste, dass es tatsächlich weiter gehen konnte: mit der Firma, mit der Fahrzeugproduktion und mit ihrem geliebten Wohnort. Nach diesem Triumph würden sie auf alle Fälle in Wiener Neustadt bleiben können, wo sich seine Louis und die gesamte Porschefamilie so außerordentlich wohl fühlten. Nicht nur wegen der zweifelsohne höchst respektablen Villa – sondern in erster Linie wegen der vielen lieben Bekanntschaften, die sie in all den Jahren geschlossen hatten und wegen der herrlichen Umgebung des Städtchens – nur einen Steinwurf entfernt von der Jagdhütte in Hochwolkersdorf.
Und so hetzte der rastlose Konstrukteur noch am Spätnachmittag in die Telegraphenstation, um seine Ehefrau mit der erfreulichen Nachricht zu versorgen. »Liebste Louis! Der Triumph ist geglückt. Wir haben uns prächtig geschlagen«, kabelte Porsche ausführlich, ohne sich im Geringsten um die Kosten zu scheren, die ein derart üppiges Telegramm von Sizilien bis vor die Tore Wiens verursachen würde. »Leider hat ausgerechnet der arme Kolowrat als einziger mit dem »Saschawagen« einen Motorenschaden erlitten – aber auch er freut sich inzwischen wieder über den Triumph unserer Mannschaft. Sogar einen »Mercedes« haben wir schlagen können. Was glaubst du, wie die Untertürkheimer geglotzt haben! Die Fachwelt liegt uns zu Füßen. Endlich! Ich liebe dich. Dein Ferdinand!«

Kaum zuhause, setzte Porsche gleich einen weiteren Akzent: in großformatigen Zeitungsanzeigen informierte er die (hoffentlich) interessierte Kundschaft über ihren triumphalen Erfolg in Sizilien. Denn natürlich war er sich darüber klar geworden, dass er einen 1. Platz nicht hätte erklären müssen, einen fünften Platz aber sehr wohl – selbst wenn dieser fünfte Platz höher zu bewerten war, als der erste des leistungsmäßig weit überlegenen Siegerwagens. Und so gab also Porsche persönlich einen aufklärenden Text in Auftrag, samt der ganz besonders groß gedruckten Überschrift: »Austro-Daimler ist der moralische Gewinner der Targa Florio 1922.« Sollte die Konkurrenz ob dieser Formulierung vor Empörung auch noch so schäumen – Ferdinand Porsche war es einerlei. Hauptsache, die Serienproduktion der neuen »Saschawagen« konnte dank dieses Triumphes endlich starten.

Von wegen! Wieder einmal zeigte sich der Aufsichtsrat von Austro-Daimler keinem noch so klaren Argument seines Generaldirektors zugänglich, sondern verweigerte dem zornbebenden Porsche auf Betreiben des geradezu provozierend skeptischen Castiglioni die nötigen Gelder zum Beginn der Alltagsproduktion. Ja, mehr noch: dem schockierten Konstrukteur schien es beinahe so, als habe den Herrschaften der Erfolg bei der Targa Florio gar nicht in den Kram gepasst. »Als hätten sie nur darauf gewartet, dass wir eine totale Niederlage erleben, wodurch sie die nötigen Argumente in die Hand bekommen hätten, um mich rauszuwerfen«, schäumte Porsche gegenüber dem zunächst nicht minder fassungslosen Alexander Kolowrat. »Und dafür soll ich weiter meinen Namen hergeben, dass wir Automobile ausliefern, deren Technik hoffnungslos veraltet ist! Man sollte es nicht für möglich halten!«

Der Graf fand als erster wieder seine Linie. Er setzte eine grimmig entschlossene Miene auf und nahm sein Gegenüber dabei fest ins Visier.

»Nun gut, mir geht es in erster Linie jetzt sowieso erst einmal darum, mein eigenes, von dem Motorschaden etwas in

Mitleidenschaft gezogenes Renomee wieder herstellen zu können ...«

»... und das bedeutet?«

»Das bedeutet, dass ich mit einem deutlich verstärkten »Saschawagen« auch bei der nächsten Targa Florio wieder am Start sein möchte und den Herrschaften meine Hinterräder zeigen will. Zunächst aber gibt es noch andere Rennen, die mich ebenfalls reizen würden. Was meinen Sie, Herr Porsche, trauen Sie sich zu, einen etwas PS-stärkeren und auch von der Karosserie her stabileren, neuen »Saschawagen« zu entwickeln, der bis September fertig sein könnte?«

»Bis September?« Porsche lachte trocken auf. »Das könnte ich schon bis August schaffen. Spielend. Wenn man mich nur ließe.«

»Man wird Sie lassen, das versichere ich Ihnen«, deklamierte Kolowrat feierlich. »Ich werde den Herren im Direktorium mit genügend Geldscheinen vor der Nase herum wedeln, dass sie Ihnen in dieser Hinsicht mit Ihrer gesamten Konstruktionsabteilung freie Hand geben. Sie meinen also, ich könnte unsere Wagen für den Großen Preis von Italien in Monza melden?«

»Wann genau ist denn das Rennen?«

»Am 10. September«, erwiderte Kolowrat.

»Am 10. September!« Porsche rollte vielsagend mit den Augen. »Da können wir zwischendurch sogar noch in den Urlaub fahren – wenn wir wollten.«

»Wollen wir aber nicht.«

»Natürlich nicht! Der schönste Urlaub ist für mich eh die Zeit in der Werkstatt bei meinen Motoren«, grinste Porsche und machte sich noch an diesem Abend an die Arbeit am neuen »Saschawagen«. Aller Zorn und Ärger, die ihm noch am Morgen beinahe ein Loch in den Magen gefressen hätten, waren schlagartig wie weggeblasen. Denn ganz plötzlich gab es wieder ein Ziel: die Entwicklung des besten Automobils der Welt. Anstelle der Serienproduktion nun eben wieder ein Rennwagen. Nun denn. Die Herren im

Aufsichtsrat wollten es nicht anders haben. Und er, Ferdinand Porsche, würde sich auch dieses Mal keine Blöße geben. Ganz im Gegenteil. Er würde es allen zeigen. Wieder einmal. Jetzt eben beim Großen Preis von Italien.
»Also dann: gehmma, gehmma!«

Mit Feuereifer gingen die Konstrukteure an ihre neue Aufgabe – und sahen sich nach wenigen Wochen plötzlich mit nie erwarteten Problemen konfrontiert. Dem scheinbar unendlich reichen Alexander Kolowrat schien allmählich das Geld auszugehen! Zumindest konnte man diesen Eindruck gewinnen, nachdem er inzwischen nahezu tagtäglich im Konstruktionsbüro erschien und von Ferdinand Porsche zu dessen wachsendem Verdruss ein ums andere mal die Verwendung von deutlich preiswerteren Materialien einforderte. Bis Porsche eines Tages schließlich der Kragen platzte und er seinen Finanzier mit harschen Worten zur Rede stellte: was die ewige Herumnörgelei an den verschiedenen Rechnungseingängen denn eigentlich zu bedeuten habe. »Ja Kruzitürken, Herr Graf! Was um alles in der Welt ist denn plötzlich in Sie gefahren, uns mit so einem Schmarrn die Zeit zu stehlen?!«
Bei dem ansonsten vor Lebensfreude so überschäumend-voluminösen Grafen zeitigten diese Vorhaltungen eine erstaunliche Wirkung: zerknirscht und sichtlich angeschlagen schilderte er Porsche nun seine Situation. Es handele sich um eine Mischung aus katastrophalen Aktienspekulationen, den Vorboten eines gewaltigen Wirtschaftsabschwungs und nicht zuletzt den Folgen seines sündhaft teuren Lebenswandels in Verbindung mit den gewaltigen Summen, die der neue »Saschawagen« verschlang. »Bedenken Sie doch bitte, dass vor dem, was ich hier als Einzelperson finanziere, oft sogar ganze Unternehmen zurückschrecken. Noch nicht einmal Austro-Daimler selbst hätte die Finanzierung des ersten »Saschawagens« geschafft. Nun aber, so bedauerlich das ist, gehen auch meine Mittel allmählich zu Ende. Es ist wie es ist«, breitete er mit

hängendem Kopf die Arme weit aus. »Entweder, wir finden eine Kompromisslösung – oder es ist alles aus.«
Schon wieder! Wieder einmal sah sich der Konstrukteur mit dem leidigen Finanzthema konfrontiert – und war sich rasch darüber im Klaren, dass Kolowrat natürlich recht hatte mit seiner Einschätzung. Entweder man fand einen Kompromiss, oder das Aus würde kommen.
Eine ganze Nacht lang brüteten sie über den Plänen, bis sie sich dazu entschieden, im Hinblick auf den Materialeinsatz so sparsam wie möglich zu wirtschaften. »Aber dann, wenn wir unter den ersten dreien in Monza abschneiden, dann muss der Aufsichtsrat den Wagen in die Produktion geben und dann bekommen Sie, Herr Graf, die Lizenzgebühren – und können damit die übernächste Rennwagengeneration finanzieren – den Wagen, der dann die Targa Florio dominieren wird. So werden wir es machen. Sind Sie einverstanden, Herr Graf?« lächelte Porsche, der bereits wieder einen Schritt weiter dachte, während er seinem übernächtigten Gegenüber die rechte Hand darbot. Kolowrat schlug mit Freude ein. »Einverstanden, Herr Doktor. So machen wir es – wir werden es allen zeigen.«

Tragischerweise nahm das Schicksal jedoch einen ganz anderen Verlauf.

Zunächst freilich schienen sich die Dinge, aller Geldknappheit zum Trotz, bestens zu fügen. Wieder einmal war es dem Konstrukteur gelungen, unter tatkräftiger Mithilfe seiner begeisterten Männer, die um ihres gemeinsamen Zieles willen keine Überstunde und keinen Sonntagseinsatz scheuten, in Rekordzeit im »ADS-II-R« eine Neuversion des »Saschawagens« zu produzieren. Ein Fahrzeug, das selbst nach Ansicht des immerzu nach weiteren Optimierungsmöglichkeiten fahndenden Porsche äußerst gelungen war. »Damit dürften wir eine echte Chance auf die vordersten Plätze haben. Die Herrschaften bei Bugatti und

Alfa werden sich wundern – und erst recht die Mercedesleute.«
Um weitere Kosten zu sparen, die man lieber für die Hotelübernachtungen ihrer Konstruktionsmannschaft ausgeben wollte, »damit vor Ort immer der geballte Sachverstand in jeder einzelnen Detailfrage vorhanden ist«, wie es Kolowrat begründete, hatte er sich gegen den anfangs gewaltig widerstrebenden Porsche am Ende mit dem Vorschlag durchgesetzt, auf einen kostspieligen Eisenbahntransport der neuen »ADS-II-R« zu verzichten, sondern stattdessen die Automobile selbst als Transportmittel zu benutzen.
»Aber das sind doch Rennwagen und keine Lastkraftwagen«, hatte ihm der Konstrukteur entgeistert geantwortet. »Wir können die Rennwagen doch nicht als Lastesel missbrauchen. Und außerdem: wie sieht das denn aus, wenn wir so in Monza ankommen? Die anderen werden sich vor Lachen biegen.«
»Sollen sie ruhig, je mehr sie lachen, desto weniger werden sie uns auf der Rechnung haben – und am Ende wird ihnen das Lachen schon im Hals stecken bleiben«, entgegnete der Graf seelenruhig.
»Und wo bitteschön sollen dann die Koffer hin?«
»Ach ja, die Koffer«, Kolowrat beschrieb eine wegwerfende Handbewegung. »Die werden wir mit Transportgittern am Heck festzurren.«
»Am Heck festzurren …« echote der um Fassung ringende Porsche. »Das sieht ja aus, wie … wie …« Selten im Leben hatten ihm einmal die Worte gefehlt. Nun aber war es so weit gekommen.
»… das sieht aus, als wenn die »Saschawagen« nicht nur Rennen gewinnen könnten, sondern auch noch im Alltagsbetrieb schwerste Lasten transportieren können. Wir haben damit sozusagen gleich zwei Fliegen mit einer Klappe geschlagen.«
»Zwei Fliegen mit einer Klappe geschlagen … Es … es ist ja nicht zu fassen!« Der in der Tat völlig konsternierte Mann

strich sich mit dem Zeigefinger nachdenklich über seinen schmalen Oberlippenbart. Einerseits kam ein solcher Transport für ihn keinesfalls in Frage, andererseits durfte er aber seinen großzügigen Finanzier auch nicht mit einer schroffen Bemerkung verstimmen. Wie also die Sache dennoch zu Fall bringen? So elegant wie irgend möglich? Einfach war das aber nicht ... Urplötzlich erhellte sich seine Miene: ja da war er! Der rettende Gedanke. »Und wo bitte sollen wir dann die Werkzeug- und die Ersatzteilkisten unterbringen, wenn das Heck schon mit den Koffern besetzt ist?« spielte er mit einem überlegenen Lächeln seine vermeintlich höchste Trumpfkarte aus.

Aber schon seit den Tagen der Targa Florio verfügte Kolowrat bekanntlich über das Herzas. Und Herzas schlägt Karoas. So einfach waren die Spielregeln. Nicht minder einfach, wie Kolowrats Argumente. »Das habe ich längst mit Ihren Karosserietechnikern besprochen ...«

»... Sie haben was? Hinter meinem Rücken mit meinen Technikern gesprochen?! Das wird ja immer besser!« Trotz aller gebotenen Pflicht zur Zurückhaltung trat allmählich der legendäre Porschezorn zu Tage. »Wie können Sie sich nur erlau ...«

»Jetzt machen Sie aber einmal halblang, lieber Herr Doktor«, schenkte Kolowrat seinem empörten Konstrukteur ein mitleidiges Lächeln. »Sie brauchen sich gar nicht so zu echauffieren. Das, worum es mir ging, ist ja kein Konstruktionsdetail, sondern nur eine Übergangslösung. Ein Provisorium.«

»Ein Provisorium! Auch das noch!«

»Jawohl, ein Provisorium!« Auch der Graf steigerte nun seine Lautstärke hörbar. Allmählich wurde es ihm zu bunt mit diesen ewigen Einwendungen. »Und zwar können wir es so machen: hinten auf das Transportgitter schnallen wir die Koffer – aber das hatte ich ja schon erwähnt – und vorne über den Rädern bringen wir große Bleche an – wie gesagt, nur provisorisch – auf denen können dann die Werkzeugkisten befestigt werden. Was zusätzlich den Vorteil eines Gewichtsausgleichs zwischen der Front und dem Heck unserer Wagen mit sich bringt.«

»Du liebe Güte, was für ein Anblick!« stöhnte Porsche, der sich insgeheim gleichwohl eingestehen musste, dass ausgerechnet der so unflexibel wirkende Kolowrat auf eine durchaus pfiffige Variante gekommen war. »Und das sollen dann Rennwagen sein!«

»Das werden sie wieder sein, sobald wir in Monza angekommen sind. Diese Provisorien haben ja – wie schon der Name sagt – den Vorteil, dass sie nur Provisorien sind. Ganz schnell wieder zu entfernen. Und wenn wir erst einmal da sind, dann werden wir der Konkurrenz schon zeigen, dass derjenige, der zuletzt lacht, der Glücklichste ist.«

»Na, wenn Sie also meinen ...« knurrte der Generaldirektor achselzuckend und signalisierte damit, dass er seine Niederlage ohne weitere Widerrede akzeptieren würde, bevor er sich nun wieder über den Motor beugte, an dem sich gerade Fritz Kuhn, einer der als Rennfahrer vorgesehenen Männer, mit einem Schraubenschlüssel fluchend zu schaffen machte.

»Aber Fritz, wer wird denn so gotteslästerliche Schimpfworte gebrauchen. Du weißt doch, ich mag das nicht. Wo liegt denn das Problem, zeig einmal.« Innerhalb von Sekundenbruchteilen war die vorherige Auseinandersetzung damit vergessen und der Konstrukteur schien nur noch Augen und Ohren für das Motorenproblem zu haben, mit dem sich Fritz Kuhn vergeblich herumschlug. Genau das war seine Welt. Die Welt der Motoren, Kolben, Getriebe, Kupplungen, Achsen und Fahrgestelle. Das Lebenselixier für einen Ferdinand Porsche.

Innerhalb von nur zwei Tagen waren die notwendigen Provisorien an den drei Rennwagen angebracht, so dass die Fahrt nach Monza bereits am kommenden Morgen in Angriff genommen werden konnte. Im Nachhinein betrachtet war es wirklich keine schlechte Idee von Kolowrat gewesen, das musste sich Porsche insgeheim eingestehen,

auch wenn ihn der Anblick seiner über und über mit Koffern und Kisten beladenen »ADS-II-R« beinahe zu Tränen trieb. Immerhin hatten sie mit dieser mehr als ungewöhnlichen Maßnahme eine beträchtliche Summe eingespart, die sie in die Lage versetzte, nicht nur mit der kompletten Mannschaft anzureisen, sondern ihren Aufenthalt in Monza auch deutlich auszudehnen. Bereits zwei Wochen vor Rennbeginn konnten sie somit an der Rennstrecke eintreffen und ihre Wagen dadurch in optimaler Weise auf die vor Ort herrschenden Bedingungen einstellen. Für seinen dreizehnjährigen Sohn hatte er sich dabei noch eine ganz besondere Überraschung ausgedacht. Denn Ferry, der sich zur großen Freude des Vaters in jeder freien Minute in der Konstruktionswerkstatt aufhielt (was bei seiner Mutter angesichts der mit unschöner Regelmäßigkeit fürchterlich ölverschmierten Kleidung freilich auf weitaus geringere Begeisterung stieß), hatte in den zurückliegenden Wochen ja immer wieder davon gesprochen, später selbst einmal Rennfahrer werden zu wollen – oder »zumindest so ein Konstrukteur« – so wie der Papa eben.
Natürlich hatte der Vater zu seinem klammheimlichen Amüsement auch durchaus bemerkt, wie sein Sohn ab und zu das eine oder andere Teil von der Werkbank nahm, es in einer Ecke sorgfältig versteckte, um die Beute dann später am Abend abzuholen und sie in seiner eigenen kleinen Werkstatt neben dem Pferdestall zu deponieren. Ein Stück nach dem anderen wanderte so in Ferrys Obhut und es würde gar nicht mehr lange dauern, bis er die komplette Karosserie eines »Saschawagens« würde zusammenbauen können. Leider noch ohne Motor. Noch … Was Ferry freilich nicht ahnen konnte: dass der Papa über alles Bescheid wusste – und großzügig darüber hinweg sah. Mehr noch: er ließ ihn mit Freude gewähren. Den nächsten Konstrukteur der Familie. Einer vom selben Schrot und Korn wie der Vater. Ein echter Porsche eben. Besser hätte man den Burschen gar nicht erziehen können.
Was konnte es also Schöneres für seinen Ferry geben, als

dass er den Papa zum Rennen begleiten durfte! Es hatte zwar Porsches ganzer Überredungskünste bedurft, um dafür die Einwilligung seiner Louis zu bekommen, aber schließlich und endlich hatte sie eingelenkt. »Meine beiden Männer«, ergab sie sich kopfschüttelnd ins sowieso Unvermeidliche. »Ich weiß ja, dass du eh so lange keine Ruhe geben wirst, bis ich meine Zustimmung gegeben habe. Anscheinend hast du unseren armen Ferry jetzt endgültig mit deiner Motorensucht angesteckt – kein Wunder, nachdem du mit dem armen Burschen ja nur über Pferdestärken, Antriebe und Geschwindigkeit redest. Und selbst meine beiden Kaes-Neffen haben inzwischen kein anderes Thema mehr. Ich sags ja: Männer! Zum guten Glück weiß ich unser liebes Louisl an meiner Seite, die scheint in dieser Hinsicht etwas vernünftiger zu sein«, lächelte Aloisia Porsche milde.

»Sag das nicht«, gab ihr Mann schmunzelnd zurück. »Ich habe ihr nämlich als Geschenk für ihren 18. Geburtstag versprochen, dass sie mit mir im neuen Saschawagen die Semmering-Rennstrecke im vollen Tempo mitfahren darf, sobald ich wieder aus Monza zurück bin …« Den Rest des Satzes vollendete er absichtlich nicht – und erreichte damit genau das gewünschte Resultat.

»Na und? Was hat sie dir geantwortet«, stellte Aloisia prompt die erwartete Frage.

»Sie hat vor lauter Begeisterung in die Hände geklatscht und dann hat sie mich umarmt und sich tausendmal bedankt. Das sei das schönste Geburtstagsgeschenk, das sie sich denken könne«, lachte Porsche und betrachtete amüsiert die ziemlich verdatterte Miene seiner Ehefrau, die tatsächlich eine ganz andere Antwort erwartet hatte.

»Das hat sie dir gesagt? Dass es das beste aller Geburtstagsgeschenke sei? Eine Rennfahrt mit dir im »Saschawagen« zu absolvieren?«

»Genau das hat sie gesagt!«

Aloisia Porsche schlug die Hände über dem Kopf zusammen. »Oh diese Porsches. Eine schlimmer als der andere.

Ob Bursche und Mädel – sie sind halt alle vom gleichen Schlag. Wo habe ich da nur eingeheiratet?«
»In die wunderbare Familie Porsche, meine liebe Louis«, grinste ihr Ehemann. »Und gib es ruhig zu: Du hättest es wahrlich schlechter treffen können, nicht wahr?«
»Na, wenn du meinst – dann wirst du ja wohl auch damit recht haben. Und nachdem du ja sowieso grundsätzlich das letzte Wort hast …« schenkte ihm Aloisia ein warmes Lächeln. »Ab mit Euch nach Monza. Aber dass Ihr mir ja gesund wiederkommt, hörst du?«

Im Falle von Ferry und Ferdinand Porsche sollten die guten Wünsche in Erfüllung gehen. Aber leider nicht für jedes Mitglied der Monza-Rennmannschaft von Austro-Daimler.
Und so nahm das Unheil seinen Lauf.

Schon die Anreise verlief recht ungemütlich. Bereits Ende August hatten sich in diesem Jahr in den Alpen die ersten Vorboten des nahenden Winters gezeigt und fatalerweise war die Wagenkolonne der Austro-Daimler bei ihrer Fahrt nach Süden mitten in ein zähes Tiefdruckgebiet geraten. Stundenlang schüttete es wie aus Kübeln, dazu kam eine unangenehme Kälte und zu allem Überfluss gesellte sich in der Nacht auch noch ein dicker, zäher Nebel dazu, so dass an ein zügiges Weiterkommen überhaupt nicht mehr zu denken war. Trotz ihrer Regenkleidung waren sie in den offenen Wagen klatschnass geworden und froren erbärmlich. Aber dennoch bestand Porsche hartnäckig auf seinem ursprünglichen Fahrplan, der besagte, dass man keine Übernachtungspause einlegen würde, sondern dass sich die Wageninsassen alle paar Stunden hinter dem Steuer abwechseln würden. »Wir haben eh schon mehr als genug Zeit verloren, da können wir uns jetzt nicht auch noch unterwegs ausruhen und die Dinge schleifen lassen«, hatte er – sehr zum Missvergnügen seiner Leute – auf ihre Vorhaltungen geantwortet. Seine Stimme war dabei in eine noch höhere Tonlage gerutscht, als üblich. Für alle, die ihn näher kannten, war das ein unüberhörbares Anzeichen, dass ihr impulsiver Chef wieder einmal kurz davor stand, sich in einen Gift und Galle speienden Vulkan zu verwandeln, sollte ihn irgendein weiteres Widerwort erreichen. Immerhin, das musste man ihm lassen, ging er wieder einmal mit gutem Beispiel voraus. Denn im Gegensatz zu den anderen, befand sich in Porsches Cockpit kein zweiter Fahrer, mit dem er sich hätte abwechseln können, sondern nur sein dreizehnjähriger Sohn Ferry, der zähneklappernd auf dem Beifahrersitz hockte und vermutlich zum tausendsten mal den Moment verwünschte, in dem er jubelnd den Vorschlag seines Vaters angenommen hatte, ihn zum Rennen nach Monza zu begleiten. »Ja, was ist jetzt, Männer?« Die Augen des Direktors sprühten Blitze, als er einen nach dem anderen streng in sein Visier nahm. Zuletzt blieb sein Blick auf dem erbärmlich schlotternden »Sascha« Kolowrat hängen. »Also, Herr Graf: Je eher wir losfahren, desto schneller sind wir in Monza – im warmen Süden. Auf geht's. Gehmma, gehmma!«

Und weiter ging ihre ungemütliche Fahrt durch die regenverhangenen, kalten Alpen. Selbst wenn man in eine Gletscherspalte stürzte, konnte man nicht ärger frieren, davon war Ferry inzwischen felsenfest überzeugt. Wie es sein Vater nur schaffte, trotz dieser entsetzlichen Kälte, die ihre patschnassen Kleider wie eine eiserne Zwangsjacke um den Oberkörper presste, das Lenkrad fest in der Hand zu behalten, war ihm ein Rätsel. Allein Ferdinand Porsches wild entschlossener Blick zeugte von der Willensstärke, die den Konstrukteur mit zusammengebissenen Zähnen zum Durchhalten bewegte.

Das Wunder geschah: »Ferry, aufwachen. Wir sind da!« Das leichte Tätscheln an seiner Wange hatte der in einen erschöpften Schlaf gefallene Junge erst gar nicht wahrgenommen – genauso wenig wie die besorgte Stimme seines

Vaters. Erst jetzt, wo das Tätscheln allmählich in eine Art Ohrfeige überging, kam er allmählich zu sich. Und zitterte sofort wieder am ganzen Leib. »Diese Kälte! Ich .. ich kann noch nicht einmal mehr meine Arme bewegen«, stammelte er durch seine eingefrorenen Lippen. »Mir … mir ist so fürchterlich kalt und elend.«

»Oh diese Burschen!« atmete Porsche, der selbst erbärmlich fror, nach diesem Lebenszeichen seines Sohnes erleichtert auf. »Sind einfach nichts mehr gewöhnt, heutzutage.« Suchend blickte er sich um. »Herr Graf, Sie können doch ein bisschen Italienisch. Wären Sie bitte so freundlich, ein Cafehaus aufzusuchen und eine Flasche Wermut zu kaufen? Das wird unserem Patienten sicher gut tun. Und Fritz«, nickte er zu Fritz Kuhn hinüber, »du machst den Chauffeur für unseren Herrn Grafen. Und kommt bitte so rasch wie möglich wieder, ich denke, mein Ferry braucht jetzt wirklich ein Lebenselixier.«

Gesagt – getan. Bereits wenige Minuten später kamen Kuhn und Kolowrat wieder angebraust und überreichten Porsche die von ihnen erstandene Flasche, der sie verwundert beäugte. »Aber da ist ja nur noch die Hälfte drin. Man hat euch betrogen!«

»Von wegen betrogen«, kicherte der »Graf«, der offensichtlich bereits die Wirkung des Alkohols verspürte. »Wir waren so frei und haben uns selbst einen kräftigen Schluck genehmigt. Das tut wirklich gut – es schmeckt zwar scheußlich, aber immerhin wärmt es von innen, nicht wahr, Kuhn?«

Fritz Kuhn grinste schelmisch. »Das stimmt schon, Herr Graf. Auch wenn ich vor lauter Wermut beinahe die Kurve nicht mehr gekriegt hätte. Aber auf alle Fälle tut es gut.«

»Und was ist mit uns? An uns habt Ihr wohl nicht gedacht«, maulte einer aus der Runde der frierenden Alpenüberquerer.

»Nur keine Sorge«, schmunzelte das Organisationstalent Kolowrat und zog triumphierend erst eine zweite und

dann sogar noch eine dritte Flasche aus seiner Manteltasche. »Das dürfte wohl für uns alle üppig reichen!«
»Ja gut, aber jetzt kommt erst einmal der Ferry dran. Mach den Mund ganz weit auf, Ferry!« kommandierte sein Vater und flößte dem Jungen einen respektablen Schluck aus der Wermutflasche ein. »Brav. Und jetzt hinunterschlucken. Du brauchst gar nicht so ein Gesicht zu ziehen, das tut dir gut – und das ist die Hauptsache. Noch mal den Mund aufmachen. Doch, das muss sein! Mach gefälligst den Mund auf,« befahl Porsche streng und setzte die Flasche zum zweiten mal an die Lippen seines Sohnes. »Und jetzt trinken. Noch einen Schluck. Ja, gut so!« Kaum war diese neuerliche Zumutung überstanden, da fielen Ferry auch schon die Augen zu. Erst viele Stunden später sollte er – zu seiner Überraschung nun in einem Hotelbett liegend – aus dem tiefen, ohnmachtsähnlichen Schlaf wieder erwachen, in den ihn die Erschöpfung und der Alkoholgehalt des Getränks versetzt hatten. Wie durch ein Wunder hatte er sich bei der fürchterlichen Fahrt keine Lungenentzündung geholt. Die einzige Beeinträchtigung bestand aus einem ordentlichen Kater, der jedoch mit der respektablen Menge an Wermut, die durch seine Kehle geronnen war, leicht zu erklären war. Aber darüber mochte er sich trotz der pochenden Kopfschmerzen gar nicht beklagen, denn so ein Kater würde schließlich bald wieder verschwinden, versicherte ihm sein erleichterter Vater glaubhaft. Der Wermut habe ihn und die anderen immerhin vor wesentlich schlimmeren Konsequenzen bewahrt.

Nach einer nur kurzen Ruhepause waren die anderen bereits daran gegangen, die »Saschawagen« von ihren Lasten zu befreien und alle Transportvorrichtungen sorgsam abzuschrauben. In Windeseile hatten sich die Vehikel damit wieder in richtige Rennwagen verwandelt. »So gefallen mir meine »ADS-II-R« schon wesentlich besser«, konstatierte Porsche knurrend.
»Mir ja auch«, gab Alexander Kolowrat achselzuckend zu-

rück. »Das können Sie mir getrost glauben. Aber jetzt sind wir endlich angekommen und können in aller Ruhe unsere Testfahrten aufnehmen, damit wir auch wirklich das Optimale aus den Fahrzeugen heraus holen können.«
»Genau das werden wir jetzt tun. Und dann werden wir den Italienern zeigen, was so ein Austro-Daimler zu leisten vermag.« Unternehmungslustig klatschte der Konstrukteur in die Hände. »Auf geht's Männer. Schlafen könnts Ihr wieder zuhause. Jetzt wird gearbeitet. Gehmma, gehmma«

Die ersten Testfahrten in Monza verliefen wunderbar. Zur überschwänglichen Freude der Austro-Daimler Mannschaft kamen Fahrer und Wagen mit den Bedingungen bestens zurecht. Ein ums andere Mal erreichten sie neue Rekordzeiten, als sie unter den Jubelrufen der Zeitnehmer über die Ziellinie brausten. Doch so begeisternd diese ersten Tage auch verliefen, so rasch landete man unversehens wieder auf dem harten Boden der Tatsachen. »Es muss irgendwie an den Kolbenböden liegen«, versuchte Fritz Kuhn, der mit seinem Rennwagen urplötzlich mitten auf der Strecke liegen geblieben war, seinem Chef ganz vorsichtig einen ersten Hinweis zu geben, während der sich mit zornrotem Kopf gerade unter den havarierten Wagen schob, ohne dabei auf den Straßenmatsch zu achten, der sich in seinen schönen grauen Anzugsstoff saugte. »Das Material scheint die Belastungen nicht auszuhalten, wenn ich über längere Zeit Vollgas gebe.«
»Oh, diese verdammten Benzinmotoren«, fluchte Porsche, als er sich, über und über mit Öl, Schlamm und Getriebefett beschmiert, wieder unter dem »Saschawagen« hervorzwängte und sich ächzend aufrichtete. »Das wäre mit Elektromotoren nicht passiert. Aber das hilft uns auch nicht weiter. Guter Rat ist jetzt teuer. Hat jemand von euch eine Ahnung, wo wir hier in Italien eine Reparaturwerkstätte finden, die uns mit neuen Kolben versorgen kann?«
Die Antwort waren ein ratloses Achselzucken und betretene Mienen, bis wieder einmal »Sascha« Kolowrat doch

noch auf den entscheidenden Namen kam. »Masetti! Der Graf Masetti, der könnte uns helfen. Ich kenne ihn gut. Er wird mich nicht zurückweisen, wenn ich ihn um Hilfe bitte.«

Ferdinand Porsche staunte nicht schlecht. Ausgerechnet Graf Giulio Masetti, der Sieger der diesjährigen Targa Florio. »Und den kennen Sie wirklich so gut, dass er uns, seinen direkten Konkurrenten, tatsächlich helfen würde?«

»Natürlich«, grinste Kolowrat anzüglich. »Adel verpflichtet. Auch wenn ich meinen Grafentitel in Österreich nicht mehr führen darf: die Italiener wissen schon noch, was sich gehört und dass man in unseren Kreisen grundsätzlich zusammen hält. Erst recht unter gleichgestellten Häusern – und gleich zweimal, wenn's gegen die Bürgerlichen geht«, konnte er sich einen weiteren Seitenhieb auf die noch junge Republik Österreich nicht verkneifen, die nach dem Zusammenbruch der Donaumonarchie das Führen von Adelsprädikaten bei Strafe untersagt hatte.

»Na, dann ist ja der Adel also endlich auch einmal zu etwas zu gebrauchen«, gab Porsche ungerührt zurück. »Und worauf wartet der Herr Graf jetzt noch? Gehmma, gehmma. Die Zeit ist kostbar, wenn wir unser Ziel erreichen wollen.«

»Sascha« Kolowrat ließ also seine Verbindungen zu Graf Masetti spielen – und hatte damit tatsächlich Erfolg. Dank der uneigennützigen Vermittlung durch den rennbegeisterten italienischen Adeligen fanden sie eine Werkstatt, die in der Lage war, nach Ferdinand Porsches exakten Anweisungen neue Kolben zu gießen.

»Da haben wir also in allerletzter Minute wirklich noch einmal Glück gehabt!« atmete er erleichtert auf, als die Kolben endlich eingebaut waren und einen ersten Belastungstest einwandfrei bestanden hatten. »Sicherheitshalber werden wir auch die anderen Kolben austauschen – nicht dass uns dieses Malheur noch einmal trifft – womöglich gar während des Rennens! Die Anforderungen sind ja wirklich nicht von Pappe!« Es handelte sich in der Tat um

ein wahres Grand-Prix Rennen, das seinen Titel völlig zurecht führte. Denn die gewaltige Distanz von 800 Kilometern würde vom Material und von den Fahrern alles abverlangen.
»Aber das schaffen wir, da bin ich mir ganz sicher«, bekräftigte Fritz Kuhn mit einem zuversichtlichen Kopfnicken, was ihm einen anerkennenden Blick seines Direktors einbrachte.
Ausgerechnet Fritz Kuhn!
Keine 24 Stunden nach diesem Satz war Fritz Kuhn tot! Das Unglück ereignete sich auf einer letzten Erprobungsfahrt – unmittelbar vor Beginn der offiziellen Trainingsläufe. Unter den Augen seiner entsetzten Freunde und Kollegen war Kuhn mit seinem Wagen in der sogenannten »Curva Grande«, einer schnellen Rechtskurve in der Nähe der Boxen, urplötzlich mit dem Heck ins Schleudern geraten. Natürlich nützte auch der Warnschrei nichts, den Ferry Porsche ausgestoßen hatte, als er sah, wie der Wagen aus der Spur geriet. Mit verzweifelten Gegenlenkbewegungen versuchte Kuhn, das heftig schlingernde Fahrzeug wieder unter Kontrolle zu bekommen. Vergeblich.
»Da!«
Der »ADS-II-R« kam von der Fahrbahn ab und überschlug sich, während die enormen Kräfte den Fahrer aus seinem Sitz katapultierten. Leblos blieb der Körper neben dem dampfenden Fahrzeugwrack liegen.
»Zu Hilfe. Holt einen Arzt. Sofort!« schrie Porsche mit sich überschlagender Stimme, während er zum Unfallort hastete.
Doch jede Hilfe kam zu spät.
Fritz Kuhn hatte sich beim Aufprall das Genick gebrochen. Eine Katastrophe.
Noch am selben Tag zog Austro-Daimler die Meldung der »Saschawagen« für den Großen Preis von Italien zurück. Gleichzeitig begann die hektische Suche nach der Unfallursache. Bald schon war ihnen klar, dass es kein Fahrfehler von Kuhn gewesen sein konnte, sondern dass es etwas

mit dem linken Hinterrad zu tun haben musste. Die meisten Kollegen waren ja direkte Zeugen des Malheurs gewesen. Ein Konstruktionsmangel also? Allein diese Möglichkeit ließ den Konstrukteur innerlich erbeben. Doch zu Porsches Erleichterung konnte diese Vermutung schon bald verworfen werden. Es war das Rad als solches. Ein Defekt an den Felgen schien die Ursache. Aber wie konnte das sein? Seit bald zehn Jahren arbeitete Porsche mit dem englischen Hersteller »Rudge-Whitworth« zusammen, dem besten Radhersteller, den es weltweit gab. Das war jedenfalls seine Überzeugung. Was war also schief gelaufen?

Als wenige Stunden später die Antwort auf Porsches Blitzdepesche in Monza eintraf, vermeinte er, seinen Augen nicht trauen zu können. Aufgrund eines Streiks der Arbeiter sei vor der Auslieferung der Räder ausnahmsweise auf eine Endkontrolle verzichtet worden, hieß es lapidar in dem Telegramm aus Coventry. »Mit anderen Worten: unser Fritz hätte nicht sterben müssen. Es ist unfassbar!« murmelte der bis ins Mark erschütterte Ferdinand Porsche wieder und wieder. »Wie konnte so etwas nur passieren?!«

Die Folgen waren gravierend. Das Unglück vom September 1922 in Monza markierte das Ende. Es war die letzte Meldung von »Saschawagen« bei einem großen Rennen. Und das, obwohl es ja eindeutig nicht an der Konstruktion gelegen hatte! Dennoch war nach dem Unfall an eine Serienproduktion des »ADS-R« in Wiener Neustadt nicht mehr zu denken. Die Herren im Aufsichtsrat verweigerten sich jetzt erst recht jeglicher Initiative und erstickten Porsches Ansätze schon im Keim. Es schien ihm gerade so, als sei ihnen der tödliche Unfall eine willkommene Gelegenheit, ihren Generaldirektor endlich aus der Firma zu ekeln. Aber so schnell warf ein Ferdinand Porsche die Flinte nicht ins Korn. Er würde es den Herren schon noch zeigen. Zusammen mit Alexander Kolowrat, der ihm nun eben die dritte Generation eines »Saschawagens« finanzieren würde. Das Allerbeste vom Besten.

Von wegen! Kaum hatte ihr Gespräch begonnen, da zerplatzten Porsches Hoffnungen wie eine Seifenblase. Der von dem tödlichen Ausgang des Monza-Abenteuers tief getroffene »Sascha« Kolowrat hatte in den zurückliegenden Jahren nicht nur eine Unsumme Geld, sondern inzwischen auch die Lust an Automobilen und erst recht an den Rennen verloren. »Ich möchte das Geld, das mir noch geblieben ist, in Zukunft lieber für schöne Reisen ausgeben, als für aussichtslose Rennexperimente mit tödlichem Ausgang.«
Mit Engelszungen versuchte der entgeisterte Porsche, seinen Finanzier doch noch umzustimmen. Aber da war nichts zu machen. Mit den tragischen Geschehnissen von Monza war das Rennfieber im Grafen Kolowrat schlagartig erloschen.
Stattdessen hatte der Schock sogar dazu geführt, dass er sich – ganz gegen seine bisherigen Gepflogenheiten – plötzlich wieder auf seine Herkunft und die Kontaktpflege mit Seinesgleichen besann. Das führte ihn schon bald zur Bekanntschaft mit einer russischen Prinzessin namens Sonja Troubetzkoy, deren Familie Moskau nach der Machtübernahme der Bolschewiken vor einigen Jahren verlassen hatte. In Wien erfreuten sich die Fürsten Troubetzkoy inzwischen eines großen gesellschaftlichen Ansehens, was nicht zuletzt auf den Bruder der Prinzessin, Professor Sergej Troubetzkoy, zurückzuführen war, einem Linguisten, der als Begründer der sogenannten Phonologie (einem Teil der Lautlehre) sogar, wie Eingeweihte zu berichten wussten, in seinem Fach Wissenschaftsgeschichte schrieb. Als durchaus angenehmen Nebeneffekt seiner neuen Liason hatte »Sascha« Kolowrat recht schnell herausfinden können, dass die Familie über ein respektables Vermögen verfügte. Anstatt sich also um die Weiterentwicklung der Rennwagen zu kümmern, mit dem sie es

nach Porsches sicherer Überzeugung im Frühjahr 1923 bei der nächsten Targa Florio allen hätten zeigen können, hatte der Graf plötzlich nur noch Augen für »seine« Prinzessin, die er am 30. April 1923 im Wiener Stephansdom vor den Traualtar führte. Nahezu der gesamte österreichische und exilrussische Hochadel war bei der bombastischen Hochzeit zugegen. Ein Riesenereignis. Einziger Wermutstropfen für die Herrschaften war dabei die Tatsache, dass es in der österreichischen Republik nach wie vor bei Strafe strikt verboten war, sich mit einem der schönen alten Adelstitel zu schmücken. »Bis auf ihre Adelsprädikate haben die aber alles behalten können – schau doch nur einmal auf die juwelenbesetzten Diademe der Damen«, schnarrte Ferdinand Porsche unwirsch, der zusammen mit seiner Louis natürlich ebenfalls zur kirchlichen Trauung eingeladen worden war. Man konnte nicht sagen, dass sich das Ehepaar Porsche dabei sonderlich wohl fühlte, aber die Höflichkeit hatte es nun einmal geboten, dass der Konstrukteur die Einladung seines ehemaligen Finanziers nicht ablehnen konnte. »Wenn ich nur den Gegenwert von zwei solchen Diademen bekommen hätte, dann wäre es auch in diesem Jahr mit der Targa Florio etwas geworden. Es ist zum Haareraufen!«

»Ferdinand, bitte!« Ein missbilligender Blick seiner Ehefrau brachte ihn zum Verstummen. »Jetzt versuche doch wenigstens einmal am Tag, nicht an Motoren und Automobile zu denken. Genieße doch lieber den Anblick von unserem herrlichen Steffl – er ist und bleibt für mich einfach das schönste von allen Gotteshäusern, die ich bisher gesehen habe.«

Porsche nickte anerkennend. »Da gebe ich dir allerdings recht und zwar zu einhundert Prozent!«

»Na siehst du. Und überhaupt: du bist es doch, der immerzu sagt, man solle nicht zurück, sondern nach vorne schauen. Was gewesen ist, das ist vorbei. Das kannst auch du nicht mehr ändern. Und wenn dein »Sascha« nun eben auch einmal die schönen Seiten des Lebens genießen will, dann freue dich doch für ihn. Er ist immerhin eine sehr lange Zeit bei der Stange geblieben und hat dich in finanzieller Hinsicht ja wirklich äußerst großzügig unterstützt.« Die schönen Seiten des Lebens genießen. Als könnte es etwas Schöneres geben, als hinter dem Lenkrad eines selbst konstruierten Rennwagens an der Startlinie einer Automobilwettfahrt zu stehen, mit Adleraugen zu beobachten, wann sich die Startflagge endlich nach unten senkte, Vollgas zu geben und mit Karacho um die erste Kurve zu schleudern. Etwas Schöneres konnte sich der Konstrukteur gar nicht vorstellen – und bis vor einigen Monaten hatte doch auch ihr Herr Graf immer beteuert, dass er exakt derselben Ansicht sei. Bis zum tödlichen Unfall in Monza. Aus guten Gründen behielt Porsche seine Meinung für sich und knurrte lediglich ein zähes »Ja, schon.«

Inzwischen war die Trauzeremonie beendet und das Ehepaar Kolowrat verließ in einer feierlichen Prozession den Stephansdom durch das Hauptportal. Unter den Hochrufen der Festgäste traten sie ins Freie. Der überglückliche Kolowrat strahlte mit der warmen Frühjahrssonne um die Wette. In diesem Moment bemerkte er den in der Menge stehenden Porsche und winkte ihm freudestrahlend zu. Dann half er seiner frisch angetrauten Ehefrau in das von Porsches Leuten bereitgestellte Automobil – natürlich handelte es sich dabei um einen festlich geschmückten »Saschawagen« der zweiten Generation. Keuchend quetschte er sich anschließend hinter das Lenkrad – eine ziemliche Anstrengung für das massige Mannsbild. Doch schließlich war auch diese Hürde ohne größere Blessuren bewältigt. Ein kräftiger Druck auf das Gaspedal, wodurch der Motor zum Erschrecken der älteren Festgäste kräftig aufheulte, dann legte er den Gang ein, die Räder drehten kurz durch, die Reifen bekamen Griff und das Gefährt schoss pfeilschnell nach vorne. Keine halbe Minute später waren Ehepaar und Wagen hinter den Häuserzeilen des Stephansplatzes verschwunden. »Dieser Dilettant«, lächelte Porsche kopfschüttelnd. »Wie oft habe ich ihm schon erklärt, wie er es anstellen muss, dass die Räder nicht durchdrehen ...«

»Ich würde eher vermuten, dass er es heute mit Absicht getan hat, um zusätzlich Eindruck zu schinden«, meinte Aloisia.

»Das kann natürlich auch sein. Ja, ich glaube, du hast recht. Das würde zu unserem guten, immer zu einem kleinen Scherz aufgelegten Grafen »Sascha« durchaus passen.« Seufzend blickte er zur Rotenturmstraße hinüber, in die der »Saschawagen« eingebogen war. »Das war es dann also wohl endgültig mit unserer stolzen Neuentwicklung. Lebe wohl »Sascha« Kolowrat.«

Die beiden Männer sollten sich nie mehr wiedersehen. Nur vier Jahre nach seiner Hochzeit starb der Graf im Alter von nur 41 Jahren.

»Und was meinst du«, fasste Aloisia ihren Ehemann in diesem Augenblick fest an der Hand. »Wie wird es denn nun mit dir und Austro-Daimler weiter gehen?«

»Wie soll es schon weiter gehen«, zuckte der mit den Achseln. »Ich werde die »Saschawagen« nun eben ohne den Kolowrat weiter entwickeln. Leider werden wir dadurch in absehbarer Zeit keine Rennen mehr fahren können, aber dafür müssen wir uns nun eben darauf konzentrieren, eine noch preisgünstigere Alltagsvariante des »ADS-R« zu entwickeln, mit dem ich meine lieben Freunde im Aufsichtsrat dann hoffentlich doch noch zur Aufnahme der Serienproduktion bewegen kann.«

»Und wenn nicht?«

»Wie wenn nicht? Was meinst du damit?«

»Nun ja. Nach allem, was ich von dir höre, ist das Klima im Aufsichtsrat dir gegenüber ja eher frostig. Die Herren scheinen dich nicht mehr zu mögen. Selbst Castiglioni ...«

»... ach der Castiglioni!« Porsche schnaubte verächtlich. »So ganz allmählich begreife ich schon, dass der von Anfang an nur seinen eigenen Vorteil im Sinn hatte, als er vor ein paar Jahren meine Hilfe gesucht hat, um die Produktion in Wiener Neustadt wieder in Gang zu bringen. Dem

ging es wahrscheinlich gar nie um neue Modelle und Weiterentwicklungen. Das hat er mir nur vorgegaukelt, um meinen guten Namen für Austro-Daimler im Spiel zu halten. Er wollte damit der Kundschaft weismachen, dass sie Fahrzeuge erwirbt, die technisch auf dem allerneusten Stand sind, wie man das eben von mir gewohnt ist. In Wirklichkeit hat er ihnen alte Ladenhüter verkauft und damit ordentliche Gewinne gemacht, die er aber zum größten Teil in die eigene Tasche gesteckt hat. Das geht eine Zeitlang gut, aber irgendwann verpasst man mit einer solchen Haltung den Anschluss an die Zukunft. Dem Castiglioni ist das anscheinend einerlei, denn der hat dabei ja wie gesagt immer gut verdient. Was aber ist mit der Firma, und was mit den Arbeitern? Wenn ich in den vergangenen Jahren nicht meinen Kolowrat gehabt hätte, dann wäre Austro-Daimler technisch längst abgehängt. So aber sind wir dank der »Saschawagen« durchaus noch in der Lage, mit den ganz großen Herstellern Schritt zu halten. Das heißt, wir wären es«, setzte er mit einem gequälten Gesichtsausdruck noch hinzu, »wenn sie mich nur endlich an die Serienproduktion herangehen ließen.«
»Genau das meine ich ja: was ist, wenn nicht?«
»Dann muss ich sie eben mit einer ganz anderen Entwicklung überraschen.«
»Und woher willst du das Geld dafür hernehmen?«
»Das wird sich schon finden.«
»Deinen Optimismus möchte ich haben«, schenkte Aloisia ihrem Mann ein warmes Lächeln. »Nun gut, bisher hast du ja immer recht behalten. Aber lass mich meine Frage doch noch einmal präziser stellen: glaubst du angesichts der ganzen Behinderungen deiner Arbeit, von denen du ja selbst gesprochen hast, glaubst du da wirklich nicht, dass sie dich eventuell loswerden wollen?«
»Du meinst einen Rauschmiss?« Der Konstrukteur beschrieb eine wegwerfende Handbewegung. »Niemals! Eher geht die Welt zugrunde, als dass Austro-Daimler es wagen würde, sich von einem Porsche zu trennen!«

Er lachte trocken auf und zog Aloisia eng an seinen Oberkörper. »Mach dir keine Sorgen Louis. Alles wird gut werden. Dafür werde ich höchstpersönlich Sorge tragen!«

Bereits wenige Tage später stand der fassungslose Ferdinand Porsche vor einer ganz anderen Art von Trümmerhaufen. »Was haben die zu dir gesagt? Wiederhole das bitte noch einmal!«

Alfred Neubauer, der Überbringer der schlechten Nachricht, war bei der heftigen Reaktion seines Chefs, die ja eigentlich zu erwarten gewesen war, dennoch erschrocken zusammengezuckt. Gerade eben hatte er ihm mitteilen müssen, dass er vom Aufsichtsratsvorsitzenden Camillo Castiglioni persönlich die Auskunft bekommen hatte, er werde keinerlei Aufträge mehr unterschreiben, die der Herstellung von Versuchsmodellen dienten. Die angespannte Finanzlage bei Austro-Daimler erlaube keine weiteren entwicklungstechnischen Kapriolen mehr.

»Das kann ja wohl nicht wahr sein!«

Er, Ferdinand Porsche, würde sich nicht so schnell geschlagen geben. »Dann werden wir halt von vier auf zwei Versuchsmodelle herunter gehen und benutzen die beiden anderen als Ersatzteillager.« Er würde nicht locker lassen. Denn nur mit neuen Konstruktionen würde man bei Austro-Daimler zu alter Stärke zurück finden. Das war und blieb seine felsenfeste Überzeugung. Mut und Zähigkeit beweisen. Die Visionen durchsetzen.

Was freilich leichter gesagt war als getan.

Denn kaum war der immer noch zornbebende Porsche zur für den heutigen Nachmittag angesetzten Aufsichtsratssitzung nach Wien gehetzt (was für eine Zeitverschwendung, die Sitzung nicht auf dem Werksgelände in Wiener Neustadt abzuhalten!), wo er die peinlich berührten Herrschaften gleich nach seiner Ankunft mit heftigen Vorwürfen traktierte, musste er die nächste Hiobsbotschaft entgegennehmen. Denn allen Ernstes und ohne jegliche Diskussion segneten sie eine von Castiglioni in die

Wege geleitete Intrige ab. Man werde die Produktion der »Saschawagen« nicht mehr weiter verfolgen. Nicht in der Versuchsabteilung und auch nicht in der Serienproduktion. Inzwischen habe man sich dank der Vermittlung Castiglionis mit den Bayerischen Motorenwerken in München ins Benehmen gesetzt. Deren Aufsichtsrat sei durchaus geneigt, von Austro-Daimler die Lizenzrechte einer Serienproduktion des »Saschawagen« für den um ein vielfaches größeren deutschen Markt zu erwerben. Was aus Gründen des Konkurrenzausschlusses natürlich zwangsläufig das Ende der Serienpläne in Wiener Neustadt bedeute.

»Das ist Betrug! Das ist Ideenklau der übelsten Art!«. Doch auch dieser Wutausbruch bewirkte nichts mehr. Ebenso wenig wie der Hinweis, dass Camillo Castiglioni mit seinem Coup keineswegs im Interesse von Austro-Daimler gehandelt habe – und schon gar nicht uneigennützig. Denn Castiglioni, ehemaliger Hauptaktionär von BMW, sei vor einigen Monaten keineswegs ganz bei den Münchnern ausgeschieden, wie er das immer behauptet habe, sondern halte immer noch eine stille Beteiligung von zehn Prozent der Aktien beim Konkurrenten BMW. »Und die Deutschen sollen jetzt die Früchte meiner Arbeit ernten, ohne dafür irgendwelche Entwicklungskosten getätigt zu haben. Meine Herren: die Sache stinkt zum Himmel. Und zwar ganz gewaltig. Das müssten doch auch Sie begreifen!«

Alles Reden half nichts. Die Entscheidung wurde sogar noch einmal bekräftigt. Auch wenn es zu Ferdinand Porsches späterer Genugtuung niemals zu einer Produktion der »Saschawagen« bei BMW gekommen war – die schwere Wirtschaftskrise in Deutschland hatte diese Pläne vereitelt – so hatte er sich mit seiner energischen Gegenwehr, bei der er seinem Kontrahenten vor aller Augen und Ohren Betrugsabsichten unterstellte, in Camillo Castiglioni einen unversöhnlichen Gegner geschaffen.

Und dieser Kontrahent fletschte noch in derselben Stunde seine Zähne. Die Intrige war besonders raffiniert eingefädelt. »Sie meinen also unbedingt weitere Fahrzeug-Neuentwicklungen tätigen zu müssen, anstatt sich auf die Verbesserung unserer bestehenden Modelle konzentrieren zu wollen?« setzte der Italiener die Debatte scheinbar unbeeindruckt fort.

Porsche schnaubte unwirsch. »Aber das wissen Sie doch längst, dass das meine feste Überzeugung ist. Austro-Daimler wird auf Dauer nur überleben können, wenn wir neue Produkte heraus bringen. Eine ganz neue Motorengeneration, bessere Fahrgestelle und Getriebe …«

»Nun denn – Sie haben mich mit Ihren Argumenten überzeugt. Ich kann mich Ihrer Auffassung nur anschließen – und das ist inzwischen auch die Meinung des gesamten Gremiums.« Ein mehrstimmiges Murmeln und Kopfnicken der übrigen Aufsichtsräte bestätigte Castiglionis Aussage – logischerweise zur maßlosen Verwunderung des nun völlig verdatterten Porsche, der doch gerade eben noch vergeblich darum gekämpft hatte, dass sich diese Einsicht irgendwann einmal durchsetzen möge.

Und dann ausgerechnet jetzt die Kehrtwende. Ein Umschwung um 180 Grad. Zudem auf Vorschlag von Castiglioni, der bislang das schiere Gegenteil vertreten hatte. Wie sollte er sich diesen Rückwärtssalto erklären. Doch zum Überlegen blieb keine Zeit.

»Wir sind also alle einer Meinung«, fuhr der listige Castiglioni fort, während ein leichtes Lächeln um seine Mundwinkel huschte. »Das heißt, wir haben den Beschluss zu protokollieren, dass unser Herr Dr. Porsche den einstimmigen Auftrag des Aufsichtsrats erhält, unverzüglich mit der Entwicklungsarbeit an einem gänzlich neu zu konstruierenden Wagen zu beginnen.« Einhelliges Kopfnicken. Wieder dieses rätselhafte, beinahe maliziöse Lächeln – der Generaldirektor sollte schon bald begreifen, welchen Grund es dafür gab. »Herr Dr. Porsche, meinen Glückwunsch. Sie haben uns überzeugt und haben nunmehr also den Auftrag, binnen maximal zwölf Monaten das neue Fahrzeug der Austro-Daimler Werke zu entwickeln. Ich darf Sie bitten, unverzüglich mit Ihrer Arbeit zu beginnen.«

»Ja selbstverständlich«, stotterte der perplexe Porsche. »Wenn ich noch erfahren darf, wie hoch das Budget sein wird, über das ich verfügen kann.«

»Das Budget«, wiederholte sein Gegenüber genüsslich. »Das Budget haben Sie selbst in der Hand. Denn bekanntlich – das dürfte ja selbst Ihnen als Techniker nicht entgangen sein – tendieren unsere finanziellen Spielräume gegen Null. Allein die Lohnkosten, die wir Woche für Woche für sage und schreibe 6.000 Mitarbeiter aufzubringen haben, schnüren uns allmählich den Atem ab.« Castiglioni legte eine bedeutungsvolle Pause ein, während Porsche ganz allmählich zu ahnen begann, worauf der andere abzielte.

»Folglich, lieber Herr Dr. Porsche, erwarten die Aufsichtsräte der Austro-Daimler Werke von Ihnen nicht nur als Generaldirektor, sondern auch in Ihrer Funktion als dem für die gesamte Produktion verantwortlichen Technischen Direktor, dass Sie binnen zweier Wochen die Anzahl der Beschäftigten um ein gutes Drittel reduzieren.«

»Um ein gutes Drittel! Aber … aber das sind ja 2.000 Arbeitsplätze. Das … das können Sie nicht ernst meinen. Das geht doch nicht. Das mache ich nicht mit. Niemals!«

»Es ist die einzige Möglichkeit, um an die nötigen Gelder für eine Neuentwicklung zu kommen!«

»Aber die 2.000 Arbeitsplätze! Ich kann doch nicht einfach 2.000 Menschen entlassen. Das können Sie doch nicht von mir verlangen!«

»Und ob wir das können«, zischte Castiglioni scharf. »Waren es nicht gerade eben noch Sie, der von uns mit drastischen Worten gefordert hat, in die Entwicklungsabteilung zu investieren? Und waren es nicht ebenfalls Sie, der selbst an diesem einstimmig gefassten Beschluss mitgewirkt hat? Und keine fünf Minuten später stellen Sie sich schon wieder gegen Ihren eigenen Beschluss. Das verstehe wer will – ich für meinen Teil verstehe das jedenfalls nicht!«

Daher wehte also der Wind! Diese raffinierten Hunde … hatten ihn getäuscht. Hereingelegt. Mit seinen eigenen Waffen geschlagen!
»Also, Herr Dr. Porsche. Was ist nun? Wollen Sie den Beschluss also umsetzen oder sich dagegen auflehnen? Ein glasklares Ja oder Nein jetzt – bitte auf der Stelle!«
Ein heftiger Zorn, wie er ihn in seinem ganzen Leben noch nie in sich verspürt hatte, kochte in Ferdinand Porsche hoch.
Was glaubten diese Hanswurste denn eigentlich, wen sie da vor sich hatten? Und wie konnten sie es nur wagen, eine solche Forderung an ihn zu richten?! Auf einen Schlag 2.000 Arbeitsplätze zu vernichten! Dachte denn keiner dieser Kerle an die Familien, deren Wohl und Wehe von der Arbeit bei Austro-Daimler abhing? Und: war sich denn niemand im Aufsichtsrat darüber im klaren, dass ein solcher Aderlass nicht nur die halbe Stadt in eine soziale Notlage stoßen würde, sondern dass damit auch der gesamte Produktionsbetrieb des Werkes in Gefahr geriet? Mit nur noch zwei Dritteln der Beschäftigten eine Produktion verlässlich am Laufen zu halten, das war kaum vorstellbar. Mehr noch: es schien dem Generaldirektor, der seinen Betrieb so gut kannte, wie das kein zweiter von sich behaupten konnte, schlechterdings unmöglich. Wollten sie etwa das? Nahmen sie den Zusammenbruch des gesamten Austro-Daimler-Komplexes womöglich sogar gezielt in Kauf, um danach aus der Konkursmasse noch höhere Gewinne für sich zu erzielen? Samt dem lukrativen Verkauf der »Sascha«-Patente nach München? Und als willkommenen Nebeneffekt würde man sich auf diese Weise auch noch vom ungeliebten Direktor trennen können, ohne ihm eine finanzielle Entschädigung zahlen zu müssen. Das … das war ja … Unfassbar! Skandalös!
Innerhalb weniger Sekunden jagten diese Gedanken durch Porsches Kopf. Sie hatten ihn auf perfideste Art und Weise in die Enge getrieben – allen voran natürlich der mit allen Wassern gewaschene Castiglioni! Wie immer Ferdinand

Porsche auch entscheiden würde: er konnte nur verlieren. Entweder durch die Verweigerung der geforderten 2.000 Entlassungen oder aber durch den gewaltigen Aderlass, der über kurz oder lang das Ende des Betriebes bedeuten würde. Das konnte doch nicht wahr sein!
Glasklar erkannte er die Ausweglosigkeit seiner Lage. Der Zorn entlud sich in einer gewaltigen Eruption, wodurch der rasende Generaldirektor zielsicher in die von Castiglioni ausgelegte Falle tappte. »Das ist das unverschämteste Ansinnen, das mir jemals begegnet ist. Sie erbärmlicher Wicht! Wie können Sie es wagen, so etwas von mir zu fordern!«

In seiner grenzenlosen Wut griff er nach einem Kerzenleuchter und schleuderte ihn mit voller Wucht gegen die Wand, wo er klirrend in tausend Einzelteilen zerbarst. »Sau – Bagasche elendige!« Für einige Sekunden herrschte Totenstille in dem großen Raum, dann zog der schwer atmende Porsche mit sich überschlagender Stimme sein erbittertes Fazit: »Da tu ich nicht mehr mit! Und wenn es Ihnen nicht passt, dann machen Sie Ihren Kram künftig alleine weiter – jedenfalls ohne mich!« Er raffte hastig seine Unterlagen zusammen und stürmte aus dem Saal, wo die Tür mit einem lauten Knall hinter ihm ins Schloss donnerte.

Trotz der winterlichen Straßenverhältnisse an diesem eisigen Februartag des Jahres 1923 raste er mit einem Höllentempo von Wien zurück nach Wiener Neustadt, das er bereits nach einer knappen Dreiviertelstunde erreichte. Mit quietschenden Reifen brachte er seinen Wagen unmittelbar vor dem verschlossenen Werkstor zum Stehen. Mehrmals hintereinander betätigte Porsche zornig das Signalhorn, doch das Tor blieb weiter versperrt. »Ja Himmel noch einmal, was ist denn jetzt? Ferdl, mach endlich auf, zum Donnerwetter!« rief er in Richtung des Pförtnerhäuschens. Doch nichts bewegte sich. Wieder drückte er auf das

Signalhorn. Jetzt endlich gab es eine Wirkung. Das Tor bewegte sich – öffnete sich allerdings nur einen Spalt breit, dann war Schluss. Hinter dem mit betretener Miene auf den Boden starrenden Pförtner quetschte sich der kaufmännische Direktor Hamburger durch die Lücke und blieb direkt vor der Kühlerhaube von Porsches Fahrzeug stehen. Er verschränkte die Arme vor dem Oberkörper und musterte den Generaldirektor mit eisiger Miene.
Der reagierte, wie nicht anders zu erwarten. »Was soll denn das werden? Machen Sie gefälligst sofort das Tor auf und den Weg frei, aber zackig, sonst können Sie etwas erleben!« Zur Bestätigung seiner Worte ließ Porsche den Motor laut aufheulen – erzielte damit aber nicht den geringsten Erfolg. Der andere stand da wie eine Salzsäule.
»Aus dem Weg, Hamburger! Und du Ferdl, mach das Tor jetzt endlich richtig auf! Gehmma, gehmma!« Doch auch ein nochmaliges Betätigen des Gaspedals änderte nichts.
»Dann mache ich es halt selber!« Als Ferdinand Porsche schon im Begriff stand, aus dem Wagen zu klettern, um sich eigenhändig Zugang zum Betrieb zu verschaffen, räusperte sich sein Gegenüber bedeutungsvoll und gebot ihm mit dem ausgestreckten rechten Arm Einhalt. »Bleiben Sie bitte im Wagen sitzen, Herr Dr. Porsche. Ich habe Ihnen hiermit die Mitteilung des Aufsichtsrates zu machen, dass Ihnen ein Betreten des Werksgeländes ab sofort verboten ist. Bitte kehren Sie um.«
Der Generaldirektor vermeinte, sich verhört zu haben. »Sie haben mir was mitzuteilen?«
»Ich habe Ihnen den Beschluss des Aufsichtsrates mitzuteilen, dass Ihnen ein Betreten des Werksgeländes ab sofort verboten ist«, wiederholte Hamburger mit fester Stimme. »Dieser Beschluss ist mir gerade eben telefonisch direkt aus Wien übermittelt worden. Die schriftliche Bestätigung befindet sich bereits auf dem Weg.«
Diese elenden Intriganten!
Sie hatten ganze Arbeit geleistet, das musste man ihnen lassen. Aber so nicht! »Nicht mit mir! Sagen Sie das den Herr-

schaften«, schleuderte er dem erschrocken zurückweichenden Mann wütend ins Gesicht. »Ich werde das nicht akzeptieren. Niemals!« Er legte den Rückwärtsgang ein, schleuderte den Wagen herum, drückte dann den Hebel nach vorne und gab energisch Vollgas. Eine Sekunde lang drehten die Räder auf der Stelle, dann bekamen sie Griff und das Fahrzeug schoss nach vorne. In rasender Fahrt ließ Ferdinand Porsche den Ort seiner größten Demütigung hinter sich – zurück blieben der Gestank von zerriebenem Reifengummi, ein fassungslos dreinschauender Pförtner und ein zufrieden lächelnder Überbringer der schlechten Nachricht.

Den ganzen Abend hindurch konnte sich der düpierte Generaldirektor nicht mehr beruhigen. »Ist es nicht unglaublich, Louis, was diese Kerle von mir verlangt haben?« wiederholte er ein ums andere Mal und musterte seine Ehefrau mit einem ratlosen Blick.
»Ja, das ist es, Ferdinand. Und du hast ganz recht getan, deine Zustimmung zu diesen Entlassungen zu verweigern. Die armen Familien! Das kann man doch im Ernst nicht verlangen, 2.000 Menschen plötzlich die Arbeit wegzunehmen. Das ist verantwortungslos. Denken diese Leute denn nicht daran, was sie damit anrichten?«
»Die!« schnaubte der in seinem Innersten aufgewühlte Porsche. »Die denken doch nur ans Geld und an ihren eigenen Vorteil. Die Menschen sind denen völlig gleichgültig. Da mag jemand zwanzig Jahre lang fleißig gearbeitet haben: sie werfen ihn dennoch auf die Straße, ohne nur mit der Wimper zu zucken. Und ob der Mann Familie hat oder nicht, das ist ihnen auch einerlei.«
»Was ich so ganz besonders perfide finde, das ist, dass sie versucht haben, dir den Schwarzen Peter unterzuschieben. Du solltest derjenige sein, der mit seiner Unterschrift die 2.000 Leute entlässt – denn dann wärest du für diese Menschen der Buhmann gewesen, und nicht die Herren vom Aufsichtsrat in ihren feinen Anzügen.«

»Genau das ärgert mich ganz besonders – auch wie der Castiglioni es geschafft hat, mir meine Forderungen nach einer Weiterentwicklung der »Saschawagen« plötzlich als Waffe auf die eigene Brust zu setzen. Und ich Esel falle auch noch darauf rein.«

»Du bist eben ein Techniker – und kein Diplomat«, lächelte Louise und streifte ihren Mann mit einem liebevollen Blick.

»Manchmal wäre es wohl besser, ich hätte auch etwas von einem Diplomaten an mir«, brummte der frustriert.

»Dann wärest du aber nicht mehr der Ferdinand Porsche, als den ich dich kennen und lieben gelernt habe. Als begeisterten und hoch begabten Techniker: energiegeladen, impulsiv und immer in Eile. Dazu konsequent bis in die Haarspitzen. Und höchst erfolgreich noch dazu. Das können selbst die Aufsichtsräte nicht abstreiten, dass sie mit dir über den führenden Automobilkonstrukteur von ganz Österreich verfügen. Wenn nicht von ganz Europa.«

Porsche lächelte schwach. »Sag doch gleich: der ganzen Welt … Aber im Ernst: so leicht lasse ich mich nicht kujonieren. Schon gar nicht von solchen Leuten. Ich werde die Herren gleich morgen früh zur Rede stellen.«

Louise Porsche wiegte skeptisch ihren Kopf. »Ja glaubst du denn, die werden dich in das Werk hinein lassen – gerade so, als sei da heute gar nichts vorgefallen?«

Ihr Mann beschrieb eine wegwerfend Geste. »Pah! Sie werden es nicht wagen, mir noch einmal eine solche üble Szene zu machen, denn das würde sich unter meinen Arbeitern herumsprechen wie ein Lauffeuer … das heißt, es hat sich natürlich schon längst herum gesprochen. Und wenn es morgen früh also nochmal zu einer ähnlichen Schikane kommen sollte, dann werden da schlagartig ein paar hundert Leute auftauchen – dreimal darfst du raten, auf welcher Seite die dann stehen werden. Das wollen die Herrschaften im Aufsichtsrat sicher nicht riskieren, denn dabei würden sie zwischen die Mühlsteine geraten. Sie

operieren lieber in aller Heimlichkeit. Aber ich werde ihnen mit offenem Visier begegnen, denn ich weiß ja jetzt, was sie im Schilde führen. Denen werde ich schon zeigen, was es heißt, sich mit einem Porsche anzulegen!« Entschlossen ballte er die rechte Hand zur Faust.
»Und wenn nicht?«
»Wie – wenn nicht?«
»Wenn du doch entlassen bist und das Werk nicht mehr betreten kannst.«
»Niemals! Das ist doch völlig ausgeschlossen.«
»Aber du hast mir doch gerade selbst erzählt, dass du ihnen deinen Posten sozusagen direkt vor die Füße geworfen hast.«
»Ach was – das war doch nur im Affekt – das gilt doch nicht.«
»Und wenn sie ... Nein, Ferdinand, lass mich jetzt bitte ausreden – nur für den Fall des Falles«, legte sie beschwichtigend die Hand auf den Oberarm ihres neuerlich aufbrausenden Mannes, »lass es mich einfach einmal in aller Konsequenz bis ans Ende durchspielen.« Porsche seufzte vernehmlich und stellte dabei eine schicksalsergebene Miene zur Schau, schien aber wohl zu merken, wie wichtig seiner Ehefrau diese Analyse war. Sie nickte entschlossen: »Also: Was ist, wenn sie die 2.000 Entlassungen tatsächlich durchsetzen? Und vor allen Dingen: was wird mit uns? Vielleicht hättest du vor drei Jahren die Offerte aus Untertürkheim doch annehmen sollen, die dir damals die Daimler-Leute unterbreitet haben. Denn wenn sie dich entgegen deiner Erwartung als Generaldirektor dennoch absetzen, dann hast du hier in Wiener Neustadt ja keine Zukunft mehr.«
»Das ist doch pure Theorie, Louis. Das kann ich mir beim besten Willen einfach nicht vorstellen. Es wird sich schon eine Lösung ergeben – schließlich hat es in meinem Leben bisher immer so funktioniert. Es wird schon nicht so weit kommen.«
Er sollte sich irren.

Zunächst schienen sich die Dinge freilich genau so zu entwickeln, wie es Ferdinand Porsche prophezeite. Am nächsten Morgen hatte er in aller Frühe problemlos das Werkstor passiert, wo er an einem verlegen grinsenden Portier Ferdl vorüber gefahren war, dem er mit einer lässigen Handbewegung signalisierte, dass er ihm das Verhalten am gestrigen Nachmittag natürlich nicht verübeln würde. Anschließend betrat er sein Büro und widmete sich der Post, die ja gestern zwangsläufig unbearbeitet geblieben war. Wieder einmal war Eile geboten, denn schon in Kürze würden seine Mitarbeiter zu der routinemäßigen morgendlichen Konstrukteursbesprechung erscheinen. Doch dazu kam es nicht mehr. Ganz unvermittelt bauten sich nämlich zwei Mitglieder des Aufsichtsrates vor seinem Schreibtisch auf, offenbar waren sie hereingekommen, ohne anzuklopfen – oder hatte er das bei seiner konzentrierten Arbeit schlichtweg überhört? Wie dem auch sei: die Herren legten ernste Mienen an den Tag.
Es waren nur wenige dürre Worte, aber sie reichten aus, um den endgültigen Schlussstrich zu fixieren. »Herr Porsche, wir haben uns entschlossen, Ihren gestrigen Rücktritt anzunehmen.«
Mit einem Schlag war Ferdinand Porsches Zukunft bei Austro-Daimler damit Vergangenheit.

*

Aus! Vorbei!
Wie ein Lauffeuer verbreitete sich die Nachricht unter der Belegschaft. Erst die atemlose Meldung des Pförtners, dass der Herr Generaldirektor das Werksgelände mit aschfahler Miene verlassen habe, wo er doch erst eine halbe Stunde zuvor eingetroffen war. Und nicht einmal einen Gruß habe er mehr für den Ferdl übrig gehabt. Wenige Minuten später dann die offizielle Bekanntmachung des Aufsichtsrats: der Herr Generaldirektor Dr. Ing. h.c. Ferdinand Porsche sei mit sofortiger Wirkung nicht mehr im Amt. Der Aufsichtsrat habe sich entschlossen, sein Rücktrittsgesuch anzunehmen!
»Der Herr Doktor und Rücktritt! Niemals!«
»Freiwillig schon gleich gar nicht!«
»Und wie soll es jetzt weiter gehen bei uns – ohne den Herrn Porsche?«
»Das ist eine einzige Katastrophe!«
»Austro-Daimler und Porsche: das ist doch eine Einheit, die man nicht einfach auseinander reißen kann!«
»Ich befürchte das Schlimmste für unser Werk …
»… und für unsere Arbeitsplätze!«

Auch für den nunmehr ehemaligen Generaldirektor Ferdinand Porsche war es eine Katastrophe. Und das nach 17 Jahren, die er in den Diensten der Firma verbracht hatte. Ein geradezu jämmerliches Ende.
»Das darf einfach nicht sein! Wir müssen etwas dagegen unternehmen und alle Hebel in Bewegung setzen, dass sie ihren Beschluss im Aufsichtsrat wieder rückgängig machen!«
Es war Alfred Neubauer, der Testwagenfahrer, der noch an diesem Mittag das Heft in die Hand nahm und die Kollegen aus der Konstruktionsabteilung, »dem Herz von Aus-

tro-Daimler«, wie es Porsche immer wieder lächelnd genannt hatte, um sich versammelte.
»Aber was sollen wir denn tun? Du hast doch selbst gehört, dass der Herr Porsche aus freien Stücken gekündigt hat.«
»Ach was! Das glaubt Ihr doch selber nicht! Sie haben ihn so lange bedrängt und in Rage versetzt, dass ihm am Ende gar nichts anderes übrig geblieben ist. Sie haben ihn – das weiß ich aus sicherer Quelle direkt aus dem Aufsichtsrat – nämlich aufgefordert, sage und schreibe 2.000 Leute sofort zu entlassen. Und das hat unser Herr Porsche natürlich strikt verweigert.«
Die Empörung, die diese Erklärung bei Porsches engsten Mitarbeitern auslöste, war naturgemäß groß. Alfred Neubauer wurde beauftragt, einen letzten Versöhnungsversuch zu starten. »Das kann nur über den »Sascha« Kolowrat gelingen. Wenn wir ihn dazu bringen, dem Herrn Porsche noch einmal hilfreich beiseite zu stehen, dann müsste der Aufsichtsrat seine Entscheidung eigentlich revidieren. Denn wo Geld winkt, sind sie immer gerne dabei.«
Voller Hoffnung – zumal sich die beiden beinahe gleichaltrigen Männer während ihrer intensiven Zusammenarbeit bei den »Saschawagen« immer hervorragend verstanden hatten – war Neubauer also unverzüglich nach Wien gefahren und hatte Kolowrat zuhause angetroffen. Ein Glück, angesichts der bekannten Reiselust des jung vermählten Paares. Ein erstes Zeichen, dass sich doch noch alles zum Guten wenden würde?
Von wegen! Neubauers Ernüchterung folgte auf dem Fuß. Bedauernd zuckte der Graf mit den Schultern und setzte ihm in präzisen Worten auseinander, wie die Lage einzuschätzen war. »Fakt ist, dass meine finanziellen Mittel nicht mehr ausreichen, um mich weiter in ein solch kostspieliges Abenteuer wie die Rennwagenentwicklung zu stürzen. Schon wegen der gebotenen Rücksicht auf meine geliebte Gattin ist mir dieser Weg verwehrt – ganz abgesehen von dem tragischen Unfall in Monza. Seit dem Tod von unse-

rem armen Fritz Kuhn habe ich jede Lust am Rennsport verloren. So ist das – leider«, breitete er in einer verständnisheischenden Geste die Arme aus.
»Aber …« stammelte Neubauer. »Aber Sie wissen schon, was das bedeutet?«
»Ja, ich denke, ich weiß es«, nickte Graf »Sascha« traurig und übernahm es dann selbst, die bittere Wahrheit auszusprechen. »Es könnte das Ende für Austro-Daimler sein. Schlimm genug, denn Porsche und Austro-Daimler, das gehört zusammen wie … ja doch: fast wie Wien und der Stephansdom«.
»Umso schlimmer«, murmelte Neubauer konsterniert.
»Umso schlimmer«, bestätigte Kolowrat ernst. Nach einer bedrückend langen Pause, in der keinem der Männer der Sinn danach stand, die bittere Analyse fortzusetzen, klatschte der Graf schließlich entschlossen in die Hände. Neubauer zuckte erschrocken zusammen. »Aber was in meiner Macht steht, zu tun, das werde ich versuchen. Ich werde also schauen, den Einfluss, den ich in der Firma schon noch habe, vor allen Dingen bei Castiglioni zu nutzen, um dem Herrn Porsche wenigstens einen ehrenhaften Abschied zu ermöglichen. Das hat er mehr verdient als irgendjemand sonst. Und außerdem war das sowieso noch nicht das Ende vom Lied: der Herr Porsche wird noch eine glanzvolle Zukunft haben, da bin ich mir ganz sicher.«
»Aber eben nicht mehr bei Austro-Daimler.«
»Da leider nicht mehr ….«

Am Ende war es »Sascha« Kolowrat immerhin gelungen, eine wesentlich größere Abfindung für Porsche heraus zu verhandeln, als der widerstrebende Camillo Castiglioni ursprünglich zu zahlen bereit gewesen war. »Einen Mann wie Ferdinand Porsche können sie doch nicht mit ein paar mageren Brocken abspeisen – man muss ihn zumindest finanziell in die Lage versetzen, ein eigenes Konstruktionsbüro zu betreiben, schon um des Fortschritts in der Automobiltechnik willen.« Mit diesem Argument hatte

Kolowrat bei den Mitgliedern des Aufsichtsrats schließlich gepunktet – und auch wenn sich die Herren von Porsche nach wie vor auf das Übelste beleidigt sahen (das böse Wort von der Sau-Bagage hallte immer noch in ihren Köpfen nach) – stimmte die Mehrheit der großzügigeren finanziellen Lösung zu, mitsamt der Zusicherung an den ehemaligen Generaldirektor, ihm drei seiner neu entwickelten Fahrzeuge zu überlassen, darunter auch einen »Mixte« (den der unbelehrbare Mann ja gegen ihren eindeutigen Willen dennoch weitergebaut hatte). Sollte er mit diesem »Mixte« doch glücklich werden. Wann, wo und bei wem auch immer. Nur nicht bei Austro-Daimler. Die Launen des Herrn Porsche waren nicht mehr ihr Problem.

Führte ihn der Weg also zu einem eigenen Konstruktionsbüro? Immerhin drei bis vier Jahre würde er dank der Abfindung mit einem Teil seiner Mannschaft mindestens überbrücken können. Das war schon eine großartige letzte Geste von Kolowrat gewesen, dem er noch nicht einmal persönlich dafür hatte Dank sagen können.

Ein eigenes Planungsbüro, ohne irgendwelche störenden Zwischenrufe und Einflussnahmen von außen … So verlockend Ferdinand Porsche der Gedanke auch schien, so klar und deutlich war er sich der Tatsache bewusst, dass die finanziellen Mittel nicht ausreichen würden, um dann danach eine eigene Produktion auf die Beine stellen zu können. Und nur so ergab das Ganze einen Sinn. Aber das schien ihm momentan einfach nicht machbar. Nicht in dieser wirtschaftlichen Krisenzeit. So schön es auch wäre …

Was dann? Und vor allen Dingen: wo?

Ferdinand Porsche reichte ein Tag, um sich über seine Zukunft und die möglichen neuen Herausforderungen klar zu werden.

Seine Karriere war noch längst nicht zu Ende. Er würde den Herren zeigen, welchen Fehler sie begangen hatten.

Die würden Augen machen. Ein mächtiger Energiestoß pulste durch seinen Körper.
Eine Tür geht zu – eine andere öffnet sich. Genau so geschah es wieder einmal im Leben des Ferdinand Porsche. Nur wenige Stunden nach seiner Entlassung wurden die Weichen wieder neu gestellt.
In der zweiten Hälfte des Februar 1923 war der Neubeginn bereits vollzogen, genau so, wie es eben dem Charakter des rastlosen Porsche entsprach: Von wegen Ausspannen, wie ihm seine Louis gestern Abend noch geraten hatte! »Es wäre doch sicherlich gut für dich, wenn du ein paar Tage in die Hütte nach Hochwolkersdorf fahren würdest und dich dort entspannst. Ein bisschen zur Ruhe zu kommen, würde dir nicht schaden, nach all den turbulenten Wochen, in denen du immer nur mit Vollgas an die Arbeit gegangen bist. Du musst dich doch auch einmal ein bisschen erholen. Die Hütte dort oben täte dir gut – an Leib und Seele. Und ich würde dich auch begleiten. Dann könnten wir endlich einmal ohne Hektik einfach unser Dasein genießen und ganz allmählich neue Pläne schmieden.«
Ruhe! Erholung! Allein schon der Gedanke daran bereitete ihm Kopfschmerzen. Das klang nach Nichtstun und Langeweile. »Ja, aber Louis! Du meinst also allen Ernstes, dass du mich dazu bewegen könntest, den ganzen Tag lang faul in der Hütte herum zu liegen oder irgendwelche Fische zu angeln, die sowieso nicht anbeißen wollen. Nein und nochmals nein«, schüttelte er entschieden den Kopf. »Das solltest du eigentlich wissen, dass so etwas nichts für mich ist. Faulenzen und Müßiggang: das ist pures Gift für einen wie mich!«
»Oh, dieser Mann!« schlug Aloisia Porsche in gespielter Verzweiflung ihre Hände über dem Kopf zusammen. »Ein Leben in Höchstgeschwindigkeit. Nur ja keine Pause einlegen, sondern sich immerzu in Hast und Eile befinden. Du bist und bleibst ein Sklave der Geschwindigkeit!« Damit war die kurze Debatte auch schon wieder beendet,

denn es machte ja keinen Sinn, weiter auf den unbelehrbaren Ehegatten einwirken zu wollen.
Und so nahmen die Dinge ihren rasanten Verlauf.

Ferdinand Porsche hatte sich nämlich auf die frühere Anfrage aus Untertürkheim besonnen, als ihm die Daimler-Leute ein überaus großzügiges Angebot gemacht hatten. Obwohl er die Anfrage damals abschlägig beschieden hatte, war ihm in einem weiteren Schreiben mitgeteilt worden, man akzeptiere seine Entscheidung selbstverständlich. Falls er sich eines Tages aber doch noch für die Offerte erwärmen könne, möge er sich bitte melden. Denn bei der Daimler-Motoren-Gesellschaft stünden die Türen für einen Ferdinand Porsche immer offen.
Und so griff er also zum Telefon und schaffte es, sich von der Untertürkheimer Zentrale direkt mit dem Vorstandsbüro verbinden zu lassen, wo ihm der hoch erfreute Generaldirektor Ernst Berge auf der Stelle eine verbindliche Zusage machte. Über die näheren Einzelheiten und die Ausgestaltung seines Vertrages werde zwar noch im Aufsichtsrat zu reden sein, aber der Herr Dr. Porsche könne bereits heute sicher davon ausgehen, dass der Vertrag mit der DMG so gut wie perfekt sei.
Porsches Anruf schien den Daimlerleuten wie ein Geschenk des Himmels, denn schon seit mehreren Monaten hatten sie vergeblich nach einem geeigneten Nachfolger für den als Technischer Leiter ausgeschiedenen Paul Daimler Ausschau gehalten. Und was für eine erstaunliche Parallele! Denn vor vielen Jahren war es ja ebenfalls Ferdinand Porsche gewesen, der seinerzeit Paul Daimler als Technischen Direktor in Wiener Neustadt abgelöst hatte. »So etwas nennt man Kontinuität«, schmunzelte Berge und steckte sich voller Zufriedenheit eine besonders schöne Zigarre an.
Nun war nur noch mit dem Aufsichtsrat zu klären, ob man den neuen Chefkonstrukteur zum 30. April 1923 zusätzlich in den Rang eines Vorstandsmitgliedes erheben sollte

– was Ernst Berge nur konsequent erschien. Denn schließlich war der Mann ja immerhin ein langjähriger Generaldirektor. Da musste man schon ein klares Zeichen setzen, um klar und deutlich zu signalisieren, wie groß Vertrauen und Wertschätzung für den mit so vielen Lorbeeren bedachten Konstrukteur in Untertürkheim waren.
Nicht alle Aufsichtsräte teilten jedoch die Euphorie des Vorstandschefs. Dem einen oder anderen war »zu Ohren gekommen, dass der Herr Porsche sehr gerne sehr viel Geld für teure Neuentwicklungen auszugeben pflegt, die sich später auf dem Markt nicht immer durchsetzen lassen«, gab beispielsweise der eher skeptische Emil Georg von Strauß zu bedenken, der sich vor der entscheidenden Sitzung des Gremiums vorsorglich direkt bei Camillo Castiglioni nach dessen Einschätzung der Fähigkeiten Porsches erkundigt hatte. Der starke Mann von Austro-Daimler zeigte sich von der Anfrage nur kurzzeitig verblüfft und lieferte postwendend eine ungeschminkte Einschätzung. »Stellen Sie Porsche ein. Er ist ein brillanter Mann. Aber Sie werden ihn in einen Käfig mit sieben Schlössern stecken müssen. Das ist der richtige Ort, um ihn seine Motorenkonstruktionen ausarbeiten zu lassen. Er muss Ihnen die Zeichnungen zwischen den Gitterstäben herausreichen, damit er, wenn Sie Glück haben, danach nichts mehr an den Zeichnungen oder den Motoren abändern kann!«
Emil Georg von Strauß verlas das Schreiben in der Sitzung und fügte achselzuckend noch hinzu: »Jetzt bin ich im Prinzip so schlau, wie zuvor. Dass der Herr Porsche ein brillanter Konstrukteur ist, das habe ich schon vorher gewusst. Und dass er nie zufrieden ist, sondern jedes Modell ständig aufs Neue verbessern und optimieren will, das war mir auch längst bekannt. Nun denn meine Herren: wir haben also zwischen einem technischen Genie und dem finanziellen Abgrund zu entscheiden. Wobei ich mich notwendigerweise gezwungen sehe, auf die Tatsache zu verweisen, dass unsere Firma, wie Ihnen allen ja bekannt ist,

im Hinblick auf die Finanzen momentan nicht gerade auf Rosen gebettet ist. Wie immer wir uns entscheiden: es ist ein Risiko. Ein Automobil zu präsentieren, das in technischer Hinsicht endlich wieder Maßstäbe setzt, scheint mir für die nahe Zukunft unabdingbar wichtig zu sein – andererseits sind uns finanzielle Grenzen gesetzt, an denen der Herr Porsche, nach allem, was man über ihn weiß, aber sicherlich rütteln wird, falls wir ihn in den Rang eines Vorstandsmitglieds erheben. Die Qual der Wahl liegt ganz alleine bei uns!«

Ausschlaggebend für die Anstellung Ferdinand Porsches als Technischer Direktor war schließlich das Votum der Ingenieure, das der vorausschauende Vorstandschef Berge rechtzeitig eingeholt hatte, um es dem Aufsichtsrat nun als seine Trumpfkarte zu präsentieren. »Unsere Ingenieure würden sich sehr freuen, an der Seite eines dermaßen renommierten Konstrukteurs neue Fahrzeuge und Motoren entwickeln zu dürfen. Das ist ihre einhellige Meinung – und übrigens auch die meinige. Ich kenne den Herrn Porsche schon seit 20 Jahren, als er damals in Wien als noch ganz junger Mann mit immer neuen Entwicklungen für Aufsehen gesorgt hat. Und bei allen finanziellen Anforderungen, die so ein technisches Genie logischerweise mit sich bringt, denn er will ja immer an der Spitze des Fortschritts marschieren: persönlich ist der Herr Dr. Porsche ein bescheidener Mensch, auch das können Sie mir gerne glauben.« Diese Argumentation verfehlte ihre Wirkung nicht: der Aufsichtsrat ging das Wagnis ein und verpflichtete Ferdinand Porsche mit einem Fünfjahres-Vertrag nicht nur als Chefkonstrukteur und Leiter des Konstruktionsbüros, sondern beförderte ihn dazu noch in die herausgehobene Funktion eines Technischen Direktors der DMG.

Was die Daimler-Ingenieure neben dem legendären Ruf des jetzt 48 Jahre alten Porsche besonders begeistert hatte und ihr einhelliges Votum zusätzlich beförderte, war die erstaunliche Tatsache, dass der neue Chef bereits Ende Fe-

bruar in Stuttgart erschien. Zu einem Zeitpunkt, als er lediglich über eine telefonische Zusage verfügte.
Gleich nach dem Telefonat mit Berge war Porsche nach Stuttgart aufgebrochen und hatte sich im Hotel »Marquardt« in der Königstraße einquartiert, um von hier aus ohne weiteren Zeitverzug einen ersten Kontakt mit seiner künftigen Arbeitsstelle und den Kollegen knüpfen zu können.
Und damit war allen gleich von Beginn an klar, wie der neue Kollege tickte: »Der Mann ist wirklich und wahrhaftig ein Technik-Besessener!«
»Dem geht es nicht ums Geld, sondern um die Sache.«
»Der gönnt sich keine Minute Ruhe. Dabei könnte er ja mit seiner Abfindung erst einmal ein paar Wochen Urlaub machen, aber nein, das tut er nicht, sondern er kommt tatsächlich sofort zu uns – und das sogar ohne Bezahlung für die ersten Wochen.«
»Jetzt wird es mit der DMG endlich wieder aufwärts gehen!«
In dieser begeisterten Einschätzung waren sich die Ingenieure einig.

*

Ein heiliger Schauder jagte über Ferdinand Porsches Rücken, als er den auf 30. April 1923 terminierten Arbeitsvertrag unterschrieb. Selbst wenn er nun nicht mehr den Rang eines Generaldirektors bekleitete, sondern »nur« als Technischer Direktor fungierte. Aber die Technik war ihm ja eh immer wichtiger gewesen, »als der zeitaufwendige Kaufmanns-Kleinkram«. Besser hätte er es im Grunde genommen gar nicht treffen können: Entwicklungschef in Stuttgart, bei exakt jener Firma, deren Namengeber Gottlieb Daimler zusammen mit Wilhelm Maybach das Automobil einst erfunden hatte. Der Ursprungsort der Mobilität! Er würde alles daran setzen, den mittlerweile etwas verblassten Ruhm so rasch wie möglich wieder im alten Glanz erstrahlen zu lassen. Mit klopfendem Herzen legte er den Füllfederhalter zur Seite. Der Vertrag war unterschrieben.

Die Sache war perfekt.

Ein Umzug stand also an – von Wiener Neustadt nach Stuttgart. Während es der überglückliche Konstrukteur kaum noch erwarten konnte, zeigte sich der Rest der Porschefamilie weniger begeistert. Vor allem die Kinder. Und so sehr Aloisia Porsche ihrem Ehemann dessen neue Karriere auch von Herzen gönnte, fiel es ihr alles andere als leicht, der schönen Villa in der Pottendorferstraße Adieu sagen zu müssen. Ebenso der Abschied von ihrem herrlichen Wochenendrefugium in Hochwolkersdorf, dem Jäger, den Jagdgehilfen, den Freunden ringsum. Dementsprechend tränenreich gestalteten sich die letzten Tage vor dem bedrohlich näher rückenden Umzugstermin.

Sohn Ferry plagte dabei ein ganz besonderes Problem, denn er würde wohl seine komplette Beute mit den Einzelteilen des »Saschawagen« im Versteck zurück lassen müssen.

»Du wirst dir einen neuen Wagen zusammen bauen können«, tröstete der lächelnde Porsche seinen verwundert dreinschauenden Sohn.
»Du hast das mit den Autoteilen also gewusst?«
»Aber natürlich! Was glaubst denn du? Dass ich blind und taub bin?«
»Nein, aber …«, stammelte der Bub.
»Nichts aber – ich habe mich ja auch gefreut, dass du offensichtlich im Sinn hast, einmal in meine Fußstapfen zu treten – und deshalb habe ich dich machen lassen. Für den Fall des Falles hätte ich ja gewusst, wo das Material lagert.«
»Du hast also sogar das Versteck gekannt?!«
»Sage ich ja. Aber wie gesagt: die alten Saschateile kannst du gerne zurück lassen – wir werden bald schon ganz andere Automobile bauen. Das hier ist für mich schon jetzt nur noch der Schnee von gestern. Und versprochen: ich werde dir alles ermöglichen, um deine Träume wahr werden zu lassen – anders als mein Vater damals. Ehrenwort!«
Er nickte ernst und warf einen kurzen Blick auf die große Wanduhr, die noch unverpackt im halb ausgeräumten Wohnzimmer hing. »Aber los jetzt. Denn wenn wir uns nicht beeilen, dann fängt meine Abschiedsfeier bei den alten Kollegen ohne mich an. Das wäre irgendwie schon schade«, grinste er und zwinkerte seinem Sohn verschwörerisch zu.
»Aber werden wir in diesem Stuttgart auch wieder so ein schönes Zuhause haben, wie hier in Wiener Neustadt, Papa?«, erkundigte sich die 18 jährige Louise skeptisch.
»Und ob wir das haben werden, Louisl«, bekräftigte ihr Vater nachdrücklich. »Das haben sie sogar in meinen Arbeitsvertrag mit aufgenommen. Extra für mich haben sie ein Grundstück besorgt und mir zwei besonders gute Architekten an die Hand gegeben. Der eine ist Paul Bonatz, der beispielsweise den wunderbaren Stuttgarter Hauptbahnhof gebaut hat. Das wird ein tolles Domizil für uns geben, so viel kann ich euch jetzt schon sagen. Das modernste Haus am ganzen Feuerbacher Weg …«

»Feuer … was?«
»Feuer – Bach. So heißt der Stadtteil: Feuerbach.«
»Na ja, irgendwie komisch klingt das ja schon …«
»Papperlapapp – Ihr werdet euch dort ganz sicher wohlfühlen.«
»Aber wo das Haus doch noch gar nicht fertig ist …«
»… deshalb haben sie für uns ja die Villa in der Eduard-Pfeiffer-Straße gemietet, in die wir jetzt einziehen können.«
»Na ja. Und kaum dass man sich richtig eingerichtet hat, können wir dann wieder ausziehen. Wäre es nicht besser, wenn wir solange noch hier bleiben könnten?«
»Und mich wollt Ihr alleine nach Stuttgart schicken?! Sonst noch was!« entrüstete sich Ferdinand Porsche. »Ihr kommt mit, dass das klar ist. Da könnt Ihr dann so rasch wie möglich schwäbisch lernen, und das ist nicht einfach, das sage ich euch lieber gleich.«
»Schwäbisch. Das auch noch!« stöhnte die Louisl und rollte mit den Augen.
»Ja, das auch noch. Wer rastet, der rostet. A propos: jetzt stehen wir immer noch unnütz hier herum und halten sinnlose Debatten ab, anstatt längst auf meiner Abschiedsfeier zu sein. Also los jetzt: gehmma gehmma!«

Natürlich war es ihm ein Anliegen gewesen, zum Abschied alle seine langjährigen Mitarbeiter im Konstruktionsbüro noch einmal um sich versammelt zu sehen. Extra deshalb war er ja aus Stuttgart zurückgekommen. Das war Ehrensache. Schade nur, dass es ihm nicht möglich gewesen war, alle an den Neckar mitzunehmen. Später aber ganz sicher. Das versprach er jedem einzelnen von ihnen: »Wenn Ihr wollt, könnt Ihr dann alle kommen. Spätestens im nächsten Jahr.« Und alle wären gerne mitgekommen. Am liebsten sofort und auf der Stelle. Eine Aussage, die Ferdinand Porsche beinahe das Herz brach. Aber so war es halt nun einmal. Nur eine erste »Vorhut« würde er in den ersten Monaten seiner neuen Tätigkeit in Untertürkheim unterbringen können: Josef Goldinger, Otto Köhler und Alfred Neubauer.

Dem begeisterten Rennfahrer Neubauer hatte Porsche nur eine kurze Frage stellen müssen: »Neubauer. Hättest du eventuell Lust, mit mir nach Stuttgart zu gehen?« raunte er seinem Nebensitzer zu.

»Was fragen Sie da überhaupt noch?!«, strahlte der Mann in seinem ölverschmierten Monteursanzug. Bis zur letzten Minute hatte er noch an einem Motor gearbeitet und deshalb völlig vergessen, sich für die Abschiedsfeier des Generaldirektors mit frischer Kleidung zu versorgen. So erschien Neubauer eben – unbekümmert, wie er eben war – in der »Festtagskluft aller Monteure« frohgemut inmitten der staunenden Runde. »Ich sitze sozusagen schon auf gepackten Koffern!«

»Na ja, dann ist die Sache hiermit besprochen. Schlag ein, Neubauer!« Eine Aufforderung, die er nicht zu wiederholen brauchte. Freudig drückte Neubauer die dargebotene Rechte, bis ihn ein schmerzhaftes Aufstöhnen seines alten und neuen Chefs zusammen zucken ließ.

»Du sollst mir nicht die Hand zerquetschen, sondern nur unseren Kontrakt besiegeln«, keuchte der schmächtige Porsche und massierte sich seine schmerzende Hand. »Sag mir lieber, wann du abfahrbereit bist.«

»Von mir aus gleich!«

»Na dann! Pepperl! Pepperl? Wo steckt der Bursche denn wieder?« Suchend spähte Porsche in die Runde, bis er Josef Goldinger endlich entdeckte. »Pepperl. Genug gefeiert für heute. Mach bitteschön den Wagen fertig. In einer halben Stunde geht's ab nach Stuttgart. Pünktlich. Also: worauf wartest du noch? Gehmma, gehmma!«

Und so erschien Ferdinand Porsche zu seinem offiziellen Arbeitsbeginn bei der Daimler-Motoren-Gesellschaft am 30. April 1923 morgens Schlag 7 Uhr nicht alleine, sondern fröhlich begleitet von seinen treuen »Musketieren« an der neuen Wirkungsstätte.

Genau diese Begleitung sollte aber in Untertürkheim ein erstes Stirnrunzeln hervorrufen. Denn die hiesigen Ingenieure zeigten sich über die sogenannte »alte Kernmannschaft«, die dem neuen Chef wie ein Schatten folgte, alles andere als begeistert.
»Meint der etwa, eine gute Entwicklungsarbeit ginge nur mit seinen Österreichern?«
»Ja, sind wir dem denn gar nichts wert?«
»Und wir Rindviecher haben uns für den Mann auch noch eingesetzt! Jetzt haben wir den Salat!«
Das war aber noch längst nicht alles an ungeahnten Schwierigkeiten, mit denen er niemals gerechnet hätte. Ferdinand Porsche, der in der glanzvollen alten Kaiserstadt Wien seine prägenden Jahre erlebt hatte, sah sich im eher bieder-behäbigen Stuttgart erstmals in seiner Karriere mit bislang nicht gekannten zwischenmenschlichen Problemen konfrontiert. Und das lag nicht nur an der Verstimmung wegen der drei neuen Mitarbeiter aus Österreich. Es waren auch völlig verschiedene Mentalitäten, die hier aufeinander stießen. Auf der einen Seite die bodenständigen, sparsamen Schwaben – dort die lebensfrohen Österreicher, die sich auch an den Stuttgarter Dialekt nur schwer gewöhnen konnten, was die Verständigung zwischen den beiden Lagern nicht unbedingt leichter machte. Die Schwaben schienen sogar absichtlich in die breiteste Mundart zu verfallen, wenn sich ihnen eine der »österreichischen Mehlspeisen« näherte. Fremde Welten.
Und kaum hatte man sich – wenngleich zähneknirschend – einigermaßen zusammengerauft, da baute sich schon die nächste Hürde vor dem neuen Direktor auf. Ohne sich große Gedanken gemacht zu haben, hatte er auf die neuen Visitenkarten wieder seinen Ehrendoktortitel drucken lassen: Dr. h.c. Ferdinand Porsche. Kurz danach erreichte ihn ein Schreiben des württembergischen Innenministeriums, das ihn mit knappen, unmissverständlichen Worten darauf hinwies, dass ihm das Führen einer österreichischen Ehrendoktorwürde in Württemberg nicht gestattet sei!

»Sie entspräche nicht den hiesigen Normen«, teilte Porsche seiner verständnislos dreinschauenden Ehefrau beim Nachhausekommen am späten Abend kopfschüttelnd mit. »Es ist die reine Schikane.«
»Vielleicht hättest du doch besser als selbständiger Konstrukteur in Österreich bleiben sollen als nach Stuttgart zu gehen?«
»Ach wo!« wischte er das Argument rasch beiseite. »So leicht lasse ich mich nicht klein kriegen. Ich werde es diesen schwäbischen Beamten schon noch zeigen. Sie werden mir den württembergischen Ehrendoktor eines schönen Tages auf Knien antragen, dafür werde ich sorgen!«
»Mein Ferdinand wie er leibt und lebt!« schüttelte Aloisia Porsche milde lächelnd ihren Kopf. »Na dann zeige es ihnen aber auch richtig!«
»Das werde ich, so wahr ich Ferdinand Porsche heiße!« Er hielt sein Versprechen: Mit neu konstruierten Modellen, die er in Rekordzeit präsentieren konnte, wie mit spektakulären Rennerfolgen. Niemand hatte es bei der DMG für möglich gehalten, dass Porsche schon im ersten Jahr seiner Tätigkeit mit dem neuen Mercedes die Targa Florio gewinnen würde. Ein Triumph, der ihm noch nicht einmal in 17 Jahren bei Austro-Daimler gelungen war. Und so durfte Ferdinand Porsche nur ein gutes Jahr nach der verweigerten Anerkennung seines Wiener Ehrendoktortitels eine Urkunde in Empfang nehmen, auf der schwarz auf weiß zu lesen stand, die Technische Hochschule zu Stuttgart verleihe dem »Herrn Dr. Ing. E. h. Ferdinand Porsche, Direktor und Vorstandsmitglied der Daimler-Motoren-Gesellschaft«, die Würde eines Doktor-Ingenieurs ehrenhalber in Anerkennung seiner hervorragenden Leistungen beim Kraftwagenbau im Allgemeinen und im Besonderen als Konstrukteur des siegreichen Wagens bei der Targa Florio 1924.
»Na bitte. Da siehst du es, Louis. Ich habe sie mit Taten überzeugt, nicht mit Worten. Spätestens jetzt dürften auch die Widerborstigkeiten, die sie mir gegenüber an

den Tag gelegt haben, endgültig der Vergangenheit angehören.«
»Das hoffe ich sehr für dich – und für deinen Seelenfrieden«, merkte Aloisia Porsche an und runzelte dabei skeptisch die Stirn.
»Doch, doch, das wird ganz sicher so sein. Und ich muss ja sagen: bei aller Renitenz, mit der sie mir im Konstruktionsbüro begegnen: gute Leute sind das schon, die hier arbeiten. Die wissen genau Bescheid über die einzelnen Problemstellungen, mit denen ich sie konfrontiere. Man merkt schon, dass hier das Automobil erfunden worden ist. Nirgendwo ist so viel langjährige Sachkompetenz versammelt, wie in Untertürkheim. Das ist die richtige Grundlage dafür, dass wir in den nächsten drei bis vier Jahren gleich ein ganzes Dutzend neuer Modelle entwickeln können.«
»Hoffentlich verlangst du von den Leuten nicht zuviel. Überfordere sie nicht«, gab seine Frau zu bedenken.
»Ach was! Du kennst die Schwaben noch nicht so wie ich mittlerweile. Wenn es um die Arbeit geht, dann ist denen nichts zu viel. Das ist diesen Leuten in Fleisch und Blut übergegangen: Arbeit, Pflichterfüllung, Leistung. Das gefällt mir. Es ist das Grundprinzip des schwäbischen Pietismus. Auch wenn die Lebensfreude dabei ein wenig arg ins Hintertreffen gerät.«
»Aha. Das sagt der Richtige! Denn darüber solltest auch du bei Gelegenheit schon einmal nachdenken: das Leben des Menschen besteht nicht nur aus seiner Arbeit. Ich weiß ja, wie gerne du an deinen Motoren herumschraubst und tüftelst. Aber ab und zu sollte man auch ein bisschen durchschnaufen. Und das kommt mir seit unserem Umzug nach Stuttgart viel zu selten vor. Das tut dir auch nicht gut, Ferdinand. Ich sehe es doch an deiner Miene, wenn du spät abends nach Hause kommst, dass dir – bei aller Begeisterung an der Arbeit – etwas fehlt.«
»Nun ja«, Porsche wiegte nachdenklich den Kopf. »Zugegeben: in Wiener Neustadt hat es sich leichter leben lassen,

zumindest im Kreis der Freunde und Kollegen. Aber die Arbeit hier macht mir dafür um so größere Freude. Und so eine Auszeichnung«, er deutete lächelnd auf die in einen goldfarbenen Rahmen gefasste Verleihungsurkunde der Ehrendoktorwürde, »die hilft mir natürlich zusätzlich. Aber weißt du was?« In einer spontanen Geste rieb er sich die Hände und blinzelte seiner Ehefrau unternehmungslustig entgegen. »Heute abend lasse ich die Arbeit ruhen. Heute werden wir einmal gemeinsam etwas unternehmen. Alle zusammen. Wir und die Kinder. Ich habe sie in der Tat viel zu wenig um mich. Wie wäre es mit einem kleinen Ausflug an den Rotenberg. Das ist dort, wo diese wunderschöne Grabkapelle für die Königin Katharina über dem Neckar thront – du hast sie ja schon von weitem gesehen. Lass uns dort einen kleinen Spaziergang machen und dann fahren wir weiter nach Uhlbach und nehmen bei einem der Weinhauer in seiner Strausswirtschaft – sie nennen es in Stuttgart Besenwirtschaft – eine wunderschöne Jause ein.«
»… die sie in Stuttgart Vesper nennen«, ergänzte Aloisia schmunzelnd. »Da bin ich gerne dabei – und die Kinder sicherlich auch. Wobei: von wegen Kinder. Hast du eigentlich bemerkt, wie sich unsere Tochter inzwischen vom kleinen Mädchen zu einer respektablen jungen Dame entwickelt hat, der die ersten Kavaliere bereits ihre Avancen machen?«
»Kavaliere! Avancen!« schnaubte Porsche. »Die Kerle sollen mir ja nicht unter die Augen kommen. Was erlauben die sich. Unser Louisl ist gerade einmal 20 Jahre alt – da macht man noch keine Avancen!«
»Darf ich dich fragen, wie alt du gewesen bist, als du mir den Hof gemacht hast? Und wie alt ich zu dieser Zeit war? Noch nicht einmal 20 Jahre.«
»Ach was«, wischte Porsche den Einwand unwirsch beiseite. »Das ist doch etwas ganz Anderes. Und nun komm. Lass uns fahren. Gibst du bitte den Kindern Bescheid, dass wir in fünf Minuten abfahren?«
Schmunzelnd registrierte Aloisia, dass er absichtlich den

Begriff Kinder verwendet hatte. Porsche griff bereits zu seiner Schiebermütze, die er immer dann aufzusetzen pflegte, wenn er selbst der Fahrer war. »Ich sage noch kurz dem Pepperl Bescheid, dass ich ihn heute Abend nimmer brauche. Ich werde selber fahren.«

*

Trotz all seiner zuversichtlichen Hoffnungen blieben Porsche die Schwierigkeiten bei Daimler erhalten – wenngleich mehr und mehr unter den Vorstandskollegen, als bei seinen mit Feuereifer arbeitenden Ingenieuren, die sich vom technischen Genie ihres Chefs längst hatten begeistern und mitreißen lassen.
Eine Entwicklung jagte die andere: für manches, eher behäbig agierende Vorstandsmitglied waren es schlichtweg viel zu viele neue Modelle auf einmal – ganz zu schweigen von den beträchtlichen Kosten, die das Konstruktionsbüro verschlang.

*

»Der Firma ist es nach dem verlorenen Weltkrieg nicht sehr gut gegangen, nicht wahr, Onkel?«

Die Stimme seines Neffen riss Ferdinand Porsche unvermittelt aus ganz anderen Gedankengängen.

»Welche Firma meinst du denn, Gilain? Ich dachte, du hättest in den vielen Jahren, in denen du mir zuarbeitest, allmählich gelernt, deine Fragen etwas präziser zu formulieren!«

Man konnte die Verlegenheit beinahe mit Händen greifen, die der Tadel nach sich zog. »Entschuldige vielmals, Onkel Ferdinand. Du hast natürlich recht. Ich meinte nur … ich habe gerade an deine Situation bei Daimler in Untertürkheim denken müssen.«

»Seltsam«, wunderte sich der alte Porsche. »Daran habe ich mich nämlich auch gerade zurück erinnert.« Er musterte den Neffen mit einem erstaunten Blick. »Manchmal könnte man beinahe meinen, dass es so etwas wie eine Seelenverwandtschaft zwischen uns gibt.« Allein mit diesem einen Satz war es ihm gelungen, bei Gilain die allzu scharfe Zurechtweisung von vorhin vergessen zu machen. Eine Seelenverwandtschaft zwischen ihm und seinem hoch verehrten Onkel …

»Pass doch auf, wohin du fährst, du Trottel!« Blitzschnell griff Porsche ins Lenkrad und brachte ihr Fahrzeug wieder in die Spur, nachdem der überstolze Gilain vor lauter Glück gar nicht mehr auf die Straße geachtet hatte.

»Entschuldigung! Das war ein Versehen.«

»Ein Versehen, ein Versehen!« schnarrte der Konstrukteur. »Das war eine Eselei, die uns beinahe in den Abgrund chauffiert hätte. Also: mehr Aufmerksamkeit bitte, Gilain. Ich möchte die Nacht nicht im Straßengraben verbringen!«

»Natürlich, Onkel Ferdinand. Selbstverständlich. Es wird nicht wieder vorkommen.«

»Also: wo waren wir stehen geblieben? Richtig. Beim Daimler in Untertürkheim. Ja, denen ging es finanziell viel schlechter, als ich das bei meinem Dienstantritt vermutet hatte. Der verlorene Krieg, das Verbot der Alliierten, sich in der Rüstungsindustrie zu betätigen, und zu allem Überfluss dann noch die schwere Wirtschaftskrise, bei der Daimler von seinen Hausbanken in die Fusion mit Benz gezwungen worden ist. Diese Fusion halte ich übrigens bis heute für einen Fehler.«

»Aber der Firma Benz ist es doch auch schlecht gegangen, nicht wahr?«

»Ja, schon. Aber bei diesem von den Banken erzwungenen Zusammenschluss sind plötzlich völlig verschiedene Welten aufeinander geprallt. Die einen, Benz in Mannheim, haben eher die kleineren Modelle bevorzugt, während wir in Untertürkheim auf die leistungsstarken großen Fahrzeuge gesetzt haben.«

»Soviel mir in Erinnerung ist, wolltest du zu dieser Zeit aber auch einen kleineren Wagen bauen, der in gewisser Weise dem »Saschawagen« ähnlich war und der …«

»Das war viel später«, fuhr Porsche ungeduldig dazwischen. »Zunächst einmal standen wir ja vor dem Problem, die beiden Entwicklungsabteilungen zusammen führen zu müssen. Das war ein Ding der Unmöglichkeit, allein schon deshalb, weil mein Gegenüber in Mannheim schlichtweg ein fürchterlicher Kerl gewesen ist.«

»Du meinst den Herrn Nibel, nicht wahr, Onkel Ferdinand? Hans hieß er glaube ich mit Vornamen. Hans Nibel.«

»Quäle mich bitte nicht mit diesem Namen. Ob Hans oder nicht Hans: jedenfalls war dieser Nibel ein entsetzlicher Pedant. Kleinlich und empfindlich. Er hat immer nur das Detail gesehen, anstatt das große Ganze im Blickfeld zu haben – dazu war er ständig beleidigt. Es war eine schlimme Zeit für mich, weil mich dieser Nervenkrieg von meiner eigentlichen Arbeit abgehalten hat – also, ich war mehr als einmal drauf und dran, den ganzen Bettel einfach hinzuschmeißen.«

»Was du aber gottlob nicht getan hast …«
»Was heißt hier gottlob? Der einzige Grund war, dass ich einen Fünfjahresvertrag unterschrieben hatte – und ich habe Zeit meines Lebens Wert darauf gelegt, meine Versprechen zu halten, ebenso wie die Verträge.«
»Gedankt hat man es dir aber leider nicht.«
»Nun ja …« Nachdenklich fuhr sich der alte Mann über die hohe Stirn mit den schütter gewordenen Haaren. »Dank sollte man in der Industrie auch nicht unbedingt erwarten. Aber du hast natürlich nicht ganz unrecht. Wie immer auch: ich bin mir jedenfalls sicher, dass diese erzwungene Fusion zu Daimler-Benz mehr Schaden als Nutzen mit sich gebracht hat. Zumindest in den ersten Jahren, wo jede Abteilung – allen Absprachen zum Trotz – genau so weiter gearbeitet hat, wie es dieser Nibel auf der einen Seite und auf der anderen Seite ich für richtig hielten. Immerhin«, er lachte trocken in sich hinein, »immerhin haben wir es den Benz-Leuten dann gleich nach der Fusion so richtig gezeigt, was es heißt, sich mit einem Mercedes messen zu wollen. Unser Rennsieg keine zwei Wochen nach der offiziell besiegelten Fusion …«
»Rudolf Caracciola am 11. Juli 1926 auf der Avus«, warf Gilain ehrfürchtig dazwischen. »Das war ein echter Meilenstein in der Mercedes-Geschichte. Dieses Datum vergesse ich nie!«
»Mein erster für Mercedes konstruierter Achtzylinder. Ein tolles Fahrzeug! Und der erste Sieg für Caracciola, dazu noch gleich im Großen Preis von Deutschland …«
»Ganz überlegen, mit einer Durchschnittsgeschwindigkeit von 135,2 Stundenkilometern – und das über beinahe 400 Kilometer. Das war schon sensationell!«
»Allerdings. Das war ein richtiges Ausrufezeichen für unsere schockierte Konkurrenz.«
»Und zum Dank haben sie die neue gemeinsame Automarke dann Mercedes-Benz genannt, anstatt, wie es richtig gewesen wäre, Daimler-Mercedes.«

»Erinnere mich bitte nicht daran. Der alte Daimler muss sich im Grab umgedreht haben, als sie diese Sünde begangen haben!«
Eine Zeitlang herrschte Stille zwischen den beiden. Nur das gleichmäßige Brummen des Motors und die gedämpften Windgeräusche drangen ins Wageninnere. Gilain war sich nicht im Klaren, ob er die Frage wirklich stellen sollte, die ihn schon lange beschäftigte. Er räusperte sich vorsichtig.
»Ja, Gilain? Was ist denn? Jetzt druckse hier nicht so hasenfüßig herum, sondern sag schon, was dich bewegt!«
Der Fahrer räusperte sich ein weiteres mal. »Also … Was ich nicht verstehe: weshalb hat sich am Ende dann doch der Herr Nibel bei Daimler-Benz durchgesetzt, Onkel Ferdinand? Wo du doch derjenige gewesen bist, unter dessen Leitung die ganzen schönen Rennerfolge errungen worden sind?«
»Intriganten!« schnaubte der alte Porsche. »Das waren alles Intriganten, Banausen und Kleingeister. Zum einen war da dieser neue Generaldirektor Kissel, mit dem ich mich von Anfang an nicht verstanden habe. Das war einer von denen, die mir immerzu vorgehalten haben, ich sei nicht sparsam genug und würde mit der teuren Entwicklungsarbeit die ganze Firma in den Ruin treiben. Genau dieselben dummen Argumente, wie früher bei Austro-Daimler. Dass er mir zu allem Überfluss dann auch noch angeraten hat, mich für mehrere Monate auf eine sogenannte Studienreise nach Amerika zu begeben, das hat dem Fass erst recht den Boden ausgeschlagen. Man wollte mich weg haben in Untertürkheim, damit der Nibel mit Unterstützung des famosen Herrn Kissel während meiner Abwesenheit in aller Seelenruhe das Konstruktionsbüro hätte ummodeln können. Aber ich hatte weder Zeit noch Lust, nach Amerika zu gehen. Meine Aufmerksamkeit galt meinen Motoren und meinen Konstrukteuren. Deshalb habe ich auch nicht gemerkt, wie sie hinter meinem Rücken agiert haben, diese Intriganten. Und deshalb musste

ich beinahe zwangsläufig in den Hinterhalt des Herrn Nibel geraten.«
»Das war die Sache mit dem Mercedes 8/38?«
»Genau! Ein toller Wagen, der sich auch hervorragend verkauft hat, bis die Herrschaften daran herum gepfuscht haben, um Geld zu sparen.«
»Aber, entschuldige, Onkel Ferdinand: einige kleinere Probleme sind dann und wann ja wohl schon aufgetreten …«
Die Reaktion auf den schüchternen Einwand erfolgte in schneidender Schärfe. »Papperlapp! Was redest du da nur, Gilain?! Der Wagen war gut und zuverlässig. Punktum!«
»Aber trotzdem ist er damals nicht angesprungen!« Gilain spielte mutig auf eine noch viele Jahre später heftig diskutierte Szene vom Spätjahr 1928 an, als der völlig ahnungslose Porsche in eine raffiniert ausgelegte Falle tappte, die sein Kontrahent Hans Nibel im Auftrag des Generaldirektors sorgsam vorbereitet hatte.
Schon Tage zuvor war man im Vorstand mehrfach mit dem Technischen Direktor wegen der Unzuverlässigkeit der Mercedes 8/38 aneinandergeraten. Die Kritik konzentrierte sich auf dessen problematisches Startverhalten. Am Morgen nach der letzten heftigen Diskussion war unversehens der gesamte Vorstand im Konstruktionsbüro erschienen und forderte den erstaunten Porsche auf, zum Abstellplatz vor den Produktionshallen zu kommen, um nun direkt am Fahrzeug zu demonstrieren, wie zuverlässig der 8/38 tatsächlich gestartet werden könne. »Nun gut, das mache ich gerne. Dann werden sie hoffentlich endgültig begriffen haben, wie unrecht sie mir mit ihren ständigen Zweifeln tun.«
Die vorangegangene Nacht war freilich eiskalt gewesen und die 15 Testfahrwagen hatten die ganze Nacht über in der Kälte auf dem tiefgefrorenen Schneeboden gestanden.
»Es kann beginnen, Herr Porsche«, deutete der Generaldirektor erwartungsvoll auf die in exakter Formation nebeneinander aufgereihten Automobile. »Wenn Sie uns nun also bitte zeigen wollen, wie rasch Sie die Motoren zum

Laufen bringen. Wenigstens eines von 15 Fahrzeugen würden wir gerne fahren sehen. Nur eines, das genügt schon ...«
»Eines!« Ferdinand Porsche bedachte den Mann mit einem vernichtenden Blick. »Nichts leichter als das!« Dann setzte er sich in den ersten Wagen und betätigte den Anlasser. Nichts!
Ein weiterer Versuch. Wieder nicht das geringste Startgeräusch!
Der Konstrukteur runzelte ärgerlich die Stirn. »Das gibt's doch gar nicht!« Ein dritter Versuch. Wieder Fehlanzeige! Sichtlich aufgebracht kletterte Porsche unter den amüsierten Blicken seiner Vorstandskollegen aus dem Mercedes und setzte sich hinter das Lenkrad des zweiten Wagens. Wieder nichts – außer einem jämmerlichen Knirschen der Zündspule.
»Jetzt komm schon!« Doch auch der zweite Versuch endete genauso erfolglos wie der erste.
»Himmeldonnerwetter noch einmal. Das kann doch gar nicht sein!« An der Gesichtsfarbe ihres Kontrahenten konnten Kissel und Nibel ablesen, wie peinlich dem die Szene war, und wie sich sein Ärger mehr und mehr in eine rasende Wut verwandelte. Die Blicke, die sie mit den anderen Vorstandsmitgliedern wechselten, entgingen natürlich auch dem wütenden Porsche nicht. Und diese Blicke sprachen Bände – was seinen Zorn ins Unermessliche steigerte.
»Aber jetzt – hier muss es klappen!«
»Nur die Ruhe, Herr Dr. Porsche«, flötete Wilhelm Kissel. »Sie haben noch dreizehnmal die Möglichkeit. Ich hatte ja gesagt: einer von fünfzehn würde uns schon genügen ...«
Wären die Blitze, die aus Porsches Augen sprühten, Waffen gewesen, dann hätte der Generaldirektor in dieser Sekunde das Zeitliche gesegnet. »Es kann einfach nicht sein! Passen Sie auf! Gleich werden Sie erleben, wie sich der Motor eines 8/38 anhört!«
Doch auch der Motor des dritten Wagens blieb stumm.

Ebenso der vierte, fünfte, sechste ... bis zum fünfzehnten. Kein einziges der Fahrzeuge wollte sich auch nur einen Zentimeter von der Stelle bewegen – zumindest nicht mit Motorkraft. Nichts rührte sich in den monströsen Motorblöcken.

»Das ... das ist ja ...« Ferdinand Porsche war endgültig außer Rand und Band. Was für eine ungeheuerliche Blamage! Wütend knallte er die Türe das Wagens Nr. 15 zu, riss sich seinen Hut vom Kopf, schleuderte ihn auf den Schneeboden und trampelte wie das legendäre Rumpelstilzchen minutenlang darauf herum. Welche Peinlichkeit – und das unter den Augen des vollzählig angetretenen Vorstands.

Die Demontage des Technischen Direktors Ferdinand Porsche war damit perfekt – eine Vertragsverlängerung bei Daimler-Benz kam nicht mehr in Frage. Bereits am 17. Dezember 1928 tagte der Vorstand, um die Bedingungen für Porsches Ausscheiden zu besprechen, das offiziell auf den 23. März 1929 festgelegt wurde, wobei man »selbstverständlich nichts dagegen einzuwenden hätte, wenn Sie die Firma gleich noch im Verlauf dieses Monats verlassen möchten«. Für Porsche war das keine Frage: nicht eine Minute länger mochte er mehr hier bleiben. Zumal in derselben Sitzung bereits sein Nachfolger präsentiert wurde, mit dem man sich in aller Heimlichkeit schon vor Wochen geeinigt hatte: es war niemand Anderer als Hans Nibel, der Konkurrent aus Mannheim.

»Das war ja von vornherein sonnenklar, dass sie diesen Nibel nehmen würden«, knurrte Porsche. »Sie haben die Sache schließlich von langer Hand vorbereitet.«

»Es war eine hundsgemeine Intrige, der du dabei zum Opfer gefallen bist, Onkel Ferdinand.«

»Intrige hin, Intrige her«, schnaufte der. »Ich frage mich trotz allem heute noch, weshalb es weder mir, noch irgend einem von meinen Männern aufgefallen ist, dass die Helfershelfer des Herrn Nibel am Vortag in aller Heimlichkeit diese viel zu schwachen Batterien eingebaut haben. Selbst bei sommerlichen Temperaturen hätten die es niemals geschafft, die Motoren zu starten.«

»Und du warst vor aller Augen blamiert. Widerlich!«

»Ich Esel bin ja auch darauf hereingefallen. In gewisser Weise selber schuld also. Nun ja. Wer weiß, wozu es gut war. Womöglich wäre ich sonst bei Daimler-Benz geblieben und hätte inzwischen einen Sitz im Aufsichtsrat.«

»Und dein privates Konstruktionsbüro wäre niemals gegründet worden. Man muss sich das einmal vorstellen: es würde dann ja auch keinen Volkswagen und keinen Porsche geben. Also, von dieser Warte aus betrachtet war es beinahe wieder ein Glücksfall, dass man dich bei Daimler-Benz hinausgeekelt hat.«

»Mag sein. Trotzdem bekomme ich noch heute eine Gänsehaut, wenn ich an diese Szene denken muss, als ich da wie ein Vollidiot auf dem Hof stand, nachdem ich es bei sage und schreibe fünfzehn Fahrzeugen nicht geschafft habe, sie zum Laufen zu bringen.«

»Was ich freilich bis heute nicht begreife, Onkel Ferdinand: Wir sind dann ja sofort aus Stuttgart fortgegangen nach Steyr …«

»… ja. Und?«

»Wieso hast du deine schöne Villa im Feuerbacher Weg dann ausgerechnet an den Herrn Nibel vermietet, der doch für das ganze Unrecht verantwortlich war, das man dir angetan hat?«

»Ganz einfach: ich wusste, dass der in Stuttgart dringend ein repräsentatives Wohnhaus sucht, und dass er eine gute Miete bezahlen kann. Bei der Größe des Hauses und des Grundstücks war das schon eine ordentliche Summe, die nicht jeder aufbringen kann. Und außerdem hat mir der Daimlervorstand deshalb auch die letzte Kreditrate erlassen, die ich ihnen für das Haus noch hätte zahlen müssen. Im übrigen … ich hätte das Haus ja auch verkaufen können, aber irgendwie war mir damals schon klar, dass wir eines Tages wieder nach Stuttgart zurückkommen würden

und dass sich der Herr Nibel, der das nicht für möglich hielt, dann ganz schnell eine neue Bleibe suchen muss.«
»Ich hätte es dennoch nicht gemacht«, wagte Kaes einen zaghaften Einwand.
»Hätte … wollte … könnte. Ich hatte zu diesem Zeitpunkt schon längst wieder andere Ziele. Ich wollte einfach nur nach vorne blicken, nicht mehr zurück, denn das hat mir noch nie gelegen. Schlimm genug, dass meine Frau den Januar über noch in Stuttgart bleiben musste, um unseren Umzug zu organisieren, während ich in Steyr gleich an den neuen Fahrzeugkonstruktionen saß. Aber es hat halt eine Zeit gedauert, bis es mit der Wohnung in Steyr geklappt hat. Doch das muss man eben in Kauf nehmen, wenn man es im Leben zu etwas bringen will und wenn man ein klares Ziel vor Augen hat: Nach vorne geht's Gilain, immer nur nach vorne. Wer zurück blickt, der hat schon verloren.«
»Aber wenn ich mich recht erinnere: auch die Tante hat sich nicht besonders begeistert gezeigt, dass sie wieder umziehen hat müssen.«
»Ja, schon. Die liebe Louis. Erst hat sie gar nicht weg gewollt aus Wiener Neustadt und dann hat sie in Stuttgart unversehens doch noch Wurzeln geschlagen und sich dabei so sehr in das Haus verliebt, wie ich das gar nie für möglich gehalten hätte.«
»Es ist ja auch ein schönes Anwesen.«
»Das will ich meinen, Gilain. Und Platz genug hat es auch. Sogar in der Garage.«
»Wie es sich für einen echten Konstrukteur gehört.«
»Du sagst es, Gilain.«

*

Wieder wanderten die Gedanken des Ferdinand Porsche noch einmal weiter zurück – in die Zeit gegen Ende der 20er Jahre in Stuttgart.

Im Nachhinein betrachtet, war es eine genauso turbulente wie schöne Zeit gewesen. Nicht nur für ihn, sondern für die ganze Familie. Sohn Ferry hatte mit der Hilfe seines stolzen Vaters die ersten Erfahrungen sammeln können, wie er die schulischen Kenntnisse in Mathematik und Physik nun in ganz konkreten Konstruktionsfragen zur Anwendung bringen konnte.

Mit genauso großer Freude hatte er beobachten können, wie prächtig sich seine Tochter entwickelte. Seine gute Louisl.

Ach ja: die Louisl … Porsche seufzte tief auf. Es war für ihn schon ein gewaltiger Schock gewesen, als die freudestrahlende Tochter ihren Eltern im Frühjahr des Jahres 1928 mitteilte, sie habe sich verlobt. Ein Schlag in die Magengrube. Ja, genau so hatte es der völlig ahnungslose Konstrukteur, der plötzlich aus allen Wolken fiel, empfunden. Fassungslos wandte er den Kopf und bedachte seine Ehefrau mit einem ratlosen Blick. »Louis! Hast du das gehört? Louis! Die Louisl will heiraten! Wie kann das sein? Ich habe nicht die geringste Ahnung, um wen es sich dabei handelt. Weißt du vielleicht etwas? Was ist das für ein Mann? Kennst du den Burschen?«

»Ach Ferdinand!« antwortete Aloisia Porsche und beschrieb dabei mit ihrer Hand eine beschwichtigende Geste. »Das kommt eben davon, wenn man den ganzen Tag lang nur Motoren und Automobile im Kopf hat. Natürlich weiß ich, was sich da in den vergangenen Wochen und Monaten angebahnt hat. Das hat schon im vergangenen Jahr bei unserem Urlaub im Salzkammergut begonnen.«

»Schon im vergangenen Jahr! Im Urlaub!« echauffierte

sich Porsche, dessen Fistelstimme sich vor lauter Empörung in eine noch höhere Tonlage schraubte. »Und alle wissen Bescheid – bis auf mich. Aber ich bin ja auch nur der Vater …«

»Jetzt mach aber mal einen Punkt, Ferdinand. Wie gesagt, du hattest ja eh ganz andere Sorgen – und außerdem wollte ich den Tag nicht vor dem Abend loben. Wer konnte schon damit rechnen, dass aus der kleinen Liebelei tatsächlich etwas Ernsteres zustande kommen würde. Jedes Wort, das ich gesagt hätte, wäre zuviel gewesen – und das wiederum hätte ich als sehr schade empfunden, denn es ist wirklich ein netter junger Mann, den sich unsere Louisl da ausgesucht hat.«

»Ein netter junger Mann!« Noch immer zeigte sich der Vater hörbar verstimmt über die Tatsache, dass diese Entwicklung komplett an ihm vorbei gegangen war. »Und wie heißt dieser nette junge Mann bitteschön, wenn ich fragen darf?«

Bevor ihre Mutter die verlangte Antwort geben konnte, übernahm Tochter Louise wieder die Initiative. »Er heißt Piëch. Dr. Anton Piëch. Und er ist ein Rechtsanwalt aus Wien.«

»Soso«, brummelte Porsche und lehnte sich in seinem Ledersessel zurück. »Ein Rechtsanwalt also – und noch dazu ein promovierter. Nun ja … ein Ingenieur wäre mir lieber gewesen …«

»Ferdinand!« Die schneidende Schärfe in der Stimme seiner Ehefrau war für den Konstrukteur ein deutlicher Hinweis, jetzt nicht zu überziehen.

»Schon gut«, lenkte er in einem versöhnlicheren Tonfall ein. »Man braucht ja heutzutage auch die Rechtsanwälte in den Firmen, nachdem das Geschäftsleben immer komplizierter und internationaler wird. Und immerhin ist es ein Österreicher. Das hast du gut gemacht, Louisl.«

Erleichtert atmete seine Tochter auf. »Das hat sich von ganz alleine ergeben. Nun ja, vielleicht hat der vertraute Wiener Tonfall auch eine gewisse Rolle dabei gespielt …«

»Und wann kann ich ihn nun endlich auch einmal zu Gesicht bekommen, deinen Herrn Dr. jur.?« erkundigte sich Porsche schmunzelnd.
»Gleich jetzt«, strahlte die Louisl über das ganze Gesicht. Er sitzt nämlich vor unserem Haus im Auto und wartet nur darauf, dass er herein gebeten wird, um Euch ganz formell um meine Hand zu bitten.«
»Um deine Hand zu bitten ...« echote ihr Vater verblüfft. »Na, du legst aber ein ganz schönes Tempo an den Tag!«
»Ich bin ja auch eine geborene Porsche«, lachte Louisl. »Und der Apfel fällt bekanntlich nicht weit vom Stamm. Also, soll ich ihn jetzt herein bitten?«
»Sicherlich. Neugierig genug hast du mich ja inzwischen gemacht. Also«, wedelte Porsche ungeduldig mit den Händen. »Worauf wartest du noch? Gehmma, gehmma!«

Als Anton Piëch zwei Stunden später, Arm in Arm mit seiner Verlobten das Haus im Feuerbacher Weg wieder verließ, strahlten die beiden jungen Leute mit dem Vollmond um die Wette. »Ich bin so froh, dass dein Papa mich derart wohlwollend aufgenommen hat, Louise.«
»Was ist ihm auch anderes übrig geblieben«, lächelte Louise und schmiegte sich noch enger an ihren künftigen Ehemann. »So elegant und überzeugend, wie du vor meinen Eltern aufgetreten bist und sie ganz formvollendet um meine Hand gebeten hast, da konnten sie doch gar nimmer anders, als mit dem größten Wohlwollen ihre Zustimmung zu erteilen.«
»Und wenn sie es nicht getan hätten, dann würde ich dich trotzdem heiraten!«
»Ohne die Zustimmung meiner Eltern? Wie hättest du das denn bewerkstelligen wollen?«
»Ganz einfach: ich hätte dich entführt!«
Louise lachte laut auf. »Der Herr Rechtsanwalt – ein verkappter Entführer! Na, da habe ich mich ja auf etwas eingelassen. Du liebe Güte! Ich glaube beinahe, ich muss mir die Sache mit der Hochzeit doch noch mal überlegen.«

»Nichts da«, stimmte Anton Piëch fröhlich in das Lachen seiner Verlobten ein. »Ein Eheversprechen ist ein Eheversprechen – das kannst du nicht mehr so einfach rückgängig machen. Sonst wärest du ja eine Heiratsschwindlerin – und das willst du doch sicher nicht sein, oder etwa doch?« Der innige Kuss, den Louise als Antwort auf seine Lippen drückte, sagte mehr, als tausend Worte. Glücklich und beschwingt stieg er in den Wagen und fuhr zurück in sein Hotel. Eine nicht minder glückliche junge Frau konnte es seit diesem Abend kaum noch erwarten, bis endlich der 28. Juni 1928 anbrechen sollte.

Dann endlich kam dieser Tag! Die Hochzeit der demnächst 24-jährigen Louise Hedwig Anna Porsche mit dem zehn Jahre älteren Dr. Anton Piëch, beide gebürtig aus Wien. Die kirchliche Zeremonie fand in der Sankt Eberhardskirche im Zentrum von Stuttgart statt. In der größten katholischen Kirche im überwiegend protestantischen Stuttgart. »Zum guten Glück ist mein Schwiegersohn auch katholisch. Das ist mir schon sehr angenehm«, hatte Porsche angemerkt, als es an die Vorbereitungen zur Hochzeit gegangen war. »Mit dem nüchternen Gottesdienst bei den Protestanten komme ich einfach nicht zurecht. Bei so einer feierlichen Messe, da muss schon ein bisschen Weihrauch geschwenkt werden und man darf es dem Gewand des Priesters doch auch ruhig ansehen, dass hier keine Beerdigung, sondern eine Hochzeit gefeiert wird.« Ausgerechnet der ansonsten so nüchtern-technisch denkende Ferdinand Porsche fühlte und dachte in dieser Frage kompromisslos. Ohne Engelchen, Blattgold und prächtige Deckengemälde – das alles natürlich zum höchsten Lob Gottes – konnte und wollte er sich eine Kirche und einen schönen Gottesdienst einfach nicht vorstellen. Das gehörte nun einmal mit dazu. Und Erfahrung besaß er ja auch in dieser Hinsicht, denn Gottesdienste waren ihm Zeit seines Lebens im wahrsten Sinn des Wortes heilig. Trotz aller Zeitknappheit und Eile pflegte er an Sonntagvormittagen grundsätzlich keine Heilige Messe zu versäumen, wenn sich ihm die Gelegenheit dazu bot.

Die anschließende Hochzeitsfeier, die sie in der Villa im Feuerbacher Weg 48 ausrichteten, verlief überaus harmonisch. Man konnte es dem strahlenden jungen Paar ansehen, wie glücklich die Beiden waren. Auch ihre Familien durften mit dieser Verbindung hoch zufrieden sein. Nur Ferdinand Porsche blieb ungewohnt einsilbig. Es war eine schwere Erkenntnis für ihn, begreifen zu müssen, dass seine Tochter, die ihn seit Jahren in der umfangreichen privaten Korrespondenz maßgeblich unterstützte und ihm auch in dieser Hinsicht unentbehrlich geworden war, fortan ihre eigenen Wege gehen würde. Niemals hätte sich der Konstrukteur gedacht, dass ihn der Trennungsschmerz schon seit Wochen dermaßen plagen würde. Und das, obwohl er stolz und glücklich auf seine Tochter sein konnte – und nicht minder stolz auf die Auswahl, die sie in Bezug auf den Schwiegersohn getroffen hatte.
Am allerschlimmsten war der Moment, als sich die beiden Brautleute gleich nach dem Dessert erhoben, um sich von der Festgesellschaft zu verabschieden. Draußen vor der Villa wartete schon der festlich geschmückte Wagen. Natürlich ein Mercedes 8/38, das Hochzeitsgeschenk des Vaters an seine Tochter. Mit diesem Fahrzeug würden sie auf Hochzeitsreise gehen. Als sich Anton Piëch hinter das Steuer setzte und den Anlasser betätigte, da war es um die Selbstbeherrschung von Ferdinand Porsche endgültig geschehen. Er schaffte es gerade noch, sich abzuwenden, und schon rannen dicke Tränen über seine Wangen. Erst als das Fahrzeug den Blicken der ausgelassen hinterher winkenden Festgäste längst entschwunden war, bemerkte Aloisia Porsche, wie ihr Ehemann abseits stand von den Anderen und ihnen mit gesenktem Kopf den Rücken zudrehte. »Ja, aber Ferdinand. Was machst du denn da? Wieso stehst du denn nicht bei uns und bist …« Sie unterbrach sich abrupt, denn jetzt hatte auch sie die Tränen bemerkt. Ein verstö-

render Anblick, der sie tief bewegte. Wann hatte sie ihren Mann zum letzten Mal weinen sehen? Noch nicht einmal bei der Beerdigung seiner Mutter.

»Ach Ferdinand«, drückte sie ihn sachte an sich. »Freue dich doch, dass es unsere Louisl mit dem Anton so gut getroffen hat.«

»Das tue ich doch«, schniefte Porsche und betupfte sich mit dem großen weißen Seideneinstecktuch seines Jacketts die Augen. »Es ist ja wirklich ein großes Glück, dass sich diese beiden guten Menschen gefunden haben. Und noch dazu, dass der Anton ein Österreicher ist. Aber meine Louisl ist jetzt halt in Wien ... so weit weg von uns«, allein bei der Erwähnung ihres Namens quollen neue Tränen aus seinen Augen, »und meine Louisl werde ich halt ganz besonders schmerzlich vermissen«.

»Ein Grund mehr, einfach öfter nach Wien zu fahren«, lächelte Aloisia und wischte sich nun selbst mit dem Handrücken über ihre feucht glänzenden Augen.

Entgegen Ferdinand Porsches Befürchtungen sollte das Ehepaar Piëch bald schon recht eng mit ihm verbunden sein – sowohl in privater, als auch in geschäftlicher Hinsicht. Es dauerte nämlich nicht einmal mehr ein Jahr, da war es der Rechtsanwalt Dr. Anton Piëch, der im Auftrag seines Schwiegervaters die Verhandlungen mit der Daimler-Benz AG im Hinblick auf eine standesgemäße Abfindung für den scheidenden Technischen Direktor Porsche führte.

Der Abschluss, den er dabei erzielen konnte, war in Porsches Augen äußerst positiv ausgefallen. Ein Grund mehr, um den Schwiegersohn auch als Rechtsberater noch enger an sich zu binden.

*

Das Leben ging weiter – turbulent wie immer. Aber das war ja nichts Neues. Das war man in der Familie längst gewohnt. Und so markierte der 4. Januar 1929 den nächsten Neubeginn im Leben des Ferdinand Porsche.

Obwohl sein Vertrag bei Daimler offiziell noch bis Mitte März gelaufen wäre, hatte er ohne zu zögern das Angebot der Steyr-Fahrzeugwerke angenommen, dort als Technischer Direktor genau jenes Werk zu vollenden, das ihm in Wiener Neustadt verwehrt worden war. Mehr und mehr hatten sich die oberösterreichischen Steyr-Werke in den vergangenen Jahren als eigentliche Nachfolger der alten Austro-Daimler profiliert, und sie galten inzwischen sogar als die führende Automobil-Produktionsstätte von Österreich. Gleichwohl sah man sich – wieder einmal – in diesen wirtschaftlich schwierigen Zeiten vor große Absatzprobleme gestellt. Der Einzige, der die Firma aus dieser Krise würde führen können, das war nach übereinstimmender Meinung aller Vorstände Ferdinand Porsche. Infolgedessen betrachtete man es in Steyr als wahren Glücksfall, dass Porsches Vertrag in Stuttgart nicht verlängert worden war. Sofort nach Bekanntwerden dieser Tatsache hatten sie ihm das Angebot unterbreitet, künftig in Oberösterreich am Unterlauf der Enns tätig zu sein. Ein Angebot, in das der Konstrukteur sofort und mit größter Freude einwilligte. Endlich wieder Österreich!

Auch wenn es bedeutete, wieder mit dem kompletten Hausstand umziehen zu müssen. Kein Wunder, dass sich Aloisia zunächst weniger begeistert zeigte. »Na ja«, ergab sie sich schließlich in das Unvermeidliche. »Wenigstens kommen wir damit wieder viel rascher in die Nähe unserer Tochter. Von Steyr nach Wien ist es zum Glück ja nicht mehr so weit. Gerade jetzt, wo sich unser erstes Enkelkind ankündigt. So gesehen hat die Plage dieses Umzugs auch etwas Gutes.«

»Es wird aber wohl bedeuten, dass wir für einige Wochen noch zwei Hausstände führen müssen, denn ich werde natürlich sofort in Steyr beginnen. Und bis ich eine adäquate Wohnung für uns gefunden habe, wirst du in Stuttgart leider die Hauptlast an dem Umzug tragen müssen«, gab ihr Ehemann zu bedenken. »Natürlich ist es auch dann erst einmal noch ein Provisorium, denn bis das neue Haus fertig gebaut ist, werden weitere Monate verstreichen.«

»Ach Ferdinand, du musst doch nicht gleich wieder ein neues Haus bauen. Wer weiß, wie lange wir in Steyr bleiben werden«, gab Aloisia zu bedenken, fand damit bei ihrem Mann aber kein Gehör.

»Doch, doch, das muss schon sein. Ich will mich doch mit meiner Familie richtig wohl fühlen. Und das kann ich nur in den eigenen vier Wänden, die wir mit dem Architekten selber planen. So, wie es in Stuttgart war. Ich habe natürlich nicht vor, so schnell wieder aus Steyr fort zu gehen. Das Wohnhaus, das uns der Herr Bonatz für Stuttgart entworfen hat, das ist schon ein großer Wurf gewesen. Und so einen Neubau, in dem wir uns genauso wohl fühlen, den hätte ich halt auch gerne für uns in Steyr gebaut.«

»Mein Mann«, schmunzelte Aloisia Porsche. »Wenn der sich einmal etwas in den Kopf gesetzt hat …«

»… dann sollte man ihn am besten gewähren lassen, nicht wahr?«

»Allerdings. Also gut: meinen Segen für den Hausbau hast du.« Sie nickte ernst. »Was mich darüber hinaus aber wirklich freut: dass wir in Steyr immerhin unseren Gilain und den Herbert wieder sehen werden. Als habe es das Schicksal so gewollt.«

Die beiden inzwischen 18 und 15 Jahre alten Neffen, die ja eine Zeitlang im Haushalt der Porsches gelebt hatten, waren beide aufgrund einer Empfehlung ihres Onkels schon vor geraumer Zeit nach Steyr gegangen, um dort die Technik des Fahrzeugbaus von Grund auf zu erlernen. Während sich bald heraus stellte, dass Ghislaine über ein eher organisatorisches Talent verfügte, schien aus Herbert einmal ein tüchtiger Ingenieur werden zu können. Nach Ferdinand Porsches damaliger Einschätzung war es sogar durchaus denkbar, dass er die beiden nach ihrer Ausbildung eines Tages wieder enger an sich binden würde. Dazu war es jetzt viel schneller gekommen, als gedacht. Schon am 4. Januar 1929 würden sie sich bei seinem Antrittsbesuch auf dem Betriebsgelände wieder begegnen.

Die Vorschusslorbeeren, die ihm bei seiner Rückkehr in die Heimat zuteil wurden, waren gewaltig: »Unser großer Landsmann, der einst seinen ersten Ruhm hier erworben hat, kehrt nun wieder heim. Einen Mann von der konstruktiven Genialität Dr. Porsches wieder in Österreich zu wissen, darf den gesamten österreichischen Automobilismus mit Stolz erfüllen und es war eine große Tat der Steyr-Werke AG, sich seiner Tätigkeit zu versichern« – so zitierten die österreichischen Zeitungen durchweg die begeisterten Kommentare der einschlägigen Fachleute aus der einheimischen Automobilindustrie.

Die Euphorie schien in der Tat keine Grenzen zu kennen. Und schon bei Porsches Begrüßungsrundgang am ersten Tag, wobei ihm sein freudestrahlender Neffe Ghislaine Kaes nicht mehr von der Seite wich, gab es eine Fülle weiterer Überraschungen. »Ja sag einmal, Gilain. Die Stimme kenn ich doch – und das Gesicht dazu auch. Ist das etwa der Josef .... Natürlich, er ist es! Zahradnik, komm her und lass dich umarmen!« Zum verblüfften Erstaunen seiner Vorstandskollegen stürmte der impulsive Porsche mit raschen Schritten auf einen jungen Mann zu und klopfte ihm begeistert auf die Schulter. Es war wirklich Josef Zahradnik, den Porsche selbst vor vielen Jahren als Elektriker bei Austro Daimler eingestellt hatte. Eine verlegene Röte überzog das Gesicht des 29-jährigen, während es in seinen

Augen freudig blitzte. »Grüß Gott, Herr Dr. Porsche. Ich freue mich sehr, dass ich endlich wieder mit Ihnen zusammen arbeiten darf.«

»Die Freude ist ganz auf meiner Seite, Josef«, strahlte Porsche. »Auf meine bewährten Leute! Ob es wohl gelingt, noch ein paar von damals ausfindig zu machen ...«

»Das brauchen Sie gar nicht, Herr Doktor«, fiel ihm Zahradnik mit einem verlegenen Grinsen ins Wort. »Sie sind nämlich beinahe alle schon da und können es kaum erwarten, wieder mit Ihnen zusammen arbeiten zu dürfen!«

»Wie, die sind schon da?« Suchend durchforstete Porsche die Menge, bis sein Blick auf einem weiteren Bekannten haften blieb. »Ja da schau her: da ist ja auch der Rabe ... und der Kales und ... das ist doch der Fröhlich, der sich da hinten versteckt. Komm vor, Karl und lass dich begrüßen. Auf gehts. Gehmma, gehmma!«

Wenn eine solche Mannschaft im neuen Konstruktionsbüro versammelt war, dann konnte ja überhaupt nichts mehr schiefgehen. Der Erfolg musste sich sozusagen zwangsläufig einstellen. Spätestens zu diesem Zeitpunkt war Ferdinand Porsche felsenfest davon überzeugt, dass die Wahl, die er getroffen hatte, die absolut richtige gewesen war. Bald schon würden die ersten Neuentwicklungen aus Steyr die Fachwelt ins Erstaunen versetzen und damit die Produktionszahlen kräftig in die Höhe schnellen lassen – was angesichts der wachsenden finanziellen Schwierigkeiten, mit denen sich die Firma durch Forderungen ihrer Hausbank, der Österreichischen Bodenkreditanstalt, konfrontiert sah, auch dringend notwendig war.

So vielversprechend sich die ersten Tage für den neuen Direktor in Steyr also präsentierten, so drohend brauten sich hinter dem Horizont die dunklen Wolken zusammen, die den Konjunkturhimmel in der ganzen Welt verdüsterten. Dass es ausgerechnet die Steyr-Fahrzeugwerke besonders heftig treffen würde, das konnte zu diesem Zeitpunkt freilich niemand ahnen. Schon gar nicht der Konstrukteur, der sich mit Feuereifer lieber auf seine neuen Aufgaben stürzte.

*

Es war an einem Märzabend des Jahres 1929. Vorsichtig näherte sich Louise Porsche ihrem Ehemann, der in seinem großen Ledersessel eingenickt zu sein schien. Kein Wunder, denn heute morgen war er wieder einmal noch vor Tagesanbruch plötzlich aus dem Bett gehüpft und an den Zeichentisch gestürmt, um ein offenbar besonders kniffliges Konstruktionsdetail, über dem er schon seit Tagen gebrütet hatte, mit einer neuen Idee in Einklang zu bringen, die ihm mitten im Schlaf in den Sinn gekommen war. Auch wenn Louise nicht die geringste Ahnung hatte, worum es sich dabei handelte. Wie im Grunde genommen eben jedes Mal, lächelte sie milde in sich hinein. Dieser Mann!

Aber Hauptsache, es ging voran mit dem Werk, denn sonst wäre es nicht auszuhalten mit ihrem Ferdinand. Besser, er fuhr mitten in der Nacht in die Hausschuhe und hastete zu seinen Skizzen, als missmutig nach einer Lösung zu suchen, die sich einfach nicht ergeben wollte. Kein Wunder also, dass er heute Abend so müde war.

»Du Ferdinand?«

Verdutzt fuhr er hoch, blinzelte kurz und richtete einen erstaunten Blick auf die Wanduhr. »Oh, ich muss wohl eingeschlafen sein. Hast du gerade etwas zu mir gesagt?«

Aloisia nickte. »Ich wollte dich fragen, ob du das hier schon gelesen hast«, deutete sie auf die Zeitung in ihrer Hand.

»Nein, was ist es denn?«

»Da ist eine Meldung über einen Todesfall Jellinek.«

»Jellinek? Hmm … Der Monsieur Mercedes kann es nicht sein. Der ist doch schon kurz vor Ende des Weltkriegs gestorben.«

»Es geht nicht um ihn, sondern um seine Tochter.«

»Um welche? Er hatte ja zwei Töchter. Meinst du die Maja oder die Mercedes?«

»Die Mercedes. Sie ist anscheinend schon am 23. Februar gestorben – mit noch nicht einmal ganz 39 Jahren. So früh schon …«
»Das ist in der Tat tragisch«, murmelte Porsche, der immer noch mit der Müdigkeit kämpfte, die ihm in den Knochen steckte. »Andererseits werde ich nie vergessen, wie dieser hochmütige Fratz mich damals hat abkanzeln dürfen, vor Augen und Ohren ihres amüsierten Herrn Vaters, als ich ihnen meinen Mixtewagen vorgeführt habe. Das war schon eine Demütigung damals – und das Fräulein, das nie auch nur einen Finger krumm machen musste, durfte sich beim Monsieur, der ja seiner Tochter hoffnungslos verfallen war, alles heraus nehmen.«
»Du siehst, auch solche Dinge sind nie von Bestand. Nach dem Tod ihres Vaters scheint sie aus der Bahn geraten zu sein. Wie es hier heißt, ist sie unter elenden Bedingungen gestorben.« Aloisia rieb sich nachdenklich die Stirn. »Mercedes. Einerseits ist sie, oder vielmehr ihr Name, weltberühmt geworden, andererseits hat ihr am Ende auch dieser ganze Ruhm nicht mehr helfen können.«
»Das tut mir leid«, murmelte Porsche, »Wo doch ihr Vater tatsächlich einer der entscheidenden Wegbereiter des Automobils gewesen ist, der selbst als Laie mit seinen Hinweisen manches technische Ausrufezeichen gesetzt hat …« Porsche unterbrach sich abrupt – und schien angestrengt nachzudenken. Ganz plötzlich schien ihm wieder ein Gedanke gekommen zu sein. Ein Konstruktionsdetail. »A propos Ausrufezeichen! Die Sache mit dem Jellinekschen Antrieb. Genau, das könnte es sein!«
Ferdinand Porsche schnellte hoch und stürmte aus dem Wohnzimmer. Kopfschüttelnd blickte ihm Aloisia hinterher. Es war ja klar, wohin es ging. Ins Konstruktionsbüro. An den Zeichentisch. Und es konnte einige Zeit dauern, bis er zurück kommen würde. Falls er es überhaupt noch vor Mitternacht schaffte. Es wäre nicht das erste Mal, dass ihr Mann über seinen Plänen eingeschlafen wäre

und erst am nächsten Morgen übernächtigt, zerknittert und mit schuldbewusster Miene am Frühstückstisch wieder auftauchte …

*

Der 7. April 1929. Ein richtiger Freudentag! Der Tag der Geburt des ersten Enkelkindes von Ferdinand Porsche. Gerade eben hatte das Telefon im Konstruktionsbüro geklingelt und schlagartig ließ der Direktor alle Arbeit stehen und liegen, um gemeinsam mit seinem verwundert hinter ihm her hastenden Neffen Ghislaine Kaes, der ihm hier inzwischen als Persönlicher Sekretär zur Verfügung stand, Hals über Kopf das Firmengebäude zu verlassen. »Wir müssen nach Wien, komm sofort mit mir in den Wagen, Gilain!« hatte Porsche gerufen, und keine zwei Minuten später war er mit laut aufheulendem Motor vom Firmengelände gebraust.

»Was ist denn passiert?« keuchte der atemlose Kaes.

»Passiert, passiert … Passiert ist gar nichts – außer dass ein wunderbares Kind zur Welt gekommen ist. Mein erstes Enkelkind: die Louisl hat mir mein erstes Enkelkind geschenkt – der Anton war grade am Telefon und hat mir Bescheid gesagt. Schade nur, dass meine Frau noch in Stuttgart ist, sie wird darüber ziemlich traurig sein. Aber sie kann den Besuch ja bald nachholen. Wichtig ist jetzt, dass ich mein Enkelkind zu Gesicht bekomme. Auf der Stelle. Alle andere Arbeit kann heute warten.«

»Was ist es denn geworden?«

»Ein Bursche – und Ernst wird er heißen: Ernst Piëch. Schade, dass er nicht Porsche heißen kann. Aber eh egal. Hauptsache, er ist gesund – und wird einmal ein guter Konstrukteur!« Gilain strahlte über das ganze Gesicht. »Da gratuliere ich dir ganz herzlich, Onkel Ferdinand.« Die übernächste Generation Porsche hatte also das Licht der Welt erblickt.

In wilder Fahrt ging es nach Wien – um den neuen Erdenbürger so schnell wie möglich begutachten zu können.

Das Resultat seiner ersten Inaugenscheinnahme sorgte für einen lauten Jubelruf des überglücklichen Großvaters. »Was für ein prächtiger Bursche, den du uns da geschenkt hast, meine liebe Louisl!« Auf die Schulter des frisch gebackenen Vaters donnerte eine gewaltige Rechte, wie man sie dem eher schmächtigen Konstrukteur gar nicht zugetraut hätte. Dementsprechend unvorbereitet sackte Anton Piëch in die Knie. »Aber Papa, lass meinen Mann bitte am Leben. Nicht, dass sein armer Sohn gleich zum Waisenkind wird«, lachte Louise Piëch. »Und jetzt fort mit euch, ich muss mich ein bisserl ausruhen. Der Tag war turbulent genug. Geh du ruhig feiern mit meinem Vater, Anton, und komm dann morgen früh wieder, wenn der Ernst und ich ausgeschlafen haben«. Sie hatte den Satz kaum beendet, da fielen ihr auch schon die Augen zu.

Leise schlichen Ferdinand Porsche und sein Schwiegersohn zum Zimmer hinaus, dessen Türe sie sachte hinter sich ins Schloss zogen. »So!« Porsche rieb sich freudestrahlend die Hände. »Kommt, Leute, jetzt wird gefeiert – und zwar richtig. Wir gehen ins Griechen-Beisl, da ist es in Wien um diese Uhrzeit am gemütlichsten.«

Es wurde eine ausgelassene Feier, bei der sie Ferdinand Porsche so ausgelassen wie selten erlebten: ein Krügerl Wein nach dem anderen wanderte über den Tresen, gerne auch für die freudig applaudierenden Nachbartische, die den neuen Erdenbürger umso begeisterter wieder und wieder hochleben ließen. Nur gut, dass die beiden spendablen Zecher den umsichtigen Ghislaine Kaes an ihrer Seite wussten, der sich rechtzeitig dafür entschieden hatte, nach dem ersten Gläschen Wein fortan auf den Alkohol zu verzichten. Zumindest einer in der feuchtfröhlichen Geburtstagsrunde musste ja schließlich nüchtern bleiben, um hinterher den ordentlich schwankenden Herrn Professor und dessen nicht minder unsicher zu ihrem Automobil irrenden Schwiegersohn gesund und wohlbehalten in den jeweiligen Domizilen abzuliefern.

Am nächsten Tag hatte der Alltag die beiden wieder – und Ferdinand Porsche stürzte sich trotz seines gewaltigen Brummschädels wie üblich mit vollem Eifer auf seine Arbeit.

*

»Es war ja schon eine gewisse Tragik der Geschichte, dass die Krise ausgerechnet zu einem Zeitpunkt über Steyr herein gebrochen ist, an dem du dort die ersten Ausrufezeichen gesetzt hattest«, nahm Gilain den Gesprächsfaden vorsichtig wieder auf. »Gerade der Typ »Austria«, der auf dem Pariser Autosalon für einige Furore gesorgt hat, wäre doch das richtige Modell gewesen, um die Firma aus der Krise zu führen.«

»Schon. Der »Austria« galt beim Autosalon ja sogar als die Sensation schlechthin«, bemerkte Porsche trocken, der sich nur ungern an diese Episode erinnerte. »Aber wo kein Geld mehr vorhanden ist, um die Produktionslinie aufzubauen, da können dann natürlich auch keine noch so verheißungsvollen Automobile gebaut werden. So einfach ist das.«

»Mir will die Sache mit dem Zusammenbruch der Bodenkreditanstalt bis heute noch nicht richtig einleuchten«, mochte Gilain ausnahmsweise nicht locker lassen. »Da hätte es von Seiten der Politik doch sicher Mittel und Wege gegeben, für die Steyr-Werke rechtzeitig eine andere Bank ins Spiel zu bringen, wenn man nur gewollt hätte.«

»Wenn man gewollt hätte, sicher schon. Hat man aber nicht«, brummte Porsche. »Du weißt doch selber Gilain, welche Interessen gegen uns gearbeitet haben. Denen ist es nicht um die Menschen und um ihre Arbeit gegangen, sondern nur darum, eine Firma an den Rand des Ruins zu führen, um sie dann möglichst billig übernehmen zu können – egal, wie viele Arbeitsplätze dabei auf der Strecke bleiben.« Unwillkürlich ballte der alte Mann die Hände zu Fäusten. Es schmerzte ihn noch immer, sogar noch über zwanzig Jahre danach, zu realisieren, welch perfidem Spiel er seit Mitte des Jahres 1929 hilflos ausgeliefert gewesen war. Erst die Weltwirtschaftskrise, dann der Zusammenbruch der Österreichischen Bodenkreditanstalt, ihrer Hausbank bei den Steyr Werken. Keine andere Bank hatte einspringen wollen, um die Produktion der neuen Modellreihe zu finanzieren. Am 25. Januar 1930 die Katastrophe: die Steyr-Werke mussten 70 Prozent ihrer Arbeiter entlassen, um nicht in den Konkurs zu gehen. Das Aus betraf auch den Posten des Technischen Direktors. Und wieder einmal war er nicht an seinen Neuentwicklungen gescheitert, sondern an den wirtschaftlichen Rahmenbedingungen …

»… und an diesen gewissenlosen Kerlen, denen es nur darum ging, sich die Filetstücke von Steyr für ein Spottgeld unter den Nagel zu reißen, als sie die eh schon am Boden liegende Firma in diese Fusion gezwungen haben!«

»Du meinst die Austro-Daimler-Aktionäre?«

»Ja wen denn sonst?« fauchte Porsche. »Die haben in aller Seelenruhe zugeschaut, wie ich völlig ahnungsloser Zeitgenosse die ganzen neuen Konstruktionen entworfen habe, um dann über unsere Hausbank den Geldhahn zuzudrehen und Steyr mit Austro-Daimler zu fusionieren. So haben sie gleich zwei Fliegen mit einer Klappe geschlagen: sie haben sich ihren Hauptkonkurrenten einverleiben können und sind durch die Hintertür auch noch an meine Konstruktionen gekommen. Wie viele tausend Arbeitsplätze das gekostet hat, das war ihnen ganz egal.«

»Die armen Menschen!«

»In der Tat: die armen Menschen. Und zu allem Überfluss haben diese scheinheiligen Gesellen dann noch tief betroffene Gesichter zur Schau gestellt, als es in den Arbeiterquartieren an der Enns so richtig geknallt hat. Das war ja zu erwarten gewesen, aber die haben selbst Tote in Kauf genommen. Die Schuld hat man ja auf die Arbeiter schieben können, auf den »außer Rand und Band geratenen Straßenmob«. Das haben diese Finanzhaie wieder einmal glänzend hinbekommen, sich selbst rechtzeitig aus der Schusslinie zu bugsieren und ihre perfide Hauptrolle in diesem Drama zu verschleiern.«

»Das war überhaupt ein schlimmes Jahr, dieses 1929«, sinnierte Gilain. »Erst ist die Mercedes Jellinek gestorben, dann im Frühjahr der Carl Benz und am 30. Dezember auch noch der Wilhelm Maybach. Es schien mir damals gerade so, als liege ein Fluch über der Automobilindustrie.«
»Ein Fluch! Jetzt sei nicht abergläubisch, Gilain. Es ist dennoch weiter gegangen. So, wie es immer weiter geht im Leben. Und zwar mit einigem Tempo. A propos Tempo: also bevor du mir bei diesem Schneckentempo allmählich einschläfst, wechseln wir uns hinter dem Lenkrad lieber ab. Also was ist jetzt Gilain? Gehmma, gehmma. Denk nur einmal an den Pepperl, wie der jetzt aufs Gaspedal gestiegen wäre. Den hätte ich kein zweitesmal ermahnen müssen!«
Der solchermaßen Gescholtene seufzte vernehmlich, als er das Tempo des Fahrzeugs deutlich erhöhte. Dem Onkel Ferdinand würde er es in dieser Hinsicht sowieso niemals recht machen können, darüber war er sich völlig im Klaren. Und natürlich hätte der Herr Professor Porsche, der ja ein bekannt guter und rasanter Fahrzeuglenker war, den Wagen sowieso am allerliebsten selbst gesteuert. Aber sein bedenklicher Gesundheitszustand ließ das inzwischen nicht mehr ratsam erscheinen. Leider nicht …

*

Der 23. April 1930 markierte das offizielle Ende für Ferdinand Porsche in Steyr. Schon in den vorangegangenen Wochen hatten Aloisia und er beschlossen, die Stadt an der Enns zu verlassen. Obwohl das neue Haus in Steyr doch gerade erst fertig geworden war. Aber ein Verbleib in Steyr kam für Porsche nicht mehr in Frage – ebenso wenig wie für seine Ehefrau. In Stuttgart würde er nun ganz neu beginnen und ein privates Konstruktionsbüro gründen. »Nach so vielen Rückschlägen, die dir von den Kapitalgebern immer wieder zugefügt worden sind, scheint es mir das vernünftigste zu sein, wenn du dich jetzt endlich selbständig machen würdest«, hatte Aloisia zu ihrem Mann gemeint. »Du hättest das schon viel früher machen sollen, dann wäre dir manches erspart geblieben …«

»Genau so viel Negatives wie Positives«, wiegte Porsche zweifelnd den Kopf. »Vergiss nicht, ich konnte bei Daimler eine Zeitlang auch aus dem Vollen schöpfen. Das war schon ein wichtiger Meilenstein für mich, mit so vielen erfahrenen Leute zu arbeiten, die aus einer ganz anderen Schule kamen, das war auch für mich eine lehrreiche Erfahrung, die ich nicht missen will. Aber nun ist es in der Tat Zeit, sich auf die eigenen Beine zu stellen. Wenngleich sich das momentan weder in Steyr noch sonst irgendwo in Österreich verwirklichen lässt. Leider.«

Am Ende ihrer Diskussionen waren sie übereinstimmend zum Schluss gekommen, dass es wohl das Beste sei, nach Stuttgart zurückzukehren, »weil sich dort einfach der mit Abstand größte Sachverstand in der Automobiltechnik konzentriert«.

Aloisia nickte seufzend. »Schon wieder ein Umzug. Wenn ich das nur ein paar Monate früher gewusst hätte, dann wäre ich gleich in Stuttgart geblieben. Aber nun gut: ein neuer Anfang ist es allemal.« Schweren Herzens organi-

sierte Aloisia Porsche nun also neuerlich die Packer, die ihre gerade erst angelieferten Habseligkeiten wieder aus der nagelneuen Villa am Steyerer Jägerberg heraus bugsieren und in die Lastkraftwagen verladen sollten, deren vertrautes Ziel der Feuerbacher Weg in Stuttgart sein würde. Die Reaktion der Mitarbeiter war vorhersehbar gewesen. »Nach so kurzer Zeit ist schon wieder alles zu Ende. Das hätten wir nie für möglich gehalten. Jetzt hält mich hier nichts mehr. Also wenn Sie gehen, Herr Dr. Porsche«, ergriff Josef Zahradnik stellvertretend für alle anderen Kollegen das Wort, »dann gehen wir auch.«
Über Porsches Gesicht huschte ein wehmütiges Lächeln. »Das ist ja ehrenvoll für mich, Josef. Aber in Eurem eigenen Interesse möchte ich Euch bitten, langsam zu machen. Ich selbst werde ins Ausland gehen, nach Stuttgart …«
»Wir gehen mit Ihnen auch ins Ausland. Unseretwegen sogar bis nach Stuttgart!«
»Das ist ein schönes Kompliment. Ich weiß es zu würdigen. Vielen Dank. Aber wie gesagt, Ihr müsst mir einen kleinen Vorsprung lassen, bis ich mich eingerichtet und organisiert habe. Ich muss die Firma ja erst einmal gründen und dann muss ich geeignete Büroräume suchen. Aber dann, dann könnt Ihr gerne nachkommen – falls Ihr dann noch wollt.«
Und ob sie wollten! »Versprochen, Herr Dr. Porsche?«
»Versprochen!«
»Dann ist es ja gut …«

Also würde es wieder nach Stuttgart gehen – wenngleich auch mit Verzögerung. Denn noch wohnte sein Mieter Hans Nibel im Privathaus der Porsches am Feuerbacher Weg und gar so schnell war es diesem nicht möglich gewesen, eine andere standesgemäße Bleibe in Stuttgart zu finden. So sahen sich die Mitarbeiter des neugegründeten Konstruktionsbüros am 1. August 1930 also mitsamt ihres Chefs gezwungen, sich erst einmal in Porsches Privathaus in Steyr provisorisch einzurichten. Zur wachsenden Verzweiflung von Aloisia, die einerseits den Umzug zu organisieren hatte und sich nun andererseits auf engstem Raum mit zusätzlichen Tischen, Stühlen und Menschen konfrontiert sah. So knapp war der Platz, dass einer der Zeichentische sogar im Schlafzimmer der Porsches untergebracht werden musste. »Aber das macht nichts, in dem Raum schlafen wir ja nur und nachts ist es bekanntlich eh dunkel«, hatte Porsche lapidar gemeint – sorgsam dem Blick seiner Ehefrau ausweichend, die sich von den bereits geschaffenen Tatsachen, die sie beim Nachhausekommen urplötzlich vorgefunden hatte, eher mäßig begeistert zeigte.

»Das wird natürlich kein Dauerzustand sein«, versprach er Aloisia hoch und heilig. »Ich werde so rasch wie möglich nach einem geeigneten Haus in Stuttgart Ausschau halten, in dem wir das Büro dann richtig einrichten können. Aber jetzt lass mich erst einmal die Dinge ordnen und die ersten Aufträge einholen, zeitgleich werde ich mich um die Sache mit den Büroräumen kümmern. Ehrenwort!«

Anstelle einer Antwort schweifte Aloisia Porsche mit ihrem Blick absichtlich langsam über das mit allerlei Bürоutensilien vollgestopfte Wohnzimmer, bis er schließlich auf zwei Konstruktionsskizzen haften blieb, die mitten auf dem Lieblingssofa der Eheleute ruhten. Ein andeutungsweises Nicken mit dem Kinn genügte – und schon hatte ihr Mann verstanden. Er zwinkerte ihr schelmisch zu: »Die liegen da nur heute Vormittag. Am Nachmittag sind sie wieder weg …«

»… wenn es dann am Abend tatsächlich der Fall sein sollte, wäre ich schon froh«, erwiderte sie schmunzelnd. »Aber falls sich zu den beiden Plänen bis dahin versehentlich noch einige weitere gesellt haben sollten, dann werde ich mir eben ein Hotelzimmer nehmen und dort so lange bleiben, bis unser Haus wieder ein Wohnhaus ist und das Schlafzimmer kein Konstruktionsbüro mehr«. Sie kannte ihren Ferdinand ja schließlich gut genug. Denn wenn der sich plötzlich der Lösung einer technischen Frage genähert hatte, dann vergaß er alles und jedes um sich herum.

Vier Monate sollte das Provisorium in Steyr andauern. Im Dezember diesen Jahres endlich konnte dann der Umzug vonstatten gehen. Zeitgleich mit ihrem privaten Wiedereinzug in den Feuerbacher Weg 48 würden sie das neue Konstruktionsbüro, das Ferdinand inzwischen in der Stuttgarter Kronenstraße 24 gefunden hatte, einrichten. Ein »richtiges« Konstruktionsbüro! Eine Räumlichkeit, die er nach seinen Vorstellungen umgestalten lassen konnte. Die Arbeitsbedingungen schienen optimal. Es ging nun stetig voran. Und so wurde der 25. April 1931 zu einem kleinen Feiertag. Der Tag der offiziellen Eintragung der »Dr.-Ing. h.c. F. Porsche GmbH, Konstruktion und Beratung für Motoren- und Fahrzeugbau« ins Handelsregister von Stuttgart. Als ganz besonderen Glücksfall verbuchte Ferdinand Porsche den Umstand, dass er mit seinem Partner Adolf Rosenberger, der einen ansehnlichen finanziellen Beitrag zu der Firmengründung beigesteuert hatte, nicht nur einen erstklassigen Testfahrer im neuen Unternehmen wusste, sondern vor allen Dingen einen hervorragenden Kaufmann. Rosenberger würde sich fortan um die finanziellen Dinge kümmern und hielt damit dem Firmenchef, für den die Beschäftigung mit Finanzangelegenheiten ja bestenfalls eine lästige Zeitverschwendung bedeutete, den Rücken frei. Die Zukunft konnte beginnen!
Mit einem wahren Feuereifer stürzten sich die ersten 13 Mitarbeiter, allesamt gute und langjährige Bekannte aus Porsches vorangegangenen Stationen, unter der Leitung von Chefkonstrukteur Karl Rabe in ihre neue Arbeit. Was Porsche mit einem ganz besonderen Stolz erfüllte, das war die Tatsache, dass sich all diese Männer ohne auch nur eine Sekunde zu zögern und mit größter Freude bereiterklärt hatten, im neuen Ingenieursbüro mitzuarbeiten, kaum dass er ihnen seine Frage gestellt hatte. Und das, obwohl sie in ihren bisherigen Positionen durchweg eine höhere Entlohnung bekommen hatten, als das Geld, das ihnen Ferdinand Porsche in den ersten Jahren in Aussicht stellen konnte. Er würde ihren Verlust wieder ausgleichen, sobald

die Firma auf einer soliden Grundlage stand. »Sobald du siehst, dass es finanziell vorangeht und wir das Gröbste überstanden haben, sagst du mir Bescheid, damit ich den Leuten ein anständiges Geld bezahlen kann«, gab er Rosenberger die entsprechende Anweisung. »Sie haben dann ja ihren Anteil daran geleistet und davon sollen sie auch profitieren«. Das war selbstverständlich – zumindest für einen Mann vom Schlage eines Ferdinand Porsche.

Zusätzlich zu den bewährten Technikern durfte inzwischen auch der überstolze Sohn Ferry mit von der Partie sein, der auf Veranlassung seines Vaters von Konstrukteur Walter Boxan sorgfältig in die Aufgaben eines Automobilkonstrukteurs eingewiesen wurde.

»Du hast schon recht gehabt, Louis, mich immer wieder in diese Richtung zu weisen«, nickte Ferdinand Porsche am Abend und sank, todmüde vom Trubel dieses ersten Tages, mit einem zufriedenen Seufzer in den großen Ledersessel. »Endlich kann ich auf eigene Rechnung arbeiten – ohne diese ganzen Kleingeister, die immer nur von Kosten reden und nie von Automobilen. Und gut war übrigens auch, dass du darauf bestanden hast, unsere Hermine mit hierher zu nehmen.«

»Na ja, das war doch eh klar – ein bisserl Österreich muss schließlich auch in Stuttgart sein – zumindest in der Küche. Und eine bessere Köchin als die Hermine hätten wir ja eh nicht finden können.

»Ja die Hermine und ihre Eierspeisen«, schnalzte Porsche genießerisch mit der Zunge. »Immer nur Spätzle, so gerne ich sie ja mag, das wäre auf Dauer doch zu wenig gewesen. Aber so eine schöne Eierspeise …«

»Sie wird dir gleich nachher noch etwas auftischen. Das hat sie mir vorhin fest versprochen, egal wie spät es auch werden sollte«, lächelte Aloisia, um nun eine ernstere Miene aufzulegen. »Aber jetzt muss halt auch noch ein bisserl Geld hereinkommen mit deinem Ingenieurbüro, denn 13 Leute zu bezahlen und dazu noch den großen Haushalt hier, das will schon etwas heißen.«

»Ach Louis, komm geh! Des schaff ma eh!« Unwillkürlich war er wieder ins österreichische verfallen, wie so oft, wenn er sich gefordert fühlte. »Ich kenne jede Menge guter Leute, die bereit sind, mich zu unterstützen. Dazu gibt es bereits Angebote für den Fall, dass es wider Erwarten dennoch eng werden sollte, wo man gegen einen gewissen Anteil an meinen Patenten bei mir einsteigen würde.«

»Na ja, das wären ja dann schon wieder solche Finanzjongleure. Also ich weiß nicht …«, gab Aloisia ihre Zweifel offen preis. »Ich finde schon, dass du versuchen solltest, unabhängig zu bleiben.«

»Das wäre mir ja auch am liebsten. Zusammen mit dem Kapital vom Adolf Rosenberger sollte es eigentlich reichen, um über die ersten Monate zu kommen. Hoffentlich.«

»Aber sonst fühlst du dich hier in Stuttgart schon wohl, oder?«

»Ich fühle mich überall wohl, wo man mich mit meinen Leuten in Ruhe konstruieren lässt. Hauptsache, meine Motoren und meine Ingenieure sind um mich …«

»Deine Familie hast du jetzt ganz vergessen.«

»Na, eh klar, dass ich Euch um mich haben will«, konterte er den milden Tadel lächelnd.

»Und die Urlaube in Österreich sollten wir aber schon beibehalten.«

»Das ist ja eine Selbstverständlichkeit. Obwohl … wenn ich daran denke, wie sie mich bei Steyr behandelt haben, meine lieben Landsleute!« Die Zornesader auf seiner Stirn schwoll beim Stichwort Steyr deutlich an. »Insofern bin ich schon dankbar, hier in Stuttgart mit offenen Armen aufgenommen worden zu sein. Das werde ich den Leuten hier auch niemals vergessen. Es ist unsere neue Heimat, daran gibt es nichts zu deuteln.«

»Das sagst ausgerechnet du, als Österreicher.«

»Als Böhme, Österreicher, Weltbürger. Das ist doch alles so eine Sache. Ich fühle mich vor allem als Konstrukteur – etwas Anderes interessiert mich nicht: die Zeitläufe, die Politik, diese quälenden Debatten, die immerzu ins Leere führen. Nein, ich bin und bleibe Konstrukteur und einzig diesen technischen Herausforderungen verpflichtet. Alles andere ist mir egal, das können die Quatschbudenschwätzer sehr gerne für sich alleine haben. Mein Leben sind die Motoren! Da gibt es kein Deutschland oder Österreich. A propos Österreich ...« suchend blickte Porsche in Richtung Küche. »Ob die Hermine wohl inzwischen fertig ist?«

»Das könnte gut möglich sein.«

»Ja und wo ist sie denn dann?«

»Wo wird eine Köchin wohl sein? In der Küche natürlich.«

Trotz seiner Müdigkeit erhob sich Porsche postwendend und eilte zur Küchentür. »Hermine! Was ist jetzt mit meiner Mehlspeise. Ich habe Hunger. Furchtbaren Hunger sogar. Also bittschön: gehmma, gehmma!«

*

Am 4. Juli 1931 feierte Ghislaine Kaes seinen 21. Geburtstag. Endlich volljährig! Als erster Gratulant im Konstruktionsbüro erschien der ein knappes Jahr ältere Ferry und gratulierte seinem Cousin herzlich. »Willkommen im Club, Gilain, jetzt bist du also auch so ein altes Ross! Aber hoffentlich noch immer voller Tatendrang!«

»Ja sicher, was denkst du denn?« strahlte Gilain über das ganze Gesicht. In diesem Augenblick kam auch sein Onkel Ferdinand zur Tür herein gestürmt. »Gilain! Da steckst du – also dann: meine herzlichsten Glückwünsche und alles Gute zum 21. Geburtstag!«

Vor Stolz und Freude überzog sich das Gesicht seines Neffen in Windeseile mit einer leichten Röte. »Danke sehr, Onkel Ferdinand. Vielen Dank. Es ist eine große Ehre für mich und ich weiß es wohl zu schätzen, dass du mir persönl …«

»Ja, gut. Jetzt übertreib mal nicht. Du gehörst ja sozusagen mit zur Familie. Aber nun genug der Sentimentalitäten«, klatschte Porsche energisch in die Hände, »Gehmma, gehmma: die Arbeit ruft!«

»Mit dem allergrößten Vergnügen, Onkel!« nickte Gilain eifrig. Damit war die Geburtstagsfeier im Büro bereits wieder beendet. Die Arbeit duldete eben keinen Aufschub. Feiern konnte man auch noch am Abend, nachdem die Arbeit getan war.

So war er halt, der immerzu eilige Herr Porsche, der sich am allerliebsten, mit dem Fuß fest auf dem Gaspedal, auf der Überholspur tummelte. Im Leben genauso wie im Automobil …

*

Trotz aller guten Voraussetzungen und des hervorragenden Rufes, den das Konstruktionsbüro Porsche und dessen erstklassige Leute genossen gestalteten sich die Verhältnisse in Stuttgart doch schwieriger, als sie es vermutet hatten. Die schwarzen Zahlen auf dem Firmenkonto schmolzen sichtlich zusammen. Schon wieder diese vermaledeiten Finanzen! Aber es half alles nichts. Adolf Rosenbergers Bilanz sprach eine eindeutige Sprache. Dringend mussten neue Aufträge her. Wie immer es dann zu dem Kontakt mit dem bolschewistischen Interessenten gekommen war: ausgerechnet die Russen machten Ferdinand Porsche ein ernsthaftes Angebot!

Im Frühsommer des Jahres 1932 war eine Besuchergruppe aus Russland bei ihm erschienen, die sich ohne Umschweife als direkte Abgesandte der sowjetischen Regierung zu erkennen gab. Man hege in Moskau allergrößtes Interesse für seine Arbeit und die seiner Leute. Im weiteren Verlauf des Gesprächs unterbreiteten sie dem über die Maßen erstaunten Konstrukteur sogar ein glasklares Angebot: man wolle ihm vorschlagen, mit dem kompletten Konstruktionsbüro nach Moskau zu übersiedeln, um dort direkt vor Ort die entscheidenden Impulse für den Aufbau einer sowjetischen Automobilindustrie zu geben. Der finanzielle Rahmen, den man ihm dabei in Aussicht stellte, ließ selbst den ansonsten in finanziellen Dingen eher nüchternen Porsche erbleichen. Was für ein Angebot!

Weitaus weniger begeistert als ihr Ehemann zeigte sich am Abend Aloisia Porsche. »Ferdinand, ich bitte dich! Moskau. Was um alles in der Welt wollen wir denn in Moskau?! Wo wir doch nicht einmal die Sprache sprechen.«

»Da wohnen genug Leute, die ebenfalls vom Stalin angeworben worden sind. Außerdem könnte ich ja mein ganzes Büro mitnehmen.«

»Und du glaubst, dass deine Männer auch nach Russland mitgehen würden?« Die Skepsis in der Stimme seiner Ehefrau sprach Bände, aber Porsche mochte sich davon nicht so ohne weiteres beirren lassen. »Louis! Das könnte eine einmalige Chance sein. Wir würden alles bekommen, was wir wollen. Zum aller ersten Mal in meiner gesamten Laufbahn könnte ich wirklich aus dem Vollen schöpfen, ohne mich um Geld kümmern zu müssen. Das wird auch meine Leute überzeugen. Da bin ich mir ganz sicher. Die würden mit mir sowieso überall hin gehen, solange sie nur in meinem Ingenieurbüro arbeiten können.«

»Also ich weiß nicht, Ferdinand. Ausgerechnet Russland … Mir gefällt das nicht. Und wer weiß, wie lange die Gelder dort tatsächlich fließen. Was ist, wenn sie dich nur nach Moskau locken wollen – und kaum bist du da und hast ihnen die ersten Konstruktionen gemacht, drehen sie den Finanzhahn zu. Was wäre in einem solchen Fall? Eine Rückkehr wird dann so schnell nämlich nicht mehr möglich sein, wenn du die Zelte in Stuttgart erst einmal abgebrochen hast. Und – vergiss das bitte nicht – in Moskau sind gottlose Kommunisten an der Macht. Das müsste doch gerade dir als gläubigem Katholiken zu denken geben. Und außerdem«, nun spielte sie ihren größten Trumpf aus, den sie absichtlich bis zum Schluss zurück gehalten hatte. »Was ist mit den Kindern? Dann wirst du die Louisl mit den Enkeln nicht mehr so häufig sehen können. Und glaubst du etwa im Ernst, der Ferry würde mit nach Moskau kommen? Ausgerechnet jetzt, wo er mit der Dorothea die erste richtige Freundin hat?«

»Um den Ferry mache ich mir da keine Gedanken. Der ist noch jung – und wird die Freundin halt vorher heiraten. Es ist ja eh eine recht patente Person, unrecht wäre mirs folglich nicht. Aber mit den Enkeln und der Louisl, da hast du natürlich schon recht«, gab der sichtlich nachdenklich gewordene Porsche zu.

Zufrieden registrierte Aloisia, wie ihre Argumente mitten

ins Schwarze getroffen hatten. Ihr Ferdinand war halt ein richtiger Familienmensch. Zum guten Glück!
Doch er war eben auch ein Konstrukteur, der ständig neue Herausforderungen suchte. Mit einem lauten Händeklatschen deutete er an, dass eine Entscheidung gefunden war. »Wir reden da über Dinge, die wir gar nicht näher kennen. Das macht keinen Sinn. Am sinnvollsten scheint es mir, dass ich die Einladung der Russen annehme und erst einmal nach Moskau reise, um mich vor Ort über die Gegebenheiten zu informieren. Danach sehe ich weiter. Und zu meiner Unterstützung werde ich den Gilain mitnehmen, der kann dann alles haargenau protokollieren und dir noch extra Rede und Antwort stehen. Einverstanden?«
Aloisia seufzte tief und bedachte ihren Mann mit einen zweifelnden Blick. »Was soll ich schon sagen? Wer kann dich aufhalten, wenn du erst einmal Gefallen an einer Idee gefunden hast? Wenn du also unbedingt meinst, zu den Kommunisten fahren zu müssen, dann fahre halt nach Russland. Immerhin ist es eine gute Idee, dass du den Gilain mitnehmen willst. Der kann ein bisschen auf dich aufpassen. Nicht, dass du den Russen vor lauter Begeisterung gleich ein Auto baust!«
Und so reisten Ferdinand Porsche und sein Neffe Ghislaine Kaes also im Juli des Jahres 1932 nach Moskau, um sich an Ort und Stelle ein Bild über die Bedingungen zu machen, unter denen eine russische Automobilproduktion aufgenommen werden sollte. Und beide kamen aus dem Staunen kaum noch heraus …

»Das war schon eine unglaubliche Besichtigungstour, die uns die Sowjets da geboten haben, nicht wahr, Onkel Ferdinand?«
»In der Tat«, nickte Porsche. »Ich habe damals meinen Augen und Ohren kaum getraut, als sie uns durch diese ganzen Produktionshallen rund um Moskau geschleust haben. Und dass dort bereits so viele ausländische Inge-

nieure gearbeitet haben, das hätte ich mir vorher niemals träumen lassen. Von daher war ja schon ganz klar zu erkennen, dass der Stalin persönlich hinter der Offerte stand. Und dass es ihm auch nicht nur um Automobile ging, sondern natürlich auch um Flugzeugmotoren und um Panzer. Dass er mir den offiziellen Rang eines Generalbevollmächtigten für die Motorisierung der Sowjetunion angeboten hat, das war natürlich schon eine gewaltige Verlockung. So gesehen wäre das natürlich eine gigantische Aufgabe gewesen.«

»Damit wärst du praktisch ein Minister geworden. Wenn man bedenkt, dass wir zu dieser Zeit in Stuttgart eher von der Hand in den Mund gelebt und jeden Auftrag angenommen haben, um über die Runden zu kommen … und dann bietet man dir in Russland die Generalvollmacht an, selbst zu entscheiden, was du entwickeln willst und welchen Aufwand du dabei planst. Da war ja wirklich Geld in Hülle und Fülle vorhanden. Und dazu haben sie dir als Dreingabe sogar noch diese herrliche Luxusvilla auf der Krim versprochen. Du hättest dort leben können wie ein Fürst – und die liebe Tante erst recht.«

»Ja. Schon. Andererseits weißt du, dass ich mir aus solchen Dingen nicht allzu viel mache. Mich hätte die Aufgabe als solche gereizt, keine Frage. Und es hätte ja auch nicht mehr viel gefehlt und ich hätte zugesagt.«

»Was hat denn am Ende dann doch gefehlt, Onkel Ferdinand?«

»Das ist relativ einfach zu beantworten, Gilain. Die Russen haben von mir verlangt, ich müsse mich dazu verpflichten, Zeit meines Lebens in Russland zu bleiben. Und das war mir dann doch des Guten entschieden zu viel.«

»Gott sei Dank«, pflichtete Gilain seinem Onkel bei. »Allein wenn ich an die Schreckensherrschaft denke, mit der dieser Stalin inzwischen das ganze Land in seinen Würgegriff genommen hat. Wenn es ihm eines Tages nicht mehr gepasst hätte, dann wärst du womöglich nach Sibirien verbannt worden – und wir anderen alle wahrscheinlich

gleich mit dazu«. Schaudernd erinnerte sich Ghislaine Kaes an die Zeitungsberichte über die elenden Verhältnisse in den eiskalten sibirischen Straflagern.
»Na ja, die Auswirkungen einer Diktatur haben wir hierzulande dann ja ebenfalls erlebt. Aber wie auch immer: allein der Gedanke, für immer und ewig in Russland bleiben zu müssen, hat mich abgeschreckt. Ohne meine liebe Familie, die Kinder, die Enkelkinder – und erst recht ohne mein geliebtes Österreich. Nein, so schön kann Russland gar nicht sein, dass ich dafür auf Österreich verzichten würde. A propos: wie lange dauert es denn noch, bis wir endlich da sind, Gilain? Es kommt mir allmählich ewig vor!«
»Ich tue mein Möglichstes, Onkel Ferdinand«, versicherte der eher vorsichtige Autofahrer zerknirscht, während er sich mit klopfendem Herzen dazu durchrang, das Gaspedal noch ein kleines bisschen weiter durchzudrücken.
Der Kelch eines Umzugs in die Sowjetunion war damals also an Aloisia Porsche und ihrer Familie vorübergegangen.

Im Nachhinein konnte Ferdinand Porsche zufrieden feststellen, dass er mit seiner Absage an die Russen wohl richtig gehandelt hatte, denn seit Beginn des Jahres 1933 erhöhte sich die Zahl der Aufträge deutlich. Zum guten Glück steigerte sich damit nicht nur der Umsatz, sondern nach Aussage von Finanzchef Rosenberger warfen diese Aufträge endlich auch zufriedenstellende Gewinne ab, so dass wieder mehr Geld in die doch bereits ziemlich leer gewordene Kasse floss. Die Anfangsschwierigkeiten schienen endgültig überwunden und die Belegschaft des Konstruktionsbüro wuchs immer weiter. Denn die Aufträge kamen inzwischen von der gesamten deutschen Automobilindustrie, ob von Wanderer, der Auto-Union oder mittlerweile sogar auch von Mercedes-Benz. Mal waren es eher kleinere Details, die von den Porsche-Ingenieuren zu bearbeiten waren, dann aber wieder

Großaufträge zur Entwicklung kompletter Rennwagen, wie beispielsweise der Auftrag für den Typ 22 der Auto Union.
Gleich nachdem er den Brief geöffnet hatte, spürte Ferdinand Porsche einen wahren Energieschub durch seinen Körper pulsieren. Ein echter Rennwagen – wie damals bei Mercedes! Endlich wieder eine echte Herausforderung! Wo andere vielleicht gezweifelt hätten, ob sie den Anforderungen überhaupt gerecht werden könnten, sah Porsche nur das Ziel, das es so schnell wie möglich zu erreichen galt. Je anspruchsvoller, desto besser. Ein wahres Lebenselixier! Umso mehr galt es, sich rasch nach weiteren Spezialisten umzuschauen. Nie und nimmer würden seine 13 Ingenieure, für die komplette Neukonstruktion eines Rennwagens ausreichen. Zumal da ja auch noch die anderen Aufträge zu erledigen waren.
Wo diese neuen Leute zu finden waren, darüber war sich Porsche schnell im Klaren. Er hatte es ihnen bei dem erzwungenen Weggang aus Steyr ja fest versprochen, sie eines Tages zu sich zu holen. Jetzt war dieser Tag gekommen: er würde seine Mannschaft mit den besten Automobiltechnikern komplettieren, die man sich nur denken konnte.
Und so durfte sich am 24. September 1934 beispielsweise der gute Franz Xaver Reimspiess ausgelassen darüber freuen, endlich bei »seinem« Herrn Dr. Porsche in dessen Konstruktionsbüro begrüßt zu werden.
»Willkommen im schwäbischen Außenposten von Austro-Daimler!« schallte es dem Neuankömmling zu dessen Überraschung gleich bei seiner Ankunft früh am Morgen vielstimmig, fröhlich und vor allem mit eindeutig österreichischer Klangfärbung entgegen.
Reimspiess staunte nicht schlecht: hier war ja halb Österreich um ihn herum versammelt.
Da waren Karl Rabe, Josef Kales, Karl Fröhlich, Erwin Komenda und Josef Zahradnik zu erkennen – und im Schlepptau von Ferdinand Porsche und dessen Sohn Ferry

erkannte Reimspiess sogar Ghislaine Kaes, den fröhlichen jungen Sekretär.
Porsche klatschte vergnügt in die Hände: »So, hier haben wir jetzt also die fähigsten Köpfe von der guten alten Austro-Daimler in einem Raum versammelt!«
»Ja schau, das gibt's doch gar nicht!« Reimspiess vermeinte, seinen Augen nicht trauen zu können. »Bist du es oder bist du es nicht, Mickl?«
»Natürlich bin ich es und nicht mein Geist.« Um die Lippen von Josef Mickl zuckte ein gerührtes Lächeln, als er seinem alten Kollegen zur Begrüßung herzlich auf die Schulter klopfte und anschließend fest dessen Hand drückte. »Willkommen im Club, Reimspiess!«
»Also dass ausgerechnet du den Weg nach Stuttgart gefunden hast, das erstaunt mich jetzt wirklich. Das letzte, was ich über dich gehört habe, lautete, du seiest ein ganz hohes Tier im Königlich-Jugoslawischen Kriegsministerium – zuständiger Direktor für die Luftfahrt – und jetzt treffe ich dich auf einmal hier.«
»Jetzt bin ich auf einmal hier«, echote Mickl fröhlich. »Und als Tier fühle ich mich dennoch nicht, sondern mit der ehrenvollen Aufgabe betraut, als eines der hochlöblichen Mitglieder des Porsche-Konstruktionsbüros fungieren zu dürfen.«
»Du als Flugzeugtechniker …«
»… als Aerodynamiker eher.«
»Das ist ja wunderbar, dass ich dich hier wieder sehe. Das ist ja eine halbe Ewigkeit her.«
»So gings mir auch«, mischte sich Porsche grinsend in das Gespräch. »Bis wir uns vor ein paar Jahren, ich glaube, es war im Herbst 1930, als ich grade zu Besuch bei der Louisl in Wien war, auf der Wollzeile ganz zufällig in die Arme gelaufen sind.«
»… und kurz danach war ich schon hier in Stuttgart«, ergänzte Josef Mickl trocken. »Die Zeit bei den Jugoslawen war für mich damals sowieso irgendwie vorbei, ich war schon viel zu lange dort gewesen – und sowieso: du kannst

es dir ja denken, die Tschuschen ... Auf Dauer gehen sie dir halt auf die Nerven. Ich hatte mich also eh mit dem Gedanken getragen, mich allmählich anderweitig umzusehen – wieder in Österreich beispielsweise und da laufe ich dann plötzlich unserem alten Direktor aus Wiener Neustadt über den Weg.«

»Alter Direktor!« empörte sich Porsche in gespielter Entrüstung. »Das will ich kein zweites Mal hören, Mickl! So alt bin ich weiß Gott dann doch noch nicht!«

Das fröhliche Lachen, das auf diese Bemerkung folgte, war ein deutliches Indiz dafür, welch freundschaftliche Atmosphäre im Konstruktionsbüro an der Tagesordnung war. Für Ferdinand Porsche waren dieses Büro und seine Männer neben der Familie das Allerheiligste: »Niemals ein böses Wort, solange einer von ihnen in Hörweite von uns steht«, diese strikte Anweisung hatte er seinem Sohn Ferry eindringlich mit auf den Weg gegeben. Auch wenn er selbst manchmal anderer Meinung sein mochte, als einer der Ingenieure: im Konstruktionsbüro galt es erst einmal, sich zurückzunehmen und eine Nacht darüber zu schlafen, bevor man sich vorsichtig an eine Debatte wagte. Das galt – erstaunlicherweise – selbst als Verpflichtung für den ansonsten so impulsiven Ferdinand Porsche. An allem und jedem durfte Kritik geübt werden – nur nicht an seinen Ingenieuren!

»Na ja, Ihr wisst ja, Zufälle gibt es bekanntlich nicht«, mischte sich nun Karl Rabe vorsichtig in das Gespräch. »Das alles folgt vielmehr einer vorbestimmten Richtlinie.«

Trotz aller Mühe, die sie sich gaben, konnten die meisten von ihnen ein Schmunzeln nicht unterdrücken. Der gute Rabe! So fleißig und effektiv der immer zu einem Späßchen aufgelegte Rabe auch sein mochte, seine häufigen Mahnungen, doch bitteschön immer auf dem Teppich zu bleiben, konnten einem manchmal schon auf die Nerven gehen. Aber nun gut ...

»Jetzt wird erst einmal die Ankunft von unserem Reimspiess gefeiert. Ich habe extra zwei Flaschen Trollinger mit-

gebracht – das ist der Wein, den sie hier in Stuttgart anbauen.
Gilain, wo sind eigentlich die Gläser?«
Genauso erschrocken wie ratlos blickte der junge Mann sich in Büroraum um.
»Ja was ist denn nun?«
»Gläser? Schon so früh am Morgen? Onkel Ferdiannd – davon hast du mir aber gar nichts gesagt ...«
»Na dort hinten im Schrank stehen sie doch, Gilain.« Missmutig verfolgte Porsche die hektischen Bemühungen seines Neffen. »Gehmma, gehmma, Zeit ist Geld – und die Technik möchte vorangebracht werden. Wir haben heute schließlich noch mehr zu tun, als den ganzen Tag über zu feiern.« Die ungeduldigen Anweisungen bewirkten bei dem armen Burschen freilich das schiere Gegenteil: er wurde nur noch hektischer und schien vor lauter Nervosität völlig die Orientierung zu verlieren, während sich die Augenbrauen des Onkels düster zusammen zogen.
Zum guten Glück wurde Porsche in diesem Moment von einem neu eintretenden Besucher abgelenkt. »Der Wagen stünde bereit, Herr Dr. Porsche.«
Es war Josef Goldinger, der Fahrer.
»Ja, da schau her: der Pepperl! Bist du also auch in Stuttgart gelandet!« Reimspiess kam aus dem Staunen gar nicht mehr heraus. Da war sie ja tatsächlich beinahe komplett, die gute alte Porsche-Mannschaft aus der Austro-Daimler Zeit. »Wie schön, dich wieder zu sehen!«
»Der Reimspiess! Was für eine Überraschung!« Mit Riesenschritten stürmte Goldinger auf den neuen Mitarbeiter zu und umarmte ihn herzlich. »Mensch Franzl, wie lange ist das jetzt schon her, dass wir uns zuletzt gesehen haben?«
Es schimmerte feucht in den Augen der beiden Männer – und auch Ferdinand Porsche spürte vor lauter Rührung einen trockenen Kloß in seiner Kehle aufsteigen. »Ja dann: wenn das also kein Grund zum Feiern ist. Die Hermine hat uns auch noch eine schöne Mehlspeise gebacken ...«
»Wie? Die Hermine ist auch wieder dabei?« Neuerlich

konnte es Reimspiess kaum fassen. »Die Frau von unserem Franz Sieberer?«

»Ja, natürlich die Hermine Sieberer, an was für eine Hermine denkst du denn? Hätten wir die Arme etwa mutterseelenallein in Steyr zurück lassen sollen, während ihr Franz doch hier bei uns in Stuttgart ist?«

»Nein, nein – natürlich nicht«, stammelte der Neuankömmling. »Ich dachte ja nur …«

»Denken sollst du morgen wieder. Heute wird das Wiedersehen gefeiert. Gilain! Können wir nun endlich anstoßen?«

Zum guten Glück waren die Gläser von Gilain nach aufgeregter Suche dann doch noch erfolgreich aufgestöbert worden. Porsche griff nach den beiden Flaschen und zog energisch die Korken aus den Flaschenhälsen. »Also dann: meine Herren, sehr zum Wohlsein – und auf eine gute Zukunft des Konstruktionsbüros Porsche mit den fähigsten Technikern ihrer Zeit!«

»Auf zu neuen Taten!«

… und zu neuen Automobilen!«

*

Sehr zum Leidwesen von Ferry Porsche war mit seinem leutseligen Vater, der seinen Kindern in ihrer Jugend jedweden Wunsch von den Augen abgelesen hatte, im Hinblick auf eventuelle Renneinsätze nicht zu reden. In keinster Weise ließ Porsche in dieser Frage mit sich verhandeln. So sehr sich der anerkannt gute Autofahrer Ferry mit Engelszungen abmühte, seinen Vater irgendwann in einem schwachen Moment vielleicht doch noch umzustimmen: die Erlaubnis, einmal persönlich in einem der von Ferdinand Porsche konstruierten Auto-Union-Rennwagen bei einem offiziellen Autorennen an den Start gehen zu dürfen, kam nicht. »Ich habe den Hans Stuck als Rennfahrer – und solange der mit meinen Entwicklungen auf der »Avus« gewinnt und dabei sogar noch die Mercedes-Leute hinter sich lässt, solange brauche ich keinen weiteren Fahrer«. An dieser Haltung hielt er eisern fest, auch dann noch, als die neuen Mercedes »Silberpfeile« beim Rennen auf dem Nürburgring an Stuck vorbei gerast waren. »Aber jetzt Vater, jetzt sind die anderen ja doch schneller gewesen als der Stuck. Jetzt kannst du mich ja auch einmal ausprobieren!« Keinesfalls! Erstens würde er sich schon in Kürze mit einem neuen, nahezu unschlagbaren Modell revanchieren, und zweitens lautete sein wichtigstes Argument »Ich habe genügend Fahrer, aber nur einen Sohn!« Schließlich waren auch in den von Ferdinand Porsche konstruierten Rennwagen schon viel zu viele junge Männer tödlich verunglückt. Ob nun die Schuld bei Zulieferteilen oder Fahrfehlern zu suchen war, das spielte für ihn keinen Rolle. Das Trauma jenes ersten schlimmen Unfalls, bei dem in Monza seinerzeit Fritz Kuhn sein Leben hatte lassen müssen, steckte fest in seiner Seele. »Die Rennfahrerei ist eine Sache auf Leben und Tod. Und deshalb kommt es für mich nicht in Frage, dass du dabei dein Leben aufs Spiel setzt. Ich werde dich niemals für einen meiner Rennwagen melden. Ende der Diskussion!« Ein für allemal.

Die neue Zusammenarbeit der alten Fahrensleute entwickelte sich prächtig. Ausnahmslos zeigten sie sich begeistert von den Möglichkeiten, die das Konstruktionsbüro bot. Und so jagte eine Entwicklung die nächste. Die Arbeit ging konzentriert vonstatten und war keine Mühsal, sondern die pure Freude. Endlich wieder an einem Ort vereint – und noch dazu mit einem Erfahrungsschatz ausgestattet, von dem sie seinerzeit als blutjunge Anfänger bei Austro-Daimler nur hatten träumen können! So hart die vergangenen Jahren mit ihren zahlreichen Stationen nicht nur für Ferdinand Porsche, sondern auch für seine Männer verlaufen waren, am Ende hatte sich dieser Weg gelohnt. Was dem einen oder anderen »eventuell zum vollkommenen Glück« noch fehlte, das war die unmittelbare Nähe zu den Motoren, Getrieben und Fahrgestellen, die sie auf den Zeichentischen konstruierten. Denn die Produktionshallen ihrer Auftraggeber lagen weit entfernt vom Büro in der Kronenstraße – über ganz Deutschland verteilt. »Aber das wird sich mit der Zeit auch noch geben, da bin ich mir ganz sicher«, hatte ihnen der freudestrahlende Porsche prophezeit und sich dabei in heller Vorfreude die Hände gerieben.

Schon im zeitigen Frühjahr 1933 war eine Idee in ihm gereift, die er nach der Rede des neuen Reichskanzlers Adolf Hitler anlässlich der Eröffnung der Berliner Automobilausstellung wieder und wieder in sich bewegte. Hitler hatte dabei eine entscheidende Förderung des Automobils in Aussicht gestellt, hatte von der »Volksmotorisierung« gesprochen und sich dabei zu der euphorischen Feststellung hinreißen lassen: »Ich liebe den Kraftwagen über alles, denn er hat mir Deutschland erschlossen!« Das war natürlich Musik in den Ohren der Automobilbauer, und auch Ferdinand Porsche sah damit eine gewaltige Chance auf sich und seine Firma zukommen. Sofort schickte er ein Te-

legramm an die Reichskanzlei, in dem er den »Führer« zu dessen Rede beglückwünschte: »Als Schöpfer vieler namhafter Konstruktionen auf dem Gebiet des deutschen und österreichischen Kraft- und Luftfahrtwesens und mehr als 30 Jahre mitkämpfend« hatte er etwas martialisch formuliert und sich in der Depesche gleich selbst für eventuelle Aufträge ins Spiel gebracht: »Ich hoffe, dass es mir und meinen Mitarbeitern weiterhin und in erhöhtem Maße vergönnt bleibt, dem deutschen Volke unser Wollen und Können zur Verfügung zu stellen. Dr. Ferdinand Porsche.« Sein Kalkül ging auf: Keine zwei Wochen später erhielt er eine Einladung in die Reichskanzlei. Das Zusammentreffen mit dem Reichskanzler verlief erfolgreich. Denn dank ihrer österreichischen Sprachfärbung hatten die beiden Männer sofort einen Draht zueinander gefunden. Auch wenn sich Porsche peinlicherweise nicht mehr an eine »frühere Begegnung« der beiden Männer erinnern konnte, auf die Adolf Hitler verwiesen hatte, war das Gespräch harmonisch gewesen. Mehr noch: seit dieser Zusammenkunft genoss Porsche beim Reichskanzler einen ausgezeichneten Ruf. Und spätestens nachdem der »Führer« im September 1933 persönlich den ersten Spatenstich zum Bau einer Reichsautobahn getätigt hatte, war auch dem letzten Skeptiker endgültig klar geworden, dass Hitler alles daran setzen würde, die Automobilisierung des deutschen Volkes so rasch wie möglich zu verwirklichen – für Porsche der endgültige Antrieb, die Pläne der alten »Saschawagen« wieder hervor zu holen und auf diesem Konzept einen preiswerten, flinken Kleinwagen, den von Hitler gewünschten neuen Volkswagen, zu konstruieren.
Die erste Skizze für ein solches Fahrzeug präsentierte er im Januar 1934. Bereits wenige Wochen danach, bei ihrem nächsten Zusammentreffen anlässlich der nächsten Berliner Automobilausstellung im März 1934, war die Chance schon mit Händen zu greifen, dass nicht die übermächtige Daimler-Benz AG, sondern das kleine Ingenieurbüro Porsche vom Reichskanzler den Auftrag zum Bau eines preis-

günstigen Automobils für das ganze Volk, eines Volkswagens eben, erhalten würde. Auch wenn Hitlers Forderung hinsichtlich des Kaufpreises allen Experten völlig utopisch schien. Eine Obergrenze von 1.000 Mark, das war unmöglich zu erfüllen. Sagten die Experten …
Wer sich nicht an dieser Diskussion beteiligte, war Ferdinand Porsche. Der konstruierte inzwischen lieber im Kreis seiner Ingenieure und feilte bereits an ersten Details. Nach einer Unmenge an Skizzen und noch mehr hitziger Diskussionen im Konstruktionsbüro in der Kronenstraße hatten sie sich in der Zwischenzeit sogar schon auf die ganz und gar ungewöhnliche Form des Vehikels festgelegt.
Die entscheidenden Herren in Berlin zeigten sich nach der ersten Überraschung von den Plänen beeindruckt und gaben ihrer Überzeugung Ausdruck, dass es dem Herrn Dr. Porsche wohl auch gelingen würde, die vom Reichskanzler gewünschte Kostenobergrenze einzuhalten. Denn alles an diesem Wagen war neu. Neu und ungewöhnlich. Wenn er es nun noch schaffte, diese andere Bedingung zu erfüllen …

»Na, das war jetzt aber keine sehr freundliche Atmosphäre. Ich glaube, der hat mich nicht sonderlich gemocht.« Stirnrunzelnd trat Ferdinand Porsche in Begleitung seines Neffen aus dem Tschechischen Konsulat in Stuttgart, wo er an diesem Morgen eine Ausbürgerungserklärung unterschrieben hatte. »Nun gut: Jetzt bin ich also kein Tscheche mehr, sondern laut meiner Papiere ein Deutscher. Und dabei fühle und denke ich in Wahrheit doch eher wie ein Österreicher. Es ist schon seltsam, was sich diese Politiker an Merkwürdigkeiten immer wieder ausdenken, gerade so, als gäbe es auf dieser Erde keine anderen Sorgen und Probleme. Da kommst du als Bürger der österreichisch-ungarischen Monarchie zur Welt, hast also einen österreichischen Pass, dann gibt es Krieg und nach dem Krieg heißt es plötzlich, ich sei jetzt ein tschechischer Staatsbürger. So lange, bis es dem in Österreich geborenen Herrn

Reichskanzler Hitler einfällt, mich aufzufordern, einen deutschen Pass zu beantragen. Dass mir damit wertvolle Zeit gestohlen wird, die ich sinnvollerweise besser am Zeichentisch verbracht hätte, das scheint die Herrschaften nicht sonderlich zu interessieren.«

Tatsächlich hatte Ferdinand Porsche vor wenigen Tagen einen persönlichen Brief von Adolf Hitler erhalten, in dem dieser ihn mit freundlichen aber gleichwohl bestimmten Worten aufforderte, sich um die deutsche Staatsbürgerschaft zu bemühen. Denn logischerweise könne nur ein Deutscher den Auftrag erhalten, für die umfassende Motorisierung des ganzen Landes zu sorgen. Zunächst war Porsche drauf und dran gewesen, den Brief einfach zu zerreißen, doch nach eindringlichen Worten von Adolf Rosenberger hatte er sich dazu durchgerungen »dann halt in drei Teufels Namen jetzt den Deutschen zu spielen«.

Wenn ausgerechnet der Jude Rosenberger so etwas sagte, der die braunen Umtriebe der Nationalsozialisten doch aus guten Gründen mit wachsender Sorge beobachtete …

»Aber Sie Herr Dr. Porsche, Sie müssen so tun, als seien Sie voll und ganz auf der Linie von dem Hitler. Sonst werden Sie – beziehungsweise werden wir – diesen Auftrag niemals bekommen.«

Und so hatte Porsche die Deutsche Staatsbürgerschaft beantragt, wozu er freilich persönlich auf dem Tschechischen Konsulat erscheinen musste, um sich die Ausbürgerungsurkunde ausfertigen zu lassen, ein Dokument, ohne das er den deutschen Pass nämlich nicht bekommen hätte. »Was für eine bürokratische Zeitverschwendung! Mit ein bisschen guten Willen hätte es doch auch gereicht, wenn ich eine schriftliche Erklärung abgegeben hätte, die du dann auf das Konsulat hättest bringen können, Gilain. Das wäre doch wohl gegangen.« Ging es aber nicht, und so waren die beiden Herren also den ganzen Morgen über damit beschäftigt gewesen, in der frostigen Atmosphäre des Tschechischen Konsulats endlich die entsprechenden Papiere ausgehändigt zu bekommen. Somit wurde Ferdinand Porsche also zum deutschen Staatsbürger und durfte sich nunmehr berechtigte Hoffnungen machen, den gigantischen Auftrag zur Entwicklung eines deutschen Volkswagens zu erhalten. »Nun gut, wenn wir den Auftrag bekommen sollten, womit wir uns ja gegen die ganze deutsche Automobilindustrie durchgesetzt hätten, dann wäre es dieses unangenehme Theater natürlich schon wert gewesen, bei dem wir heute morgen drei Stunden verplempert haben!« Ein kleines Ingenieurbüro, das trotz der übermächtigen Konkurrenz von Daimler-Benz, Auto-Union, Opel, BMW und all den anderen die Nase vorn hatte und den Volkswagenauftrag erhielt: das wäre ja zu schön, um wahr zu sein. »Aber es wird wahr werden, so wahr ich Ferdinand Porsche heiße!« Entschlossen ballte er die rechte Hand zur Faust und nickte seinem Neffen zu. »Und deshalb gilt es jetzt, nicht noch mehr Zeit zu verlieren. An die Arbeit, Gilain. Gehmma, gehmma!«

Am 22. Juni 1934 war es dann tatsächlich so weit: der Vertrag zum Bau eines Volkswagens zwischen dem Reichsverband der Automobilindustrie (RDA) als offiziellem Auftraggeber und der Porsche GmbH wurde unterzeichnet. Ein Meilenstein in der Automobilgeschichte – und im Leben des Dr. Ing. Ferdinand Porsche!
Sein jüdischer Partner Adolf Rosenberger sollte den Triumph von Ferdinand Porsche in Stuttgart freilich nicht mehr erleben. Nachdem die Schikanen und Nachstellungen der Nationalsozialisten für ihn und seine Familie bald schon ein unerträgliches Maß angenommen hatten, war er über die Schweiz in die USA emigriert. Gerade noch rechtzeitig.

*

»Oh dieses Stuttgart! Überall geht es nur bergab oder bergauf! Jetzt mach halt einmal ein bisschen langsamer, Gilain!« Der gute Josef Mickl war mitten auf dem Weg plötzlich stehen geblieben und rang nun keuchend um Atem. Mit einem großen Leinentaschentuch, das er aus den Tiefen seiner Hosentasche fingerte, wischte er sich den Schweiß von der Stirn, der ihm an diesem warmen Frühlingstag aus allen Poren brach.

»Sollen wir ein bisschen langsamer gehen?« erkundigte sich Gilain fürsorglich, während er seinen sichtlich erschöpften Begleiter mit besorgter Miene musterte.

»Das wäre nicht das Verkehrteste. Ich bin schließlich keine Gemse«, brummte Mickl. Eigentlich war es ja kein Wunder, dass der nicht mehr ganz jugendliche Mickl außer Atem geraten war, denn die Treppen hoch zum Feuerbacher Weg, die in Stuttgart Staffeln, beziehungsweise »Stäffele«, genannt werden, schienen wieder einmal gar kein Ende zu nehmen. Erst recht natürlich bei solchen »beinahe mittelmeerischen Temperaturen in diesem Talkessel hier«, wie Mickl kopfschüttelnd knurrte.

Es handelte sich um ein beinahe tägliches Ritual der Porsche-Mitarbeiter. Denn das Gasthaus, in dem sie normalerweise ihr Mittagessen einzunehmen pflegten und das sich inzwischen auch auf die manchmal etwas spezielleren Wünsche der Österreicher eingestellt hatte, befand sich unten im Stuttgarter Talkessel, während die provisorische Werkstatt für die Modelle der neuen Kleinwagen zu Aloisia Porsches hilflosem Entsetzen ausgerechnet in der Doppelgarage am Feuerbacher Weg untergebracht war. Einerseits zwar in einer wunderschönen Halbhöhenlage mit einer prächtigen Sicht über die ganze Stuttgarter Innenstadt bis hin zur Grabkapelle auf dem Württemberg. Andererseits jedoch brachte diese Lage zwangsläufig den Nachteil mit

sich, dass man eine respektable Zahl an Höhenmetern zu überwinden hatte, wenn man sich nach dem Mittagessen wohl gesättigt und mit vollem Magen auf den Rückweg zu Porsches Privathaus begeben musste.
»Sie tun sich wohl schon ein bisschen schwer beim Stiegensteigen«, merkte der junge Kaes mit einem leichten Spott in der Stimme an, um postwendend eine harsche Replik verpasst zu bekommen.
»Ich habe meine Qualitäten halt nicht in den Beinen!« fauchte der angesehene Aerodynamiker scharf zurück. Ghislaine Kaes ließ verlegen den Kopf zu Boden sinken. Der Tadel hatte punktgenau gesessen!

Im weiteren Verlauf dieser mit Arbeit angefüllten Jahre wurden sich Aloisia und Ferdinand Porsche endgültig darüber im Klaren, dass sie in Stuttgart bleiben würden. So sehr ihnen die alte Heimat und vor allem das wunderschöne Wien an manchen Tagen auch fehlte, so ideal hatten sich die Dinge am Neckar entwickelt. Zumal es dem mittlerweile 60-jährigen Konstrukteur gelungen war, nun auch schwäbische Ingenieure für sein Konstruktionsbüro zu verpflichten. Eine ideale Mischung war so zusammengekommen, was folgerichtig zu einer weiteren Ausweitung des Aufgabenspektrums führte. Man würde nicht mehr lange in den Büroräumen in der Kronenstraße 24 bleiben können, und auch das Provisorium in der Garage konnte nicht von langer Dauer sein, »schließlich ist es ja ein Provisorium«, erklärte er seiner angesichts des »Belagerungszustandes im eigenen Haus« wenig begeisterten Louis wieder einmal. Auch ihm selbst war ja daran gelegen, in unmittelbarer Nähe ihrer Zeichentische eine geräumige Testwerkstatt zu finden, in der dann endlich alle Mitarbeiter ihre theoretischen Erkenntnisse direkt in der Praxis würden überprüfen können.

Nach intensiver Suche war dieses Grundstück von Ferry Porsche im Mai 1937 in der Spitalwaldstraße 2 im Stuttgarter Vorort Zuffenhausen gefunden worden: ein ideales Gelände, das nicht allzu weit entfernt von Porsches Wohnhaus lag und vor allem über genügend Platz für eventuelle spätere Ausweitungen verfügte. So gelangte die »Dr.-Ing. Porsche GmbH« am 26. Juni 1938 also nach Zuffenhausen. Gleichzeitig war damit der allererste Schritt zu einer späteren, eigenständigen Automobilproduktion getan. Die Firma Porsche wurde zu einem schwäbischen Unternehmen.

Auf eine Wiener Wochenzeitung, die sie sich regelmäßig nach Stuttgart schicken ließen, mochten die Porsches trotz ihrer zunehmenden Verwurzelung im Schwäbischen freilich keinesfalls verzichten. Das Blatt erreichte Stuttgart zwar mit einigen Tagen Verzögerung, aber wenigstens konnte man sich auf diesem Weg überhaupt mit Nachrichten aus der Heimat versorgen lassen. Dabei spielte es auch keinerlei Rolle, ob diese nun schon ein paar Tage alt waren oder nicht. Hauptsache, man war informiert, was sich in und um Wien herum ereignete. Im Herzen waren sie eben immer Österreicher geblieben. Natürlich auch die Louisl und der Ferry, die inzwischen längst ihre eigenen Familien gegründet hatten. Und selbst Ferrys Erstgeborener, der »Butzi« verfügte dank tatkräftiger Nachhilfe seines Großvaters bereits bei seinen ersten Sätzen über einen erstaunlichen Sprachschatz ganz spezieller österreichischer Begriffe.

Auch die alljährliche Urlaubsplanung gestaltete sich höchst einfach. Österreich – was sonst. Die Frage lautete höchstens, ob man die Sommerferien zunächst in Salzburg, am Semmering, oder in Zell verbringen mochte. Nach Ferdinand Porsches Meinung »am besten überall dort«. Und deshalb musste nur noch die Frage geklärt werden, wie lange ihr Aufenthalt an jedem dieser Orte sein sollte. Und nicht zu vergessen: auch einige Tage in Wien mussten selbstverständlich mit dabei sein.

Ach ja, der »Butzi«. Am 11. Dezember 1935 war – unter

dem größten Jubel seines überstolzen Großvaters – in Stuttgart das erste Kind von Ferry und dessen Ehefrau Dorothea auf die Welt gekommen. »Wie schön! Das Fortbestehen des Familiennamens Porsche ist damit auch für die übernächste Generation gesichert!« jubelte der Senior. Auf den Namen Ferdinand Alexander hatten die Eltern ihren Sohn taufen lassen. »Ferdinand, Ferdinand! Was für eine Freude für mich! Aber jetzt muss ich los! Sag den Krankenschwestern, dass sie gut auf den kleinen Porschebutzi aufpassen sollen. Morgen werde ich Euch wieder besuchen.« Damit drückte der frischgebackene Großpapa seiner Schwiegertochter, einen flüchtigen Kuss auf die rechte Hand und stürmte hinaus zu seinem Wagen, wo Pepperl Goldinger bereits mit laufendem Motor auf ihn wartete.
»Keine zehn Minuten hat er Zeit gehabt für uns«, merkte Dorothea stirnrunzelnd an.
Ferry drückte sachte den Oberarm seiner Gemahlin. »Aber du kennst doch deinen Schwiegerpapa, Dodo. Das ist überhaupt nicht böse gemeint. So ist er halt. Immer impulsiv und gleichzeitig ständig in Eile.«
»Eher schon auf der Flucht, würde ich sagen«, murrte die Schwiegertochter. Aber um des lieben Friedens willen zog sie es vor, die Angelegenheit nicht weiter zu vertiefen, zumal sie mit ihrem Mann ja im Hause der Schwiegereltern wohnte. Leider … Aber keiner ihrer Vorstöße, wie schön es doch wäre, ein eigenes Domizil zu bewohnen »meinetwegen sogar ein Mietshaus« war bei Ferry bislang auf fruchtbaren Boden gefallen. »Es ist doch praktisch, wenn ich hier wohnen bleiben kann, direkt bei meiner Arbeit. Ich muss nur aus dem Bett fallen und schon stehe ich in der Werkstatt – und kann mich auch Tag und Nacht mit meinem Vater austauschen, wenn es sein muss!«
»Eben drum!« hatte sie mürrisch geschnaubt. »Den ganzen lieben langen Tag und womöglich noch die halbe Nacht hängt ihr Porsches über euren Motoren! Als wenn es nichts anderes im Leben gäbe!«
»Ich finde, es ist ganz praktisch so. Und außerdem gibt es

in dem riesigen Haus ja wahrlich mehr als genug Platz für zwei Familien. So viel Platz, dass man sich sogar leicht aus dem Weg gehen kann, wenn man es darauf anlegt.«
»Ich darf dich in diesem Zusammenhang nur an die Doppelgarage erinnern, in der ja eigentlich zwei private Automobile stehen müssten«, konterte Dorothea Porsche, geborene Reitz. »Vor lauter Werkstatt und Versuchsmodellen hat es dafür aber natürlich keinen einzigen Quadratmeter mehr übrig. So viel zum Thema Platz im Feuerbacher Weg!«
Unwirsch zog Ferry die Augenbrauen zusammen. »Das wird sich im Lauf der Zeit auch wieder ändern, das weißt du doch. Spätestens dann, wenn wir mit dem Volkswagen in die Serienproduktion einsteigen.«
»Bis dahin wird dir und vor allem meinem Schwiegerpapa ganz sicher schon etwas Neues eingefallen sein, das ihr konstruieren wollt ...« merkte Dodo schnippisch an und wandte sich achselzuckend um. Sobald die Stichworte Automobil oder Motoren ins Gespräch kamen, machte es einfach keinen Sinn mehr, mit einem der Porsches zu diskutieren. Bei diesem Thema konnten diese ansonsten so leutseligen Männer eine unglaubliche Sturheit an den Tag legen, die keinerlei Raum für irgendwelche Kompromisse ließ.
Und so kam es, allein schon bedingt durch das impulsive Temperament ihres Schwiegervaters, dass es dann und wann kräftig knisterte zwischen den Eheleuten. Vor allem dann, wenn Porsche senior wieder einmal erst lange nach Mitternacht von der Arbeit ins Haus zurück stürmte und sich, kaum dass er die Wohnung betreten hatte, mit deutlich vernehmbarer Stimme über die Tatsache ausließ, wie sehr er sich darüber freue, eine so wunderbare Familie zu haben. Erst recht natürlich darüber, dass seine geliebten Enkelkinder – allein von Ferrys Seite sollten es insgesamt vier werden – mit ihm unter einem Dach wohnten. Im Überschwang der Großvatergefühle ließ er sich manchmal sogar dazu hinreißen, einfach ins Schlafzimmer seiner

Enkel zu stürmen und die schlafenden Kinder innig abzuküssen. Zu ihrem größten Verdruss war es die Schwiegertochter, die anschließend mit den nächtlichen Konsequenzen in Gestalt ihrer aus dem Schlaf gerissenen Kinder zu kämpfen hatte. Denn die lieben Kleinen dachten nun nämlich gar nicht mehr daran, einfach wieder friedlich einzuschlafen.
»Und ich kann mir dann die Nacht mit quengelnden Kindern um die Ohren schlagen, während dein Vater längst im Bett liegt und friedlich vor sich hin schnarcht!«
»Mein Vater schnarcht nicht!« schnappte Ferry ungehalten zurück. »Und er hat es doch nur gut gemeint. So ist er halt.«
Ja, so war er halt. Und ändern würde man den impulsiven Konstrukteur sowieso nicht mehr können.

Ansonsten ging das Leben in Stuttgart seinen gewohnten Gang – vor allem an den Sonntagen. Grundsätzlich pflegte Ferdinand Porsche, wenn er sich in Stuttgart aufhielt, am Sonntagmorgen die Heilige Messe zu besuchen, am liebsten in der St. Eberhardskirche beim Schlossplatz. Im Anschluss an den Gottesdienst versammelte sich der engste Kreis seiner Ingenieure im Konstruktionsbüro, um mit dem Chef die Planungen für die kommende Woche und das eine oder andere Motorendetail ausführlich zu besprechen, bis ihn Punkt 13 Uhr in schönster Regelmäßigkeit ein Telefonanruf erreichte, in dem ihn die Louis mit ungeduldiger Stimme darauf hinwies, dass »der Hermine das ganze schöne Essen schon beinahe völlig verkocht ist« und dass er selber daran schuld sei, wenn es bald überhaupt nicht mehr genießbar sei. Das war das unbedingte Signal zum raschen Aufbruch. »Denn meine Louis darf ich nimmer länger warten lassen!« – Sonntag für Sonntag immer wieder: exakt zur selben Zeit und mit genau demselben Inhalt. Seine Mitarbeiter nahmen es schmunzelnd zur Kenntnis: es war halt ein weiteres, lieb gewonnenes Ritual, ohne das man sich den immer eiligen Herrn Porsche kaum vorstellen konnte. Herrlich, wie er dann mit wehendem

Mantel aus dem Büro stürmte und schon im Laufen seinem ungeduldig wartenden Fahrer die überflüssigen Anweisungen zurief. »Auf geht's, Pepperl, starte den Motor. Ich bin in Eile. Die gnädige Frau ist schon ganz ungehalten, dass ich zu spät zum Essen komme. Gehmma Pepperl, gehmma!«

Keine zehn Minuten später saß Ferdinand Porsche am Mittagstisch – und widmete sich voller Freude seiner Familie und dem Sonntagsbraten. Die Freude war ganz besonders groß, wenn ihnen die Louisl mit ihrer Familie dabei einen Besuch abstattete. Der Ferry mit Frau und Kindern war ja eh mit von der Partie.

Die Enkel waren an den Sonntagnachmittagen sein »Ein und Alles«, sein ganzes Glück – über dem er sogar die Motoren, Getriebe und Konstruktionszeichnungen vergessen konnte, denen er sich eigentlich doch noch hatte widmen wollen. Aber wenn die Kleinen anwesend waren, dann hatten im Hause Porsche sogar die Automobile zu warten. Erst am späten Sonntagabend, wenn sich die Kinder längst in ihren Betten befanden, pflegte Porsche noch einmal das Büro in der Kronenstraße aufzusuchen, um sich in aller Ruhe und ohne jede Hektik über die Konstruktionszeichnungen seiner Ingenieure zu beugen und jedes Detail in einen ganz genauen Augenschein zu nehmen.

Nicht selten fanden seine Mitarbeiter am Montagmorgen bei Arbeitsbeginn auf ihren Plänen dann violette Striche vor, die an der einen oder anderen Stelle korrigierende Ergänzungen vorsahen. Anmerkungen, die eindeutig vom Chef persönlich stammten und die in ihrer schlichten Klarheit selbst die erfahrensten Ingenieure regelmäßig ins Staunen geraten ließen.

Ja, ihr verehrter Herr Dr. Porsche: der war halt schon ein ganz besonderer Konstrukteur. Wo andere um die Ecke dachten und die Lösung des Problems einfach nicht erkennen wollten, da dachte er einfach geradeaus – und ruckzuck war die Frage beantwortet. Ein echtes Genie eben. Man durfte stolz sein, zu seiner Mannschaft gehören zu dürfen. Auch wenn das Tempo, das er vorlegte, rasant war und blieb. Man musste sich sputen, wenn man mit dem eiligen Chef Schritt halten wollte. Heute war er in Stuttgart, am Abend ging es nach Berlin, am folgenden Tag nach Dresden, Mannheim oder Leipzig. Und immer unter Zeitdruck.

Irgendwann hatten sich auch die Nachbarn im Feuerbacher Weg an das turbulente Leben der Porschefamilie gewöhnt. Samt der Erfahrung, dass zwei bis dreimal im Monat zur Abendzeit plötzlich ein lautes Motorengeräusch die beschauliche Stille der Stuttgarter Halbhöhenlage am Killesberg störte und wenig später der Wagen von Ferdinand Porsche mit quietschenden Reifen um die Kurve jagte. Und noch ehe Fahrer Goldinger das Vehikel direkt vor dem großen Garagentor zum Stillstand gebracht hatte, konnte man beobachten, wie der Herr Konstrukteur die Beifahrertüre aufriss und aus dem Fahrzeug hechtete, um im Laufschritt zur Haustür zu hetzen, an der bereits seit einer guten halben Stunde seine Ehefrau mit allen Anzeichen der Ungeduld auf ihn wartete.

»Louis. Hier bin ich! Ich ziehe mich nur rasch um. Ich hoffe, du hast mir schon alles vorbereitet. Gleich kann es losgehen. Der Goldinger wendet nur noch den Wagen, dann fahren wir. Setze du dich ruhig schon mal hinein.«

Kopfschüttelnd blickte Aloisia Porsche ihrem Mann hinterher, der hastig in das Schlafzimmer stürmte, wo sie ihm längst den passenden Anzug für die Oper bereitgelegt hatte. Es war immer dieselbe Szene. Egal, wie hoch und heilig ihr der Ferdinand auch versprochen hatte, dieses Mal würde es nicht allzu spät am Abend werden, bis er nach Hause käme, so dass man sich in aller Ruhe auf den geplanten Opern- oder Theaterbesuch würde vorbereiten können: er kam grundsätzlich erst in der allerletzten Minute angerast. Meistens war ein verzwicktes technisches Detail schuld daran gewesen, dass ihm die Uhrzeit aus dem Blick geraten war, bis ihn schließlich Goldinger vorsichtig daran erinnerte, dass er der gnädigen Frau doch versprochen habe, um spätestens 19 Uhr zu Hause zu sein. Erschrocken starrte Porsche dann auf die große Uhr im Konstruktionsbüro. »Du meine Güte, Pepperl. So spät schon! Wir müssen uns beeilen, sonst setzt es ein Donnerwetter. Gehmma, gehmma!«

Im Lauf der Jahre hatte sich Aloisia an dieses Ritual gewöhnt und nahm ihm diese selbstverursachte Hast nicht mehr übel. Es war ja auch nicht böse gemeint und ganz sicher war er noch am Morgen felsenfest davon ausgegangen, tatsächlich so pünktlich wie versprochen wieder zuhause zu sein. Wenn da nur nicht diese faszinierenden Fragestellungen auf den Zeichentischen gewesen wären. Nun gut, so war er halt, ihr Ferdinand. »Am besten wärs für dich, wenn auch dein Bett noch Räder hätte, nicht wahr?« hatte sie ihm irgendwann entgegen gehalten. »Du bist und bleibst halt ein Mensch ohne Zeit: ein Zeitloser – im wahrsten Sinn des Wortes!« Eine Anmerkung, die der Herr Gemahl aus guten Gründen mit schuldbewusst gesenktem Kopf kommentarlos über sich ergehen ließ, um seine freudig überraschte Ehefrau am folgenden Abend mit einem besonders großen Blumenstrauß zu bedenken.

Gerade ihre gemeinsamen Abende in der Oper und im Theater – so hastig sie auch begonnen hatten – stellten für die beiden Eheleute eine wahre Labsal dar. Zwar gab Aloisia eher den gewaltigen Wagneropern den Vorzug, im Gegensatz zu ihrem Ehemann, der lieber der leichten Muse frönte, am allerliebsten den Operetten. Doch diese Vorlieben spielten sowieso eine eher untergeordnete Rolle: Hauptsache man war zusammen und gönnte sich die raren Musestunden im hektischen Trubel des Alltags. Nur darum ging es. Und überdies war es eh einerlei, für welche Art von Aufführung sie sich entschieden: denn so verlässlich wie das Amen in der Kirche schlummerte Ferdinand Porsche bereits nach wenigen Minuten tief und friedlich in Morpheus Armen. Nirgendwo fand er in einen derart schnellen und erholsamen Schlaf, wie in der Oper – eng angelehnt an die Schulter seiner lieben Louis.

*

Eines Tages war Ferdinand Porsche in Begleitung von Josef Mickl und einigen weiteren seiner Experten mit Robert Bosch und dessen Ingenieuren zusammengetroffen. Thema des von Porsche gewünschten Gesprächs war eine verbesserte Zündung gewesen, die er für die neuen Automobile verwenden wollte, die bekanntlich in großer Menge produziert werden sollten und für die Käufer genauso erschwinglich wie zuverlässig sein müssten. Über nähere Details hatte sich Porsche noch nicht auslassen wollen, war jedoch überrascht davon, wie umfassend der alte Bosch darüber im Bilde war, um welches Vorhaben es sich dabei handelte.

Das Gespräch in Boschs repräsentativer Villa in der Stuttgarter Heidehofstraße war in einer seltsam frostigen Atmosphäre verlaufen, was ganz eindeutig am Verhalten des vierschrötigen Mannes mit dem eigenartigen Anzug gelegen hatte, der sie in seinem harten Dialekt von der Schwäbischen Alb, der in den Ohren der Österreicher Porsche und Mickl besonders ungehobelt widerhallte, schon gleich bei der Begrüßung ziemlich harsch empfangen hatte.

Nach einer knappen Stunde war die Zusammenkunft bereits wieder beendet und gleich nach dem Hinausgehen stellte Ferdinand Porsche seinen Begleitern die Frage, aus deren skeptischem Grundton bereits seine eigene Einschätzung heraus zu hören war. »Na, was haltet ihr davon?«

Mickl zuckte unschlüssig mit den Schultern. »Also ich weiß nicht …«

»Weiß nicht was?«

»Ob die Bosch-Leute wirklich mit uns zusammenarbeiten können – und ob sie das überhaupt wollen …«

»Wie kommst du darauf?« Porsche ahnte zwar längst, worauf sein Mitarbeiter anspielte, doch es schien ihm sinnvoll, sich den Verdacht sicherheitshalber bestätigen zu lassen.

»Einen Hitlerwagen hat dieser Bosch das Projekt genannt.«

»Was sollte das denn heißen?!«

»Das heißt nichts anderes, als dass wieder mal die Politik im Spiel ist!«

»Die Politik, die Politik. Ich bin aber nur ein Techniker, der sich mit einer Aufgabe konfrontiert sieht: was kümmert mich denn da die Politik?«

»Der alte Bosch sieht das offenbar genau anders herum. Vielleicht sollten wir die Dinge wirklich etwas vorsichtiger angehen …«

»Jetzt red nicht so blöd daher, Mickl!«

»Ich bin trotzdem der Ansicht, dass der Bosch dieses Vorhaben völlig anders bewertet, als Sie das tun. Da können Sie machen, was Sie wollen. Das ist nun einmal so«, beharrte Mickl hartnäckig auf seinem Standpunkt. Porsche rang die Hände. »Dann soll er halt denken, was er will, dieser alte Schwabendickschädel.«

»Ich glaube, dem Bosch ist hauptsächlich die Nase hochgestiegen, dass Sie als Mitglied in die NSDAP eingetreten sind, Herr Porsche. Den Hitler scheint er absolut nicht zu mögen, das ist ja ganz deutlich heraus zu hören gewesen. Und wenn einer Mitglied in der Hitlerpartei ist, dann mag er das natürlich auch nicht.«

»Aber deswegen bin ich doch noch lange kein Nationalsozialist«, schnarrte Porsche. »Das habe ich nur wegen dem Volkswagen-Auftrag gemacht. Genauso wie die Sache mit der Staatsbürgerschaft. Das ist doch eine reine Formalie.«

»Das sieht der Bosch anscheinend ganz anders …«

»… soll er es sehen, wie er will. Ich mache, was ich für richtig halte. Dazu brauche ich keinen Moralapostel Bosch. Punkt!« Wütend ballte er die Faust in der Tasche. »Und mir dann noch bei so einem Gespräch, bei dem es doch eigentlich um Zündungen gehen soll, plötzlich mit seinen ellenlangen Jagderzählungen zu kommen, was mich ja nun wirklich überhaupt nicht interessiert hat …«

» … das ist ihm doch nur ein willkommener Anlass gewesen, um vom eigentlichen Thema abzulenken. Sie sind dem alten Bosch dabei voll ins Messer gelaufen. Denn kaum hatte er Sie nach Ihrer Zeit bei Austro-Daimler gefragt, wo Sie selbst ihm ja noch erklärt haben, wie schön die Landschaft gleich hinter Wiener Neustadt ist, die Bucklige Welt, der Semmering und so weiter, da hatte er schon sein Thema gefunden: Die Schönheiten der Natur, die Jagd – und damit war es passiert …«

Porsche nickte verdrießlich. »Wenn du das so siehst … Ja, da muss ich dir recht geben. Das war wohl wirklich ein reines Ablenkungsmanöver von dem. Die Jagdhütte in Hochwolkersdorf war dem Bosch offenbar wichtiger, als ein Gespräch über neue Zündungen! Wenn das kein Fanatismus ist …«

»Ich sags ja: Jäger!«, schüttelte Mickl den Kopf, »das sind eh seltsame Gesellen.«

»Vorsicht Mickl, überlege genau, was du jetzt sagst. Du weißt doch, dass ich mich auch schon das eine oder andere Mal als Jäger betätigt habe«.

Mickl schmunzelte. »Na ja, Jäger …« Er ließ den Rest des Satzes bewusst offen, denn natürlich war ihm die Einstellung seines Chefs zur Jagd bestens bekannt. Genauso wie die Geschichte mit dem sterbenden Reh im Hochwolkersdorfer Wald, dessen Blick den Konstrukteur selbst heute noch manchmal im Traum verfolgte.

»Weshalb dieser Kerl nicht zwischen Technik und Politik trennen kann, das wird mir ein ewiges Rätsel bleiben.«

»Ja nun …«

»Übrigens Mickl«, lenkte Porsche das Gespräch auf ein anderes Thema. »Wie macht sich denn nach deiner Beobachtung eigentlich der Herbert Kaes?«

»Der Herbert«, strahlte Mickl über das ganze Gesicht, »das ist ein genauso verlässlicher Bursche wie sein Bruder Gilain, jeder eben auf seinem Gebiet. Das haben Sie gut gemacht, dass sie den Herbert erst in Steyr Kraftfahrzeugmechaniker haben lernen lassen. Das hat ihm für sein

Maschinenbaustudium gut getan. Wer mit 23 Jahren schon einen Abschluss als Ingenieur geschafft hat, der muss einfach gut sein, finde ich …«

»… das finde ich auch«, schaltete sich nun auch Karl Rabe in die Unterhaltung ein. »Zumal er als KFZ Mechaniker weiß, dass die Praxis oft ganz anders daher kommt.«

»Da wäre mir bei meinem Herbert eh nie bange gewesen, der steht mit beiden Beinen auf der Erde, genau wie sein Vater.«

»Das wird ja immer mehr ein richtiges Familienunternehmen«, grinste Rabe. »Porsche und Porscheverwandtschaft, wohin man schaut.«

»Na komm Rabe, jetzt tu mal nicht gleich übertreiben. Da bin doch nur ich und der Ferry …«

»… und Ihr Neffe Gilain, dazu sein Bruder Herbert. Das sind schon vier, und ich würde einmal wetten, dass es damit noch nicht Schluss sein wird.«

»Da könntest du allerdings schon recht haben«, lächelte Porsche verschmitzt. »Denn wenn mein Butzi eines Tages erwachsen ist, dann wird er auch bei uns mitmachen wollen, da bin ich mir ganz sicher.« Obwohl sein Enkel erst ein gutes Jahr alt war, gab es für den Großvater nicht den Hauch eines Zweifels daran, welche Laufbahn der Butzi eines Tages einschlagen würde.

»Dann ist es endgültig ein richtiger Porsche-Clan«, grinste Karl Rabe und konnte zu diesem Zeitpunkt natürlich noch gar nicht ahnen, wie recht er mit dieser Aussage haben sollte …

Inzwischen stand die Entscheidung zum Aufbau einer Produktion der Volkswagen unmittelbar bevor. Das neue Modell schien ihren zur Eile drängenden Auftraggebern inzwischen so ausgereift, dass man im Herbst 1936 daran gehen konnte, eine längere Testphase einzulegen, um die Wagen auf ihre Alltagstauglichkeit und Verlässlichkeit zu überprüfen. Und jetzt endlich konnte sich Ferry Porsche als Testfahrer bewähren. Zwar nicht als klassischer Rennfahrer vom Schlage eines Hans Stuck, aber immerhin als der bekannt rasante Automobillenker. »Ein Porsche eben, wie der Herr Papa. Der Herr Doktor braucht also gar nicht so zu maulen, wenn der Junior durch die Gegend fegt. Das macht er ja selbst nicht anders«, schmunzelten die Ohrenzeugen der harschen Wortwechsel, zu denen es zwischen Vater und Sohn regelmäßig kam, wenn der 27-jährige wieder einmal mit quietschenden Reifen um die Kurve geschleudert kam.

Die Bedingungen, die der »Reichsverband der Automobilindustrie« an diese Testfahrten gestellt hatte, von deren Erfolg die weitere Freigabe von Mitteln abhängig gemacht wurde, waren allerdings knallhart: innerhalb kürzester Frist sollten die drei im Frühsommer unter den provisorischen Bedingungen der Doppelgaragen-Werkstatt im Feuerbacher Weg neu hergestellten »V 3 – Wagen«, die Distanz von 30.000 Kilometern zurücklegen. »Und zwar jeder Wagen einzeln«, hieß es in der Anweisung des »RDA« unmissverständlich. Eine nahezu unerfüllbare Forderung! »Wie sollen wir das denn schaffen?« stöhnte Karl Rabe. »Wir haben die Fahrzeuge gerade erst zusammengeschraubt und schon sollen sie diese Wahnsinnsstrecke absolvieren! Das ... das ist ja ...« Dem ansonsten so humorvollen und um keine Antwort verlegenen Rabe fehlten die Worte.

Ferdinand Porsche spitzte erstaunt die Ohren. Wenn selbst ein so erfahrener Mann wie Karl Rabe ernsthafte Zweifel an der Durchführbarkeit dieses Unterfangens anmeldete, dann konnte es ja heiter werden. Aber Porsche wäre nicht Porsche gewesen, wenn ihn eine solche Herausforderung nicht zusätzlich angespornt hätte. Entschlossen ballte er die Fäuste: »Männer! Ihr könnt euch doch alle denken, was in Wirklichkeit dahinter steckt: das haben unsere Konkurrenten ausgeheckt, denen es immer noch ein Dorn im Auge ist, dass ausgerechnet wir, dieses winzig kleine Ingenieurbüro, es geschafft haben, den Auftrag zu bekommen. Opel und dem großen Daimler-Benz ist es ein besonderes

Ärgernis, dass die neuen Volkswagen ausgerechnet von einem Ferdinand Porsche hergestellt werden, auf dessen Mitarbeit sie vor einigen Jahren verzichtet haben. Und dass wir auch in Stuttgart ansässig sind, sozusagen als Laus im großen Daimler-Pelz, das verschafft ihnen einen zusätzlichen Verdruss. In Wahrheit sind es neben den Opelleuten ja tatsächlich die Daimlerdirektoren, die hinter dieser nahezu unerfüllbaren Forderung stecken, mit denen uns der »RDA« jetzt konfrontiert.«
»Man sollte es an die Reichskanzlei melden«, schimpfte der Getriebetechniker Karl Fröhlich. »Wenn das der Adolf erfährt, wie sie hinter seinem Rücken die Anstrengungen torpedieren, dem Volk so rasch wie möglich ein preiswertes Automobil anzubieten, dann erleben diese Herrschaften ihr blaues Wunder. Jawohl, das sollte man tun!«
»Ach was, Fröhlich«, winkte Porsche ab. »Das Denunziantentum ist noch nie ... Entschuldige Fröhlich, das war natürlich nicht auf dich persönlich gemünzt«, unterbrach sich der Konstrukteur, der erschrocken feststellte, wie der peinlich berührte Fröhlich beim Stichwort Denunziantentum aschfahl zusammen gezuckt war. »Ich meine nur, dass meine Devise immer gelautet hat: jetzt erst recht! Also, wenn einer hinter meinem Rücken agiert hat, dann stelle ich mich – aber mit offenem Visier. Wir beweisen ihnen, dass wir vor solchen Hürden nicht zurückschrecken, mögen sie auch noch so unverschämt sein. Das wäre ja gelacht, wenn wir nicht auch diese Herausforderung meistern würden. Auf geht's Männer: alle Teile kommen sicherheitshalber noch mal auf den Prüfstand. Gehmma, gehmma.«

Was das bedeutete, war allen sofort klar: wieder einmal Doppelschichten – und zwar die ganze Woche über. Doch das Ziel, das sie gemeinsam anstrebten, schien ihnen jedes Opfer wert. »Sie haben recht, Herr Dr. Porsche, wir werden denen zeigen, wo der Hammer hängt. Das verspreche ich Ihnen – so wahr ich Karl Fröhlich heiße!«

»Und dass noch etwas klar ist: die Testfahrten werde ich persönlich beaufsichtigen. Seite an Seite mit den Herren vom RDA. Ich freue mich jetzt schon auf die Gesichter, die sie am Ende zur Schau stellen werden«, verkündete Ferry Porsche mit wild entschlossener Miene. »Diese Freude darfst du mir bitte nicht nehmen, Papa!«

Ferdinand Porsche war einverstanden: sein Sohn würde für die Versuchsfahrten verantwortlich zeichnen. Es war das erste Mal, dass Ferry Porsche im Unternehmen seines Vaters eine eigenständige Aufgabe übertragen bekam. Und was für eine! Denn der Ausgang dieser Versuchsfahrten würde, darüber waren sich alle Beteiligten im Klaren, von entscheidender Bedeutung für das Fortbestehen des Konstruktionsbüros Dr.-Ing. Ferdinand Porsche sein. Eine Wegmarke war damit gesetzt. Und der erste Schritt, mit dem die nächste Generation Porsche die Verantwortung im Unternehmen übernahm. »Der Ferry überwacht also die Testreihen und sorgt mir bitte auch dafür, dass die Aufpasser vom »RDA« ja keine falschen Protokolle schreiben. Und jetzt … Halt einmal«, suchend blickte er sich in dem großen, über und über mit Konstruktionszeichnungen bedeckten Büroraum um. »Wo steht denn eigentlich das Telefon?«

Ferry zuckte verständnislos mit den Schultern. »Beim Gilain drüben. Wo denn sonst?«

»Ah ja, Gilain, natürlich! Da steckst du also.« Zerstreut fuhr er sich durch die Haare, um gleich danach seinem Sekretär die entsprechende Anweisung zu erteilen. »Mach mir einmal bitte sofort eine Verbindung mit der Hermine!«

»Jetzt gleich?«

»Ja natürlich jetzt gleich. Wann denn sonst?! Auf geht's Gilain, gehmma, gehmma.«

Wenig später war die Köchin am Telefon. »Hermine, bist du dran? Was wollte ich dir jetzt gleich wieder sagen?« Gleich darauf war es ihm wieder eingefallen. Ein zufriedenes Lächeln zuckte um Porsches Lippen. »Ah, ja, gut. Jetzt weiß ich's wieder. Pass auf Hermine. Was gibt es denn heute zum Mittagessen? Einen Schweinsbraten? Na gut, ja. Und die Nachspeise? Hast du die auch schon vorbereitet? Nein? Das ist wunderbar. Mir wäre nämlich wieder einmal nach einem guten Palatschinken, was meinst du. Könnte das wohl noch klappen?« Das Lächeln wurde breiter, als er die erhoffte Antwort bekam. »Na herrlich! Aber hast du auch genügend Eier in der Küche? Du weißt, ich mag einen Palatschinken nur, wenn auch schön viele Eier darin sind. Ganz goldgelb muss er sein. Machst du mir das? Na wunderbar. Danke schön, Hermine – und sag bitte noch viele Grüße an meine Gemahlin. Baba!«

Er nickte zufrieden, als er Gilain wieder den Telefonhörer in die Hand drückte. »So, das wäre also geklärt. Ach übrigens, Gilain: mir ist heute so eigen …«

Der hatte den Wink des Onkels sofort verstanden. Rasch zog er die Schlüssel aus seiner Schreibtischschublade und öffnete die Tür des Getränkeschranks, wo er nach einem Schnapsglas und einer Flasche Marillenwasser griff.

»Aber Gilain, ich habe doch noch gar nichts gesagt«, protestierte Porsche – um gleich darauf, begleitet von einem schelmischen Grinsen hinzu zu fügen: »Aber vielleicht ist es ja gar nicht schlecht, wenn ich zur besseren Verdauung sicherheitshalber jetzt schon ein kleines Schnapserl trinke …«

Kurz danach konnte es weiter gehen. »So! Wo waren wir gleich wieder stehen geblieben? Reimspiess, du hast vorhin so ausgesehen, als würde dich noch eine Frage beschäftigen. Worum geht es?« Und so wechselte das Thema vom Palatschinken über Marillenwasser innerhalb weniger Sekunden wieder zu Zündungen, Getrieben und Vorderachsen. Nichts Ungewöhnliches im Büro des Dr.-Ing. Porsche. Spontan und impulsiv wie der Herr Chef eben so war. Und immer am bestmöglichen Ergebnis orientiert. Seien es nun Motoren oder Palatschinken.

Kurz bevor die Testfahrten, deren Beginn vom »RDA« auf den Morgen des 12. Oktober 1936 festgelegt worden war,

endgültig aufgenommen werden konnten, hatte der Verband die Daumenschrauben nochmals deutlich angezogen: »Jetzt verlangen sie plötzlich von uns, dass wir 50.000 Kilometer nachweisen können. Pro Fahrzeug wohlgemerkt!« Ferry Porsche tippte sich bedeutungsvoll an die zorngerötete Stirn. »Die Sache stinkt zum Himmel. Das sieht doch ein Blinder, dass sie es nur darauf anlegen, uns, koste es was es wolle, in die Knie zu zwingen.«
»Was ihnen aber nicht gelingen wird«, schenkte der Senior seinem Sohn ein zuversichtliches Lächeln. »Oder hast du etwa vor, vor lauter Angst die Flinte ins Korn zu werfen?«
Der Schuss war bestens platziert und traf infolgedessen mitten ins Ehrgefühl des Junior. »Nein, natürlich nicht! Wir werden es ihnen zeigen. Jetzt erst recht!«
»Na also! Das und nichts Anderes wollte ich hören!« schmunzelte der Konstrukteur. »Auf der Straße überzeugen: das ist die einzige Antwort, die von einem Porsche zu erwarten ist!«
Die Bedingungen, unter denen die Testfahrten des »V 3« stattfinden würden, waren wirklich knüppelhart. Dieser Tatsache war sich auch Ferdinand Porsche nur allzu bewusst. Neben der sicheren Qualität ihrer Fahrzeuge, von der er einhundertprozentig überzeugt war, würden sie schon noch das berühmte Quäntchen Glück dazu benötigen, ohne das selbst der beste Ingenieur nicht bestehen konnte.
Eine solche Testserie hatte es niemals zuvor in der Geschichte des Automobils gegeben. 50.000 Kilometer pro Wagen – und das im Dauereinsatz – unter den gestrengen Augen der vom »RDA« entsandten Kontrolleure.
Das Prozedere, auf das man sich geeinigt hatte, sah für jeden der »V 3«- Wagen zwei Einsätze am Tag vor. Unmittelbar vor dem Morgengrauen begann die erste Tour, die sie von Stuttgart aus in den Schwarzwald und wieder zurück zum Ausgangspunkt führen würde. Eine bergige, extrem kurvenreiche Strecke über 360 Kilometer. Nach einem kurzen Aufenthalt in Stuttgart ging es schon wieder

weiter: dieses mal teilweise in Höchstgeschwindigkeit über die neue Reichsautobahn bis nach Bad Nauheim und danach – ebenfalls mit dem höchst möglichen Tempo – zurück zum Zielort Stuttgart. Streckenlänge dieser zweite Tagesetappe: sage und schreibe 440 Kilometer! Todmüde und erschöpft erreichten die Fahrer um Ferry Porsche spätabends ihr Ziel. Bis zu 15 Stunden waren sie hinter dem Steuer gesessen. Und am kommenden Tag würde alles wieder vorn vorne beginnen! Und das mit bis zu vier Mann im Wagen, denn neben und hinter dem Fahrer saßen die Ingenieure der Technischen Hochschulen Stuttgart und Berlin, die im Auftrag des »RDA« jedes noch so kleine Vorkommnis penibel registrierten. Damit auch in dieser Hinsicht nichts daneben gehen konnte, hatte Porsche vorsichtshalber pro Fahrzeug einen seiner eigenen Mitarbeiter abgestellt, der die Aufschriebe der Kontrolleure mit Argusaugen überwachen sollte.
Endlich – kurz vor Weihnachten, ganz genau am Abend des 22. Dezember 1936, war die Tortur für Material, Fahrer und Fahrzeug beendet. Bis auf einige wenige, glücklicherweise aber unbedeutende Unfälle und ein paar kleinere Reparaturen, waren die insgesamt 150.000 Kilometer von ihren »V 3« glänzend überwunden worden. Und das trotz Eis und Schnee auf den Schwarzwaldstrecken. »Ich glaube, vom Schwarzwald habe ich für die nächsten Jahre genug«, stöhnte Ferry Porsche. »Zwei Monate lang jeden Tag nach Herrenalb fahren zu müssen, auf den Dobel hoch, dann hinunter nach Baden-Baden, Offenburg und wieder hinauf über die Alexanderschanze nach Freudenstadt, das alles im tiefsten Winter, so dass du manchmal die Fahrbahn mehr geahnt als wirklich gesehen hast, nein, das brauche ich so schnell nicht wieder!«
Doch was spielten diese Strapazen jetzt noch für eine Rolle? Die Marathondistanz war erfolgreich absolviert. Der überharte Test eindrucksvoll gelungen. In einem stolzen Telegramm kabelte Ferry diese erfreuliche Tatsache sofort nach New York, wo sich sein Vater gerade zusammen

mit Ghislaine Kaes aufhielt, um sich ein Bild über die fortschrittlichen Produktionsbedingungen in der amerikanischen Automobilindustrie zu verschaffen, die durch Henry Ford ihre entscheidenden Impulse zur Aufnahme einer kostengünstigen Massenproduktion erhalten hatte. Was er dort sah, erfüllte Porsche – wie selten zuvor in seinem Leben – mit ernsten Selbstzweifeln. »Während wir in Europa – vor allem in Deutschland und Österreich – jahrelang nur in Intrigen und Konkurrenzkämpfen zwischen den einzelnen Herstellern verstrickt waren, haben die Amerikaner längst den Schritt zum für alle erschwinglichen Fahrzeug getan. Wir sind zehn Jahre zu spät dran! Ich komme aus dem Mutterland des Automobils und fühle mich hier in Amerika trotzdem wie ein Lehrling!«

Ferdinand Porsche wäre freilich nicht Ferdinand Porsche gewesen, wenn er seine Lektion nicht rasch lernen sollte. Und ein solches Telegramm, wie das von Ferry, war ihm in der niedergeschlagenen Stimmung, in der er sich befand, wie ein Jungbrunnen. »Na also, endlich wieder einmal eine gute Nachricht. Die Testfahrten sind bestanden – trotz der ganzen Knüppel, die sie uns zwischen die Beine werfen wollten – und jetzt schreibst du ganz genau auf, Gilain, was ich dir in den Block diktiere. Denn nun geht es darum, diese wunderbaren Automobile auch genauso kostengünstig herzustellen, wie die Amerikaner. Auch diese Hürde werden wir meistern, so wahr ich Ferdinand Porsche heiße.«

»Sollten wir nicht erst noch …« wagte Gilain einen zaghaften Zwischenruf in die Euphorie seines Onkels.

»Was sollten wir erst noch?« fauchte der wütend. »Jetzt hast du mich gleich aus dem Konzept gebracht! Also, was denn jetzt?!«

Der Sekretär senkte schuldbewusst seinen Kopf und murmelte: »Ich … ich dachte halt, dass wir zuerst vielleicht noch ein Glückwunschtelegramm nach Deutschland zurückschicken sollten. An den Ferry, dass er und seine Leute es tatsächlich geschafft haben!«

»Ach so! Aber natürlich sollten wir das!« nickte der überstolze Porsche. »Weshalb hast du das denn nicht gleich gesagt. Also, Gilain, schreib! »Gratulation zum Erfolg bei der Testfahrt. Freue mich auf ein Wiedersehen.« Das reicht, was meinst du? Damit ist ja eigentlich alles gesagt, nicht wahr?«

»Eigentlich schon«, nickte Gilain und konnte nur mit Mühe ein leichtes Schmunzeln unterdrücken. Nur ja kein unnützes Wort verlieren: der liebe Onkel Ferdinand schien es wieder einmal besonders eilig zu haben. Denn jetzt mussten endlich seine Erkenntnisse aus den Besuchen bei Ford und General Motors zu Papier gebracht werden.

»So, das hätten wir also. Nimm also jetzt ein neues Blatt, Gilain. Überschrift: Neue Methoden in der Produktionsweise ...«

*

Spätestens nach dem Triumph bei den überharten Testfahrten kreuz und quer durch Südwestdeutschland konnte sich Ferdinand Porsche ganz sicher sein: der neue Volkswagen würde auch die letzten Hürden meistern. Denn am eindeutigen Ergebnis konnte nichts und niemand rütteln: alle drei »V 3«- Wagen hatten das scheinbar Unmögliche geschafft. Und so konnten selbst die Herren vom »RDA« nicht umhin, zähneknirschend ihren Abschlussbericht vom 26. Januar 1937 zu diktieren, in dem sie den Porsche-Produkten die verlässliche Alltagstauglichkeit bescheinigten. Was den Daimler-Benz Leuten dabei ganz besonders zu schaffen machte: in dem Gutachten wurde eindeutig hervorgehoben, dass die Eigenschaften der Fahrzeuge »eine Weiterentwicklung empfehlenswert erscheinen« ließen. Der entscheidende Schritt zur Serienproduktion war damit getan.

»Und was das Allerschönste ist«, jubelte Porsche, als er die Kopie des Schreibens in seinen Händen hielt. »Weil es bei uns in der Garagenwerksatt ja längst viel zu eng geworden ist, wird jetzt ausgerechnet Daimler-Benz unsere neuen Prototypen bauen müssen. An diese Vereinbarung, die sie damals beim »RDA« lächelnd unterschrieben haben, weil sie nicht geglaubt haben, dass wir es schaffen werden, müssen sie sich jetzt halten. Daran werden sie nicht vorbei kommen.«
Unmittelbar nach seinem freudestrahlenden Fazit huschte ein düsterer Schatten über seine Miene. »Schade nur, dass der Adolf Rosenberger diesen Triumph nicht mehr mit uns teilen kann«, flüsterte er mit plötzlich tief gesenktem Kopf. »Ich glaube, er hätte sich diebisch darüber gefreut, wie wir es den Herrschaften gezeigt haben. Ich hoffe nur,

dass es ihm gut geht und wir ihn eines Tages gesund und wohlbehalten wieder sehen können.«
Seine Männer warfen sich erstaunte Blicke zu. Derart sentimental erlebten sie ihren Chef nur selten. Und das unmittelbar nach einer so freudigen Nachricht!
»Aber er hat ja recht. Bei aller Freude über den Auftrag und über die Zukunftsaussichten, die jetzt für uns ziemlich rosarot sind: ein anderer Umgang mit den Juden wäre mir auch lieber. Dann könnte ich mich noch wesentlich mehr freuen«, brummte Josef Kales bedrückt und erntete für diese Aussage ein zustimmendes Gemurmel seines gesamten Kollegenkreises.

Es war noch recht früh am Morgen, als sich im Allerheiligsten des Konstruktionsbüros, also in jenem Raum, wo auch Porsches Schreibtisch stand, wieder einmal eine entscheidende Szene abspielte, die viele Jahre später als markante Wegmarke in der automobilen Weltgeschichte eine Rolle spielen sollte.
Urplötzlich war die Tür aufgerissen worden, die mit einem lauten Schlag gegen die Wand knallte, während Ferdinand Porsche mit wehendem Mantel herein gestürmt kam: »Wie weit sind wir denn in der Zwischenzeit eigentlich mit unserem Zeichen für den Volkswagen gekommen? Sie haben mich heute schon wieder gefragt, ob wir für den Volkswagen ein Zeichen hätten. Also, wer hat einen Vorschlag?«
»Hmm …« Das unsichere Flackern in den Gesichtern seiner Ingenieure zeigte ihm allerhöchstens deren Verblüffung. Einen Vorschlag hatte freilich keiner.
Selbst Ferry Porsche schüttelte nur ratlos den Kopf, um seinem Vater dann vorwurfsvoll entgegen zu halten: »Wie sollen wir das denn aus den Ärmeln schütteln? Wir sind schließlich Konstrukteure und keine Werbeexperten!«
In Windeseile braute sich ein Donnerwetter über dem Kopf des jungen Porsche zusammen.: »Ferdinand Anton Ernst Porsche!« brach es über ihn herein – und wie immer, wenn ihn sein Vater nicht Ferry nannte, war allen klar, wie

groß dessen Verdruss sein musste. Und gleich würde das Unwetter so richtig beginnen …
Zum guten Glück meldete sich in diesem Moment Franz Xaver Reimspiess zu Wort, der die kritische Zuspitzung zwischen Vater und Sohn anscheinend gar nicht mitbekommen hatte, während er mit seinem Bleistift unschlüssig ein paar mal hintereinander die Bezeichnung Volkswagen auf das Papier gekritzelt hatte. »Volkswagen. Das sind zwei Worte aus denen sich dieser Begriff zusammen setzt: Volk und Wagen – also daraus müsste sich ja schon etwas ableiten lassen, das wir als Markenz …«
Ferdinand Porsche, bereits kurz vor der erwarteten Explosion, stutzte und musterte Reimspiess mit einem anerkennenden Blick: »Genau – das ist ja eigentlich logisch. Reimspiess, du hast recht: aus diesen zwei Worten müsste sich etwas entwickeln lassen.«
»Die Frage wäre halt nur: was genau das sein soll«, gab Ferry seinem Vater tapfer contra.
»Ja nun!« Wieder schwoll die Zornesader an dessen Stirn sichtlich an. »Sonst bist du doch auch nicht so träge!« Er sandte einen wilden Blick in die ratlose Runde. »Und was ist mit den anderen Herren?! Na kommts schon. Vorschläge bitte! Gehmma, gehmma!«
»Das ist leichter gesagt als getan«, knurrte Reimspiess, kaute nachdenklich auf seiner Unterlippe und warf dabei einen fragenden Blick auf Erwin Komenda, der ja immerhin die Form des Fahrzeugs entworfen hatte.
Doch Komenda zuckte lediglich mit den Schultern.
»Volkswagen. Volks – Wagen. V-Wagen …« murmelte Reimspiess unterdessen vor sich hin, »V-Wagen …« Wieder und wieder warf er die beiden Anfangsbuchstaben auf den Zeichenblock und versah sie nun nachdenklich mit einem Kringel. Plötzlich drückte er seinen Rücken kerzengerade durch. »Ja! Ich glaube, ich bin ganz nah dran: V und W – das müsste es eigentlich sein!«
Interessiert blickte ihm Porsche über die Schulter: »Was wird das?«

Reimspiess wiegte seinen Kopf. »Na ja. Diese zwei Buchstaben halt. V und W – Volks und Wagen. Und wenn ich jetzt die beiden Anfangsbuchstaben direkt neben einander schieben würde: also erst das V hier, jetzt das W …« noch einmal starrte Reimspiess auf sein Gekritzel. »Ja, doch! Das ist es: VW!«
Porsches Kinn klappte verblüfft nach unten. »VW …« Er nickte heftig. »Mensch, Reimspiess. Das ist wirklich klasse – was meinst du, Komenda? VW!«
Komenda atmete erst einmal tief durch und schloss kurz die Augen. »VW … VW … Ja doch … Doch, das dürfte es sein: VW.«
»Dann ist es das auch!« beschloss Porsche. »Das werden wir jetzt zum Markenzeichen machen: VW. Damit hätten wir das also auch geklärt. So!« Er klatschte laut in die Hände, »Damit können wir endlich wieder an die wichtigen Dinge gehen. Lasst uns noch einmal über das Getriebe reden. Wo sind die Pläne? Keine Müdigkeit vorschützen. Gehmma, gehmma, die Herren.«
Das Markenzeichen des Volkswagen war damit erfunden – am Ende sollte Franz Xaver Reimspiess von seinem Chef 100 Reichsmark dafür erhalten, eines der berühmtesten Logos der Welt entworfen zu haben. Und gut 15 Jahre später würde Reimspiess auch das Porsche-Symbol perfekt machen, das inzwischen genauso zur Legende gewordene Markenzeichen, auf dem unter dem Schriftzug »Stuttgart« in der Mitte das »Stuttgarter Rössle« abgebildet ist, umrahmt von den rot-schwarzen Farben des ehemaligen Landes Württemberg-Hohenzollern und den württembergischen Hirschstangen.

*

Gleich nach dem Umzug am 28. Juni 1938 in das neue Werk in Zuffenhausen markierte der Spätsommer des Jahres 1938 am Großglockner eine weitere, besonders wichtige Wegmarke in der Geschichte seiner Firma. Es waren Tage, an die Ferdinand Porsche noch viele Jahre später besonders gerne zurück dachte. Da war natürlich zunächst einmal die herrliche Großglocknerlandschaft, die den Naturliebhaber Porsche in eine geradezu euphorische Stimmung versetzte: die schneebedeckten Gipfel, die sattgrünen Almwiesen, das Läuten der Kuhglocken, die kristallklaren eiskalten Bergseen. Herrlich! Und dann die intensiven Erprobungsfahrten, die ihre neuen Volkswagen bis an den Rand der Belastungsgrenze brachten: sie waren zu seiner größten Zufriedenheit verlaufen. Auch im direkten Vergleich mit den Fahrzeugen anderer Hersteller hatten die »V 3« dabei grundsätzlich die Nase vorn gehabt. Vor allem Herbert Kaes hatte sich bei diesen Testfahrten als unermüdlicher Tausendsassa erwiesen, dem keine Mühe zu groß war und kein Schlaf zu kurz, um nicht noch auch die letzte Testfahrt zu absolvieren, auf der sein anspruchsvoller Onkel bestanden hatte – egal wie lange sie an diesem Tag schon auf den Beinen waren. Immerhin war es ihm nach einigen Anläufen tatsächlich gelungen, eine viel bewunderte Fähigkeit des Onkels zumindest ansatzweise kopieren zu können: Der Herr Dr. Ing. Porsche konnte ja bekanntlich in jeder Lebenslage und an jeder möglichen oder unmöglichen Ecke ein kleines Nickerchen einlegen. Und selbst dann, wenn es am Ende nur ein paar Minuten gewesen waren, schien dieser Kurzschlaf wie ein Lebenselixier auf ihn zu wirken. Er schlug die Augen auf, blinzelte kurz, fuhr sich mit der Hand über das Gesicht, ein Lächeln und schon konnte es weiter gehen. Putzmunter und energiegeladen wie eh und je.

Der junge Ingenieur schien sich vor Eifer beinahe zu zerreißen. Denn diese Testfahrten, die Fahrern und Material alles abverlangten, waren für Herbert Kaes die willkommene Gelegenheit, dem Herrn Porsche zu beweisen, wie richtig dessen damalige Entscheidung gewesen war, ihn vor zwei Jahren in den erlauchten Kreis der Porsche-Ingenieure aufzunehmen.
Obwohl er in der dünnen Luft der Hohen Tauern und durch den ständigen Höhenwechsel ständig mit überaus lästigen Problemen wie Atembeschwerden und Übelkeit zu kämpfen hatte, hatte ausgerechnet er am Ende die mit Abstand meisten Kilometer über die neue Großglockner-Hochalpenstraße absolviert.
Wieder und wieder jagte er sein randvoll beladenes Fahrzeug die steile Straße hinauf: bis in eine Höhe von mehr als 2.500 Metern und brachte den Motor damit an den Rand der Leistungsfähigkeit. Auf der Passhöhe angelangt, die sofortige Kehrtwende und schon ging es in rasender Fahrt dieselbe Strecke wieder hinunter. Immer dann, wenn sie ein besonders hohes Tempo erreichten, meistens unmittelbar vor gefährlich engen Kurven, erfolgten die riskanten Bremsproben, bei denen die Testfahrer »voll in die Eisen« stiegen, wie sie es nannten. »Ich habe gesehen, wie das Kühlwasser beim Opel, der unmittelbar vor mir gefahren ist, vor der letzten Kurve an der Passhöhe gekocht hat. Bei meinem Wagen ist gar nichts passiert«, berichtete der stolze Kaes lächelnd, um mit wesentlich ernsterer Miene hinzuzufügen: »Aber vorher, die Bremsprobe den Berg herunter, das war ein richtiges Abenteuer. So schnell wie dieses mal bin ich noch nie gefahren. Und dann die Vollbremsung. Ich kann Ihnen sagen … Der Geruch und der Qualm, die mir dabei in die Nase gestiegen sind, das waren schon recht deutliche Anzeichen dafür, wie nahe wir jetzt an der Obergrenze sind«, hatte Kaes dem Chef in der gewünschten Kürze mitgeteilt, der dabei nur kurz mit den Achseln zuckte. »Na gut – und weil der Motor jetzt so richtig schön heiß ist, machen wir es gleich noch einmal. Auf

geht's Herbert. Lass dir rasch Benzin nachfüllen und dann versuch du einmal, noch mehr aufs Tempo zu drücken. Eine Strecke müsste gerade noch zu schaffen sein, bevor es dunkel wird. Beeilt Euch Leute, dieses Ergebnis ist mir schon noch wichtig. Gehmma, gehmma.«
Dem tapferen Herbert Kaes brauchte man das trotz seiner sichtbaren Erschöpfung und der würgenden Übelkeit nicht zweimal zu sagen. Keine fünf Minuten später saß er wieder hinter dem Steuer und schraubte sich die Großglocknerstraße hoch – um anschließend in rasender Fahrt den Berg hinunter zu donnern.
Unmittelbar vor Beginn der Dämmerung erreichte er den Ausgangspunkt und stieg schweißüberströmt aus dem Fahrzeug. »Na wunderbar Herbert! Gerade noch rechtzeitig!« klopfte ihm der Onkel anerkennend auf die Schultern. »Komm jetzt. Jetzt werden wir gleich besprechen, welche Dinge dir heute aufgefallen sind.« Diese Besprechungen zogen sich oft über Stunden hin – zumal die Ergebnisse sofort an den Fahrzeugen umgesetzt werden mussten. Das konnte und durfte nach Meinung des rastlosen Herrn Dr. Porsche nämlich keinesfalls bis zum nächsten Morgen warten. »Der Morgen ist schließlich zum Fahren da!« – und so war es meist weit nach Mitternacht geworden, bis der todmüde Herbert Kaes endlich auf sein Lager sinken konnte – um spätestens beim ersten Hahnenschrei von diesem typischen »Gehmma, gehmma!« des Chefs persönlich wieder geweckt zu werden. Und dennoch: Eine herrliche Zeit! Zumal sich ihre Volkswagen ja tatsächlich als die mit Abstand zuverlässigsten Fahrzeuge erwiesen hatten.

*

»Stimmt es eigentlich, dass sich der Hitler einen ganz anderen Namen ausgedacht hatte, als Volkswagen?« erkundigte sich Gilain.
Ferdinand Porsche rollte mit den Augen. »Oh ja! Der »KDF-Wagen«! »Kraft-durch-Freude-Wagen«! Ein entsetzlicher Name. Was immer den Hitler dabei geritten hat, ich weiß es nicht. Vielleicht war es deswegen, weil das Jahr 1938 im Automobilbereich ja ohnehin alles andere als gut begonnen hatte ...«
Gilain war sofort im Bilde, worauf sein Mitfahrer anspielte. »Der entsetzliche Unfall von Bernd Rosemeyer bei seinem Rekordversuch zwischen Frankfurt und Darmstadt!«
»Der 28. Januar 1938. Ich werde das Datum nie vergessen – es hat sich mir regelrecht eingebrannt – zumal Rosemeyer ja in meinem »P-Rennwagen« saß, den ich für die Auto-Union entwickelt hatte! Es war dasselbe entsetzliche Gefühl wie damals, als der Fritz Kuhn im »Saschawagen« tödlich verunglückt ist. Ein tödlicher Unfall – in einem von mir konstruierten Rennwagen!«
»Aber Onkel Ferdinand! Dich trifft doch in keinem Fall irgendeine Schuld. Weder bei Kuhn, da waren es ja bekanntlich die Räder – noch bei Rosemeyer, da lag es am Wetter. An den äußeren Umständen. Das kann man deiner Konstruktion nicht in die Schuhe schieben. Und ganz besonders fatal daran war, dass ihn Rudolf Caracciola sogar noch vor den Windböen gewarnt hatte!«
»Stimmt schon. Aber den Caracciola hat der Rosemeyer in diesem Moment nur als seinen Konkurrenten im Mercedes gesehen, der ihm gerade eben mit 432 Stundenkilometern seinen Geschwindigkeitsrekord abgenommen hatte. Es ist ganz typisch für den Rosemeyer gewesen, dass er trotz der Warnungen an den Start gegangen ist, um sich seinen Rekord sofort wieder zurückzuholen. Ich denke, er hat ge-

argwöhnt, der Caracciola wolle ihn nur aus Sorge um seine Spitzenmarke von einer neuen Rekordfahrt abhalten.«
»Dabei war eigentlich jedem klar, dass der Wind wirklich nicht zu unterschätzen war, erst recht nicht für einen Wagen mit einer so empfindlichen Steuerung, wie sie der Auto-Union-Rennwagen nun einmal aufgewiesen hat.«
»Was ich aber niemals verstehen werde: weshalb hat ihn eigentlich keiner zurück gehalten?! Man hätte ihn einfach nicht an den Start gehen lassen dürfen. Dass der Rosemeyer der letzte sein würde, der seinen Start absagen wird, das war ja klar. Aber die ganzen Ingenieure um ihn herum, die hätten ihm doch Einhalt gebieten können.«
»Der Rosemeyer hatte nicht den Hauch einer Chance.« Porsche schüttelte betrübt seinen Kopf. »Aber selbst nachdem klar war, dass der Wind und Rosemeyers Leichtsinn eindeutig die Ursachen für den Unfall gewesen sind: Es ist schon ein bedrückendes Gefühl, wenn man erfahren muss, dass ein Mensch in einem von dir selbst konstruierten Wagen gestorben ist. Und wie mir damals erst die Elly Beinhorn leid getan hat. So kurz nach der Geburt ihres Sohnes verunglückt ihr Mann tödlich. Das war furchtbar.«
Auch Gilain erinnerte sich noch ganz genau an das lähmende Entsetzen, das der Tod des Volkshelden Rosemeyer und die damit verbundene Tragik der jungen Familie in ganz Deutschland hervorgerufen hatte. Bernd Rosemeyer und Elly Beinhorn waren das Traumpaar der deutschen Motorsportgeschichte: sie die viel bewunderte Fliegerin, er der Rennfahrer. »Ja das ganze Land war nach dieser Tragödie im Schockzustand.«
»Selbst noch drei Wochen später, als bei der Automobilausstellung in Berlin zum ersten Mal das Modell des neuen Volkswagenwerks vorgestellt worden ist, war die Stimmung gedrückt. Offenbar ging es sogar dem Hitler selbst so. Einer seiner unbesiegbaren Helden war tot. Das hat nicht in die Propaganda gepasst. Vielleicht war das der Grund dafür, dass der Hitler bei der Namensgebung der Volkswagen diese Kehrtwende gemacht hat. Ich bin felsen-

fest davon überzeugt, dass er das noch nicht einmal in seinem engsten Zirkel vorher besprochen hatte. Ich denke, es war einer seiner typischen emotionalen Bocksprünge. Er hatte sich in seiner Rede bei der Grundsteinlegung des neuen Werkes in Fallersleben mit seiner wachsenden Begeisterung irgendwie verrannt und dann plötzlich den Begriff »KDF- Wagen« aus dem Hut gezaubert.«

»Das war diese Himmelfahrtsrede am 26. Mai 1938!« Der Fahrer rümpfte vernehmlich die Nase.

»Auch diesen Tag werde ich nie im Leben vergessen! Was für eine gewaltige Kulisse. Wie die Nationalsozialisten da 70.000 Menschen mitten in der offenen Landschaft haben aufmarschieren lassen, um die Grundsteinlegung für das neue »Kraft-durch-Freude-Werk« zu feiern.«

»Erst der Grundstein und dann die offizielle Vorstellung der »VW 38«- Wagens. Das war schon eine bombastische Schau!«

»Von Anfang an habe ich an diesem Tag das Gefühl gehabt, dass etwas schief laufen würde. Der Hitler war völlig in Gedanken versunken und vorher so gut wie gar nicht ansprechbar. Und dann dieser stiere Blick – wer weiß, woran er gedacht hat, als wir mit dem Cabrio des »VW 38« durch das Besucherspalier gefahren sind. Selbst den Ferry, unseren Fahrer, hat er kaum gegrüßt. Die Massen haben gejubelt, der Ferry hat hinterher Dutzende von Postkarten mit Heiratsanträgen bekommen, als ihn die Mädchen so fesch im Cabrio sitzend in der »Wochenschau« gesehen haben, aber der Hitler ... Noch nicht einmal auf meinen bekannten Spruch, wie man die Leute von den Preisvorzügen eines Volkswagen überzeugen könnte, hat er reagiert: »Ein Kilo Butter kostet 3 Reichsmark 20 – ein Kilogramm Volkswagen kostet dagegen nur 1 Reichsmark 60.« Es war schon eigenartig.«

»Und dann hat der ja völlig unter den Tisch fallen lassen, dass auch die gesamte Organisation des Werkes auf Sie zurück geht. Das war wirklich ein starkes Stück.«

»Ja, das hat mich schon geärgert. Aber die andere Sache natürlich noch viel mehr. Dass er plötzlich verkündet, das Fahrzeug würde »KDF-Wagen« heißen! Ich bin damals beinahe umgefallen vor Entsetzen. Und als er dann auch noch gesagt hat, die neue Wohnstadt für die Arbeiter solle offiziell »Stadt des KDF-Wagens bei Fallersleben« heißen, also da habe ich zum erstenmal wirklich gezweifelt. Ich vergesse auch diesen Blick nicht, den mir der Ferry damals zugeworfen hat. Dem sind nämlich genau dieselben Gedanken gekommen.«

»Und ich hatte befürchtet, das mit dem Namen Volkswagen, das wird nie mehr etwas werden … denn wenn sich der Adolf Hitler erst einmal etwas in den Kopf gesetzt hatte, dann war da ja weit und breit niemand mehr, der gewagt hätte, ihm zu widersprechen.«

»Es ist in der Tat beinahe ein Wunder, dass sich Volkswagen trotzdem durchgesetzt hat. Ich glaube, der Hitler hat danach einfach vergessen, was er gesagt hat. Oder es war ihm nicht mehr so wichtig. Nun ja, wie wir wissen, hatte er wohl inzwischen auch ganz andere Ziele …«

»Großdeutsche Ziele«, brummte Gilain schaudernd. »Mitsamt dem dicken Ende.«

»Erinnere mich bitte nicht daran. Überhaupt: diese ganze Volkswagenzeit, so faszinierend sie für mich begonnen hat … Sie ist mir zum Alptraum meines Lebens geworden. Selbst die Freude über den Auftrag für den »Berlin-Rom« – Wagen hat es mir vergällt.«

»Der »Berlin-Rom« – Wagen«, geriet Kaes ins Schwärmen. »Wenn ich nur an diese spektakuläre Form denke, die du dem Wagen gegeben hattest – und erst recht an die Spitzengeschwindigkeit von 145 Stundenkilometern. Das war der erste Porsche der neuen Generation – ein echter Meilenstein, finde ich.«

»Ja, schon«, knurrte Ferdinand Porsche. »Aber du weißt, dass wir damals längst daran waren, auch einen Rennwagen mit 3.000 PS zu konstruieren, der mehr als 700 Stundenkilometer hätte erreichen können.«

»Aber wenn du sagst, der Volkswagen sei dir zum Alptraum geworden, Onkel Ferdinand. Also, mit allem gebotenen Respekt ...«

»Ja was denn jetzt, Gilain?« knurrte sein Beifahrer ungehalten. »Entweder man sagt etwas, oder man lässt es bleiben. Aber einfach zu beginnen und dann herumzudrucksen ... du weißt genau, dass ich das nicht ausstehen kann. Also: was ist jetzt?«

»Dass du den Volkswagen als deinen Alptraum bezeichnest, das kann ich einfach nicht begreifen. Du warst es doch, der jahrelang – und mit großer Begeisterung – auf genau dieses Ziel hin gearbeitet hat. Die Produktion eines verlässlichen, preiswerten Automobils für das ganze Volk. Das war doch schon seit Jahrzehnten dein Traum gewesen. Und jetzt sagst du auf einmal, es sei dir zum Alptraum geworden. Das verstehe ich nicht.«

»Das solltest du aber. Du hast mich doch überall hin begleitet. Du hast doch miterlebt, wie zäh das Ringen mit den ganzen Reichsministerien und dieser Heerschar von Beamten gewesen ist, mit denen man um jede einzelne Schraube feilschen musste. Dazu der Hitler, der das neue Werk ja ausgerechnet im norddeutschen Niemandsland gebaut haben wollte: in einer sumpfigen Ebene, wo man schon nach dem ersten Spatenstich auf Grundwasser gestoßen ist. Dabei wären ja auch Mannheim oder Regensburg zur Wahl gestanden, beide Standorte hätten mir schon allein von ihrer Lage her viel besser gefallen, aber nein: am Ende musste es die Gegend um das Gut bei Fallersleben sein. Der ungeeignetste Baugrund, den man sich denken kann. Nur durch den Einsatz von einem sündhaft teuren Spezialzement haben überhaupt Fundamente gegossen werden können. Und das Landschaftsbild dort oben ist eh schauderhaft. Keine Berge, keine Hügel, nur Flachland. Entsetzlich.«

»Erst recht für einen Österreicher«, warf Gilain schmunzelnd ein. »Deshalb hast du ja auch die Sache mit der Jagdhütte gemacht. Das hat natürlich gewaltig für Aufsehen gesorgt. Eine österreichische Berghütte mitten im norddeutschen Flachland.«

»Na ja: warum denn auch nicht? Denn wie soll man sich sonst in so einer Ebene wohl fühlen, wo es nichts gibt, wohin das Auge schweifen kann. Bei aller Arbeit gehört schon auch dazu, dass man sich an dem Ort wohl fühlt, an dem man sich zum Schlafen niederlegt …«

»… das sagst ausgerechnet du, wo du doch – entschuldige bitte die Wortwahl, Onkel – überall als geradezu fanatischer Arbeiter gilst.«

»Ja, das sage ausgerechnet ich«, bekräftigte Porsche mit deutlichem Nachdruck in der Stimme. »Bei aller Arbeit gehört auch das Wohlfühlen mit dazu. Eine schöne Landschaft, eine gute Wohnlage. Davon bin ich felsenfest überzeugt – und deshalb habe ich mich auch in dem wunderschön hügeligen Stuttgart immer wohl gefühlt, fast so wohl wie in Hochwolkersdorf oder im Schüttgut.«

»Aber dass du deshalb her gegangen bist, eine Art Kopie der Luisenhütte von Hochwolkersdorf direkt neben das Volkswagenwerk zu stellen, das war natürlich schon ein Coup, wie er nur einem Ferdinand Porsche in den Sinn kommen kann.«

»Mag ja sein«, meinte Porsche, während ein Lächeln über seine müden Gesichtszüge huschte. »Immerhin schon allein der Duft von den Holzbalken in dieser Hütte hat mir wenigstens eine Zeitlang das Gefühl gegeben, zuhause zu sein. Holzwände, so wie in unserer schönen Wochenendbehausung früher, das hat schon gepasst. Mein engster Kreis hat das ja ganz ähnlich empfunden: die alten Ingenieure haben die Luisenhütte in der Buckligen Welt schließlich noch gekannt. Die waren völlig aus dem Häuschen, als sie zum erstenmal gesehen haben, dass es nun also in Fallersleben eine Holzhütte wie in den österreichischen Bergen gibt. Und die Besprechungen, die wir darin abgehalten haben, das waren meistens auch die effektivsten. Ganz abgesehen von den Feiern … Aber lassen wir das. Wo waren wir gleich wieder stehen geblieben?«

»Beim Baugrund in Fallersleben und den finanziellen Schwierigkeiten.«
»Genau!« Porsche schnaubte verdrießlich. »Wie gesagt: auf der einen Seite feilschen sie mit dir um jede Schraube, auf der anderen Seite wird das ganze Geld, das wir in der Produktion gut hätten brauchen können, in einem katastrophalen Gelände versenkt. Und so ging es ja munter weiter – dann kamen plötzlich die Eifersüchteleien von den Salzgitterwerken dazu, die befürchtet haben, wir würden ihnen Arbeiter abspenstig machen und die Lohnstruktur verderben – Gegenwind, wohin man auch geschaut hat. Dabei wollte ich Fahrzeuge bauen und mich nicht mit einem Heer von Beamten und Intriganten herum schlagen müssen. Und kaum war das überwunden, sind die Verordnungen zur Materialeinsparung bei unseren Maschinen gekommen, weil man das Metall und das Geld dafür jetzt zum Aufbau einer Kriegsproduktion gebraucht hat, also nein: Spaß hat das keinen mehr gemacht – und es war weit entfernt von dem, was ich einst geplant hatte.«
»Und dann hat man alles auf den Kopf gestellt: Vom Volkswagen war plötzlich keine Rede mehr.«
»Ja, genau. Mit dem Kriegsausbruch wurde es so richtig schlimm: auf einen Schlag sollten wir die Produktion auf Militärfahrzeuge umstellen. Und zu allem Übel waren im Werk kaum noch Arbeiter vorhanden, weil sie als Soldaten in den Krieg mussten – bis dann die ersten Kriegsgefangenen und Zwangsarbeiter aus den besetzten Gebieten gekommen sind. Zum Glück habe ich es in dieser Zeit geschafft, den Anton Piëch als Werksverantwortlichen einstellen zu können. Denn mein Schwiegersohn war einer der wenigen Menschen, denen ich in dieser Zeit überhaupt noch vertrauen konnte. Es war trotzdem noch schlimm genug. Vor allem diese Geschichte mit den Zwangsarbeitern. Auch wenn man mir das schon hundertmal vorgehalten hat: ich war wirklich nicht begeistert davon, dass man die Produktion nun mit Zwangsarbeitern bestreiten musste. Aber es gab keine Alternative, außer …«

»… der Einstellung der Produktion!« ergänzte Kaes.
»Eben. Und das wiederum wollte ja auch niemand. Ich natürlich auch nicht. Da forscht und entwickelt man gut und gerne fünf Jahre seines Lebens an einem ganz bestimmten Produkt, von dessen Erfolg man schließlich zu 100 Prozent überzeugt ist – und dann soll auf einmal alles vergebens gewesen sein! Nein, da habe ich dann mit den Zwangsarbeitern weiter gemacht – es war die einzige Chance, die Produktion am Laufen zu halten. Dass die Bedingungen in den Lagern derart miserabel waren, das habe ich – die Leute mögen mir das glauben oder nicht – wirklich erst durch die Dokumentation des Lagerarztes erfahren, der mich mit seinen drastischen Fotografien über diese unglaublichen Zustände informiert hat. Und nachdem ich sofort einen Protestbrief an den Hitler geschrieben hatte, ist es ja auch besser geworden.«
»Nicht gut genug in den Augen der Alliierten«, brummte sein nachdenklich gewordener Fahrer.
»Die offizielle Geschichtsschreibung ist immer die Geschichtsschreibung der Sieger, merke dir das gut, Gilain.«
Ein verlegenes Räuspern signalisierte Porsche, dass den jungen Mann anscheinend noch eine weitere Frage bewegte.
»Ja Gilain. Was wolltest du noch wissen?«
»Ich … weiß nicht so recht, wie ich es formulieren soll, Onkel Ferdinand.«
»Raus mit der Sprache, bevor du an dem Frosch in deinem Hals erstickst!«
»Nun ja, es geht mir um diese ständigen Anwürfe, die man auch jetzt noch, nach so vielen Jahren immer wieder hören und lesen muss … wegen des Volkswagens und der Arbeiter damals im Werk …«
»Ja – und? Weiter jetzt!«
»Wegen deiner angeblichen Nähe zum Führer – du wärest der Unterstützer eines Menschenfeindes gewesen …«
»Dummes Geschwätz! Und du fällst auf so etwas herein? Ausgerechnet du, Gilain?«

»Nein, nein. Natürlich nicht – aber ich würde halt gerne wissen, wie ich darauf reagieren soll, wenn mir so ein Vorwurf entgegengeschleudert wird. Wie soll ich dich dann verteidigen, Onkel?«

Ferdinand Porsche schnaubte aufgebracht. »Verteidigen! Gar nicht! So weit kommts noch!« Die Frage schien den alten Konstrukteur doch viel stärker aufzuwühlen, als Gilain vermutet hätte. Er bereute es inzwischen heftig, dieses Thema überhaupt angeschnitten zu haben.

Porsche atmete einige Male tief durch, um dann mit hörbar bemühter Gelassenheit zu betonen: »Ich habe mir nichts zuschulden kommen lassen. Es ging mir immer nur um die Technik. Für die Politik war ich nie geschaffen. Nur für die Technik. Das ist es, was mich vorwärts getrieben hat. Nur die Technik.«

»Das ist es, Onkel Ferdinand. Genau. Du hast ja so recht. Darum geht es.«

»Nur darum«, bekräftigte Porsche mit fester Stimme. »Es ging mir immer nur um die Sache. Um die Technik. Um die Herausforderung, die technischen Hürden zu meistern. Ist man deswegen gleich ein Verbrecher, weil der Auftraggeber sich im Nachhinein als solcher entpuppt? Beziehungsweise: Sind Marie Curie mit ihren Forschungen oder gar Albert Einstein mit seiner Relativitätstheorie etwa schuld am Zustandekommen der Atombombe? Hat der Mönch, der das Schwarzpulver erfand, seine Seele dem Teufel verkauft und ist nun verantwortlich für all die Menschen, die durch das Pulver in den Gewehrläufen zu Tode gekommen sind? Trägt Alfred Nobel die Schuld an jedem Toten, der durch Dynamit ums Leben kommt? Wären die Bombennächte des Weltkriegs ausgeblieben, wenn die Gebrüder Wright nicht den Motorflug befördert hätten? Sind es denn immer nur die Erfinder, an denen sich alle meinen, reiben zu können. Tragen wir die ganze Schuld oder nicht eher diejenigen, die eine segensreiche Technik in verbrecherischer Art und Weise für ihre schändlichen Zwecke benutzen? Sag Gilain, wer ist es? Die Erfinder oder die Politik?«

»Das ist ja eindeutig, Onkel Ferd …«
Der in Fahrt geratene Porsche gab sich selbst die Antwort. »Es ist die Politik, die sich hinterher sogar noch erdreistet hat, mich ins Gefängnis zu stecken. Als hätte ich mir das alles ausgedacht. Als hätte ich Frankreich, Russland und England überfallen. Als hätte ich die Juden in den Konzentrationslagern umgebracht. Und dann noch diese Sache mit den Zwangsarbeitern … Pah! Solange sie bei mir beschäftigt waren, befanden sie sich nicht in Lebensgefahr, sondern hatten Arbeit und waren damit sicher vor den Nachstellungen der Hitlerleute. Das ist die Wahrheit! Ich bin nur der Techniker – was kümmerte mich folglich die Politik? Dafür sind andere zuständig. Mögen sich diese anderen dann auch gegenseitig getrost zerfleischen. Ich war und bin Konstrukteur. Und werde das Zeit meines restlichen Lebens auch immer bleiben. Nur Konstrukteur. Sonst gar nichts. Und jetzt Schluss mit dem Volkswagen-Kapitel! Ich kann und will darüber nicht mehr sprechen!« Damit beendete Porsche abrupt das Gespräch. Er schlug den Kragen seines Mantels hoch und schloss erschöpft die Augen.

*

Am späten Abend des 21. September 1941 erreichte Ferdinand Porsche ein trauriger Telefonanruf aus Maffersdorf. Sein Bruder Oskar war gestorben. »Mein armer Oskar. Er hat mich seinerzeit gerettet mit seiner Bereitschaft, die Spenglerei zu übernehmen. Ohne den Oskar säße ich jetzt nicht hier und würde Automobile bauen, sondern in Maffersdorf und würde Dachrinnen reparieren und Mineralwasser verkaufen. Ich bin dem Oskar wirklich zu allergrößtem Dank verpflichtet. Hätte ich ihn nur im vergangenen Sommer noch einmal besucht, so wie ich das eigentlich geplant hatte …«

Aber – wie so oft in seinem Leben – war wieder etwas dazwischen gekommen. Man hatte ihn dringend in der Firma gebraucht und so war es mit den Besuchsplänen in der alten Heimat wieder einmal nichts geworden. Die restliche Zeit reichte gerade noch aus, um mit der Familie in den Urlaub ins Salzkammergut zu fahren. Danach die üblichen drei Tage in Wien und schon war es in aller Eile wieder nach Stuttgart gegangen, wo bereits die nächste dringende Frage auf Ferdinand Porsche wartete.

»Und dass mein armer Oskar gerade einmal 60 Jahre alt hat werden dürfen, das betrübt mich ganz besonders.« Mit hängendem Kopf verharrte er eine Zeitlang schweigend in seinem Ledersessel, dann plötzlich klatschte er so laut in die Hände, dass selbst die an plötzliche Temperamentsausbrüche ihres Mannes gewöhnte Aloisia erschrocken zusammen zuckte. »So! Genug Trübsal geblasen jetzt! Ich muss noch einmal kurz in die Werkstatt Louis. Warte bitte nicht auf mich mit dem Schlafengehen!« Kaum hatte er ihr einen schmatzenden Kuss auf die Wange gedrückt, da war Ferdinand Porsche auch schon durch die Wohnzimmertür gestürmt. Ein Stimmungsumschwung, wie er so typisch für diesen Mann war. Und dass der Aufenthalt in der Werkstatt von eher längerer Dauer sein würde, darüber bestand für Aloisia nicht der geringste Zweifel. Die Arbeit an den Motoren war für ihn die beste Medizin – und am heutigen Abend die willkommene Gelegenheit, die Trauer über den Tod des Bruders zu verdrängen.

Die Fahrt durch Oberbayern zog sich schier endlos dahin. Nach einer geraumen Zeit des Schweigens nahm der alte Porsche den Gesprächsfaden wieder auf. »Da, schau einmal Gilain – wie viele Wagen uns entgegen kommen.«
»Na ja …« So richtig war sich der Fahrer nicht darüber im Klaren, worauf sein Onkel mit dieser Bemerkung wohl abzielte. »Das sind schon viele«, entschied er sich für eine eher neutrale Antwort.
»Trottel! So meine ich das doch nicht! Ich frage dich, wie viele Käfer darunter sind? Also?«
»Hm … ich hab sie leider nicht alle gezählt.«
»Ich meine ja auch den prozentualen Anteil!«
»Das dürften sicher bald die Hälfte sein ..«
»Irrtum! Es sind sechs von zehn!«
»60 Prozent! Das ist eine wahrhaft stolze Zahl!«
»Was mir beweist, dass der Volkswagen seinem Namen wirklich alle Ehre macht. Die viele Mühe hat sich gelohnt.«
Gilain schien die Gelegenheit günstig, dem Onkel jetzt mit der gebotenen Vorsicht eine weitere Frage zu stellen, die ihn schon lange bewegte. »Wie wirst du eigentlich gegen diese Gerüchte vorgehen, die gerade überall gestreut werden, in denen es heißt, dass die Form des Volkswagens gar nicht aus deinem Konstruktionsbüro stamme, sondern von den österreichischen Konstrukteurskollegen aus Steyr?«
Porsche machte eine abschätzige Handbewegung. »Ach was! Das sind doch nur Latrinenparolen. Der Erfolg hat bekanntlich viele Väter! Erstens war es ja eindeutig der Erwin Komenda, du hast ihm in Stuttgart doch selber über die Schulter geschaut.«
»Ja, schon …« Das stimmte natürlich. Aber darum ging es

ihm ja gar nicht. Viel mehr interessierte ihn, wie sich sein Onkel gegen die Plagiatsvorwürfe zur Wehr setzen würde.
»Was soll ich dann dazu noch sagen? Es ist wieder so eine dieser ganz typischen Diskussionen. Nicht unähnlich der Frage, wer denn nun das Automobil tatsächlich erfunden hat. Daimler, Maybach, Benz, oder doch schon unser Österreicher Marcus? Die Zeit war einfach überreif, das Automobil lag sozusagen in der Luft – oder besser gesagt: auf der Straße – und so war es auch beim Volkswagen. Dass ich nicht alleine der Konstrukteur des VW bin, das ist ja eh klar. Das war meine gesamte Mannschaft. Mein Konstruktionsbüro.«
»Aber diese ewigen Gerüchte wollen einfach nicht verstummen, dass es die Form schon zehn Jahre früher in Steyr gegeben habe …«
»Und wer war in Steyr? Ich und ein Teil meiner Leute. So – damit ist doch eigentlich alles gesagt! Gegen solche Parolen hilft es wirklich nur, die Ohren am besten auf Durchzug zu stellen. Die Deutschen haben dafür einen schönen Satz: »Was kümmert es die Eiche, wenn ein Wildschwein sich an ihr kratzt!« Hast du das schon einmal gehört, Gilain?«
»Ja. Und es stimmt: so sollte man die Sache sehen.«
»Also, genug davon. Wir haben ja auch wahrhaftig andere Sorgen und keinerlei Zeit, uns mit irgendwelchen Lästermäulern herum zu schlagen. Ich brauche meinen Kopf für die Technik. Das bisserl Zeit, das mir noch bleibt, ist kostbar genug.«
Die weitere Fahrt der beiden Männer verlief in völliger Stille.

*

Es war irgendwann im Jahr 1942.
Wie ein Wirbelwind war Karl Rabe in das Konstruktionsbüro gestürmt und schwenkte aufgeregt eine Zeitung vor den Köpfen seiner verdutzten Kollegen. »Habt Ihr heute schon Zeitung gelesen und dabei dieses Bild gesehen?«
»Was ist denn mit dir los, Rabe? Wer soll das sein?« Ferdinand Porsche musterte seinen langjährigen Mitarbeiter verwundert. »Gib den Zeitungsausschnitt mal her. Du meinst das Foto da, nicht wahr?«
»Ja, das da, das den Bericht aus Jugoslawien illustrieren soll«, tippte er aufgeregt auf die entsprechende Stelle.
Neugierig beugte sich der Chef über den Artikel, um kurze Zeit später einen überraschten Laut auszustoßen. »Ja da schau her. Das gibt's doch gar nicht! Den Mann kenne ich natürlich!«
»Ich auch«, grinste Rabe.
»Wen meinen Sie denn?« Gespannt kam nun auch Karl Fröhlich an den Porsche-Schreibtisch – um kurz darauf eine nicht minder erstaunte Miene an den Tag zu legen. »Sie meinen diesen Partisanenführer da? Den Kommunisten, den sie alle Tito nennen? Den sollen ausgerechnet Sie kennen?«
»Gut sogar«, lächelte Porsche.
»Das kann ich kaum glauben, stieß Fröhlich hervor. »Der Herr Dr. Porsche und die Kommunisten – das passt doch nirgendwo zusammen!«
»Doch, doch. Ich kenne ihn übrigens auch.« Josef Mickl, der bekanntlich vor dem Kriegsausbruch viele Jahre im damaligen jugoslawischen Kriegsministerium tätig gewesen war, nickte heftig, nachdem er ebenfalls einen Blick auf das Foto geworfen hatte. »Das ist eindeutig unser Jozip. Halt ein paar Jahre älter als damals, aber es ist eindeutig der Jozip. Wie hieß er gleich mit Nachnamen?«

»Brosz. Es ist unser alter Jozip Brosz!«
»Stimmt, so hieß der. Ihr Beifahrer damals bei der Prinz-Heinrich-Fahrt.«
»Der Schmiermaxe! Der Jozip!« Jetzt endlich ging auch den Älteren unter der Stammbelegschaft des Konstruktionsbüros ein Licht auf.
»Ja richtig, der Jozip, der ist auch immer so ein Politisierer gewesen ...«
»... mit seiner harten Tschuschen-Aussprache.«
»Und jetzt scheint er sich also Tito zu nennen ...«
»... und steht gerade im Begriff, vom Rebellenführer zum Staatsmann zu werden! Ja also so was!«
»Da schauts Leute, was man unter meiner Regie so alles werden kann!« prustete Porsche in die Runde.
»Sogar ein Kommunist«, konterte einer von den jüngeren Ingenieuren und sorgte damit für ein fröhliches Johlen und Schenkelklatschen selbst unter den ansonsten eher in sich gekehrten Kollegen. Der Herr Dr. Porsche und seine Leute: sie waren tatsächlich immer für eine Überraschung gut.

Gilain bewegten bittere Gedanken. Was wäre gewesen, wenn. Natürlich handelte es sich dabei um eine müßige Frage – und dennoch drängte sie sich immer wieder in sein Denken. Was gewesen wäre, wenn der Hitler nicht an die Macht gekommen wäre, wenn dieser schlimme Krieg nicht ausgebrochen wäre ...
Man durfte sich gar nicht vorstellen, was alles hätte sein können ... Müde massierte er sich mit der linken Hand die Schläfen, während er mit der rechten weiterhin fest das Lenkrad umklammert hielt.
Ausgerechnet auf der Spitze seines produktiven Schaffens, in einer Phase, in der sich so spektakuläre Neuentwicklungen wie der »Berlin-Rom« – Wagen oder das 3.000 PS Rennautomobil bereits deutlich auf den Zeichentischen des Konstruktionsbüros abzeichneten, hatte Ferdinand Porsche die Früchte seiner Arbeit nicht mehr genießen

können. Vielmehr war er durch den Krieg gezwungen worden, seine Pläne erst nach hinten zu schieben, um sie dann ganz ruhen zu lassen. Plötzlich war es in Fallersleben nur noch um die Entwicklung von Militärprodukten gegangen: robuste Kübelwagen zum Einsatz in den Kampfgebieten, der so genannte Schwimmer vom Typ 166, mit dem man sogar Flussläufe durchqueren konnte, Panzerfahrzeuge, Motoren und so weiter und so fort – von den zivilen Volkswagen war keine Rede mehr gewesen. Immer häufiger hatte sich Ferdinand Porsche im Werk rar gemacht und seinem Schwiegersohn Anton Piëch die Verantwortung überlassen, während er lieber im Stuttgarter Büro geblieben war. Spätestens nach dem schweren Bombenangriff auf das Volkswagenwerk im August 1944 war dann endgültig klar geworden, dass der Krieg nicht mehr zu gewinnen war. Und dass die Alliierten natürlich alles daran setzen würden, die Produktionsstätten völlig zu zerstören. Den deutschen Flugabwehrstellungen würde es jedenfalls nicht mehr gelingen, die schweren Kampfbomber der Alliierten aufzuhalten.
Schon mehrmals zuvor war Ferdinand Porsche vom Berliner Rüstungsministerium aufgefordert worden, endlich seine Konstruktionszeichnungen aus Stuttgart fortzuschaffen und auch das gesamte Ingenieurbüro so rasch wie möglich an einen Ort zu verlegen, der weniger gefährdet sei, als ausgerechnet Stuttgart, das als einer der Hauptproduktionsorte von Rüstungsgütern natürlich ein besonders vorrangiges Ziel der Bombereinsätze darstellte. »Wegen der paar Monate, die der Krieg noch dauern wird, brauchen wir nimmer umzuziehen«, pflegte der regelmäßig anzumerken, wenn ihn wieder einmal eine dieser dringenden Botschaft aus Berlin erreichte, die ihn zum sofortigen Wegzug bewegen sollte. »Sag das doch bitte nicht so laut, Ferdinand«, legte Aloisia ihren Zeigefinger warnend an die Lippen. »Du kommst sonst noch in Teufels Küche, Denn wer öffentlich am Endsieg des Führers zweifelt, mit dem machen sie kurzen Prozess.

Man hört es ja beinahe jeden Tag. Die armen Menschen!«
»Ach was«, wischte ihr Mann die Bedenken unwirsch zur Seite. »Was sollen sie einem alten Mann wie mir denn schon antun? Und außerdem halten sie mich ja nach wie vor für wichtig. Da hilft es ihnen nicht viel, wenn sie mich an die Wand stellen und erschießen. Nein, nein – Louis, du hast gestern Abend doch auch den englischen Sender gehört: die Amerikaner stehen bereits am Rhein. Also die paar Wochen werden wir in Stuttgart schon noch durchhalten müssen, aber dann ist dieser Alptraum eh vorüber.«
Er sollte sich täuschen. Auch wenn man es sich angesichts der fürchterlichen Zerstörungen im Stuttgarter Talkessel kaum hatte vorstellen können: die Bombenangriffe wurden noch heftiger – und nachdem schon im November 1943 der dringende Befehl des Rüstungsministers Speer im Feuerbacher Weg eintraf, das Konstruktionsbüro und die Versuchswerkstatt jetzt endlich auf der Stelle an einen sicheren Ort zu verlagern, sahen sie sich im Mai 1944 tatsächlich gezwungen, der Anordnung Folge zu leisten.
»Wo das sein soll, das haben sie allerdings nicht geschrieben«, knurrte Porsche wütend, während ihn Aloisia mit einem vorwurfsvollen Blick bedachte. »Das kommt jetzt davon, dass du nicht auf mich gehört hast. Die besten Verstecke sind schon längst von anderen Firmen besetzt. Wir sind zu spät dran. Viel zu spät.«
Doch bei aller Kritik durfte sich Aloisia Porsche sicher sein, dass ihr Mann einen Ausweg finden würde. Und tatsächlich: es dauerte nur wenige Augenblicke, dann tippte er sich mit der flachen Hand gegen die Stirn. »Natürlich! Darauf hätte ich ja gleich kommen können.« Und schon präsentierte er seinen Vorschlag. »Wir werden nach Österreich gehen! Nach Gmünd. Da gibt es doch dieses alte Sägewerk, du kennst es auch, von deinen Besuchen bei unseren Versuchsfahrten am Katschberg.«
»Richtig! Ja, doch! Ich erinnere mich hauptsächlich an die herrliche Brettljause, die es beim Hoferbauern in der Nähe

immer gegeben hat«, strahlte Aloisia. »Ich hätte eh nichts dagegen, wieder einmal einen Besuch dort zu machen.«
Ferdinand nickte eifrig. »Dann werden wir das so schnell wie möglich tun. Genau … das alte Sägewerk. Das scheint mir ideal und groß genug für unsere Produktion. Es liegt schön abseits von den großen Städten – ganz hinten versteckt in den Kärntner Bergen. Dorthin werden wir die Maschinen bringen – und wir selbst«, er bedachte seine Ehefrau mit einem aufmunternden Blick. »Wir selbst können in dieser Zeit dann ja auf dem Schüttgut leben. Weit weg von diesen grässlichen Zerstörungen, umgeben von unseren herrlichen österreichischen Bergen. Dazu dann ab und zu eine Brettljause beim Hoferbauern verspeisen … Wenn ich irgendwo zur Ruhe komme und meinen Seelenfrieden wiederfinden kann, dann nur dort. Was hältst du also von meinem Vorschlag, Louis?«
Die Frage war natürlich rein rhetorischer Art und ihre Antwort infolgedessen auch zu erwarten gewesen. »Nichts lieber als das!« Es glitzerte freudig in Aloisias Augen, als sie ihren Mann liebevoll umarmte. »Das ist die beste Nachricht, die ich seit vielen Wochen von dir höre!«
Längst war den beiden das so genannte Schüttgut im Pinzgau in der Nähe von Kaprun, das sie vor zwei Jahren erworben hatten, zu einer Art zweiter Heimat geworden. Ein uraltes Anwesen, ein wunderschönes Urlaubsdomizil, in dem sie sich vom ersten Tag an so wohl gefühlt hatten, als wären sie schon immer dort gewesen. Nun also würde es ihnen als idealer Rückzugsort dienen – so lange, bis dieser schreckliche Krieg endlich vorbei war.
»Aber ist der Weg vom Schüttgut bis nach Gmünd nicht viel zu weit für dich? Wenn Ihr die Versuchswerkstatt dort aufbaut und du von hier aus über die ganzen Bergstrecken fahren musst, das ist doch eine ziemliche Anstrengung. Da liegt ja immerhin der Großglockner dazwischen …«
»Du weißt, wie sehr ich die Großglocknerstrecke liebe«, schnalzte der Konstrukteur schwärmerisch mit der Zunge.
»Ja schon – aber wie gesagt: von der Luftlinie her sind das

zwar nicht viele Kilometer, in Wahrheit zieht es sich jedoch gewaltig in die Länge. Nicht zu vergessen: die vielen Höhenmeter. Du bist nicht mehr der Jüngste, Ferdinand, und wie mir scheint, auch gesundheitlich gerade etwas angeschlagen. Wenn also gut und gerne zwei Stunden Fahrzeit, wenn nicht sogar noch mehr, zwischen dem Schüttgut und Gmünd liegen …« gab Aloisia zu bedenken.

»Genau das war doch meine Absicht«, lächelte Porsche und zuckte in einer müden Geste mit den Schultern. »Ich denke, es schadet mir gar nichts, wenn ich die gute Hochalpenluft um die Nase geweht bekomme, weil halt diese Distanz zwischen der Werkstatt und meinem Wohnort liegt. Du hast schon recht: ich fühle mich momentan ziemlich erschöpft, was natürlich an den ganzen Umständen liegt, mit denen man mir in den vergangenen Jahren die Freude an der Arbeit vergällt hat. Also von dieser Warte aus betrachtet hätte ich absolut nichts dagegen, wenn es ab und zu ein bisschen langsamer ginge. Allerdings würdest du mich dann halt öfter zuhause sitzen haben – und du weißt, ich kann manchmal ganz schön anstrengend sein. Wärst du trotzdem damit einverstanden, Louis?«

»Da fragst du noch? Natürlich will ich das!« Sie nahm seine Hand und drückte sie fest. »Auch wenn ich jetzt schon weiß, dass diese Ruhephase nicht von langer Dauer sein wird. Ein Porsche, der still und untätig zuhause sitzt, das ist ja der Widerspruch in sich.« Wie groß seine seelische und körperliche Erschöpfung in Wahrheit jedoch sein musste, das bewies ihr allein die Tatsache, dass der Ferdinand aus freien Stücken davon gesprochen hatte. Das war noch niemals der Fall gewesen. Folglich war es allerhöchste Zeit, dem zerbombten Stuttgart rasch den Rücken zu kehren.

*

Wenige Wochen später war ein Großteil der Maschinen schon erfolgreich in das alte Sägewerk nach Gmünd transportiert worden. Tatsächlich würde man an diesem abgeschiedenen Standort sogar daran denken können, die Arbeit an den Versuchsmodellen wieder fortzusetzen. Unbehelligt von den Bomben der Alliierten.
Es würde allerdings noch eine Zeitlang dauern, bis die Quartiere für die vielen Mitarbeiter bezugsfertig waren, und so behalfen sie sich in der Übergangszeit eben damit, einfach alle etwas enger zusammen zu rücken. Der Chef genauso selbstverständlich wie sein Sohn, ihre Ingenieure und die Arbeiter. Wirklich alle. Besonders willkommen waren die Neubürger natürlich im Gasthof Kohlmayr, dessen Zimmer mit Porsches Leuten von einer Nacht auf die andere plötzlich voll belegt waren. Und erst das viele Essen, das sie zur Verpflegung der vielen Arbeiter zu kochen hatten! Auch dem Hoferbauern bescherte Porsches Übersiedlung nach Gmünd einen angenehmen Zusatzverdienst, denn nahezu täglich fand sich Ferdinand Porsche mitsamt seinem engen Führungszirkel pünktlich um 16 Uhr zur Brettljause hier ein. Die Brettljause beim Hoferbauern wurde schließlich sogar zum festen Bestandteil im Tagesablauf der Firmenleitung. Selbst ganz offizielle Geschäftsbesprechungen wurden – zur großen Verwunderung mancher Gäste – von Ferdinand Porsche hier abgehalten. Aber die herrliche Atmosphäre in diesem traditionellen Bauernhof (und erst recht die köstliche Brettljause) sorgten rasch für ein ideales Gesprächsklima. So gehörte der Hoferbauer sozusagen einfach mit dazu – und wurde einige Zeit später sogar noch als natürliches Versuchsgelände für die neuen Porscheschlepper und Seilwinden genutzt, die das Unternehmen herstellte.
Zurück in den österreichischen Bergen! Sowohl die

Brettljausen, als auch der Aufenthalt im Schüttgut, in der weltabgeschiedenen Idylle des Pinzgau, waren der richtige Ort zur Erholung, so dass er sich bereits wenige Tage nach ihrer Ankunft schon wieder mit neuer Tatkraft in die Arbeit stürzen konnte. Bis hierher würde der Krieg eh nicht kommen. Daran glaubte der manchmal etwas weltfremde Porsche tatsächlich – und ließ sich selbst von seinem Sohn Ferry keines Besseren belehren, der dem Vater ein ums andere Mal eindringlich zu verdeutlichen versuchte, dass die Front doch schon längst an die Alpen herangerückt war.
»Du musst nur wieder einmal den englischen Sender einstellen, dann wird es dir wie Schuppen von den Augen fallen, Papa!« appellierte Ferry vergeblich an ein Einsehen. Aber sein Vater schien wie vernagelt. »Alles Blödsinn! Lass mich doch mit diesem Mist in Ruhe, Ferry. Ich bin weder ein Politiker, noch ein Militärstratege. Ich bin Ingenieur. Und als der möchte ich gesehen und behandelt werden. Und jetzt mach einmal Platz – ich habe da gerade gemerkt, dass dieses Ventil da nicht ganz richtig zu funktionieren scheint.«
Ende der Diskussion – wieder einmal.

Das tatsächliche Ende sollte ebenfalls nicht mehr lange auf sich warten lassen.

Am 12. März 1945 wurde die Stadt Wien fürchterlich getroffen. Selten hatte Aloisia ihren Ferdinand so erschüttert gesehen, wie an dem Tag, als ihnen ein Augenzeuge das Ausmaß der Schäden skizzierte. »Das Burgtheater, die Oper, die Hofreitschule – alles zerstört.«
»Mein armes Wien. Das ist ja fürchterlich!« Mit aschfahler Miene lauschte er den Ausführungen. »Hört das denn gar nie auf?! Diese Barbarei!«
»Es wird nicht mehr lange dauern. Die Alliierten rücken jetzt auf allen Seiten vor – und niemand ist mehr in der Lage, sie zu stoppen. Sie besetzen planmäßig alle großen Städte und arbeiten sich von dort aus weiter ins Landes-

innere vor. Es ist nur eine Frage der Zeit, bis sie auch im Pinzgau auftauchen werden.«

»Selbst hier bei uns – mitten in den Bergen? Das kann ich mir kaum vorstellen.«

»Es wird so kommen – und zwar rascher, als Sie glauben. Und dann …« Sein Besucher unterbrach sich kurz, um die Wirkung seiner Worte noch zu unterstreichen. »… dann geht es um die Frage, wer von den Alliierten es sein wird: die Amerikaner oder die Russen – vielleicht auch die Franzosen. Und je nachdem, wie die höheren Offiziere eingestellt sind, wird es davon abhängen, wie sie sich Ihnen gegenüber verhalten werden.«

»Mir gegenüber verhalten werden?« echote Porsche verdutzt. »Was werden die von mir schon wollen?«

»Na, da fragen Sie noch? Ihr Name ist in der ganzen Welt bekannt – und die siegreichen Truppen werden alles daran setzen, Ihrer habhaft zu werden. Und erst recht werden sie sich Ihre Konstruktionspläne sichern wollen.«

»Meine Pläne? Niemals!« Erregt schnellte Porsche in die Höhe. »Ich werde niemandem meine Pläne freiwillig aushändigen! Das kommt ja gar nicht in Frage!«

»Man wird Sie nicht lange fragen. Man wird Sie einfach beschlagnahmen.«

»Das lasse ich nicht zu. Dann werde ich sie im Wald vergraben.« Die wichtigsten Zeichnungen steckten schon seit dem Abtransport aus Zuffenhausen in wasserdicht verlöteten Blechbehältern, insofern schien ihm die Idee durchaus machbar.

Doch Ferry schüttelte nur den Kopf. »Aber wie willst du das denn anstellen? Das sind ja hunderte von Kisten. Da müsstest du tage- und nächtelang graben, bis das alles bewerkstelligt ist. Das dauert viel zu lange. Dafür ist es jetzt längst zu spät. Wir können uns nur noch sorgfältig auf die Besatzung vorbereiten und dabei hoffen, dass die Amerikaner das Schüttgut als erste erreichen.«

Ferry Porsche sollte recht behalten. Bereits wenige Tage später nahmen die Dinge ihren Lauf. Schon von weitem sahen sie die von der Wagenkolonne aufgewirbelte Staubwolke, die sich dem Schüttgut rasch näherte. »Sie kommen, Louis!« rief der zufällig an der Haustür stehende Porsche in den dunklen Flur hinein. »Und nach allem, was ich erkennen kann, sind es die Amerikaner. Gott sei Dank nicht die Russen!«

Es waren tatsächlich die Amerikaner. Und sie kamen natürlich ganz gezielt hierher. Aber seltsam, einen der Uniformierten kannte er! Diesen in eine Majorsuniform gekleideten Mann, der in einem der Militärjeeps saß und ihm gerade freundlich zuwinkte. Das konnte ja nicht wahr sein!

»Das ist doch ... sagen Sie nur, sind Sie etwa der Mr. Franzen?!«

»Der bin ich, in der Tat. Good morning, Herr Dr. Porsche.«

Während Porsches Amerikareisen in den 30er Jahren waren die beiden Männer mehrmals miteinander zusammengetroffen, denn im zivilen Leben fungierte Torre Franzen als Entwicklungsingenieur bei Chrysler.

Dass der Besuch von Franzen kein Zufall war, das konnte sich Porsche natürlich denken. Und ebenfalls, dass es dem Chrysler Manager um die Konstruktionszeichnungen und die Versuchswerkstätte ging. Unbedingt hatte Franzen den anderen alliierten Suchmannschaften zuvor kommen wollen und war deshalb direkt nach Kriegsende in Zuffenhausen erschienen, wo er zu seiner großen Enttäuschung niemand aus dem Porsche-Stab mehr vorgefunden hatte. Genauso wenig wie die erhofften Planskizzen. Nach einiger Zeit hatte Franzen herausgefunden, wo er die Suche fortsetzen musste und sich sofort wieder auf den Weg gemacht. Im mittlerweile amerikanisch besetzten Salzburg hatte er einen Suchkonvoi zusammen gestellt, dessen einzige Aufgabe darin bestand, Ferdinand Porsche aufzuspüren und sich dessen Konstruktionszeichnungen zu sichern.

»Es ist mir schon etwas peinlich, Herr Dr. Porsche«, schwadronierte der uniformierte Manager. »Aber Sie wissen ja: der Krieg hat seine eigenen Gesetze – und ich habe nun einmal den Auftrag, Ihre Pläne sicher zu stellen. Wollen Sie also bitte so freundlich sein und mir Ihr Werk in Gmünd zeigen?«

Was blieb ihm anderes übrig? »Das mache ich natürlich gerne, Mr. Franzen. Meinetwegen können wir gleich losfahren.« Er hätte es ja schlimmer treffen können, denn mit Franzen hatte er sich eigentlich ganz gut verstanden. Und wenigstens handelte es sich bei dem Mann um einen Experten. Noch am Nachmittag desselben Tages erreichte der Militärkonvoi also das alte Sägewerk in Gmünd. Und der freudestrahlende Franzen war damit am Ziel seiner Träume.

Als Dank für seine unkomplizierte Mithilfe wurde Ferdinand Porsche von den Amerikanern behandelt, als sei er ein guter alter Bekannter. Zwar durfte er das Schüttgut nicht ohne vorherige Genehmigung durch die Militärverwaltung verlassen, ansonsten aber mangelte es der Porschefamilie und dem engen Kreis seiner Ingenieure, den er um sich geschart hatte, an rein gar nichts, was man zum täglichen Leben so brauchte.

»Wenn ich höre, wie es in Österreich und in Deutschland gerade zugeht, wo die Menschen nichts zu essen haben, dann können wir uns wegen dem bisschen Ausgangssperre wirklich nicht beklagen. Auch diese wird irgendwann vorübergehen. Es besteht sogar die begründete Hoffnung, dass wir schon bald wieder die Versuchswerkstatt in Gmünd in Betrieb nehmen dürfen – und auch wenn sie die meisten Maschinen ja inzwischen wegtransportiert haben, wäre das immerhin ein Anfang. Die Signale, die ich von den Amerikanern erhalten habe, waren eindeutig. Und bis es so weit ist, so lange könnten wir uns ja über die Pläne machen, was meint Ihr, Männer? Etwas beengt und improvisiert zwar, halt wie damals in der Kronenstraße, aber das sind wir ja gewöhnt, nicht wahr?«

Das begeisterte Händeklatschen der in einem Halbkreis um ihn versammelten Ingenieure signalisierte Ferdinand Porsche, dass auch seine Männer den ersten Schock über-

wunden hatten und sich mit neuem Eifer auf die vor ihnen liegenden Aufgaben stürzen würden.
Und wenn es ihnen auch fraglich schien, ob man im kriegszerstörten Deutschland oder gar in Österreich an einen industriellen Neubeginn würde denken können, stand ihnen doch die ganze Welt offen. Denn inzwischen trafen Anfragen aus aller Welt im Schüttgut ein.
Dass sich die Russen ganz besonders für ihn interessierten, das war von vornherein klar gewesen. Doch seine Entscheidung stand fest: er würde nicht nach Moskau gehen. Zumindest nicht freiwillig.
Eher noch in die USA. Oder nach Brasilien, wo man sich, wie es in einem Schreiben hieß, unbedingt seiner Mithilfe beim Bau eines riesigen Automobilwerkes versichern wollte. Vielleicht auch Jugoslawien. Ja: Jugoslawien. Denn natürlich hatte auch Jozip Brosz »Tito« seinen ehemaligen Chef bei Austro-Daimler nicht vergessen. Allzu gerne hätte ihn der neue starke Mann auf dem Balkan zum Aufbau einer Automobilproduktion für seinen Staat verpflichtet.
Mit anderen Worten: Ferdinand Porsche sah sich vor die freie Auswahl gestellt. Er würde sich lediglich mit seiner Louis besprechen, welcher der zahlreichen Anfragen sie den Vorzug geben würden. Es war ein gutes Gefühl, von der ganzen Welt umworben zu sein. Er brauchte nur noch auszuwählen. Dachte er …
Er sollte sich gewaltig täuschen.

*

Am Morgen des 30. Mai 1945 hatte sich die Lage schlagartig verändert. In höchstem Tempo näherten sich ein halbes Dutzend amerikanische Militärjeeps dem Schüttgut. »Wieso müssen die Kerle denn so rasen?« schimpfte Aloisia Porsche wie ein Rohrspatz, und betrachtete mit unwirsch zusammengekniffenen Augen die Staubwolken, die von den Fahrzeugen aufgewirbelt wurden. »Erst gestern haben wir die Fenster geputzt. Da können wir dann gleich wieder von vorne beginnen. Die tun ja grade so, als müssten sie den Krieg noch mal gewinnen. Und überhaupt, was ist denn das für ein unfreundlicher Kerl, kennst du den?«
In der Tat trugen die uniformierten Neuankömmlinge ganz andere Mienen zur Schau, als man es auf dem Schüttgut von den amerikanischen Soldaten mittlerweile gewohnt war. Während üblicherweise ein eher freundlicher Umgangston miteinander herrschte, schien dieses Mal alles ganz anders. Der finster dreinschauende Major, der gerade eben aus dem Jeep kletterte, gab seinen Begleitern einen kurzen, scharfen Befehl, worauf auch die übrigen Männer aus den Fahrzeugen kletterten und ihre Maschinengewehre schulterten. »Was soll das denn werden?« schüttelte Porsche verwundert den Kopf. »Das haben die ja noch nicht einmal gemacht, als der Franzen mich aufgespürt hat. Jetzt bin ich aber mal gespannt, was das werden soll.«
Die Überraschung folgte auf dem Fuß: er wurde verhaftet! Ferdinand Porsche befand sich in Gefangenschaft!
In wenigen harschen Worten hatte ihm der Offizier seine sofortige Verhaftung mitgeteilt und zum Entsetzen von Aloisia, die am Rande einer Ohnmacht stand, dabei einen Haftbefehl in seiner Hand geschwenkt. Unverzüglich habe er den Herrn Porsche persönlich in ein Haftlager für

Kriegsverbrecher zu verbringen. Jeder Widerspruch sei zwecklos und würde seine Lage höchstens noch verschärfen. »Die Abfahrt erfolgt sofort!«, deutete er mit ausgestrecktem Arm streng auf die Rückbank eines Jeeps.
»Aber … mein Mann ist 69 Jahre alt! Das können Sie ihm doch nicht zumuten! In einem offenen Wagen!« protestierte Aloisia, während Porsche vergeblich versuchte, sie zu beruhigen.
»Mach dir keine Gedanken, Louis. Das alles wird sich rasch aufklären, da bin ich mir ganz sicher. Ich habe mir nichts zuschulden kommen lassen, ich kann also mit ruhigem Gewissen dorthin fahren. Und eine Automobilfahrt, egal wohin es geht und wie lange sie dauerte«, er bemühte sich dabei um ein gelassenes Lächeln, »die hat mir noch nie geschadet. Das wäre ja noch mal schöner, wenn ausgerechnet ich mich davor fürchten würde.«
Unbemerkt von den beiden hatte Josef Goldinger inzwischen einen Entschluss gefasst. Mit grimmig entschlossener Miene zwängte er sich nach vorne und baute sich unmittelbar vor dem Major auf. »Ich bin der persönliche Fahrer vom Herrn Dr. Porsche. Und deshalb werde ich ihn fahren. Und zwar in seinem Fahrzeug. Sie können mich mit Ihren Jeeps gerne in die Mitte nehmen. Aber fahren werde ich! Das müssen Sie uns erlauben!«
Die Art und Weise, wie sich Goldinger in Positur gebracht hatte, verfehlte ihre Wirkung nicht. »Na gut. Meinetwegen. Aber die Abfahrt ist in fünf Minuten. Mehr Zeit gebe ich Ihnen nicht!«
In größter Eile hievte Aloisia den Koffer ihres Mannes aus dem Schrank und raffte einige Kleidungsstücke hinein, während Goldinger schon mit dem Wagen vorfuhr. »Bitte schön, Herr Doktor Porsche«, öffnete er die Beifahrertür und ließ seinen Chef darin Platz nehmen.
»Pepperl, Pepperl, du bist mir vielleicht einer«, brummelte Porsche beim Einsteigen gerührt, während es in seinen Augen wässrig glitzerte.
Postwendend ertönte ein scharfes Kommando des Majors,

worauf sich der Konvoi unverzüglich in Bewegung setzte. Vorne und hinten die Militärjeeps der Amerikaner, mitten drin das Fahrzeug mit Goldinger und Porsche. Es wurde eine lange Fahrt, die sie mitten durch das kriegszerstörte Deutschland führte. Lange Zeit fiel zwischen den beiden bedrückten Männern kein einziges Wort. Lediglich während der kurzen Aufenthalte, bei denen die Fahrzeuge neu betankt wurden, konnte man ein kurzes »Danke« oder »Bitte« vernehmen, wenn sie von einem ihrer Bewacher etwas Proviant erhielten und diesen untereinander aufteilten.

Erst lange nachdem Ulm passiert war, begann Porsche plötzlich den Kopf zu schütteln und zu murmeln. »Wie mag es ihr wohl gehen …«

»Wen meinen Sie denn, Herr Professor?« Er erhielt keine Antwort. Das war doch sonst nicht Porsches Art. Ob der seine Frage überhaupt verstanden hatte? Goldinger räusperte sich vernehmlich.

»Wie? Ach so, ja. Entschuldige Pepperl, aber ich habe nur laut gedacht. Ich hab nämlich auf einmal an meine Schwester denken müssen, die Hedwig. Wie es ihr wohl gehen wird.«

»Wo wohnt sie denn, Herr Professor?« erkundigte sich der Fahrer vorsichtig.

»Immer noch in Maffersdorf. Sie hat nie geheiratet und ist in Maffersdorf geblieben. Als einzige von uns, denn mein Bruder ist ja vor einigen Jahren gestorben und die Anna wohnt längst wieder in Wien.«

»Oh je! In Böhmen!« entfuhr es Goldinger unwillkürlich. »Das ist ja die von den Russen besetzte Zone.«

»Ja eben. Das macht mir schon Sorgen. Aber ich kann leider nicht das Mindeste für sie tun. Ich bin ja jetzt selber sozusagen Gefangener. Wir können also nur hoffen und beten …«

Tief bewegt vernahm Goldinger, wie sein langjähriger Chef im Fond des Wagens tatsächlich ein leises Gebet murmelte. Man konnte wirklich nur noch hoffen, dass sich alles zum

Guten wenden würde. Für Hedwig Porsche genauso wie für ihren Bruder.

Zwei Tage später war Josef Goldinger wieder ins Schüttgut zurück gekehrt. Man habe Ferdinand Porsche auf Schloss Kransberg bei Bad Nauheim festgesetzt, musste er der entsetzten Aloisia Porsche und den nicht minder betroffenen Ingenieuren berichten. Ausgerechnet in einem Quartier, in dem sich bis zum Kriegsende der berüchtigte »Reichshofmarschall« Hermann Göring eingerichtet hatte. Nun war es von den US-Militärs zum Internierungslager für hochrangige Nationalsozialisten umfunktioniert worden und trug die inoffizielle Bezeichnung »Dustbin« (Mistkübel). Allein diese Tatsache sprach für sich. »Ein Internierungslager für Nationalsozialisten!«
»Ja – und zwar wie gesagt nur für angeblich Höchstrangige! Auch Albert Speer, Hjalmar Schacht und Wernher von Braun werden dort gefangen gehalten.«
»Aber das kann doch nicht sein!« Die ansonsten so robuste Aloisia Porsche befand sich am Rande eines Nervenzusammenbruchs. »Das können die doch nicht machen. Sie können meinen Ferdinand doch nicht in einem Atemzug mit Leuten wie Speer und Schacht nennen.«
Sie konnten. Und das über viele Wochen hinweg, obwohl zwischenzeitlich selbst der ehemalige Reichsminister Speer, mit dem Porsche während der Bauzeit des Volkswagenwerkes mehrfach heftig aneinander geraten war, die Amerikaner mehrmals mit Nachdruck darauf hingewiesen hatte, den Falschen an den Pranger zu stellen. »Der Porsche hatte mit der Partei nichts zu tun. Er hat sich nur um technische Probleme gekümmert und keine Mitschuld an den Verhältnissen im Dritten Reich. Es ist ungerecht, ihn wegen Dingen einzusperren, für die er nichts kann.« Speers Rede gipfelte schließlich in dem Appell: »Lasst doch den alten Mann frei!«
Dennoch sollten noch Monate ins Land gehen. Selbst seinen 70. Geburtstag am 3. September 1945 musste Ferdi-

nand Porsche im Internierungslager verbringen. Was für eine Festgesellschaft! »Alte Nazigrößen, depressive Wissenschaftler, Kollaborateure, Mitläufer – und mitten drin ich, der alte Porsche, der nun also allmählich vor dem Ende steht … Nein«, in einer wütenden Geste ballte er die Fäuste. »So schnell ist noch nicht Schluss. Ich will hundert Jahre alt werden! Denn es gibt noch so viel zu tun. Ich werde nicht aufgeben. Ich werde hier herauskommen. Und dann werde ich es ihnen allen zeigen! Und einen Volkswagen werde ich auch noch bauen. Jawohl!«
Die Amerikaner kümmerten solche Schwüre wenig. Selbst an seinem Geburtstag musste Porsche sich einem mehrstündigen, besonders strengen Verhör unterziehen. Und an den folgenden Tagen ging es genauso weiter.
Erst nachdem auch mehrere Dutzend Zeugen auf das Intensivste über die mutmaßlichen Verstrickungen des Ingenieurs Porsche in das System der Nationalsozialisten befragt worden waren, kam es am 11. September zu einem Freispruch, der wohl, so schien es Porsche, hauptsächlich auf die weiterhin hartnäckigen Interventionen von Albert Speer zurückzuführen war.
Wie dem auch sei: zwei Tage später konnte der freudestrahlende Goldinger, der sich diese Freude keinesfalls hatte nehmen lassen, seinem langjährigen Chef endlich wieder aus vollstem Herzen die Hand drücken, als der Konstrukteur in einem verknitterten Anzug mit seinem Koffer aus dem Portal des »Mistkübel« schritt und unsicher in die Herbstsonne blinzelte. »Geben Sie mir den Koffer, Herr Professor. Hier drüben steht unser Wagen.« Goldinger öffnete die Tür, Porsche setzte sich in den Fond und dann ging es zurück ins Schüttgut – so rasch wie möglich und mit der strengen Auflage durch die Amerikaner versehen, das Gut unter keinen Umständen zu verlassen. »Hauptsache wieder zuhause bei meiner Louis und bei meiner Familie. Gehmma Pepperl, gehmma«, flüsterte Porsche, in dessen Gesicht der mehr als dreimonatige Zwangsaufenthalt im Schloss Kransberg deutliche Spuren

hinterlassen hatte. Und offenbar auch in seiner Seele, denn so geknickt wie am heutigen Tag hatte Goldinger den Konstrukteur noch nie erlebt.
Trotz der eindeutigen Anweisung der Militärbehörde, unverzüglich und auf dem kürzesten Weg nach Zell am See zurück zu kehren, machte sich nach einigen Stunden dann aber doch wieder Porsches legendäre Willenskraft bemerkbar. »Weißt du was, Pepperl, ich habe beschlossen, dass wir einen kleinen Umweg machen. Wir sind ja eh ganz in der Nähe von Stuttgart und deshalb fahren wir nach Zuffenhausen. Ich würde gerne einmal sehen, wie es dort im Werk gerade aussieht.«
»Sehr gerne Herr Professor.« Goldinger atmete auf. Da war sie plötzlich wieder, die Energie des Herrn Porsche. Doch ihre Nerven sollten auf eine harte Probe gestellt werden. Allein der Anblick, der sich den beiden auf den letzten Kilometern hinein nach Stuttgart darbot, ließ sie erschaudern. »Trümmer wohin das Auge reicht. Wie soll dieses Land jemals wieder auf die Beine kommen? Und erst recht diese Stadt!« Es schien Porsche, als befände er sich mitten in einem Alptraum. »Was wird da von meinem Werk in Zuffenhausen noch übrig sein?«
Erstaunlicherweise mehr, als das angesichts der Zerstörungen rundum zu erwarten war. Ein Großteil der Werkshallen war heil geblieben oder zumindest mit weniger starken Schäden davon gekommen, wie viele andere Firmengebäude im benachbarten Feuerbach. »Na Gott sei dank«, sandte Porsche einen dankbaren Stoßseufzer zum Himmel. »Vielleicht kann es hier also tatsächlich irgendwann einmal wieder weiter gehen. Jetzt interessiert mich natürlich noch, wie es drinnen aussieht.«
Doch der Satz war noch nicht richtig beendet, da versperrten ihnen auch schon zwei Militärpolizisten den Weg. Eine Weiterfahrt sei verboten. Auf gar keinen Fall sei es ihnen erlaubt, das Firmengelände zu betreten. Noch nicht einmal Porsches Hinweis, er sei der Gründer und Eigentümer des Werks, half weiter. Immer mehr Soldaten gesellten sich im

Verlauf der Debatte zu der Gruppe, in deren Fortgang es dem hartnäckigen Porsche immerhin gelang, einen der Unteroffiziere mit der Nachricht zum Büro des Kommandanten zu schicken, Ferdinand Porsche persönlich stehe vor dem Werksgelände und warte darauf, seine Firma besuchen zu dürfen. »Jetzt müsste es eigentlich klappen!« Doch seine Hoffnung trog. Schon kurze Zeit später kam der Mann zurück und gab dem konsternierten Porsche mit wenigen unfreundlichen Worten zu verstehen, der Kommandant dächte weder daran, den ungebetenen Besucher zu empfangen, noch wolle er ihn auf das Firmengelände lassen. Und jetzt solle sich der Herr gefälligst sputen und augenblicklich der eindeutigen Anweisung in seinen Reisepapieren Folge leisten, die da laute, sich auf dem schnellsten »und direktesten« Weg in den Pinzgau zu begeben. Ende der Diskussion!
Eine fürchterliche Demütigung.

Eine quälend lange Zeit verstrich. Bleierne Tage für die Bewohner des Schüttguts – egal, wie herrlich sich die Landschaft rings um ihr Domizil auch in den leuchtendsten Herbstfarben präsentieren mochte. Doch ausgerechnet Ferdinand Porsche, der sich früher so sehr für die schneebedeckten Berggipfel begeistert hatte, die sich blütenweiß vom stahlblauen Himmel abhoben, interessierte sich nicht im Geringsten mehr für den schönen Anblick. Es bedeutete ein hartes Stück Arbeit für Aloisia, ihrem Mann neuen Lebensmut zu verschaffen. Tag für Tag. Stück für Stück.
Am 1. November war es ihnen gelungen, auch den ebenfalls internierten Schwiegersohn Anton Piëch frei zu bekommen – und endlich brütete Porsche wieder über neuen Plänen. Wenngleich es ganz andere Konstruktionen waren, als diejenigen, die man üblicherweise von einem Porsche gewohnt war. »Aber was sollen wir schon machen? Für Automobile und erst recht natürlich für Rennwagen ist in Gmünd weder Geld noch Material vorhanden. Die

Menschen haben andere Sorgen. Also müssen wir eben aus der Not eine Tugend machen.« Und das bedeutete, dass sich die hochqualifizierten Porsche-Ingenieure vor ganz andere Anforderungen gestellt sahen, als sie das bislang gewohnt waren. Nun hieß es mit einem mal, die Hinterachse eines Fahrzeugs zu reparieren, ein schadhaftes Zahnrad nachzuschleifen, die gebrochene Fahrzeugaufhängung zu schweißen ... Die Wandlung vom Konstruktionsingenieur zum Reparaturmonteur. »Aber was soll man machen? Besser so etwas, als gar nichts tun zu können.« Auch Porsches alte, schon aus dem Jahr 1937 stammend Idee vom Traktorenbau hatten sie nun neu in ihr Produktionsprogramm aufgenommen. »Die Landwirtschaft braucht nun dringend neue Fahrzeuge. Das ist das Gebot der Stunde, dem wir Rechnung tragen müssen, erst recht, wenn sie aus Deutschland, wie man von Amerika hört, einen reinen Agrarstaat machen wollen«, hatte Ferdinand Porsche argumentiert. »Wir werden auch Seilwinden herstellen und Turbinen für die Stromerzeugung. Das scheint mir eine sinnvolle Perspektive zu sein. Also Männer«, aufmunternd klatschte Ferdinand Porsche in die Hände. »Auf gehts! An die Arbeit. Es gibt jede Menge zu tun!«
Wie sich innerhalb kürzester Zeit heraus stellen sollte, lag er mit seiner Einschätzung genau richtig. Und auch mit den stetig steigenden Produktionszahlen. Denn auch auf dem Gebiet der Landwirtschaft sollte sich ein Porsche schon bald als das erweisen, wofür der Name Porsche nach Meinung seines Namensträgers grundsätzlich zu stehen hatte: als das beste und zuverlässigste Produkt von allen. Und so schafften es auch die von Ferdinand Porsche und seinen Leuten konstruierten Traktorenmodelle (der Schlepper Typ 312 und der 313 Diesel), wiederum Maßstäbe zu setzen. »Zwar nicht unbedingt auf dem Gebiet der Aerodynamik«, wie der Aerodynamiker Josef Mickl spöttisch anmerkte, »aber wenigstens auf dem Kartoffelacker«. Und das war ja auch schon etwas – erst recht in diesen kargen Nachkriegsjahren.

Ebenfalls um diese Zeit in den ersten Tagen des November 1945 war eines Tages ein französischer Offizier auf dem Schüttgut erschienen, der Ferdinand Porsche eine Einladung zu einer Besprechung nach Baden-Baden, dem Hauptquartier der französischen Truppen in Deutschland, überreicht hatte. Im Auftrag seiner Regierung solle dort besprochen werden, wie es mit Porsches Hilfe gelingen könne, ein ähnliches Werk aufzubauen, wie in Fallersleben. In großem Maßstab wolle man preiswerte Automobile für das französische Volk bauen und sei deswegen an einer Mitarbeit des Herrn Professor höchst interessiert. Mit anderen Worten: was Porsche kriegsbedingt in Niedersachsen verwehrt geblieben war, nämlich die Serienproduktion eines erfolgreichen und für alle erschwinglichen Kleinwagens, das könne man ihm nunmehr in Frankreich offerieren.
Porsche zeigte sich skeptisch. Irgendein Detail am Angebot der Franzosen, was genau es sein mochte, darüber war er sich selbst nicht im Klaren, hatte ihn zögern lassen. So verlockend die Offerte natürlich war. Aber auch körperlich fühlte er sich momentan noch nicht in der Lage, die Strapaze der langen Fahrt nach Baden-Baden auf sich zu nehmen, zumal sie womöglich in einer neuerlichen Enttäuschung enden könnte.
Und so wurde beschossen, zunächst einmal Sohn Ferry als Unterhändler in die Stadt an der Oos zu schicken, um zu erkunden, wie ernst es den Franzosen denn tatsächlich war, und ob das Projekt tatsächlich die skizzierte Größenordnung umfassen sollte »was mich, wenn das der Fall wäre, natürlich schon reizen würde.«

Bereits am 8. November war Ferry zurückgekehrt »und so schlau, wie vorher. Die Reise hätte ich mir sparen können, Vater,« knurrte er verdrossen. »Sie sind einfach nicht mit der Sprache herausgerückt, sondern haben mir gleich mehrmals hintereinander unmissverständlich erklärt, dass sie nur mit dir persönlich in Verhandlungen eintreten würden. Allerdings, das ist mir durchaus klar geworden, gehen diese Bestrebungen tatsächlich von allerhöchsten französischen Kreisen aus. Allein die Zahl von Generälen und anderen ranghohen Offizieren, mit denen ich zusammengekommen bin, lässt darauf schließen – auch wenn sie mir nichts Konkretes gesagt haben. Das Interesse an dir ist riesengroß und die Einladung an dich haben sie mit wärmsten Worten und einem ordentlichen Schluck vom besten Champagner gleich noch einmal erneuert. Ich soll dir ausrichten, sie würden sich über deinen Besuch sehr geehrt fühlen und könnten es kaum noch erwarten, dich in Baden-Baden begrüßen zu dürfen.«

»Na gut«, seufzte Ferdinand Porsche. »Dann machen wir uns eben die Mühe. Ich schlage vor, du kommst wieder mit, du kennst dich jetzt ja dort schon aus, dann dein Schwager Anton und der Herbert. Einverstanden?«

»Einverstanden!« strahlte Herbert Kaes und rieb sich unternehmungslustig die Hände. Welche Ehre, dass sein Onkel ausgerechnet ihn, einen der jüngsten Ingenieure im erlauchten Kreis, für diesen Besuch ausgesucht hatte.

Auch die anderen beiden Männer nickten.

»Und es ist auch dafür Sorge getragen, dass wir die nötigen Papiere dabei haben, um an allen Kontrollposten ungehindert passieren zu dürfen?«

»Das ist es«, nickte Ferry und präsentierte seinem Vater die entsprechenden Reisedokumente, mit denen ihn die Franzosen vorsorglich bereits ausgestattet hatten. »Du siehst, es ist an alles gedacht worden. Sie können es wirklich kaum noch erwarten.«

»Also: dann machen wirs halt«, knurrte Porsche, noch immer von einem seltsamen Zweifel geplagt. »Ein paar Tage möchte ich noch hier sein, aber nächste Woche geht's dann los. Du wirst den Wagen fahren, Ferry, der Pepperl wird leider daheim bleiben müssen – denn so viel Platz haben wir nicht, dass es für fünf Männer mit Gepäck bequem reichen würde.«

Am 16. November 1945 ging es also wieder nach Baden-Baden, wo sie der französische Oberst mit ausgesuchter Höflichkeit empfing und zu Ehren seiner deutschen Gäste ein luxuriöses Abendessen im Kurhaus inszenierte. Ja, es handelte sich um eine regelrechte Inszenierung, an deren feuchtfröhlichem Ende der Oberst ein Formular präsentierte, »das der Herr Dr. Porsche nur noch an dieser Stelle hier zu unterschreiben braucht«. Er tippte mit dem Zeigefinger auf das Papier und reichte dem Konstrukteur einen Füllfederhalter. »Bitte sehr!«
Im Nachhinein sollten seine Mitreisenden davon berichten, dass Porsches Entscheidung innerhalb von Sekundenbruchteilen gefallen sei. Es schien ihnen nur noch eine reine Formsache, dass der durch die guten Gespräche und den exzellenten Wein regelrecht euphorisierte Porsche noch an diesem Abend unterschreiben würde.
Schon hatte er den Federhalter entgegengenommen und ein kurzes »Danke schön« gemurmelt, da verharrte er plötzlich mitten in der Bewegung. Er hob entschlossen den Kopf und fixierte den gespannt wartenden Offizier mit einem festen Blick aus seinen dunklen braunen Augen. »Nein, Monsieur. Ich muss Sie für den Augenblick leider enttäuschen. So sehr ich mir auch der Ehre bewusst bin, die Sie mir mit ihrem großzügigen Angebot erweisen, so sehr möchte ich Sie um Verständnis dafür bitten, dass ich im Laufe meines nun doch schon 70-jährigen Lebens gelernt habe, niemals in der ersten Begeisterung etwas zu unterschreiben. Schon gar nicht einen Vertrag von dieser enormen Tragweite, dessen genauere Ausgestaltung mir ja noch gar nicht bekannt ist. Bitte verstehen Sie also, dass ich noch etwas Bedenkzeit brauche. Ihr Angebot ist sehr verlockend, aber ich möchte es genau prüfen, ehe ich meine Unterschrift darunter setze.«
Die Enttäuschung stand dem französischen Oberst ins Gesicht geschrieben. Doch selbst sein neuerlicher Versuch, Porsche mit wärmsten Worten zu einer sofortigen Unterzeichnung zu bewegen, scheiterte am mittlerweile felsen-

festen Entschluss des Konstrukteurs, keinesfalls eine übereilte Vertragsfixierung vornehmen zu wollen. »So viel Zeit bleibt mir nicht mehr auf dieser Erde. Denn wenn dieses Projekt schief gehen sollte, dann könnte es sich vielleicht um mein letztes gehandelt haben. Und dabei habe ich doch noch so viele Ideen«, erläuterte er seinen Begleitern bei der Rückfahrt aus Baden-Baden seine Motive, die ihn an der Unterschrift gehindert hatten.

»Von wegen letztes Projekt. Du sagst doch immer, du würdest 100 Jahre alt werden«, warf Ferry dazwischen.

»Ich werde auch 100 Jahre alt werden, aber meine Ideen reichen bereits für 150 Jahre, das ist mein Problem«, lachte sein Vater und klatschte sich vergnügt wie lange nicht mehr, auf die Schenkel. »Wenn der Herbert allerdings weiter so vor sich hin schleicht, dann muss ich sogar 200 werden, um alles zu schaffen, was ich mir vorgenommen habe. Also Herbert: ich habe meine Zeit nicht gestohlen! Gehmma, gehmma!«

»Mit dem größten Vergnügen!« nickte Herbert Kaes, schaltete vom vierten in den dritten Gang und trat dann das Gaspedal bis zum Anschlag durch. Mit einem gewaltigen Satz beschleunigte der Wagen, während der Chauffeur mit amüsiertem Grinsen im Rückspiegel verfolgte, wie seine Fahrgäste dadurch alle Hände voll zu tun hatten, ihre Aktenordner wieder einzusammeln, die ihnen bei diesem überraschenden Manöver vom Schoß gerutscht waren.

So verlockend in Ferdinand Porsches Ohren das Angebot der Franzosen zur Leitung einer neu aufzubauenden Automobilfabrik auch geklungen hatte: eine gewisse Bedenkzeit musste einfach sein. So hatte er also mit dem enttäuschten Oberst vereinbart, sich für die beiden nächsten Wochen auf das Schüttgut zurück zu ziehen, um dort in der Einsamkeit der Pinzgauer Berge die Sache nochmals reiflich zu überlegen und im Kreise seiner Ingenieure die eine oder andere Detailfrage zu klären. Spätestens Mitte

Dezember, das hatte er dem Mann jedoch fest versprochen, würde er sich wieder in Baden-Baden einfinden. Und ein Vertragsabschluss liege bei diesem nächsten Treffen durchaus im Bereich des Wahrscheinlichen.

»Es scheint mir so, als ob es die Franzosen wirklich ganz groß aufziehen wollen. Ich denke fast, das könnte schon etwas werden!« Für seine langjährigen Mitarbeiter war es unschwer zu erkennen: ihr Chef hatte längst wieder Feuer gefangen. Es handelte sich schließlich um eine einmalige Gelegenheit. Die Chance, seinen jahrzehntelangen Traum doch noch zu verwirklichen. Nachdem ihm inzwischen auch die britische Besatzungsmacht den Zutritt zu dem nahezu völlig zerstörten Volkswagenwerk verwehrte und dort also jeden Neuanfang mit Porsche blockierte, gab es eigentlich gar keine andere Wahl, als das Angebot der Franzosen anzunehmen.

Und so war es kein Wunder, dass Porsche schon kurz nach der Rückkehr ins Schüttgut seine Entscheidung verkündete, die eigentlich gar nicht anders hatte lauten können: »Leute: ich mache es! Wir werden noch einmal von vorne beginnen. Und wenn Ihr wollt, seid Ihr alle mit dabei. Jetzt halt in Frankreich – aber Hauptsache, es bewegt sich etwas!«

Auch Aloisia zeigte sich einverstanden. »Was soll ich schon sagen? Dann gehen wir halt nach Frankreich. Besser ein weiterer Umzug, als einen Mann, der zuhause hockt, und seinen verpassten Lebenschancen nachtrauert. Erst recht, wenn es sich um einen Porsche handelt! Das wäre unerträglich! Also, meinen Segen hast du, Ferdinand.« Damit war alles geklärt. Am 13. Dezember würde man bei einer erneuten Zusammenkunft mit den Franzosen Nägel mit Köpfen machen. Und so setzte sich die kleine Porsche-Delegation also ein weiteres Mal in Richtung Baden-Baden in Bewegung.

Doch alles kam anders. Anstelle ihres bisherigen Verhandlungspartners waren unvermittelt ganz neue Leute erschienen, die es offenkundig auch gar nicht nach einem sofor-

tigen Vertragsabschluss drängte. Selbst der ihnen zum Frühstück reichlich kredenzte Champagner konnte bei den beiden Porsches, Anton Piëch und Herbert Kaes ein seltsames Gefühl nicht verwischen. »Mir scheint, die Franzosen wollen die Sache mit deiner Unterschrift plötzlich hinauszögern«, raunte der erstaunte Piëch seinem Schwiegervater ins Ohr.
»Das scheint mir auch so«, knurrte der verdrießlich zurück, um die Dinge sofort in die Hand zu nehmen. So wie das seiner Wesensart entsprach. »Also, meine Herren, ich wäre dann bereit. Wenn Sie mir nun bitteschön den Vertrag zur Unterschrift vorlegen wollen«.
Die beiden Männer zuckten entschuldigend mit den Schultern. Das sei im Moment leider nicht möglich. Man warte noch auf grünes Licht aus Paris, von allerhöchster Stelle also. Es handele sich nur um eine winzig kleine Verzögerung, die Dinge seien im Grundsatz bekanntlich längst geklärt. Man müsse aber dennoch um zwei Tage Geduld bitten, bis das Einverständnis aus Paris eingetroffen sei. Am 15. Dezember könne der Vertrag definitiv abgeschlossen werden.

»Wenn ich auch nur ansatzweise geahnt hätte, welches Unheil sich da über unseren Köpfen zusammenbraut«, schnaufte Porsche. »Wir wären auf der Stelle aus Baden-Baden geflohen. Aber ich gebe zu, ich war derart auf die Möglichkeit fixiert, dieses neue Volkswagenprojekt realisieren zu können, dass ich sämtliche Warnlampen in meinem Kopf einfach ignoriert habe. Ich war wie vernagelt, das muss ich leider sagen.«
»Aber wer hätte schon ahnen können, dass die französische Automobilindustrie hinter dieser Intrige steckt – und vor allem, dass der französische Staat dabei mitmacht«, gab Gilain zu bedenken. »Das konntest du doch nicht wissen!«
»Im Nachhinein ist alles leicht erklärbar: man muss sich die aufgeheizte nationale Stimmung nach dem schreckli-

chen Weltkrieg einfach vor Augen halten. Der – verständliche – Hass auf die Deutschen, dann der Skandal mit Louis Renault, den sie der Kollaboration mit den Deutschen bezichtigt haben. In dieser Atmosphäre brauchte es nicht mehr viel, um mein Engagement in Frankreich zu verhindern und für die dortige Autoindustrie einen unliebsamen ausländischen Konkurrenten, als den man mich logischerweise gesehen hat, auszuschalten. Da bedurfte es nur eines diskreten Hinweises, ich hätte mit voller Absicht französische Zwangsarbeiter ins Werk nach Fallersleben deportieren lassen und sogar ins Konzentrationslager. Ein einziger Vorwurf hat damals gereicht – und schon sind die Dinge ins Rollen gekommen. Was sich dann ereignet hat, das war die schlimmste Zeit in meinem ganzen Leben.« Ferdinand Porsche lehnte sich zurück und atmete tief durch. Allein die Erinnerung an die mehr als anderthalb Jahre in französischer Gefangenschaft, machten ihm immer noch schwer zu schaffen.

Kurz vor Beginn des festlichen Abendessens aus Anlass der Vertragsunterzeichnung waren plötzlich zwei Beamte der Sicherheitspolizei im Hotel erschienen und hatten Porsche mitsamt seiner Delegation kurzerhand für verhaftet erklärt. Die drei Männer (Herbert Kaes hatte es zu seinem Glück vorgezogen, an diesem Abend lieber ins Kino zu gehen und entkam dadurch dem Zugriff) wurden in ein ehemaliges Gestapo-Gefängnis für hochgestellte Gefangene in der Baden-Badener Vincentistraße gebracht, das nun von der Sureté kontrolliert wurde.
So überraschend der Zugriff erfolgt war und so unverständlich sich die Umstände seiner Verhaftung für Porsche auch darstellten, zumindest die Unterbringung war einigermaßen zufriedenstellend. Viel schlimmer waren diese unsäglichen, stundenlangen Verhöre, in denen sich Ferdinand Porsche wieder und wieder mit den immer gleichen Vorwürfen konfrontiert sah, die er schon bei seiner Inter-

nierung durch die Amerikaner im »Mistkübel« über sich hatte ergehen lassen müssen.
Am 30. Januar 1946 war es Ghislaine Kaes endlich gelungen, Ferdinand Porsche in dessen Gefängnis ausfindig zu machen. Es brach dem treuen Gilain beinahe das Herz, als er das blasse Gesicht seines verehrten Onkels hinter einem der vergitterten Fenster erstmals erblickte.
Porsche gelang es, seinem Neffen einen Zettel mit detaillierten Anweisungen herunter zu werfen. Beispielsweise war da die Sache mit den Lebensmitteln, die Kaes seitdem, den genauen Anforderungen des Onkels folgend, Tag für Tag am Gefängnistor ablieferte. Bald schon war dieser Besuch zur Routine geworden – für Gilain genauso wie für den deutschen Gefangenenwärter. Täglich, nachdem er dem Bewacher das verlangte Bestechungsgeld von 20 RM übergeben hatte, holte der Sekretär seither den Korb mit den Essenswünschen des Onkels am Gefängniseingang ab, mitsamt dem zu spülenden Geschirr und den verschiedensten Aufträgen. Leerer Korb gegen vollen Korb – samt einem genauen Lagebericht von Kaes. So ging das eine ganze Zeit, bis Porsche ihn auf zunehmende Probleme mit seinen Augen hinwies und die Befürchtung äußerte, es bestünde womöglich die Gefahr, zu erblinden. Kaes reagierte sofort und beantragte bei den französischen Behörden die Überweisung seines Onkels ins Baden-Badener Krankenhaus, was ihm dank tatkräftiger Mithilfe des dortigen Chefarztes schließlich auch gelang. Sogar im Krankenhaus wurden die Verhöre fortgesetzt. Inzwischen ging es den Franzosen hauptsächlich darum, auf welchem Weg sie an Kopien von Konstruktionszeichnungen des Volkwagens gelangen könnten und ähnliches mehr …

In Gmünd und in Zell am See hatte währenddessen Porsches Tochter Louise Piëch gemeinsam mit Chefkonstrukteur Karl Rabe das Heft in die Hand genommen. Was hätte sie auch anderes tun sollen? Anstelle ihres Vaters und ihres ja ebenfalls inhaftierten Mannes Anton steuerte sie den Wiederaufbau der Produktionsanlagen in Gmünd und die Arbeiten im Konstruktionsbüro, denn auch ihr Bruder Ferry befand sich ja immer noch in den Händen der Franzosen: er stand mittlerweile zusammen mit Herbert Kaes in einem Hotel in Bad Rippoldsau unter Hausarrest. »Die Louisl« erwies sich als umsichtige Chefin und die allerbeste Vertreterin der inhaftierten Männer, die es selbst, das gestanden sie später gerne ein, nicht besser hätten machen können. Louise Piëch, geborene Porsche, gebührte also unzweifelhaft ein Großteil des Verdienstes am allmählichen Wiederaufblühen der Firma Dr.-Ing. Ferdinand Porsche. Sie war und blieb der Stolz ihres Vaters.

Bei Ferdinand Porsche entwickelten sich die Dinge weiter zum Schlechten. Am 3. Mai 1946 wurde er zusammen mit seinem Schwiegersohn von den Franzosen nach Paris gebracht, wo sie das Pförtnerhaus im beschlagnahmten Anwesen von Louis Renault beziehen mussten. Wochenlang erschienen nun französische Ingenieure mit Konstruktionszeichnungen eines Wagens, den sie »Renault 4 CV« nannten – offenkundig sollte es die französische Antwort auf den Volkswagen sein – und beauftragten Porsche mit der Lösung von ganz konkreten Detailfragen. Sogar einen ersten »Renault 4 CV« – Versuchswagen für eigene Erprobungsfahrten auf dem Firmengelände stellten sie ihm schließlich zur Verfügung. Welche von seinen zahlreichen Verbesserungsvorschlägen sie tatsächlich umsetzten, das erfuhr Porsche jedoch nicht. Im Gegenteil: im weiteren Verlauf des Jahres wurde die Stimmung wieder zunehmend frostiger und der Umgangston dementsprechend harscher, wogegen sich der Konstrukteur mit scharf formulierten Eingaben an das französische Justizministerium zur Wehr setzte und auf die Ansetzung einer Gerichtsverhandlung drängte, um dabei endlich seine Unschuld beweisen zu können. Notfalls würde sich seine Familie an die alliierten Verbündeten wenden, um die Öffentlichkeit über das Unrecht in Kenntnis zu setzen, das ihm in Frankreich zugefügt werde. Sein letztes Schreiben von Anfang Februar 1947 war gleichzeitig ein Ultimatum: sollte es nicht unverzüglich zu der verlangten Gerichtsverhandlung kommen, würde seine Familie nunmehr aktiv werden. Darauf eskalierte die Situation: Am 17. Februar wurden die mit Ketten an Händen und Füßen gefesselten Porsche und Piëch in ein Gefängnis nach Dijon verbracht. Wie die Schwerverbrecher! Dazu noch in einer winzigen Zelle, die er sich mit einem inhaftierten General teilen musste. Ohne Tisch und ohne Stuhl darin! Noch nicht einmal der Besuch des sonntäglichen Gefängnisgottesdienstes wurde ihm gestattet, worüber er beim Anstaltsgeistlichen, einem deutschen Benediktinerpater mit Namen Johannes, der ihn so oft es nur ging in der Zelle besuchte, bittere Klage führte. In dem engen Raum war es zu allem Übel eiskalt, was den Gesundheitszustand des 71-jährigen weiter drastisch verschlechterte. Nach wenigen Tagen bestand ernste Lebensgefahr, doch erst, als der Gefängnisarzt auf Drängen von Pater Johannes eine dringliche Eingabe an die Gefängnisleitung richtete, wurde der am ganzen Körper zitternde Porsche endlich auf die Krankenstation verlegt – gerade noch rechtzeitig, um ihn vor einer Lungenentzündung mit gravierenden Folgen zu bewahren. Doch seine Gesundheit war zu diesem Zeitpunkt, wie sich später erweisen sollte, längst unwiederbringlich ruiniert. So vergingen weitere ungewisse Wochen, ohne dass irgendeine Aussicht auf Freilassung bestand.

Den ersten Silberstreif am Horizont bildete das Gerichtsverfahren, das die inzwischen neu gewählte französische Regierung anordnete und in dessen Verlauf die Zeugen Porsche übereinstimmend von sämtlichen Vorwürfen entlasteten, die man gegen ihn in Bezug auf die Zwangsarbeiter erhoben hatte. Selbst ehemalige Gestapoleute bestätigten diese Aussagen. Und dennoch war an Freiheit für Ferdinand Porsche und Anton Piëch noch immer nicht zu denken.

Frankreich verlangte schließlich eine Million Francs für eine »Freilassung auf Kaution«.
Eine astronomisch hohe Summe – angesichts der Tatsache, dass die Produktion im Gmünder Porschewerk ja erst ganz allmählich wieder ins Laufen kam und dazu noch vor allem mit Reparaturaufträgen, die wenig Geld in die Kasse brachten, eine nahezu unerfüllbare Forderung.
Doch der inzwischen aus seinem Hausarrest freigekommene Ferry und seine Schwester Louisl schafften gemeinsam das schier Unmögliche. Ein Turiner Geschäftsmann hatte ihnen den Auftrag für die Planung eines Rennwagens erteilt, der unter der Bezeichnung »Cisitalia« auf die Rennstrecken geschickt werden sollte. Allein mit der Bezahlung der Konstruktionsskizze kam genügend Geld zusammen, um die Millionenkaution in Frankreich zu hinterlegen. Ironie der Geschichte: der »Cisitalia« sollte niemals an einem Großen Preis teilnehmen können – aber Hauptsache, Ferdinand Porsche und Anton Piëch befanden sich dank der Erlöse aus diesem Auftrag endlich wieder auf freiem Fuß.
Nach insgesamt 19 Monaten und 14 Tagen Haft!

Am 14. August 1947 konnte Aloisia ihren Mann unter Tränen wieder in die Arme schließen. »Willkommen zuhause, Ferdinand!« Es war eine bittere Begrüßung, denn keinem von ihnen entging der jämmerliche Zustand, in dem sich Porsche befand. Um das zu erkennen, brauchte man kein Mediziner zu sein. Aber viel schlimmer als die bleiche Gesichtsfarbe und der beinahe bis zum Skelett abgemagerte Körper schien ihnen der tief gesenkte Kopf und der flackernde Blick in den Augen des Professors. Der in aller Welt berühmte Ferdinand Porsche war ein gebrochener Mann! Eine niederschmetternde Erkenntnis, die sie traf wie ein Keulenschlag.
Da half nur eines! Die neuen Konstruktionszeichnungen und die wieder in Gang gekommene Produktion. »Vater. Wir fahren gleich mit dir weiter nach Gmünd. Der Karl

Rabe wartet dort schon sehnsüchtig auf dich, um dir unsere ganz neuen Pläne zu zeigen!« Ohne lange zu fackeln, fuhr Ferry mit einem in Gmünd reparierten Kübelwagen vor und ließ seinen Vater neben sich Platz nehmen. Dann ging es in rasender Fahrt los – den Großglockner hinauf, auf der anderen Seite wieder hinunter – bis nach Gmünd. Das würde ihm sicherlich neue Lebensfreude einhauchen! Die Großglocknerstrecke, die er so sehr liebte! Doch zu Ferrys Beunruhigung kam kein einziger Laut über die Lippen seines Vaters. An all den wunderbaren Aussichtspunkten auf dem Großglockner, an denen er normalerweise einen lauten Jauchzer ausgestoßen hätte und in den vielen engen Kurven, um die Ferry das Fahrzeug routiniert herum schleudern ließ, was er früher mit anerkennendem Kopfnicken quittiert hätte: nichts – rein gar nichts.
Ferrys letzte Hoffnung ruhte also auf der Werkstätte in Gmünd, auf Karl Rabe und den Planskizzen. »Hier Vater, schau. Der Herr Rabe und ich, wir haben auf der Basis deiner damaligen »Berlin-Rom-Wagen« – Studie mit der aerodynamischen Fortentwicklung durch den Erwin Komenda das Fahrzeug in deinem Sinne weiter entwickelt«, deutete er erwartungsvoll auf eine Zeichnung mit der Nummer »356.00.105«. »Natürlich haben wir gewisse Anteile davon auch in den »Cisitalia«-Auftrag einfließen lassen, aber im großen und ganzen sind wir mit dieser neuen Skizze schon längst darüber hinaus gediehen. Meiner Ansicht nach könnte das ein guter Ansatz für einen ganz neuen, ziemlich spektakulären Sportwagen sein, wenn wir auch leider auf deine wertvollen Ratschläge und deine Erfahrung verzichten mussten. Was hälst du davon, Vater? Meinst du, daraus könnte eventuell etwas werden?«
Gespannt beobachteten Karl Rabe und Ferry Porsche den alten Mann, der sich mit ernster Miene über die Konstruktionszeichnung beugte und dabei jede noch so kurze Linie genau unter die Lupe nahm. Es schien ihnen eine halbe Ewigkeit vergangen, als er sich endlich wieder aufrichtete und die beiden Männer in sein Visier nahm. Er räusperte

sich rau, dann kam sein Fazit. »Keine Schraube hätte ich anders gemacht!« Ein einziger Satz. Aber was für einer! Das höchste Lob, das es aus dem Mund eines Ferdinand Porsche geben konnte!

Der erste Schritt war damit getan. Der erste Meilenstein auf dem Weg zu einem Sportwagen aus dem Hause Porsche. Und Ferdinand Porsche würde mit dabei sein.

Das Feuer in ihm war also noch nicht erloschen.

Tränen der Rührung glitzerten in ihren Augen – und keiner schämte sich deswegen. Es war ein einziger Tag der Freude.

Doch trotz aller neu aufkeimenden Hoffnung durften sie die Tatsache nicht außer acht lassen, dass Ferdinand Porsche in Kürze seinen 72. Geburtstag begehen würde – ein Alter, das ihn die Strapazen einer anderthalb Jahre währenden Internierung nicht mehr so leicht wegstecken ließ, wie das früher der Fall gewesen wäre.

Wenige Wochen nach seiner Heimkehr klagte er über Schwindelgefühle, Atemnot und Doppelbilder. »Ein Schlagerl«, konstatierten die Ärzte ernst und rieten dem Patienten dringend, sein Leben zu ändern und endlich kürzer zu treten. »Was für ein Ratschlag! Das ist ja, als wollte man dem Hund das Bellen verbieten!«, kommentierte sein Sekretär kopfschüttelnd. Nie und nimmer würde es dem Professor gelingen, das Tempo aus seinem Leben zu nehmen. So wünschenswert das vielleicht sein mochte. Aber dann wäre er ja nicht mehr der ewig rastlose Ferdinand Porsche, als den sie ihn alle kannten und verehrten. Nun gut: man würde zumindest versuchen, ihn an eine schonendere Lebensweise heran zu führen. Sich ab und zu einmal in der Tugend der Geduld zu üben, sagten die Ärzte … »Ausgerechnet Geduld! Wenn es eine Eigenschaft gibt, über die mein Ferdinand ganz sicher nicht verfügt, dann ist es die Geduld. Die hat er einfach nicht, weder mit sich, noch mit anderen.« Und dennoch war sich auch Aloisia nur allzu gut darüber im klaren, dass sie alles daransetzen musste, ihren Mann zu einer langsameren Gangart zu bewegen. »Denn wenn du so weiter machst, wie bisher, dann wirst du bald die endgültige Quittung erhalten. Du brauchst jetzt gar nicht so ein Gesicht machen, genieße jetzt doch erst einmal die Tatsache, dass du wieder in Freiheit bist und dass wir hier in unseren herrlichen Bergen wirklich wie im Paradies leben. Außerdem haben die Louisl und der Ferry während deiner Abwesenheit die Lücke ja wirklich glänzend ausgefüllt. Wie sie den Betrieb wieder zum Laufen gebracht haben, vor allem die Louisl mit ihrem unermüdlichen Einsatz, was die behördlichen Genehmigungen angeht und dann der Ferry mit der Neukonstruktion dieses 356er, die du ja selbst so gelobt hast. Wir können also wirklich stolz auf die beiden sein.«

»Und ich, meinst du, ich bin also inzwischen überflüssig geworden«, knurrte Porsche verdrießlich.

Seine Ehefrau schüttelte missbilligend den Kopf. »Also Ferdinand! Das hat doch niemand behauptet. Du sollst nur – zumindest in den nächsten Monaten – ein bisschen kürzer treten und dich noch schonen. Sie brauchen dich als Ratgeber nach wie vor – doch der kannst du nur sein, wenn du mit deiner Gesundheit sorgfältiger umgehst.«

»Und was soll das konkret heißen?«

»Dass wir einfach längere Spaziergänge machen werden, wenn das Wetter so schön ist, wie heute – anstatt den ganzen Tag über deinen Zeichnungen im Konstruktionsbüro zu sitzen. Und vielleicht einmal an eine Kur denken …«

»An eine Kur denken!« echote Porsche verblüfft. »Ich in einer Kur! Ausgerechnet ich! Wie kommst du denn nur auf so etwas, Louis? Da sterbe ich ja vor Langeweile! Die beste Kur, die ich mir vorstellen kann, das ist die Arbeit an meinen Motoren.«

»Das wird sich ändern müssen«, wich Aloisia mit fester Stimme keinen Zentimeter von ihrem Standpunkt. »Nur so wirst du wieder zu Kräften kommen. Und ich werde dafür sorgen, dass uns das gelingt!«

Die entschlossene Miene, die sie dabei zur Schau stellte,

ließ es ihrem Ehemann ratsam erscheinen, die Diskussion nicht weiter fortzusetzen. Denn wenn sich die Louis erst einmal etwas in den Kopf gesetzt hatte, dann war es nahezu unmöglich, sie wieder davon abzubringen. In dieser Hinsicht waren sich die beiden ja durchaus ähnlich, wenngleich zum guten Glück auf ganz und gar unterschiedlichen Gebieten.
Mit Beharrlichkeit (nach Ansicht des zähneknirschenden Ferdinand Porsche handelte es sich dabei eher um eine nicht zu überbietende Sturheit) setzte Aloisia die angekündigten (beziehungsweise »angedrohten«) Spaziergänge durch. Und ebenso die Kur, in der sich ihr Mann zwar fürchterlich langweilte, aber dennoch sichtlich zu Kräften kam. Auch wenn er nicht mehr derselbe, vor Tatkraft sprühende Tausendsassa war, wie vor seiner Internierung, eine Tendenz zum Besseren war unübersehbar.
Im Laufe der Zeit durfte die Louis sogar die erfreuliche Beobachtung machen, dass es ihr Mann tatsächlich etwas ruhiger angehen ließ. Sogar im Gmünder Konstruktionsbüro hielt er sich bei schönem Wetter den Nachmittag frei, »um den alten Kopf mit frischem Wind und hellem Sonnenlicht zu versorgen«. Extra für diesen Zweck wurde die große Segeljacht auf dem Wörthersee wieder in Betrieb genommen, auf der sie vor dem Krieg im Urlaub schon so viele schöne Stunden verbracht hatten. Auf den Namen »SIA IV« hatte Ferdinand das Boot damals getauft. Aloisia schmunzelte verstohlen in sich hinein, als sie den rätselhaften Namenszug nach so langer Zeit wieder erblickte. Denn nur ihr Mann, sie selbst und der Neffe Gilain kannten seine wahre Bedeutung. Dabei war es ganz einfach: auf die Buchstaben »sia« endete ja auch ihr Vorname, der aus vier weiteren Buchstaben bestand (weswegen noch die römische Ziffer IV dazu kam). Aber dass es sich beim Schiffsnamen um einen ganz besonderen Liebesbeweis ihres Ferdinand handelte, das musste »ja nicht gleich die ganze Welt wissen – und außerdem finde ich es immer etwas kitschig, wenn die tatsächlichen Namen der Ehegattinnen auf der

Schiffswand stehen«, hatte der Ferdinand gemeint und ihr einen liebevollen Kuss auf die Wange gehaucht.
Dass Porsche selbst über keinerlei Segelerfahrung verfügte, tat dem neuen Freizeitvergnügen keinerlei Abbruch: denn dafür gab es ja den immerzu dienstbereiten Gilain, den er aus eben diesem Grund einen Segelkurs hatte absolvieren lassen. Womit den erholsamen Bootsfahrten auf dem Wörthersee nichts mehr im Wege stand.
Ganz sicher war es auch diesen Ruhepausen zu verdanken, dass Ferdinand Porsche in der Lage war, die kommenden Ereignisse leichter zu bewältigten. Sie erwiesen sich als hart genug.
Zunächst diese Demütigung mit den Reisedokumenten. »Um endlich wieder über die Grenzen reisen zu können, brauche ich einen Pass. Und zwar einen österreichischen.« Das war viel leichter gesagt, als getan, denn von den Franzosen war er als Deutscher interniert und entlassen worden. Aber der in der alten Donaumonarchie geborene Porsche fühlte sich als Österreicher. »Auch nicht als Tscheche, sondern eben als Österreicher. Diese Sprache spreche ich und hier bin ich ja auch zuhause«. Doch selbst das österreichische Innenministerium hatte ihm nur ein vorläufiges Reisedokument ausstellen lassen, das ihn als Deutschen auswies. Nach heftigstem Widerspruch wurde er »zuständigkeitshalber« an die deutschen Stellen weiter verwiesen, wo Porsche zu seinem übergroßen Verdruss schließlich mitgeteilt wurde, sein nach wie vor gültiger Hauptwohnsitz sei der Feuerbacher Weg in Stuttgart. Und außerdem sei da ja noch die Einbürgerungsurkunde aus der Hitlerzeit. Beide Fakten seien eindeutig: bei Ferdinand Porsche handele es sich um einen deutschen Staatsbürger.
»Das kann ich keinesfalls akzeptieren. Gilain, kläre das bitte für mich. Und zwar rasch!« Da stand er plötzlich wieder vor seinem Neffen, der ungeduldige Herr Professor. »Am besten du gehst zu Seiner Exzellenz, dem Bischof von Gurk, der hat einen großen Einfluss auf die Kärntner Landesregierung – mit dem Hinweis auf meine nicht gerade

unbedeutende Porsche-Produktionswerkstätte in Gmünd müssten die Dinge eigentlich rasch zu klären sein.«
Doch das Gegenteil war der Fall: Gilain hatte gar nicht bis zum Bischof vordringen können. Der von den Nationalsozialisten mit einem Berufsverbot belegte Geistliche hatte seinem verdutzten Besucher lediglich über den Sekretär in einem einzigen dürren Satz mitteilen lassen, dass er nicht daran dächte, sich für den Konstrukteur zu verwenden: »Porsche ist dabei gewesen und jetzt muss er eben selber sehen!«
Der tiefgläubige Katholik Porsche vermeinte, sich verhört zu haben. »Und das hat er dir wirklich gesagt, Gilain? Das war alles? Das ... das ist ja ungeheuerlich!«
Der Stachel der Enttäuschung saß tief, doch dank Aloisia verkraftete er auch diese Demütigung – ebenso wie das große Feuer Anfang des Jahres 1949, bei dem der große Pferdestall in der Nähe des Schüttguts ein Raub der Flammen wurde. Das auch noch – ausgerechnet das Schüttgut hatte es treffen müssen, sein liebstes Refugium.

Wenigstens mit der Produktion ging es weiter aufwärts: Louise Piëch und Ferry Porsche erwiesen sich nach wie vor als glänzende Stützen ihres Vaters und als diejenigen, die bestens geeignet waren, die Firma in eine gute Zukunft zu führen. Noch im Jahr 1949 gelang es Ihnen, mit der detaillierten Planung der Produktionsanlagen für jenen ganz neuen Wagen, dem »356.00.105«, dem Ferry inzwischen die Typenbezeichnung 356 gegeben hatte, zu beginnen. Im kommenden Jahr 1950 würde man auf alle Fälle mit der Produktion beginnen – und zwar wieder in Zuffenhausen. Und selbst wenn bis zu diesem Zeitpunkt das Werk nach der Beschlagnahme durch die Amerikaner noch nicht wieder frei gegeben wäre: dann würde man eben zunächst beim benachbarten Karosseriewerk Reutter mit der Produktion beginnen. Das hatte Ferry inzwischen fest vereinbaren können. Genau so würden sie es machen. Und das, obwohl Porsche senior nicht so recht an den Erfolg dieser

356er glauben mochte – schon gar nicht in diesen Zeiten. »Der wird keine 500 Stück erleben«, hatte er dem erstaunten Ferry gegenüber düster orakelt. »Das ist ein Luxusgut, das sich in einem vom Krieg zerstörten Agrarstaat niemals durchsetzen wird. Wir hätten unserer Linie treu bleiben sollen, und uns weiterhin voll und ganz auf landwirtschaftliche Maschinen konzentrieren müssen!«
Manchmal freilich konnte sogar ein Ferdinand Porsche gewaltig daneben liegen …

»Nachdem man mich also nicht als Österreicher haben wollte und ihr sowieso wieder in Zuffenhausen arbeiten wollt, habe auch ich mich entschlossen, nach Stuttgart zurück zu gehen«. Maßgeblich für diese Entscheidung Ferdinands waren Ferrys Argumente gewesen, der die besseren Chancen für die Aufnahme einer Serienproduktion seiner neuen 356er eben nicht in Gmünd, sondern eindeutig in Stuttgart gesehen hatte. Mit Österreich würde man dennoch geschäftlich verbunden bleiben und zwar über die zwischenzeitlich gegründete Firmenniederlassung in der Salzburger Alpenstraße, die künftig als Auslieferungslager für die Generalvertretung von Volkswagen in Österreich fungieren konnte. Denn nach zähen Verhandlungen hatte die Firmenleitung von Volkswagen der Porsche-Familie das exklusive Recht am Verkauf des VW-Käfer in der Alpenrepublik eingeräumt.
Und so konnte Ferdinand Porsche am 3. September 1950 auf Schloss Solitude bei Stuttgart seinen 75. Geburtstag feiern. »Das ist schon eine ganz andere Feier, als vor fünf Jahren im Schloss Kransberg, das könnt Ihr mir glauben«, lächelte der alte Konstrukteur, der voller Rührung die zahlreichen Ehrungen über sich ergehen ließ, die ihm in Hülle und Fülle zuteil wurden. Sogar der ADAC ernannte ihn »am Tag der Vollendung seines 75. Lebensjahres und eines 50-jährigen Schaffens auf dem Gebiet des Kraftfahrwesens« zum Ehrenmitglied.
Und dass er an seinem Ehrentag von der Familie nun ganz

offiziell einen nagelneuen Porsche 356 als Geschenk erhielt, das setzte diesem wahrhaft perfekten Tag endgültig die Krone auf.
Ferdinand Porsche war wieder zurück. Endlich!

*

Vier Wochen später machte er sich zusammen mit dem Neffen Gilain zu einer ganz besonderen Reise auf, bei der ihn höchst gemischte Gefühle bewegten. Es war die Fahrt zur Pariser Automobilausstellung, bei der die Firma Porsche mit einem großen Stand und dem neuen Wagen natürlich ebenfalls vertreten war. Die Einladung ging vom französischen Automobilverband aus – in Würdigung der vielen automobilen Meilensteine, die Porsche seit der Pariser Weltausstellung im Jahr 1900, damals noch mit dem Lohner-Porsche, hinterlassen hatte. Aufgrund seiner schlimmen Nachkriegserfahrungen in Frankreich hatte er wochenlang gezögert, die Einladung anzunehmen. Erst nachdem sich Ghislaine Kaes der Sache angenommen hatte und seinem Onkel anhand von eigens für ihn ausgestellten Diplomatendokumenten der französischen Botschaft versichern konnte, dass ihm dieses Mal kein Unheil drohe, war Ferdinand Porsche einverstanden gewesen.
Ironie der Geschichte: ausgerechnet im Hotel, in dem er in Paris übernachtete, traf Ferdinand Porsche zufällig mit einem alten Bekannten aus Wiener Tagen zusammen: mit dem jüdischen Automobilimporteur Max Hoffmann, der inzwischen einer der bedeutendsten amerikanischen Automobilhändler geworden war. Sozusagen aus dem Stand heraus bestellte Hoffmann den neuen 356er für den Import nach Amerika. In Nachhinein betrachtet war es der entscheidende Durchbruch für den neuen Sportwagen, der in den USA begeisterte Abnehmer fand. Und ausgerechnet Ferdinand Porsche, der doch selbst nicht an einen Erfolg des 356er hatte glauben mögen, war im sprichwörtlichen Sinn der Motor dieser atemberaubenden Entwicklung geworden.
Der Besuch in Paris wurde für Ferdinand Porsche auch aus diesem Grund zu einem einzigen Triumphzug.

Glücklich und zufrieden machten sich die beiden schließlich wieder auf die lange Heimreise. Es war richtig gewesen von Gilain, den Onkel Ferdinand zu dieser Reise zu überreden und ausnahmsweise nicht locker gelassen zu haben. Im Rückblick betrachtet handelte es sich um das letzte große Erfolgserlebnis für Ferdinand Porsche.

Spät in der Nacht erreichten sie das einsam gelegene Schüttgut. Vorsichtig ließ Gilain den Wagen ausrollen. Seltsam! Im Fond des Wagens blieb es ruhig. Ganz gegen seine sonstigen Gewohnheiten war von Ferdinand Porsche keine Silbe zu hören. Üblicherweise hätte er doch mit einem ungeduldigen »Na endlich« oder »Das wurde ja höchste Zeit« die Tür aufgerissen und wäre sofort in das Haus gestürmt. Doch nichts geschah. Hoffentlich war nichts passiert. Ein Schwächeanfall womöglich. Allein der Gedanke daran versetzte Gilain einen schmerzhaften Stich in die Magengrube. Vorsichtig wandte er sich um und musterte seinen Fahrgast im fahlen Mondlicht sorgenvoll, dann atmete er erleichtert auf. »Gott sei Dank!« Porsche war in einen tiefen Schlaf gesunken. Friedlich und entspannt lehnte der Professor in der ledergepolsterten Rückbank ihres Wagens. Alles schien gut. Und dennoch: die tiefen Furchen im Antlitz des Konstrukteurs ließen sich nicht übersehen. Innerhalb weniger Monate war Ferdinand Porsche um Jahre gealtert. Äußerlich. Sein Geist freilich war so wach, wie eh und je.
Und auch der strenge Tadel in seiner hohen Stimme klang noch ganz genauso wie früher. »Lass unseren Herrgott aus dem Spiel, Gilain! Du weißt doch, ich mag das nicht.«
»Natürlich, Onkel Ferdinand. Entschuldige bitte vielmals. Ich … ich wollte nur sagen, dass wir da sind.«
»Das sehe ich selber, Gilain. Ich mag zwar mittlerweile ein alter Mann geworden sein – aber ein Trottel bin ich deswegen noch lange nicht. So – und jetzt bringst du mir bitte gleich noch die beiden großen Koffer ins Haus, aber fix.«

Eine schönere Form der Zurechtweisung konnte es für Gilain gar nicht geben. Das war ja wieder ganz und gar der alte Herr Professor! So, wie sie alle ihn kannten und verehrten. Wie schön! Dem Himmel sei Lob und Dank! Dieses Stoßgebet hatte nun doch sein müssen. Auch wenn das dem Onkel wohl wiederum nicht gefallen hätte, wie Gilain mit heimlicher Freude konstatierte. Egal …
»Gilain! Wo bleibst du denn? Jetzt komm endlich! Gehmma, gehmma!«

Kaum hatte Porsche endlich das Haus betreten, schaute er sich im Halbdunkel des Flurs suchend um. »Ob wohl die Hermine noch wach ist? Hermine!«
Wenig später stand die Köchin im Nachthemd in der Tür und rieb sich schlaftrunken die Augen. »Ja, Herr Professor?«
»Hermine! Ich hab da einen Auftrag für dich – machst du uns bitte eine schöne österreichische Mehlspeise, das könnte ich jetzt besonders gut vertragen. Das war halt doch eine recht lange Fahrt für einen alten Mann – von Paris über Stuttgart bis hierher – und dann noch mit so einem Fahrer!«
Gilain lächelte still in sich hinein. Immerhin hatte die überlange Fahrt dem Onkel seinen gesunden Appetit auf die geliebten österreichischen Mehlspeisen nicht verderben können. Die meisten wären nach so vielen Stunden einfach ins Bett gewankt. Nicht aber ein Mann vom Schlage eines Ferdinand Porsche. Vielleicht … ja doch: vielleicht würde alles wieder ins Lot kommen. Auch die Sache mit der angeschlagenen Gesundheit des immerhin schon 75 Jahre alten Konstrukteurs. Hoffentlich.

Am 20. November 1950 kam eine fröhliche Festgesellschaft in der Stuttgarter Nachtbar »Mausefalle« zusammen. Ausgelassen feierte Porsche die Hochzeit seines Neffen Herbert Kaes, dem er vor vielen Jahren die Ingenieurslaufbahn ermöglicht hatte. Mit großem Erfolg, denn inzwischen er-

wies sich der Herbert als eine der wichtigsten Stützen für die vor kurzem neu gegründete Volkswagen und Porsche-Vertreibsfirma in Salzburg.
Natürlich waren an diesem Abend auch sein Bruder Gilain und der Cousin Ferry mit von der Partie. Am ausgelassensten von allen aber zeigte sich Ferdinand Porsche, der ein ums andere mal einen Toast ausbrachte: abwechselnd auf die Braut, den Bräutigam, die einzelnen Familienmitglieder der Porsches, die Mitarbeiter und den neuen 356er. Im Gegensatz zu seinen sonstigen Gepflogenheiten schien der Frühaufsteher Porsche dieses mal überhaupt nicht daran zu denken, spätestens um 9 Uhr abends aufzubrechen, um am nächsten Morgen auch wirklich zeitig aus dem Bett zu kommen.
Erst anderthalb Stunden später – und nur mit den vereinten Kräften von Ferry und Gilain – gelang es, ihn um 22 Uhr 30 endlich von der Feier zu bugsieren und im Porsche 356 in den Feuerbacher Weg zu chauffieren.
»Also dann gute Nacht, du Festverderber!« brummelte er und öffnete die Haustür. »Und morgen holst du mich wie gewohnt um 7 Uhr ab. Aber pünktlich bitte! Hast du gehört, Gilain?«
Eine völlig unnötige Ermahnung, denn was es hieß, bei Porsche nicht pünktlich zu erscheinen, das war allen Mitarbeitern bestens bekannt. Erst recht natürlich Gilain, der sich nun noch einmal in die lustige »Mausefallen«-Runde stürzte. Mit dem Resultat, dass er am nächsten Morgen nicht nur völlig verkatert, sondern zu seinem maßlosen Schrecken auch noch viel zu spät erwachte. In aller Hast kleidete er sich an und raste zum Feuerbacherweg 48, den er eine halbe Stunde über der Zeit erreichte. Das würde ein ordentliches Donnerwetter geben! Mit klopfenden Herzen stieg er aus dem Wagen und spähte über die Gartenmauer zum Haus. Seltsam. Die Fensterläden waren noch geschlossen. Erleichtert atmete der Sekretär auf. Offenbar schien auch Porsche verschlafen zu haben. Obwohl so etwas mehr als ungewöhnlich war …

Zumal auf das mehrfache Klingeln an der Haustür keine Reaktion erfolgte. Seltsam …
Ein beunruhigendes Gefühl ergriff ihn, als er den Nachschlüssel aus seiner Hosentasche zog und mit zitternden Händen die Haustür öffnete. Im Haus war alles dunkel. Hoffentlich … hoffentlich war nichts passiert.
Da! Himmel hilf! Gilain schien es, als habe ihn ein Schlag in den Nacken getroffen: auf dem Wohnzimmerteppich lag sein Onkel, unfähig, sich zu erheben. »Hilf mir mal«, keuchte Porsche und versuchte vergebens, ihm den Arm entgegen zu strecken. Es wollte ihm einfach nicht gelingen.
Wenig später hatte ihn Gilain unter größten Mühen in den Wagen schaffen können und war mit ihm ins Krankenhaus gerast, wo die Ärzte des Marienhospitals eine halbseitige Lähmung diagnostizierten, die mit einigem Glück aber wieder vorüber gehen könnte. »Natürlich wird das wieder vorbei gehen«, zeigte sich auch der Patient felsenfest überzeugt und drängte mit aller Macht gleich wieder aus dem Krankenhaus. »Zuhause bei meiner Frau kann ich mich viel besser erholen als hier. Und überhaupt: warum können die Mediziner denn nicht einfach die defekten Körperteile auswechseln, wie bei einem Auto?«, stellte er den Chefarzt harsch zur Rede.
Der behandelnde Arzt zuckte verständnisheischend mit den Schultern. »Mit Verlaub, Herr Dr. Porsche, aber so weit wie die Autokonstrukteure sind wir Ärzte halt noch nicht!«
Der Ingenieur rümpfte die Nase. »Na bitte: das sage ich ja. Dann ist nämlich auch jeder weitere Tag hier drinnen erst recht nur eine Zeitverschwendung.«
Keine zwei Tage nach seiner Einlieferung war Ferdinand Porsche wieder daheim – und fungierte sofort als sein eigener Doktor. »Ich habe mir das im Krankenhaus überlegt. Ich weiß jetzt, was wir tun müssen«, gab er seinem Sekretär die Anweisung, es einmal mit elektrischem Strom zu probieren. »Wenn wir es schaffen könnten, die Muskeln mit einem elektrischen Impuls wieder zu bewegen, dann

müsste sich doch irgendwann der gewünschte Effekt einstellen.« Und so tat Gilain Kaes also sein möglichstes und schleppte unter den zunehmend irritierten Blicken seiner Tante die unterschiedlichsten Gerätschaften ans Krankenlager. Doch bis auf einige schmerzerfüllte Klageschreie des Patienten und genauso viele ungeduldige Verwünschungen bewegte sich nicht das Geringste. Auch nicht die in Mitleidenschaft gezogenen Muskelpartien.

»Das geht so nicht weiter«, stemmte Aloisia schließlich streng die Hände in die Hüften und erteilte dem Sekretär eine ganz andere Anweisung. »Du setzt dich jetzt ins Auto und holst uns den Pater Johannes aus Neresheim hierher. Wenn etwas hilft, dann ist es die Beichte.« Denn seitdem der Pater Johannes ihren Mann während seiner Haft in Dijon als Gefängnisgeistlicher seelsorgerisch betreut hatte, war der Benediktinermönch dem dankbaren Ferdinand Porsche zum vertrauten Freund und Beichtvater geworden.

Pater Johannes hatte keine Sekunde gezögert, als ihm Gilain von der schweren Erkrankung des Herrn Porsche berichtete und war sofort mit ihm nach Stuttgart gefahren, wo er dem Patienten die Beichte abnahm.

Eigenartig: allein die Anwesenheit des Priesters schien Ferdinand Porsche neue Kraft zu verleihen – und plötzlich gelang es ihm auch wieder, die Arme und Beine zu bewegen. Zwar noch längst nicht im selben Umfang wie früher, aber immerhin schien sich – im wahrsten Sinn des Wortes – etwas zu bewegen.

»Und deshalb«, erteilte er seinem Sekretär gleich die nächste Anweisung, »telefonierst du jetzt sofort mit dem Herrn Chefarzt Zollner in Klagenfurt und sagst ihm, ich würde ihn herzlich darum bitten, mich hier in Stuttgart zu behandeln. Aber erst einmal bringst du natürlich den Pater Johannes zurück nach Neresheim und dann fährst du gleich weiter nach Klagenfurt«. An die Möglichkeit, dass der Professor Zollner womöglich nicht nach Stuttgart kommen würde, schien Porsche erst gar nicht zu denken.

Er sollte recht behalten. Trotz Eis, Schnee und widrigster Fahrtbedingungen war Zollner am Abend des 1. Januar 1951 von Gilain in Porsches 356 wohlbehalten nach Stuttgart chauffiert worden.
Schon bei der ersten flüchtigen Inaugenscheinnahme des Patienten machte er ein bedenkliches Gesicht, das sich am darauffolgenden Tag nach einer eingehenden Untersuchung noch weiter verdüstern sollte. »Der Herr Dr. Porsche muss unbedingt wieder ins Krankenhaus. Hier kann man ihn unmöglich weiter behandeln. Nein, Herr Kaes«, stoppte er mit einer entschiedenen Handbewegung die Initiative des bereits aufgesprungenen Sekretärs schon im Ansatz. »Sie können den Herrn Dr. Porsche nicht fahren. Jede Bewegung würde ihm in diesem Zustand nur schaden Er muss liegend transportiert werden.«
Und so wurde Ferdinand Porsche, zu seinem großen Leidwesen auf eine Krankentrage geschnallt, in ein Rot-Kreuz-Fahrzeug verladen, das ihn in vorsichtiger Fahrt, aber doch so rasch wie möglich ins Marienhospital bringen sollte. Unmittelbar nach dem Krankenwagen setzte sich auch der 356er mit dem getreuen Gilain am Steuer in Bewegung, der den Transport kurz vor dem Krankenhaus überholte, um dann als erster am Wagen zu stehen, wenn der Onkel aus dem Krankenfahrzeug geschoben würde.
Kaum hatte Porsche seinen Sekretär erblickt, flüsterte er mit rauer Stimme. »Gilain, da bist du ja! Du hast uns vorhin überholt.«
»Woher weißt du denn das, Onkel Ferdinand?«
Der Patient auf seiner Tragbahre lächelte schwach. »Na, ich werde doch wohl noch den Ton meines Motors kennen!«

Leider brachten auch die folgenden Tage im Krankenhaus keine Besserung. Mitte des Monats war Professor Zollner extra noch einmal aus Klagenfurt gekommen, um sich ein eigenes Bild von dem Patienten zu machen. Das Resultat war eindeutig: allein der hoffnungslose Blick, mit dem er Gilain bedachte, nachdem die Untersuchung beendet war,

sprach Bände. Mit den Worten »Machen Sie es gut, Herr Dr. Porsche und Gott befohlen« verabschiedete er sich ein letztes mal und verließ mit langsamen Schritten das Krankenzimmer, in dem Kaes alleine mit Porsche zurückblieb.
»Das wird schon wieder werden, Onkel Ferdinand.«
Doch Porsche schüttelte nur schwach den Kopf. »Nix wird wieder werden.«
Noch einmal war Gilain in seiner Verzweiflung zu Pater Johannes in die Abtei nach Neresheim gefahren, um ihn unverzüglich ins Krankenhaus zu chauffieren. Doch dieses Mal war es die letzte Ölung, die Pater Johannes dem Todkranken hatte spenden müssen.

Am 30. Januar 1951 starb Ferdinand Porsche im Kreis seiner engsten Familienangehörigen. Um 13 Uhr 48 hörte sein Herz auf zu schlagen.

Die Totenwache am Sarg des in der St. Georgskirche aufgebahrten Verstorbenen hielten seine engsten Wegbegleiter und am 4. Februar hieß es im Rahmen einer Trauerfeier endgültig Abschied zu nehmen. Die Trauerpredigt in Stuttgart hielt Pater Johannes. Danach setzte sich der Autokonvoi, mit dem Porsche 356 an der Spitze, langsam in Bewegung. Ein letztes mal vorbei am Feuerbacher Weg 48 – anschließend ging es über die Autobahn nach Zell am See, wo Ferdinand Porsche seine letzte Ruhe fand. Im Namen aller Mitarbeiter hielt Karl Rabe die Trauerrede: »Wir danken Dir aus unserem ganzen schmerzerfüllten Herzen für all das, was Du uns gegeben hast. Der Allmächtige lasse Dich ausruhen inmitten dieser herrlichen Bergwelt und in der Erde unseres geliebten Vaterlandes Österreich. Amen.«

ENDE

Vielen Dank an …

… die freundlichen Mitarbeiter im Porsche-Archiv Stuttgart-Zuffenhausen, Dieter Landenberger, Yvonne Knotek, Dieter Gross, und Jens Torner,
… Maria Feifel vom Daimler-Konzernarchiv,
… meine (wohlwollenden) Korrektoren Marion Holler-Harsch, Maria Käß und Gerhard Raff,
… sowie Bernhard Driehaus, der bereits vor vielen Jahren die Grundlagen auch für dieses Buch gelegt hat.

Mein ganz besonderer Dank gilt Dr. Heinz Rabe, dem Sohn des Porsche-Chefkonstrukteurs Karl Rabe, der mein Manuskript mit einer bewundernswerten Akribie durchgesehen und mit so mancher wertvollen Anmerkung verbessert hat.

Die Gschicht vom Mose ond de Zehn Gebot

Gerhard Raff – seit seinem preisgekrönten Klassiker „Herr, schmeiß Hirn ra!“ (Stuttgart 1985 bei der DVA - 24.Auflage) weltweit „meistgelesener Dialektautor der Gegenwart“ – erzählt hier frisch, fromm, fröhlich, frei die aus Kindertagen altvertraute Geschichte von Mose und den Zehn Geboten in der neben Griechisch und Lateinisch wichtigsten Kultursprache des Abendlandes, in schönster schwäbischer Mund-Art. Seine Landsleute Professor **Dieter Groß** und **Bernd Stolz** haben das alles mit ebenso originellen wie faszinierenden farbigen Bildern noch veredelt und so sicherlich einen weiteren Klassiker geschaffen.

Mit einer vom Autor besprochenen CD.

2. Auflage
60 Seiten, € 19,90
ISBN 978-3-943066-03-6

Verlag Landhege

Die Rose ohne Dorn

Das Schicksal der Kaisertochter und Königin Irene von Byzanz-Hohenstaufen
Ein historischer Roman, spannend wie ein Krimi.

„Die Rose ohne Dorn" und ihr Mann, der 1208 ermordete König Philipp von Schwaben, waren die Megastars des Hohen Mittelalters, die Idole des einfachen Volkes.

Inmitten der erbitterten Machtkämpfe zwischen Staufern und Welfen wollten sie Frieden und gerieten dabei zwischen alle Fronten.

Irene von Byzanz bleibt trotz der nur 28 Lebensjahre, die ihr vergönnt waren, bis heute unvergessen. Tausende pilgern Jahr für Jahr an das Grab der „Lady Di" des hohen Mittelalters im Kloster Lorch.

Eine authentische Lebensgeschichte
– erzählt vom Bestsellerautor Gunter Haug.

Gunter Haug „Die Rose ohne Dorn"
Historischer Roman von Gunter Haug.
272 Seiten, € 19,90
ISBN 978-3-943066-00-5

Verlag Landhege

ERSCHEINT IM FEBRUAR 2013

Gunter Haug

Ferdinand Graf Zeppelin

Ferdinand Graf Zeppelin (geboren 8. Juli 1838 in Konstanz – gestorben am 8. März 1917 in Berlin): sein Name ist zur Legende geworden. Gunter Haug schildert in seinem historischen Tatsachenroman die abenteuerliche Lebensgeschichte eines Visionärs, der trotz zahlreicher katastrophaler Rückschläge immer wieder aufgestanden ist – bis er seinen großen Traum endlich verwirklicht sah, den Traum vom lenkbaren Luftschiff. Im Volksmund nannte man ihn „Den Narr vom Bodensee“, Kaiser Wilhelm II. verspottete Zeppelin als den „Dümmsten von allen Süddeutschen“, um ihm nur drei Monate später den höchsten Orden des Deutschen Reiches zu verleihen.

Millionen Menschen in aller Welt nahmen am 5. August des Jahres 1908 Anteil an der Katastrophe von Echterdingen, bei der das Luftschiff LZ 4 in Flammen aufging und der bereits 70-jährige Zeppelin vor den Trümmern seiner Existenz stand. Doch aus den Überresten von LZ 4 wurde das Wunder von Echterdingen: eine riesige Welle der Spendenbereitschaft erfasste ganz Deutschland. Die „Zeppeline“ galten seitdem als nationales Symbole und der alte Graf wurde zum Volkshelden.

Ein Buch, das man gar nicht mehr aus der Hand legen mag!

Gunter Haug „Ferdinand Graf Zeppelin“
Historischer Roman, Landhege – Verlag
ca. 350 Seiten, 19,90 €
ISBN 978-3-943066-06-7

Verlag Landhege

Niemands Tochter

Auf den Spuren eines vergessenen Lebens

Ein Buch so unvergesslich wie Anna Wimschneiders „Herbstmilch"

Als Stiefkind wächst sie auf einem Bauernhof auf. Sie erlebt zwei Kriege und bringt neun Kinder zur Welt.

Gunter Haug beschreibt in diesem Buch die wahre Lebensgeschichte seiner Großmutter Maria Staudacher, geboren 1903 in Rothenburg ob der Tauber.

Ein Frauenschicksal, das es um die Wende vom 19. zum 20. Jahrhundert tausendfach gegeben hat. Das Buch ist auch ein Denkmal für die vielen, meist vergessenen Frauen in dieser Zeit, die niemand nach ihren Wünschen und Sehnsüchten gefragt hat. Sie haben ihr hartes Dasein mit bewundernswerter Kraft und Stärke gemeistert, ohne dabei ihren Lebensmut zu verlieren.

Die Geschichte von „Niemands Tochter" hat schon über 200.000 Leserinnen und Leser in ihren Bann gezogen.

Jetzt in der 30. Auflage bei „Landhege" erschienen!
464 Seiten, Preis 9,90 €
ISBN 978-3-943066-07-4

Verlag Landhege

www.gunter-haug.de

Gunter Haug,

geboren 1955 in Stuttgart – Bad Cannstatt. Langjähriger Zeitungs- Radio- und Fernsehredakteur. Als Autor von zahlreichen biografischen und historischen Romanen hat er sich einen großen Leserkreis geschaffen. Seine Trilogie »Niemands Tochter« wurde zum Bestseller.
Gerade die detailreichen, einfühlsamen Beschreibungen der Menschen, die für Haug immer im Mittelpunkt der Geschichte stehen, machen den ganz besonderen Reiz seiner Bücher aus.
Bei den zahlreichen Lesungen und Vorträgen in Deutschland und Österreich schafft es Haug mit seinen plastischen Schilderungen immer wieder, das Publikum zu begeistern.
So wird sich auch in diesem Buch auf faszinierende Art und Weise das Leben des Ferdinand Porsche vor den Leserinnen und Lesern entfalten.
Gunter Haug lebt als freier Autor in der Region Franken

Im Frühjahr 2013 erscheint von Gunter Haug in derselben Reihe: »Ferdinand Graf Zeppelin«

www.landhege-verlag.de